최상위 수학S를 위한 특별 학습 서비스

개념+문제 동영상
최상위S 개념+문제 및 MATH MASTER 전 문항

상위권 학습 자료
상위권 단원평가＋경시 기출문제(디딤돌 홈페이지 www.didimdol.co.kr)

최상위 수학 S 4-2

펴낸날 [초판 1쇄] 2025년 3월 12일 [초판 3쇄] 2025년 8월 25일
펴낸이 이기열
펴낸곳 (주)디딤돌 교육
주소 (03972) 서울특별시 마포구 월드컵북로 122 청원선와이즈타워
대표전화 02-3142-9000
구입문의 02-322-8451
내용문의 02-323-9166
팩시밀리 02-338-3231
홈페이지 www.didimdol.co.kr
등록번호 제10-718호
구입한 후에는 철회되지 않으며 잘못 인쇄된 책은 바꾸어 드립니다.
이 책에 실린 모든 삽화 및 편집 형태에 대한 저작권은
(주)디딤돌 교육에 있으므로 무단으로 복사 복제할 수 없습니다.
상표등록번호 제40-1576339호
최상위는 특허청으로부터 인정받은 (주)디딤돌 교육의 고유한 상표이므로
무단으로 사용할 수 없습니다.
Copyright ⓒ Didimdol Co. [2561460]

최상위 수학S 4·2 학습 스케줄

짧은 기간에 집중력 있게 한 학기 과정을 학습할 수 있도록 설계하였습니다.
방학 때 미리 공부하고 싶다면 8주 완성 과정을 이용하세요.

공부한 날짜를 쓰고 하루 분량 학습을 마친 후, 부모님께 확인 check ☑를 받으세요.

1주

월 일	월 일	월 일	월 일	월
1. 분수의 덧셈과 뺄셈				
8~11쪽	12~15쪽	16~19쪽	20~23쪽	24~27쪽
☐	☐	☐	☐	☐

2주

월 일	월 일	월 일	월 일	월 일
1. 분수의 덧셈과 뺄셈		2. 삼각형		
28~29쪽	30~32쪽	34~37쪽	38~41쪽	42~45쪽
☐	☐	☐	☐	☐

3주

월 일	월 일	월 일	월 일	월 일
2. 삼각형			3. 소수의 덧셈과 뺄셈	
46~49쪽	50~53쪽	54~56쪽	58~61쪽	62~65쪽
☐	☐	☐	☐	☐

4주

월 일	월 일	월 일	월 일	월 일
3. 소수의 덧셈과 뺄셈				
66~69쪽	70~73쪽	74~77쪽	78~81쪽	82~84쪽
☐	☐	☐	☐	☐

공부를 잘 하는 학생들의 좋은 습관 8가지

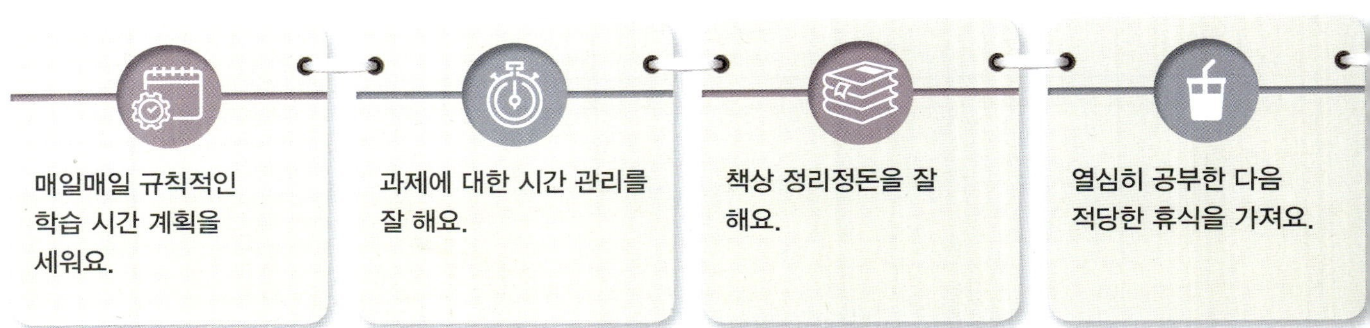

매일매일 규칙적인 학습 시간 계획을 세워요.

과제에 대한 시간 관리를 잘 해요.

책상 정리정돈을 잘 해요.

열심히 공부한 다음 적당한 휴식을 가져요.

	월 일	월 일	월 일	월 일	월 일
7주	**4. 사각형**				
	86~89 쪽 ☐	90~93 쪽 ☐	94~97 쪽 ☐	98~99 쪽 ☐	100~101 쪽 ☐
8주	**4. 사각형**				
	102~103 쪽 ☐	104~105 쪽 ☐	106~107 쪽 ☐	108~109 쪽 ☐	110~112 쪽 ☐
9주	**5. 꺾은선그래프**				
	114~117 쪽 ☐	118~121 쪽 ☐	122~123 쪽 ☐	124~125 쪽 ☐	126~127 쪽 ☐
10주	**5. 꺾은선그래프**				
	128~129 쪽 ☐	130~131 쪽 ☐	132~133 쪽 ☐	134~135 쪽 ☐	136~139 쪽 ☐
11주	**6. 다각형**				
	142~145 쪽 ☐	146~149 쪽 ☐	150~151 쪽 ☐	152~153 쪽 ☐	154~155 쪽 ☐
12주	**6. 다각형**				
	156~157 쪽 ☐	158~159 쪽 ☐	160~161 쪽 ☐	162~163 쪽 ☐	164~166 쪽 ☐

최상위 수학S

4·2 학습 스케줄표

부담되지 않는 학습량으로 공부 습관을 기를 수 있도록 설계하였습니다.
학기 중 교과서와 함께 공부하고 싶다면 12주 완성 과정을 이용하세요.

공부한 날짜를 쓰고 하루 분량 학습을 마친 후, 부모님께 확인 check☑를 받으세요.

1주

월	일	월	일	월	일	월	일	월	일
1. 분수의 덧셈과 뺄셈									
8~11쪽		12~15쪽		16~17쪽		18~19쪽		20~21쪽	

2주

월	일	월	일	월	일	월	일	월	일
1. 분수의 덧셈과 뺄셈									
22~23쪽		24~25쪽		26~27쪽		28~29쪽		30~32쪽	

3주

월	일	월	일	월	일	월	일	월	일
2. 삼각형									
34~37쪽		38~39쪽		40~41쪽		42~43쪽		44~45쪽	

4주

월	일	월	일	월	일	월	일	월	일
2. 삼각형									
46~47쪽		48~49쪽		50~51쪽		52~53쪽		54~56쪽	

5주

월	일	월	일	월	일	월	일	월	일
3. 소수의 덧셈과 뺄셈									
58~61쪽		62~65쪽		66~69쪽		70~71쪽		72~73쪽	

6주

월	일	월	일	월	일	월	일	월	일
3. 소수의 덧셈과 뺄셈									
74~75쪽		76~77쪽		78~79쪽		80~81쪽		82~84쪽	

표

8주 완성

5^주	월 일	월 일	월 일	월 일	월 일
			4. 사각형		
	86~89 쪽 ☐	90~93 쪽 ☐	94~97 쪽 ☐	98~101 쪽 ☐	102~105 쪽 ☐

6^주	월 일	월 일	월 일	월 일	월 일
	4. 사각형		**5. 꺾은선그래프**		
	106~109 쪽 ☐	110~112 쪽 ☐	114~117 쪽 ☐	118~121 쪽 ☐	122~125 쪽 ☐

7^주	월 일	월 일	월 일	월 일	월 일
	5. 꺾은선그래프				**6. 다각형**
	126~129 쪽 ☐	130~133 쪽 ☐	134~135 쪽 ☐	136~139 쪽 ☐	142~145 쪽 ☐

8^주	월 일	월 일	월 일	월 일	월 일
			6. 다각형		
	146~149 쪽 ☐	150~155 쪽 ☐	156~159 쪽 ☐	160~163 쪽 ☐	164~166 쪽 ☐

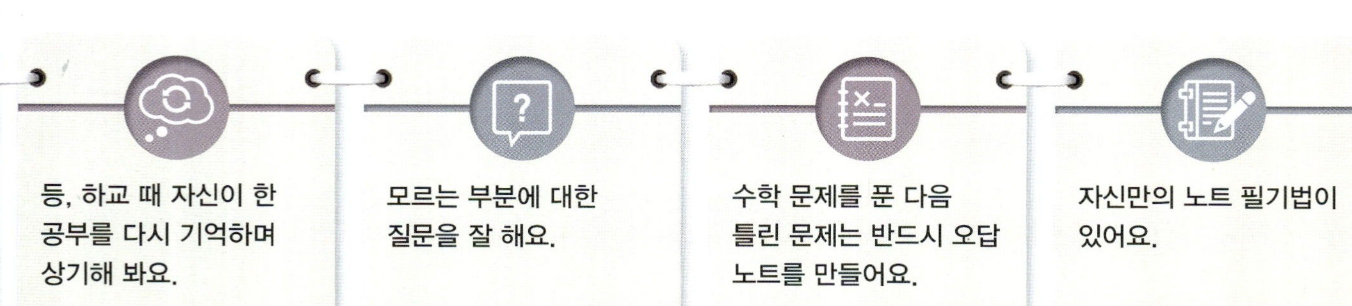

상위권의 기준

최상위 수학 S

딤돌

상위권의 힘, 느낌!

처음 자전거를 배울 때, 설명만 듣고 탈 수는 없습니다.
하지만, 직접 자전거를 타고 넘어져 가며
방법을 몸으로 느끼고 나면
나는 이제 '자전거를 탈 수 있는 사람'이 됩니다.
그리고 평생 자전거를 탈 수 있습니다.

수학을 배우는 것도 꼭 이와 같습니다.
자세한 설명, 반복학습 모두 필요하지만
가장 중요한 것은 "느꼈는가"입니다.
느껴야 이해할 수 있고,
이해해야 평생 '수학을 할 수 있는 사람'이 됩니다.

**"최상위 수학 S는
수학에 대한 느낌과 이해를 통해
중고등까지 상위권이 될 수 있는 힘을 길러줍니다."**

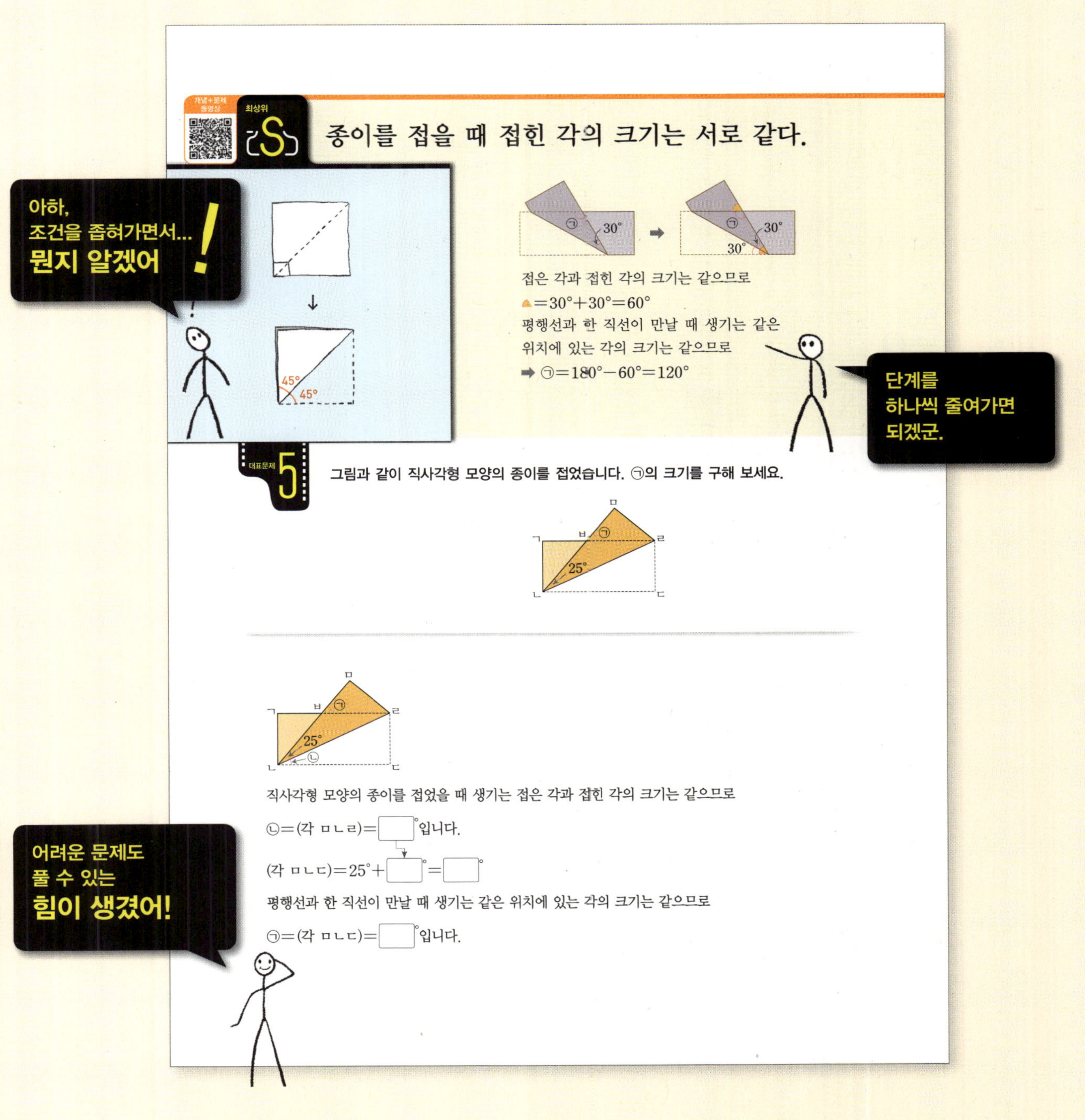

그림과 같이 직사각형 모양의 종이를 접었습니다. ㉠의 크기를 구해 보세요.

직사각형 모양의 종이를 접었을 때 생기는 접은 각과 접힌 각의 크기는 같으므로

㉡=(각 ㅁㄴㄹ)=☐°입니다.

(각 ㅁㄴㄷ)=25°+☐°=☐°

평행선과 한 직선이 만날 때 생기는 같은 위치에 있는 각의 크기는 같으므로

㉠=(각 ㅁㄴㄷ)=☐°입니다.

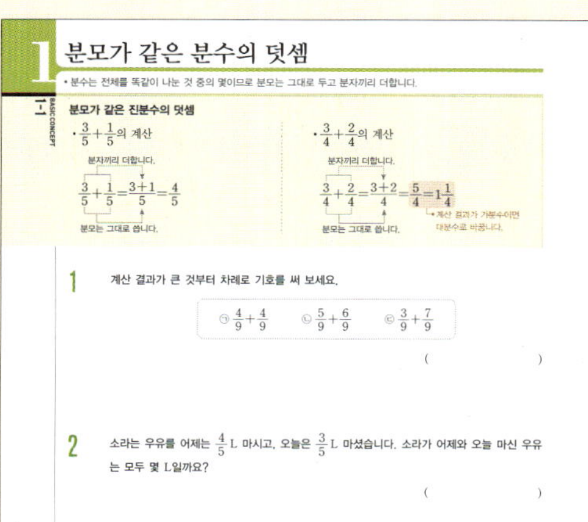

분모가 같은 분수의 덧셈
분모가 같은 진분수의 덧셈
1 계산 결과가 큰 것부터 차례로 기호를 써 보세요.
2 소라는 우유를 어제는 마시고, 오늘은 마셨습니다. 소라가 어제와 오늘 마신 우유는 모두 몇 L일까요?

교과서 개념부터
심화 · 중등개념까지!

수학을 느껴야
이해할 수 있고

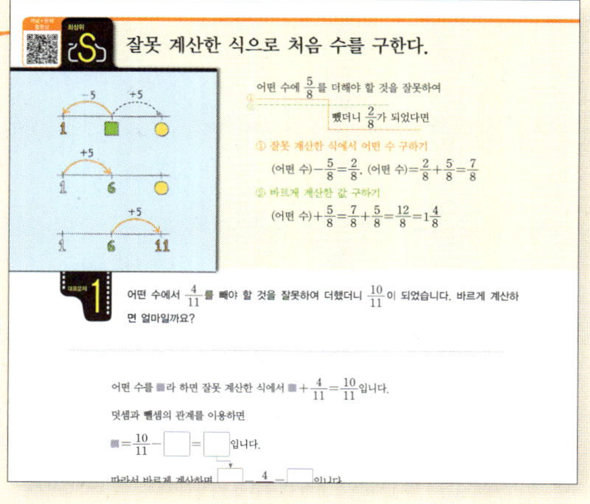

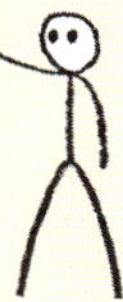

잘못 계산한 식으로 처음 수를 구한다.

MATH MASTER
이해해야
어떤 문제라도
풀 수 있습니다.

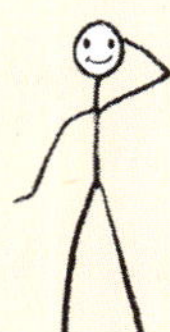

1

분수의 덧셈과 뺄셈

1 분모가 같은 분수의 덧셈

- 분수는 전체를 똑같이 나눈 것 중의 몇이므로 분모는 그대로 두고 분자끼리 더합니다.

분모가 같은 진분수의 덧셈

- $\dfrac{3}{5}+\dfrac{1}{5}$의 계산

분자끼리 더합니다.

$$\dfrac{3}{5}+\dfrac{1}{5}=\dfrac{3+1}{5}=\dfrac{4}{5}$$

분모는 그대로 씁니다.

- $\dfrac{3}{4}+\dfrac{2}{4}$의 계산

분자끼리 더합니다.

$$\dfrac{3}{4}+\dfrac{2}{4}=\dfrac{3+2}{4}=\dfrac{5}{4}=1\dfrac{1}{4}$$

분모는 그대로 씁니다.

• 계산 결과가 가분수이면 대분수로 바꿉니다.

---

1 계산 결과가 큰 것부터 차례로 기호를 써 보세요.

$$\text{㉠ } \dfrac{4}{9}+\dfrac{4}{9} \qquad \text{㉡ } \dfrac{5}{9}+\dfrac{6}{9} \qquad \text{㉢ } \dfrac{3}{9}+\dfrac{7}{9}$$

(   )

2 소라는 우유를 어제는 $\dfrac{4}{5}$ L 마시고, 오늘은 $\dfrac{3}{5}$ L 마셨습니다. 소라가 어제와 오늘 마신 우유는 모두 몇 L일까요?

(   )

3 ◯ 안에는 $\dfrac{1}{9}$부터 $\dfrac{6}{9}$까지 분모가 9인 분수가 한 번씩만 들어갈 수 있습니다. 한 줄에 놓인 수들의 합이 1이 되도록 알맞은 분수를 써넣으세요.

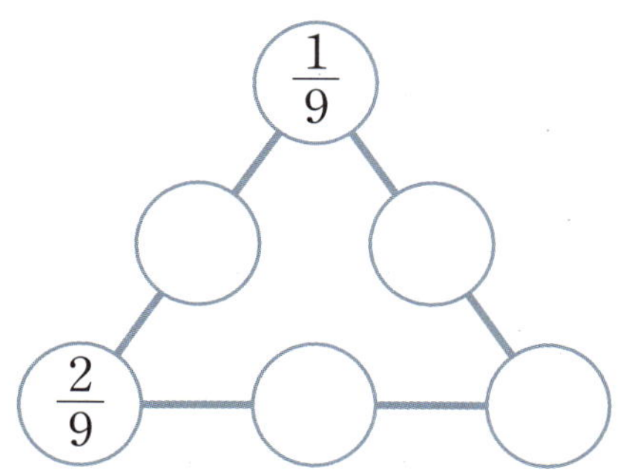

분모가 같은 대분수의 덧셈

• $2\dfrac{3}{5}+3\dfrac{4}{5}$의 계산

방법1 자연수 부분끼리, 분수 부분끼리 더합니다.

$$2\dfrac{3}{5}+3\dfrac{4}{5}=(2+3)+\left(\dfrac{3}{5}+\dfrac{4}{5}\right)=5+\dfrac{7}{5}=5+1\dfrac{2}{5}=6\dfrac{2}{5}$$

└ 가분수를 대분수로 바꿉니다.

방법2 대분수를 가분수로 바꾸어 더합니다.

$$2\dfrac{3}{5}+3\dfrac{4}{5}=\dfrac{13}{5}+\dfrac{19}{5}=\dfrac{32}{5}=6\dfrac{2}{5}$$

4 가장 큰 분수와 가장 작은 분수의 합을 구해 보세요.

$$3\dfrac{1}{4}\qquad 5\dfrac{3}{4}\qquad 5\dfrac{2}{4}$$

(   )

5 □ 안에 들어갈 수 있는 자연수를 구해 보세요.

$$2\dfrac{5}{8}+1\dfrac{\square}{8}=4\dfrac{3}{8}$$

(   )

6 과수원에서 사과를 지후는 $3\dfrac{7}{12}$ kg 땄고, 은석이는 $5\dfrac{10}{12}$ kg 땄습니다. 지후와 은석이가 딴 사과는 모두 몇 kg일까요?

(   )

분모가 같은 분수의 뺄셈(1)

• 자연수 1을 가분수 $\dfrac{\blacksquare}{\blacksquare}$로 나타낼 수 있습니다.

분모가 같은 진분수의 뺄셈

• $\dfrac{3}{5}-\dfrac{1}{5}$의 계산

분자끼리 뺍니다.

$$\dfrac{3}{5}-\dfrac{1}{5}=\dfrac{3-1}{5}=\dfrac{2}{5}$$

분모는 그대로 씁니다.

1−(진분수)

• $1-\dfrac{3}{4}$의 계산

분자끼리 뺍니다.

$$1-\dfrac{3}{4}=\dfrac{4}{4}-\dfrac{3}{4}=\dfrac{4-3}{4}=\dfrac{1}{4}$$

1을 빼는 분수와 분모가 같은 가분수로 바꿉니다.

1 ㉠이 나타내는 수와 ㉡이 나타내는 수의 차를 구해 보세요.

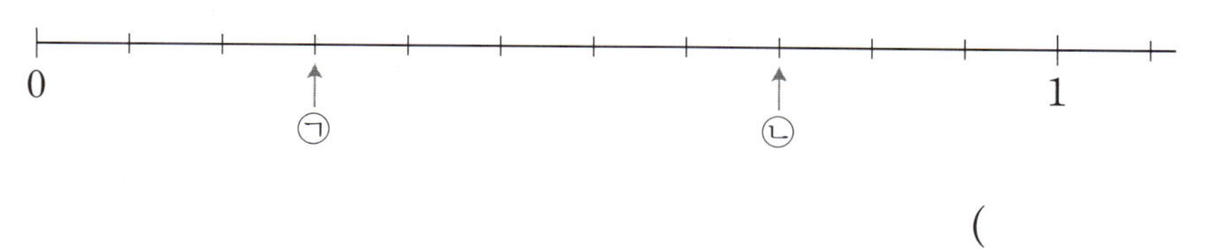

(   )

2 계산 결과를 비교하여 ○ 안에 >, =, < 중 알맞은 것을 써넣으세요.

(1) $\dfrac{7}{9}-\dfrac{3}{9}$ ◯ $\dfrac{5}{9}-\dfrac{2}{9}$

(2) $1-\dfrac{3}{6}$ ◯ $\dfrac{5}{6}-\dfrac{3}{6}$

3 윤아가 가지고 있는 빨간색 테이프의 길이는 1 m이고 노란색 테이프의 길이는 $\dfrac{2}{10}$ m입니다. 빨간색 테이프의 길이는 노란색 테이프의 길이보다 몇 m 더 길까요?

(   )

분모가 같은 대분수의 뺄셈

• $3\frac{4}{5}-2\frac{2}{5}$의 계산

방법1 자연수 부분끼리, 분수 부분끼리 뺍니다.

$$3\frac{4}{5}-2\frac{2}{5}=(3-2)+\left(\frac{4}{5}-\frac{2}{5}\right)=1+\frac{2}{5}=1\frac{2}{5}$$

방법2 대분수를 가분수로 바꾸어 뺍니다.

$$3\frac{4}{5}-2\frac{2}{5}=\frac{19}{5}-\frac{12}{5}=\frac{7}{5}=1\frac{2}{5}$$

4 다음 분수 중 두 분수를 골라 차가 가장 큰 뺄셈식을 만들어 계산해 보세요.

$$2\frac{8}{9} \qquad 4\frac{7}{9} \qquad 2\frac{4}{9} \qquad 3\frac{7}{9}$$

$$\boxed{}-\boxed{}=\boxed{}$$

5 ☐ 안에 들어갈 수 있는 자연수를 모두 구해 보세요.

$$6\frac{9}{10}-2\frac{4}{10}<4\frac{\boxed{}}{10}$$

(   )

6 보영이와 호진이는 찰흙을 각각 $3\frac{9}{11}$ kg씩 가지고 있었습니다. 미술 시간에 찰흙을 보영이는 $2\frac{5}{11}$ kg, 호진이는 $1\frac{2}{11}$ kg 사용하였다면 누구의 찰흙이 몇 kg 더 많이 남았을까요?

(   ), (   )

3 분모가 같은 분수의 뺄셈(2)

• 분수끼리 뺄 수 없을 때 자연수에서 1만큼을 분수로 바꾸어 계산합니다.

(자연수)−(분수)

• $7-2\frac{3}{5}$ 의 계산

방법1 자연수에서 1만큼을 가분수로 바꾸어 뺍니다.

$$7-2\frac{3}{5}=6\frac{5}{5}-2\frac{3}{5}=4\frac{2}{5}$$

자연수에서 1만큼을 빼는 분수와
분모가 같은 가분수로 바꿉니다.

방법2 자연수와 대분수를 모두 가분수로 바꾸어 뺍니다.

$$7-2\frac{3}{5}=\frac{35}{5}-\frac{13}{5}=\frac{22}{5}=4\frac{2}{5}$$

1 잘못 계산한 곳을 찾아 바르게 계산해 보세요.

$$4-1\frac{2}{3}=(4-1)+\frac{2}{3}=3\frac{2}{3}$$

2 어머니께서 식용유 $2\,\text{L}$를 사 오셨습니다. 이 중에서 $\frac{9}{15}\,\text{L}$를 사용하였다면 남은 식용유는 몇 L일까요?

(   )

3 계산한 값이 3에 가장 가까운 식을 찾아 기호를 써 보세요.

$$\text{㉠ } 4-\frac{5}{8} \qquad \text{㉡ } 6-2\frac{1}{8} \qquad \text{㉢ } 5-1\frac{7}{8}$$

(   )

분모가 같은 대분수의 뺄셈

· $6\dfrac{5}{9}-2\dfrac{7}{9}$ 의 계산

방법1 빼지는 분수의 자연수에서 1만큼을 가분수로 바꾸어 뺍니다.

$$6\dfrac{5}{9}-2\dfrac{7}{9}=5\dfrac{14}{9}-2\dfrac{7}{9}=3\dfrac{7}{9}$$

자연수에서 1만큼을 가분수로 바꿉니다.

$$6\dfrac{5}{9}=5\dfrac{5}{9}+1=5\dfrac{5}{9}+\dfrac{9}{9}=5\dfrac{14}{9}$$

방법2 대분수를 가분수로 바꾸어 뺍니다.

$$6\dfrac{5}{9}-2\dfrac{7}{9}=\dfrac{59}{9}-\dfrac{25}{9}=\dfrac{34}{9}=3\dfrac{7}{9}$$

4 계산 결과를 비교하여 ○ 안에 >, =, < 중 알맞은 것을 써넣으세요.

$$3\dfrac{4}{10}-1\dfrac{7}{10} \;\bigcirc\; 6\dfrac{5}{10}-4\dfrac{9}{10}$$

5 세호와 지선이가 $100\,\mathrm{m}$ 달리기를 하였습니다. $100\,\mathrm{m}$를 세호는 $14\dfrac{6}{8}$초에 달렸고 지선이는 $16\dfrac{1}{8}$초에 달렸습니다. 누가 몇 초 더 빨리 달렸을까요?

(   ), (   )

6 ☐ 안에 들어갈 수 있는 자연수를 구해 보세요.

$$7\dfrac{3}{6}-2\dfrac{\square}{6}<4\dfrac{5}{6}$$

(   )

잘못 계산한 식으로 처음 수를 구한다.

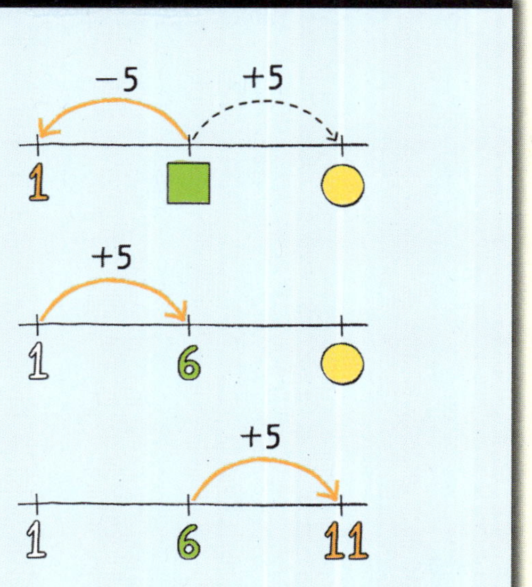

어떤 수에 $\dfrac{5}{8}$ 를 더해야 할 것을 잘못하여 ① ② 뺐더니 $\dfrac{2}{8}$ 가 되었다면

① 잘못 계산한 식에서 어떤 수 구하기

$$(어떤 수) - \dfrac{5}{8} = \dfrac{2}{8}, \ (어떤 수) = \dfrac{2}{8} + \dfrac{5}{8} = \dfrac{7}{8}$$

② 바르게 계산한 값 구하기

$$(어떤 수) + \dfrac{5}{8} = \dfrac{7}{8} + \dfrac{5}{8} = \dfrac{12}{8} = 1\dfrac{4}{8}$$

대표문제 1

어떤 수에서 $\dfrac{4}{11}$ 를 빼야 할 것을 잘못하여 더했더니 $\dfrac{10}{11}$ 이 되었습니다. 바르게 계산하면 얼마일까요?

어떤 수를 ■ 라 하면 잘못 계산한 식에서 $■ + \dfrac{4}{11} = \dfrac{10}{11}$ 입니다.

덧셈과 뺄셈의 관계를 이용하면

$$■ = \dfrac{10}{11} - \boxed{} = \boxed{} \ 입니다.$$

따라서 바르게 계산하면 $\boxed{} - \dfrac{4}{11} = \boxed{}$ 입니다.

1-1 어떤 수에 $\dfrac{5}{13}$를 더해야 할 것을 잘못하여 뺐더니 $\dfrac{2}{13}$가 되었습니다. 바르게 계산하면 얼마일까요?

(   )

1-2 어떤 수에서 $\dfrac{3}{7}$을 빼야 할 것을 잘못하여 더했더니 1이 되었습니다. 바르게 계산하면 얼마일까요?

(   )

1-3 어떤 수에 $1\dfrac{3}{5}$을 더해야 할 것을 잘못하여 뺐더니 $3\dfrac{1}{5}$이 되었습니다. 바르게 계산하면 얼마인지 풀이 과정을 쓰고 답을 구해 보세요.

풀이

답

1-4 어떤 수에 $3\dfrac{7}{8}$을 더하고 $2\dfrac{5}{8}$를 빼야 할 것을 잘못하여 $3\dfrac{7}{8}$을 빼고 $2\dfrac{5}{8}$를 더했더니 $10\dfrac{3}{8}$이 되었습니다. 바르게 계산하면 얼마일까요?

(   )

조건을 이용하여 모르는 변의 길이를 구한다.

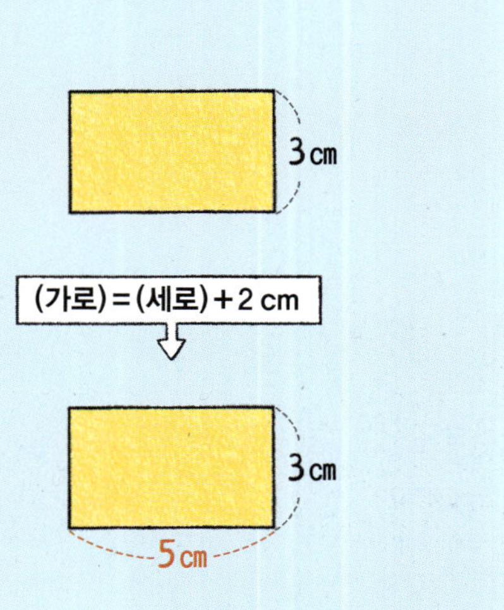

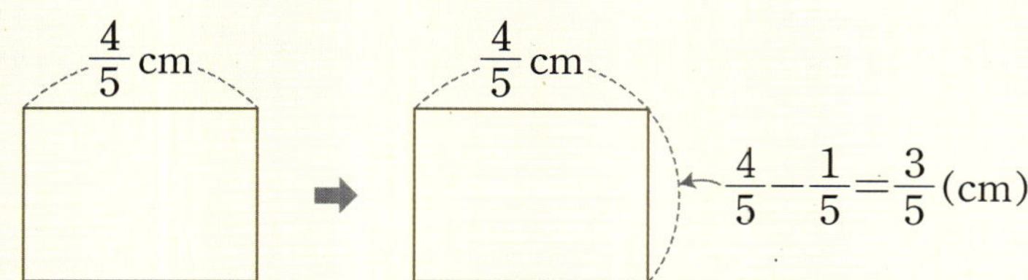

대표문제 2

직사각형의 가로는 $3\frac{5}{15}$ cm이고 세로는 가로보다 $1\frac{11}{15}$ cm 더 깁니다. 이 직사각형의 네 변의 길이의 합은 몇 cm일까요?

직사각형의 세로는 가로보다 $1\frac{11}{15}$ cm 더 길므로

(직사각형의 세로)$=3\frac{5}{15} \bigcirc 1\frac{11}{15}=4+\dfrac{\boxed{}}{15}=\boxed{}$ (cm)입니다.

(직사각형의 네 변의 길이의 합)

$=$ (가로)$+$(세로)$+$(가로)$+$(세로)

$=3\frac{5}{15}+\boxed{}+3\frac{5}{15}+\boxed{}=\boxed{}\dfrac{\boxed{}}{15}$ (cm)

2-1 직사각형의 가로는 $4\frac{3}{12}$ cm이고 세로는 가로보다 $2\frac{7}{12}$ cm 더 짧습니다. 이 직사각형의 네 변의 길이의 합은 몇 cm일까요?

(   )

2-2 가로가 세로보다 $2\frac{3}{8}$ cm 더 짧은 직사각형이 있습니다. 이 직사각형의 세로가 $5\frac{1}{8}$ cm라면 네 변의 길이의 합은 몇 cm일까요?

(   )

2-3 지희는 20 m의 철사를 사용하여 한 변이 $3\frac{2}{5}$ m인 정사각형을 만들고 현우는 15 m의 철사를 사용하여 한 변이 $2\frac{1}{5}$ m인 정사각형을 만들었습니다. 누가 사용하고 남은 철사가 몇 m 더 길까요?

(   ), (   )

2-4 유진이는 미술 시간에 리본을 사용하여 세로는 $8\frac{7}{9}$ m이고 가로는 세로보다 $1\frac{8}{9}$ m 더 짧은 직사각형 모양을 만들려고 합니다. 직사각형 모양을 만들기 위해 필요한 리본을 문구점에서 살 때 적어도 몇 m를 사야 할까요? (단, 문구점에서는 리본을 1 m 단위로만 팝니다.)

(   )

최상위 S

분모가 같은 대분수는

자연수 부분이 클수록, 분자가 클수록 큰 수이다.

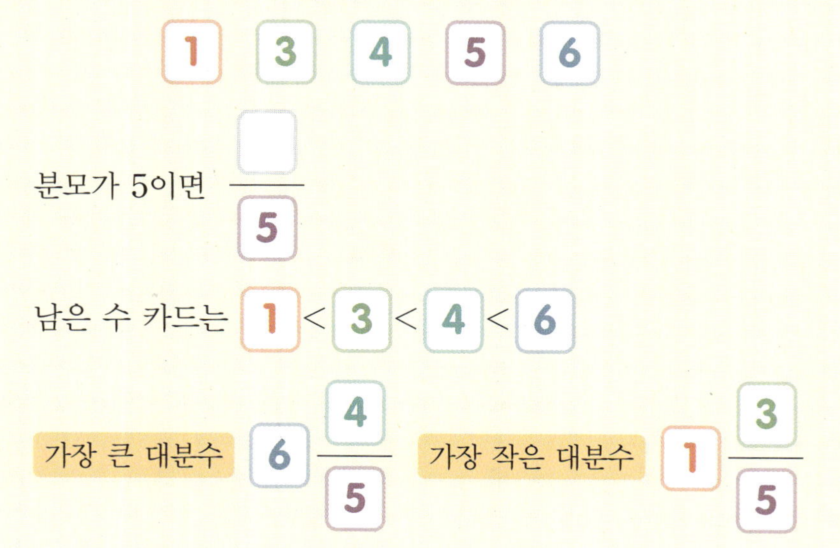

대표문제 3

4장의 수 카드 중에서 2장을 골라 한 번씩만 사용하여 분모가 7인 대분수를 만들려고 합니다. 만들 수 있는 가장 큰 대분수와 가장 작은 대분수의 합을 구해 보세요.

분모가 같은 대분수는 자연수 부분이 클수록, 자연수 부분이 같으면 분자가 클수록 큰 수입니다.
수 카드의 수의 크기를 비교하면 $8 > 6 > 5 > 4$이므로

가장 큰 수 8을 자연수 부분에 놓고 가장 큰 대분수를 만들면 $8\dfrac{\square}{7}$이고

가장 작은 수 $\square$를 자연수 부분에 놓고 가장 작은 대분수를 만들면 $\square\dfrac{\square}{7}$입니다.

따라서 만들 수 있는 가장 큰 대분수와 가장 작은 대분수의 합은

$$8\dfrac{\square}{7} + \square\dfrac{\square}{7} = 12 + \dfrac{\square}{7} = \square \text{입니다.}$$

3-1 4장의 수 카드 중에서 2장을 골라 한 번씩만 사용하여 분모가 9인 대분수를 만들려고 합니다. 만들 수 있는 가장 큰 대분수와 가장 작은 대분수의 차를 구해 보세요.

3　5　1　7

(　　　　　　　　　)

3-2 6장의 수 카드를 모두 한 번씩 사용하여 분모가 같은 대분수를 만들려고 합니다. 만들 수 있는 가장 큰 대분수와 가장 작은 대분수의 차를 구해 보세요.

2　4　7　8　8　9

(　　　　　　　　　)

3-3 6장의 수 카드를 모두 한 번씩 사용하여 분모가 같은 대분수를 만들려고 합니다. 만들 수 있는 가장 큰 대분수와 가장 작은 대분수의 합을 구해 보세요.

10　11　2　7　4　11

(　　　　　　　　　)

3-4 6장의 수 카드를 모두 한 번씩 사용하여 분모가 같은 대분수를 만들려고 합니다. 만들 수 있는 두 대분수의 합이 가장 작게 되는 값을 구해 보세요.

13　3　8　6　13　5

(　　　　　　　　　)

겹치는 만큼 줄어든다.

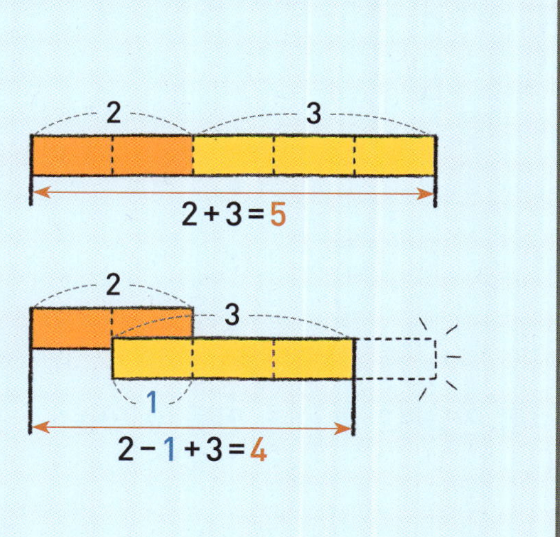

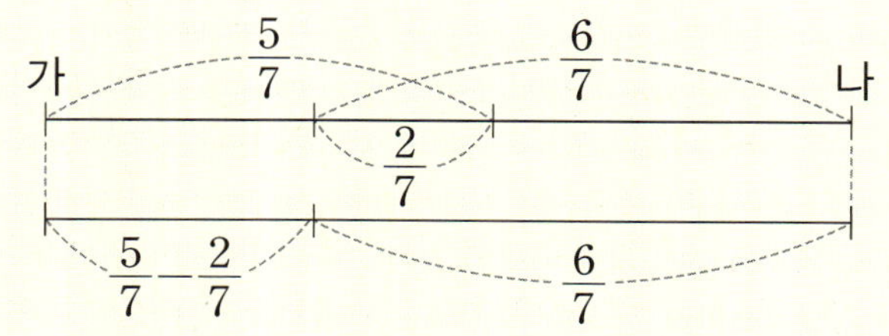

$$(가~나) = \frac{5}{7} - \frac{2}{7} + \frac{6}{7} = \frac{3}{7} + \frac{6}{7} = \frac{9}{7} = 1\frac{2}{7}$$

대표문제 4

그림을 보고 ㉮에서 ㉲까지의 거리는 몇 km인지 구해 보세요.

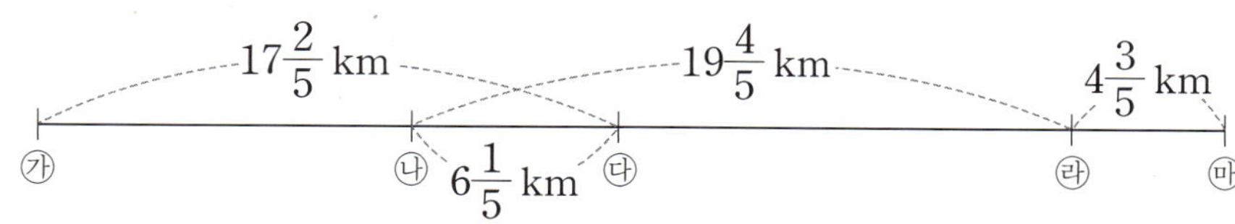

(㉮에서 ㉰까지의 거리)

$=$ (㉮에서 ㉱까지의 거리) $-$ (㉯에서 ㉱까지의 거리)

$$= 17\frac{2}{5} - 6\frac{1}{5} = \boxed{}\frac{\boxed{}}{5} \text{(km)}$$

(㉮에서 ㉲까지의 거리)

$=$ (㉮에서 ㉰까지의 거리) $+$ (㉯에서 ㉱까지의 거리) $+$ (㉱에서 ㉲까지의 거리)

$$= \boxed{} + 19\frac{4}{5} + 4\frac{3}{5} = \left(\boxed{} + 19 + 4\right) + \left(\boxed{} + \frac{4}{5} + \frac{3}{5}\right)$$

$$= \boxed{} + \frac{\boxed{}}{5} = \boxed{} \text{(km)}$$

4-1 그림을 보고 ㉮에서 ㉱까지의 거리는 몇 km인지 구해 보세요.

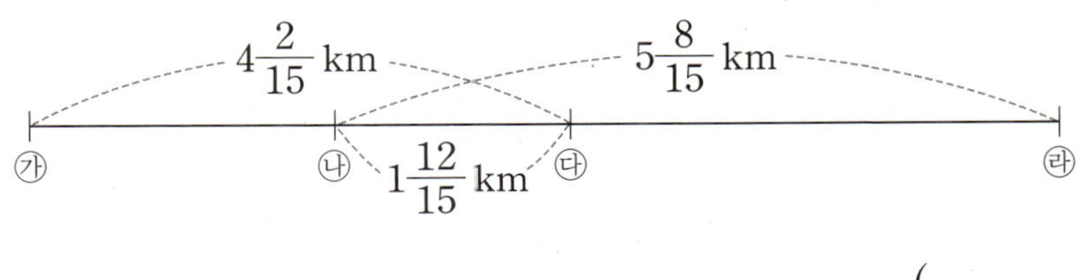

(   )

4-2 그림을 보고 ㉮에서 ㉲까지의 거리는 몇 km인지 구해 보세요.

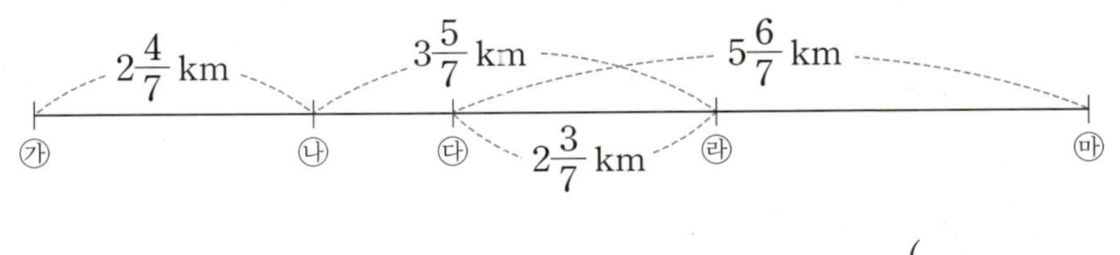

(   )

4-3 그림을 보고 ㉮에서 ㉲까지의 거리는 몇 km인지 구해 보세요.

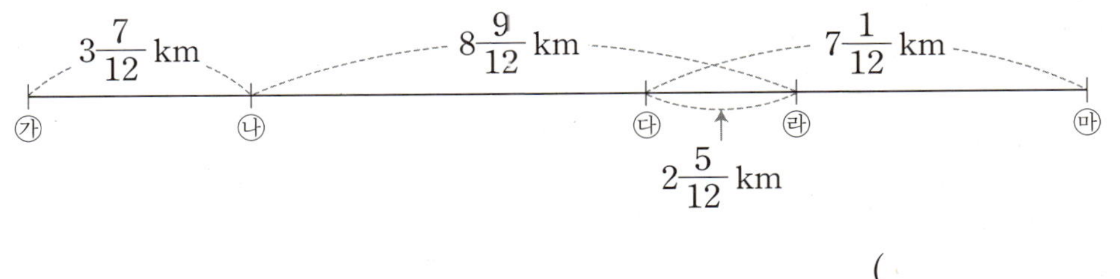

(   )

4-4 그림을 보고 ㉯에서 ㉰까지의 거리는 몇 km인지 구해 보세요.

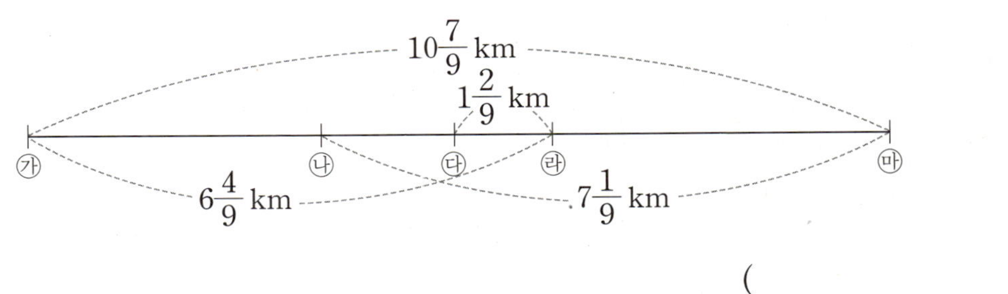

(   )

복잡한 연산을 간단한 기호로 약속할 수 있다.

$$ ㉮ * ㉯ = 5 - \dfrac{㉯}{㉮} $$

2*3은 ㉮ 대신 2를, ㉯ 대신 3을 넣어 계산합니다.

➡ $2 * 3 = 5 - \dfrac{3}{2} = 4\dfrac{2}{2} - 1\dfrac{1}{2} = 3\dfrac{1}{2}$

대표문제 5

기호 ◎를 다음과 같이 약속할 때 8 ◎ 3과 9 ◎ 4의 차를 구해 보세요.

$$ ㉮ ◎ ㉯ = \dfrac{㉮ + ㉯}{㉮ - ㉯} $$

$8 ◎ 3 = \dfrac{8 + \boxed{}}{8 - 3} = \dfrac{\boxed{}}{5} = \boxed{}$

$9 ◎ 4 = \dfrac{\boxed{} + \boxed{}}{9 - 4} = \dfrac{\boxed{}}{5} = \boxed{}$

따라서 $2\dfrac{1}{5}$ $\bigcirc$ $2\dfrac{3}{5}$ 이므로 8 ◎ 3과 9 ◎ 4의 차는

$\boxed{} - \boxed{} = \boxed{}$ 입니다.

5-1 기호 ▲를 다음과 같이 약속할 때 2 ▲ 9와 5 ▲ 6의 합을 구해 보세요.

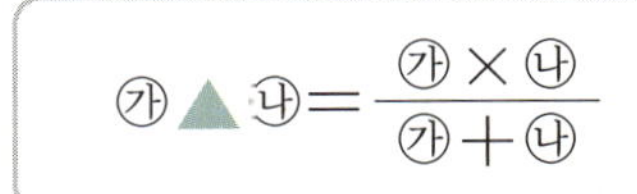
$$㉮ ▲ ㉯ = \dfrac{㉮ \times ㉯}{㉮ + ㉯}$$

(   )

5-2 기호 ◆를 다음과 같이 약속할 때 30 ◆ 6과 15 ◆ 3의 차를 구해 보세요.

$$㉮ ◆ ㉯ = \dfrac{㉮ - ㉯}{㉮ \div ㉯}$$

(   )

5-3 기호 ●와 ◆를 다음과 같이 약속할 때 $\dfrac{3}{7}$ ● 8 ◆ $\dfrac{6}{7}$의 값을 구해 보세요. (단, 앞에서부터 차례로 계산합니다.)

$$㉮ ● ㉯ = ㉯ - ㉮ - ㉮$$
$$㉮ ◆ ㉯ = ㉮ - ㉯ - ㉯$$

(   )

5-4 $㉮ ★ ㉯ = ㉮ + ㉮ + ㉯$로 약속할 때 ㉠에 알맞은 수를 구해 보세요.

$$3\dfrac{4}{9} ★ ㉠ = 8\dfrac{7}{9}$$

(   )

각자 하는 일의 양을 더하여 함께 하는 일의 양을 구한다.

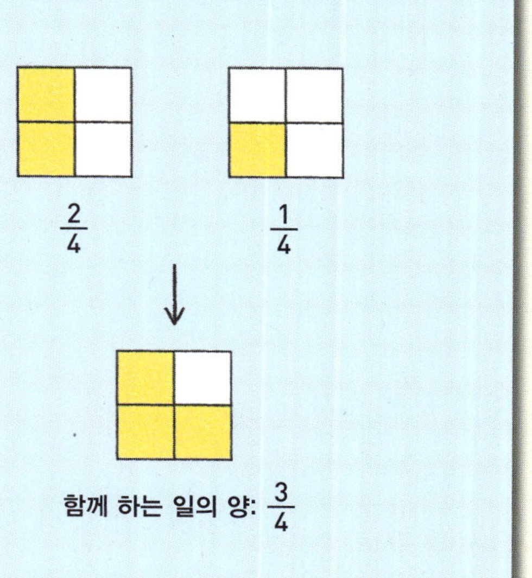

전체 일의 양을 1이라 하면

이름	지수	은호
하루 동안 하는 일의 양	$\frac{2}{6}$	$\frac{1}{6}$
두 사람이 함께 하루 동안 하는 일의 양	$\frac{2}{6}+\frac{1}{6}=\frac{3}{6}$	

$$1-\underset{2번}{\underline{\frac{3}{6}-\frac{3}{6}}}=0 \implies 두 사람이 함께 일을 모두 끝내는 데 2일$$

대표문제 6

아버지와 어머니가 모내기를 하십니다. 하루 동안 아버지는 전체의 $\frac{3}{20}$ 만큼을 하시고 어머니는 전체의 $\frac{2}{20}$ 만큼을 하십니다. 아버지와 어머니가 함께 모내기를 하신다면 모내기를 모두 끝내는 데 며칠이 걸릴까요?

전체 일의 양을 1이라 하면 아버지와 어머니가 함께 하루 동안 하시는 모내기의 양은

$$\frac{3}{20}+\frac{2}{20}=\frac{\boxed{}}{20} 입니다.$$

$$1-\boxed{}-\boxed{}-\boxed{}-\boxed{}=0 이므로$$

모내기를 모두 끝내는 데 $\boxed{}$ 일이 걸립니다.

6-1 민재와 지혜가 오이를 땁니다. 하루 동안 민재는 전체의 $\dfrac{3}{15}$만큼을 따고 지혜는 전체의 $\dfrac{2}{15}$만큼을 땁니다. 민재와 지혜가 함께 오이를 딴다면 오이를 모두 따는 데 며칠이 걸릴까요?

(   )

서술형

6-2 어떤 일을 하는 데 하루 동안 승호는 전체의 $\dfrac{2}{19}$만큼을 하고 은주는 전체의 $\dfrac{3}{19}$만큼을 합니다. 승호가 혼자서 2일 동안 일을 한 후 나머지는 매일 은주와 함께 한다면 승호가 일을 시작한 지 며칠 만에 끝낼 수 있는지 풀이 과정을 쓰고 답을 구해 보세요. (단, 쉬는 날 없이 일을 합니다.)

풀이

답

6-3 은혜, 경태, 한나가 어떤 일을 함께 하려고 합니다. 하루 동안 은혜는 전체의 $\dfrac{1}{36}$만큼을, 경태는 전체의 $\dfrac{3}{36}$만큼을, 한나는 전체의 $\dfrac{4}{36}$만큼을 합니다. 은혜, 경태, 한나가 함께 2일 동안 일을 한 후 은혜와 경태가 함께 3일 동안 일을 합니다. 그런 다음 남은 일을 한나가 혼자 한다고 할 때 일을 시작한 지 며칠 만에 끝낼 수 있을까요? (단, 쉬는 날 없이 일을 합니다.)

(   )

막대가 잠기는 부분의 길이는 일정하다.

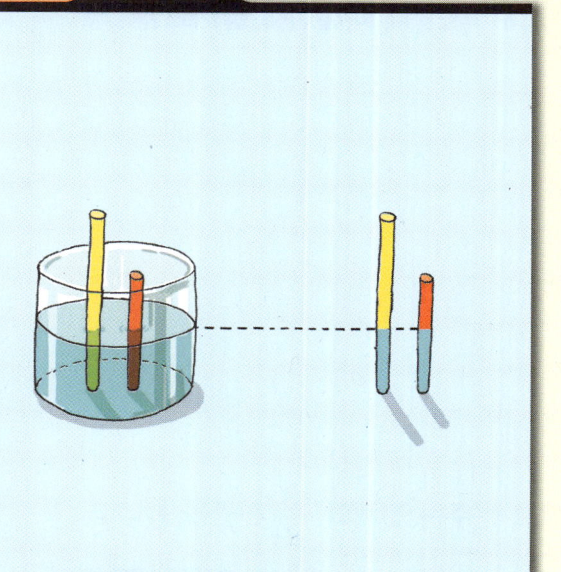

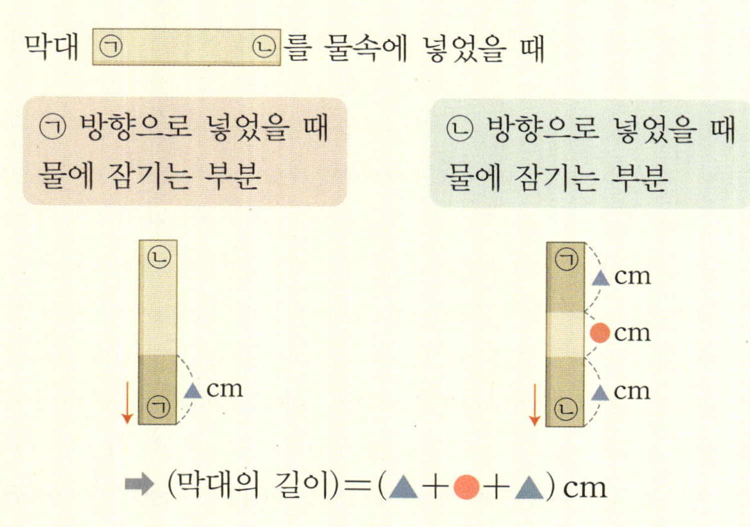

대표문제 7 막대를 연못의 바닥까지 넣었다가 꺼낸 후 젖은 부분의 길이를 재었더니 $\frac{4}{7}$ m였습니다. 이 막대를 거꾸로 하여 연못의 바닥까지 넣었다가 꺼낸 후 두 번 젖은 부분의 길이를 재었더니 $\frac{3}{7}$ m였습니다. 이 막대의 길이를 구해 보세요. (단, 막대는 항상 수직으로 넣고 연못 바닥은 평평합니다.)

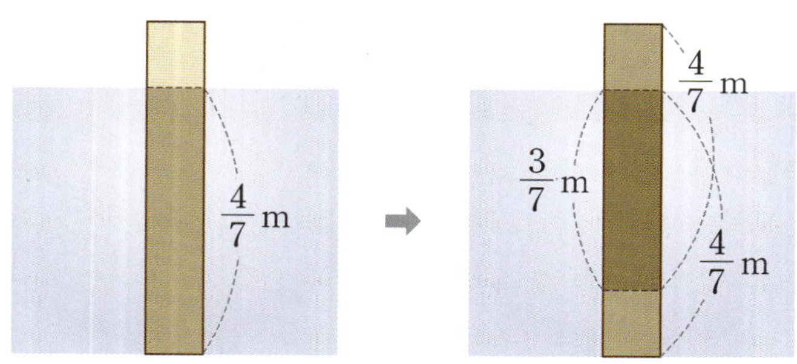

막대를 연못에 넣었을 때 연못 위로 올라오는 부분의 길이는

$\frac{4}{7} - \frac{3}{7} = \frac{\square}{7}$ (m)입니다.

따라서 막대의 길이는 $\frac{4}{7} + \frac{\square}{7} = \frac{\square}{7}$ (m)입니다.

7-1 막대를 연못의 바닥까지 넣었다가 꺼낸 후 젖은 부분의 길이를 재었더니 $5\frac{3}{5}$ m였습니다. 이 막대를 거꾸로 하여 연못의 바닥까지 넣었다가 꺼낸 후 두 번 젖은 부분의 길이를 재었더니 $3\frac{2}{5}$ m였습니다. 이 막대의 길이는 몇 m일까요? (단, 막대는 항상 수직으로 넣고 연못 바닥은 평평합니다.)

(   )

7-2 길이가 $5\frac{10}{11}$ m인 막대를 깊이가 $3\frac{7}{11}$ m인 연못의 바닥까지 넣었다가 꺼낸 후 막대를 거꾸로 하여 바닥까지 넣었다가 꺼냈습니다. 막대에서 두 번 젖은 부분의 길이는 몇 m일까요?
(단, 막대는 항상 수직으로 넣고 연못 바닥은 평평합니다.)

(   )

7-3 길이가 $7\frac{3}{8}$ m인 막대로 연못의 깊이를 재었습니다. 막대를 연못의 바닥까지 넣었다가 꺼낸 후 막대를 거꾸로 하여 바닥까지 넣었다가 꺼냈습니다. 막대에서 물에 젖지 않은 부분의 길이가 $2\frac{5}{8}$ m일 때 연못의 깊이는 몇 m일까요? (단, 막대는 항상 수직으로 넣고 연못 바닥은 평평합니다.)

(   )

7-4 길이가 $18\frac{6}{13}$ m인 막대로 연못의 깊이를 재었습니다. 막대를 연못의 바닥까지 넣었다가 꺼낸 후 막대를 거꾸로 하여 바닥까지 넣었다가 꺼냈습니다. 막대에서 물에 젖지 않은 부분의 길이가 $4\frac{12}{13}$ m일 때 연못의 깊이는 몇 m일까요? (단, 막대는 항상 수직으로 넣고 연못 바닥은 평평합니다.)

(   )

자연수, 분자, 분모의 규칙을 모두 찾는다.

$1\dfrac{1}{20}$ $2\dfrac{4}{20}$ $3\dfrac{7}{20}$ $4\dfrac{10}{20}$ $5\dfrac{13}{20}$ …

규칙 자연수 부분: 1, 2, 3, 4, 5, …

➡ 1씩 커집니다.

분수 부분: $\dfrac{1}{20},\ \dfrac{4}{20},\ \dfrac{7}{20},\ \dfrac{10}{20},\ \dfrac{13}{20},\ …$

➡ 분모는 20이고 분자는 3씩 커집니다.

대표문제 8

규칙에 따라 수를 늘어놓은 것입니다. 늘어놓은 수들의 합을 구해 보세요.

$$1\dfrac{2}{13},\ 3\dfrac{4}{13},\ 5\dfrac{6}{13},\ …,\ 11\dfrac{12}{13}$$

자연수 부분은 1부터 $\boxed{}$ 씩 커지고, 분수 부분의 분자는 2부터 $\boxed{}$ 씩 커지는 규칙입니다.

$$1\dfrac{2}{13}+3\dfrac{4}{13}+5\dfrac{6}{13}+\boxed{}\dfrac{\boxed{}}{13}+\boxed{}\dfrac{\boxed{}}{13}+11\dfrac{12}{13}$$

$$=(1+3+5+\boxed{}+\boxed{}+11)+\left(\dfrac{2}{13}+\dfrac{4}{13}+\dfrac{6}{13}+\dfrac{8}{13}+\dfrac{\boxed{}}{13}+\dfrac{\boxed{}}{13}\right)$$

$$=\boxed{}+\dfrac{\boxed{}}{13}=\boxed{}$$

8-1 규칙에 따라 수를 늘어놓은 것입니다. 늘어놓은 수들의 합을 구해 보세요.

$$\frac{19}{5},\ \frac{18}{5},\ \frac{17}{5},\ ...,\ \frac{1}{5}$$

(   )

8-2 규칙에 따라 수를 늘어놓은 것입니다. 늘어놓은 수들의 합을 구해 보세요.

$$1\frac{1}{9},\ 2\frac{2}{9},\ 3\frac{3}{9},\ ...,\ 8\frac{8}{9}$$

(   )

8-3 규칙에 따라 수를 늘어놓은 것입니다. 늘어놓은 수들의 합을 구해 보세요.

$$19\frac{1}{7},\ 17\frac{3}{7},\ 15\frac{5}{7},\ ...,\ 1\frac{19}{7}$$

(   )

8-4 다음과 같은 규칙으로 수를 늘어놓았습니다. 첫째부터 열째까지 수들의 합을 구해 보세요.

$$2\frac{1}{20},\ 4\frac{2}{20},\ 6\frac{3}{20},\ 8\frac{4}{20},\ 10\frac{5}{20},\ ...$$

(   )

MATH MASTER

1 분모가 8인 진분수가 2개 있습니다. 두 진분수의 합이 $1\frac{3}{8}$이고 차가 $\frac{1}{8}$일 때 두 진분수를 구해 보세요.

( )

2 수 카드 5 , 6 , 7 , 8 을 모두 한 번씩 사용하여 다음과 같은 대분수의 덧셈식을 만들었습니다. 계산 결과가 가장 클 때의 값을 구해 보세요.

( )

서술형 3 □ 안에 들어갈 수 있는 자연수는 모두 몇 개인지 풀이 과정을 쓰고 답을 구해 보세요.

$$2\frac{2}{10}+3\frac{7}{10} < \frac{\square}{10} < 7\frac{5}{10}-1\frac{3}{10}$$

풀이

답

4 길이가 각각 $10\,\text{cm}$인 색 테이프 3장을 그림과 같이 $1\frac{3}{5}\,\text{cm}$만큼씩 겹쳐서 이어 붙였습니다. 이어 붙인 색 테이프의 전체 길이는 몇 cm일까요?

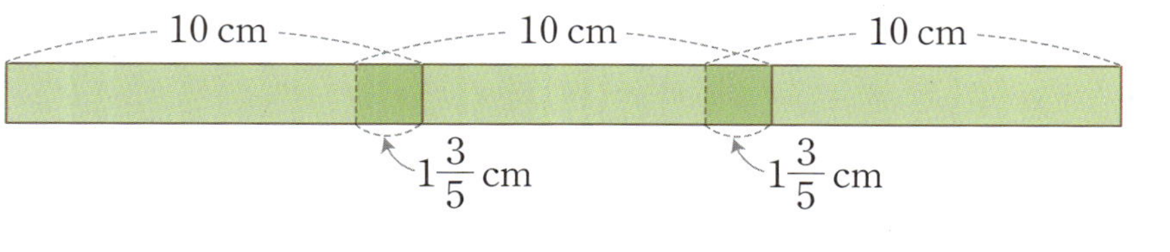

( )

5 길이가 20 cm인 양초가 있습니다. 이 양초에 불을 붙이고 15분이 지난 후에 양초의 길이를 재었더니 $16\frac{5}{9}$ cm였습니다. 길이가 같은 새 양초에 불을 붙이고 1시간이 지난 후에 남은 양초의 길이는 몇 cm일까요? (단, 양초는 일정한 빠르기로 타고 두 양초가 타는 빠르기는 같습니다.)

(   )

먼저 생각해 봐요!

양초가 15분에 2 cm씩 탈 때 30분 동안 타는 양초의 길이는?

6 하루에 $2\frac{10}{60}$분씩 빨라지는 시계가 있습니다. 이 시계를 8월 10일 낮 12시 정각에 정확한 시각으로 맞추어 놓았습니다. 같은 달 13일 낮 12시에 이 시계가 가리키는 시각은 몇 시 몇 분 몇 초일까요?

(   )

서술형 7 무게가 똑같은 책 5권이 들어 있는 상자의 무게를 재어 보았더니 8 kg이었습니다. 이 상자에서 책 2권을 꺼낸 후 다시 상자의 무게를 재었더니 $5\frac{3}{13}$ kg이었다면 책 한 권의 무게는 몇 kg인지 풀이 과정을 쓰고 답을 구해 보세요.

풀이

답

8 미나, 수지, 효민 세 사람의 몸무게를 재었습니다. 미나와 수지의 몸무게의 합은 $59\dfrac{7}{20}$ kg, 미나와 효민이의 몸무게의 합은 $67\dfrac{5}{20}$ kg, 수지와 효민이의 몸무게의 합은 $61\dfrac{12}{20}$ kg입니다. 세 사람의 몸무게의 합은 몇 kg일까요?

먼저 생각해 봐요!

가＋나＋다는?

가＋나＝3
나＋다＝5
가＋다＝4

(   )

9 ☐ 안에는 모두 같은 수가 들어갑니다. ☐ 안에 알맞은 수를 구해 보세요.

$$\frac{1}{3}+\frac{2}{3}=1$$

$$\frac{1}{5}+\frac{2}{5}+\frac{3}{5}+\frac{4}{5}=2$$

$$\frac{1}{7}+\frac{2}{7}+\frac{3}{7}+\frac{4}{7}+\frac{5}{7}+\frac{6}{7}=3$$

$$\vdots$$

$$\frac{1}{\square}+\frac{2}{\square}+\frac{3}{\square}+\cdots+\frac{\square-2}{\square}+\frac{\square-1}{\square}=18$$

(   )

10 분모가 11인 세 분수 ㉮, ㉯, ㉰가 있습니다. 세 분수의 합은 $12\dfrac{9}{11}$이고 ㉯는 ㉮보다 $3\dfrac{4}{11}$만큼 더 크며 ㉰는 ㉮의 2배입니다. 세 분수 ㉮, ㉯, ㉰를 각각 구해 보세요.

㉮ (   ), ㉯ (   ), ㉰ (   )

2

삼각형

삼각형을 변의 길이에 따라 분류하기

• 삼각형을 변의 길이에 따라 두 변의 길이가 같은 삼각형, 세 변의 길이가 같은 삼각형, 세 변의 길이가 모두 다른 삼각형으로 분류할 수 있습니다.

삼각형을 변의 길이에 따라 분류하기

• **이등변삼각형**: 두 변의 길이가 같은 삼각형

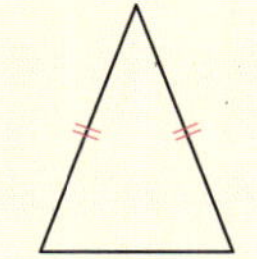 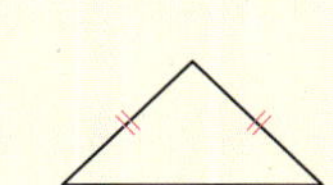 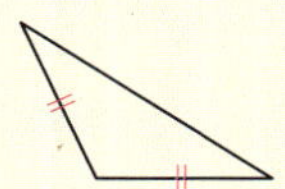

• **정삼각형**: 세 변의 길이가 같은 삼각형

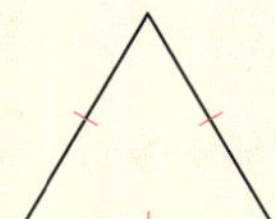 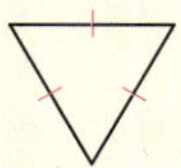 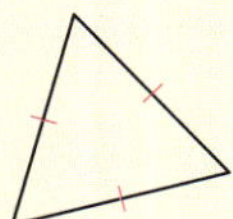

• 세 변의 길이가 같아도 이등변삼각형이라고 할 수 있습니다.

• 정삼각형은 세 변의 길이가 같으므로 이등변삼각형이라고 할 수 있습니다. 하지만 이등변삼각형은 정삼각형이라고 할 수 없습니다.

1 ☐ 안에 알맞은 수를 써넣으세요.

(1) 이등변삼각형

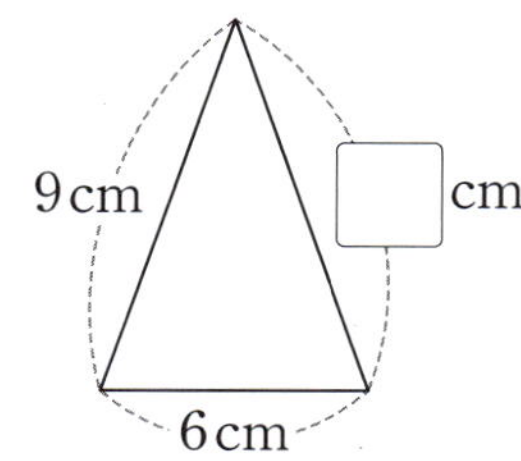

(2) 정삼각형

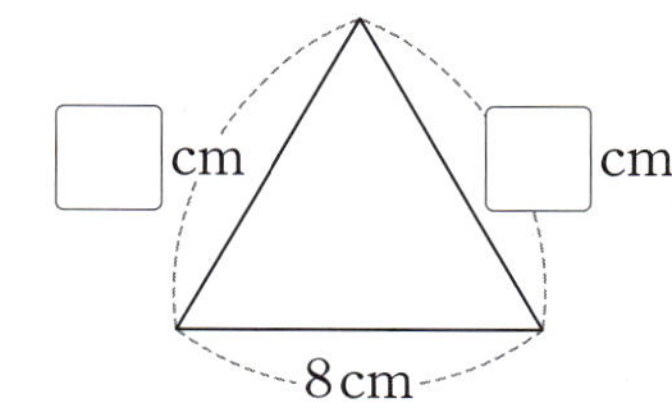

2 오른쪽 삼각형은 세 변의 길이의 합이 30 cm인 이등변삼각형입니다. ☐ 안에 알맞은 수를 써넣으세요.

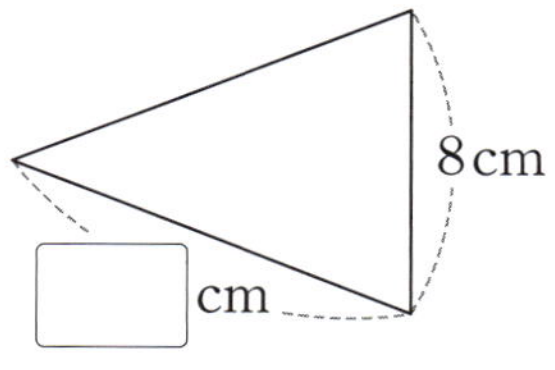

이등변삼각형의 성질

이등변삼각형은 길이가 같은 두 변에 있는 두 각의 크기가 같습니다.

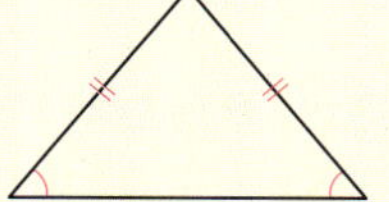

정삼각형의 성질

정삼각형은 세 각의 크기가 같습니다.
•(한 각의 크기)$=180° \div 3 = 60°$

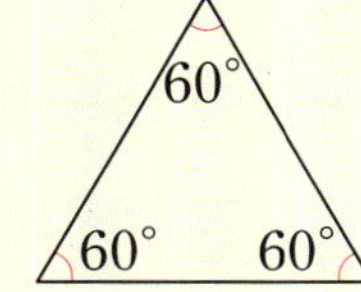

• 정삼각형은 세 각의 크기가 같으므로 이등변삼각형이라고 할 수 있습니다.

3 다음 도형은 이등변삼각형입니다. ☐ 안에 알맞은 수를 써넣으세요.

(1) 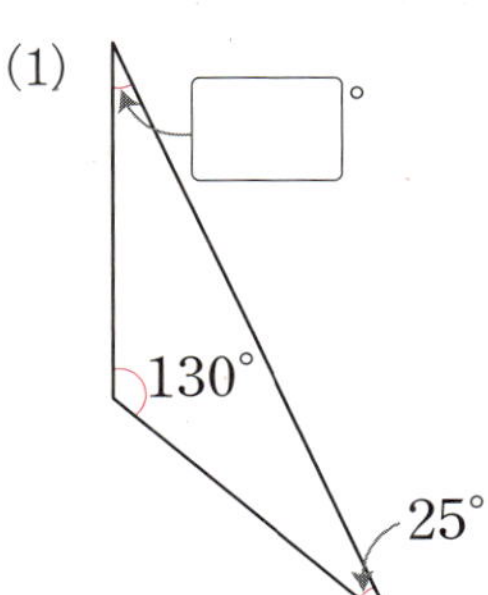

130° 25°

(2) 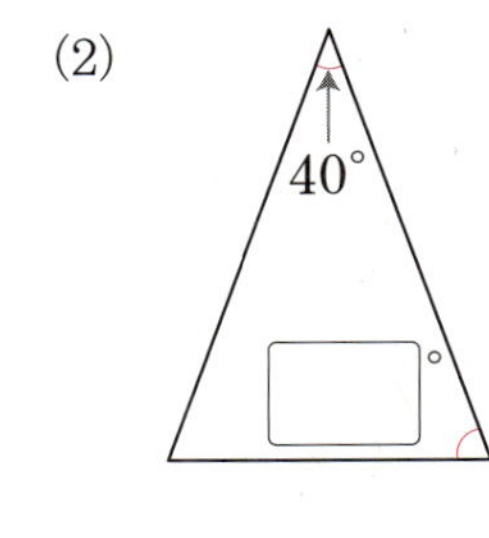

40°

4 삼각형 ㄱㄴㄷ은 이등변삼각형입니다. 각 ㄴㄱㄷ의 크기를 구해 보세요.

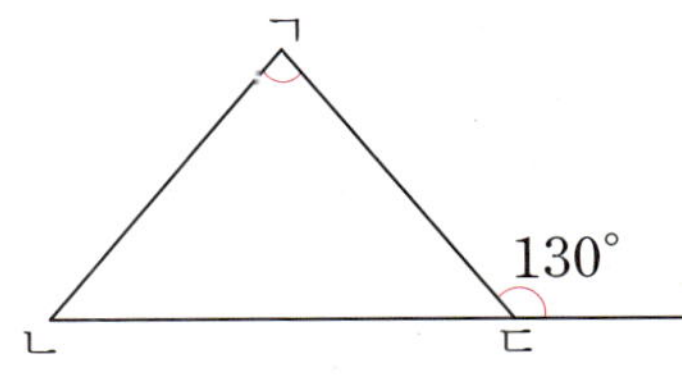

130°

( )

5 삼각형 ㄱㄴㄷ은 정삼각형입니다. ☐ 안에 알맞은 수를 써넣으세요.

(1) 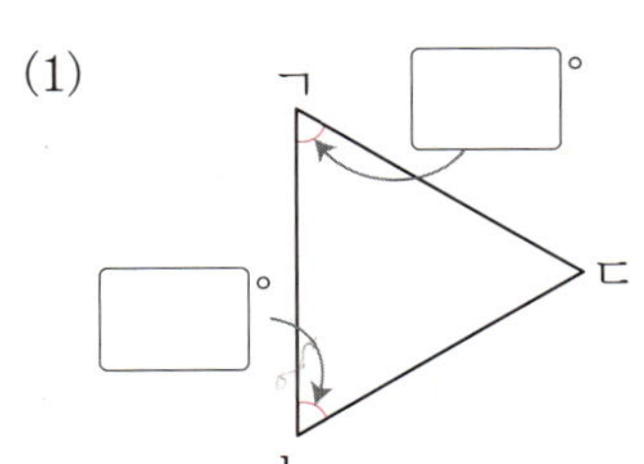

(2) 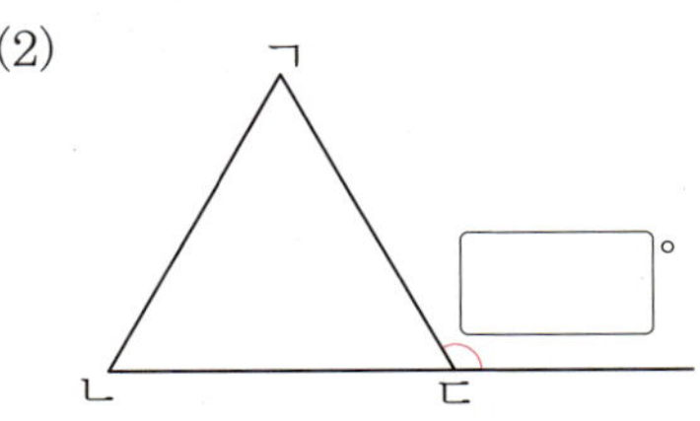

6 오른쪽 삼각형의 세 변의 길이의 합은 몇 cm일까요?

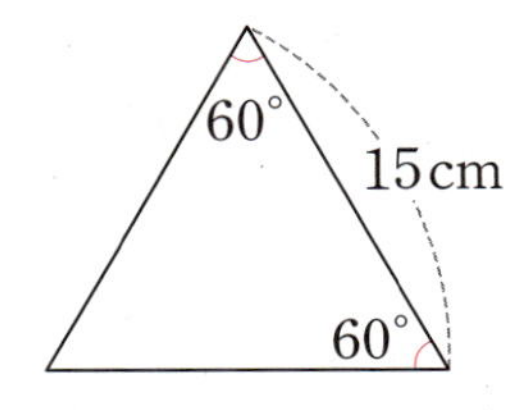

60° 15 cm 60°

( )

2 삼각형을 각의 크기에 따라 분류하기

• 삼각형의 세 각은 예각, 직각, 둔각 중 하나이고, 세 각의 크기의 합은 항상 180°입니다.

삼각형을 각의 크기에 따라 분류하기

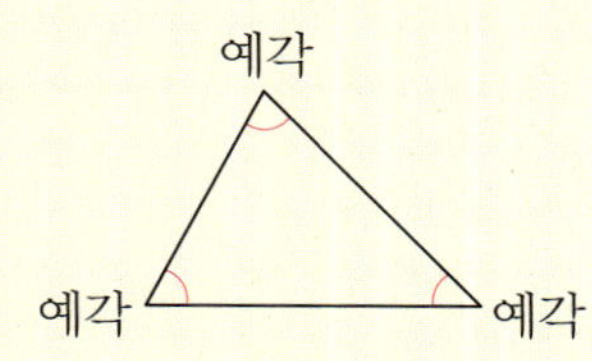

예각삼각형

세 각이 모두 예각인 삼각형

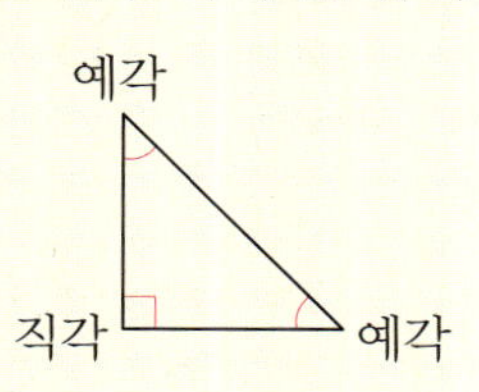

직각삼각형

한 각이 직각인 삼각형

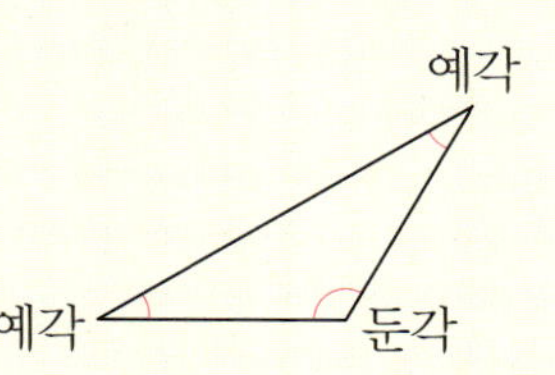

둔각삼각형

한 각이 둔각인 삼각형

---

1 삼각형을 예각삼각형, 직각삼각형, 둔각삼각형으로 분류하여 기호를 써 보세요.

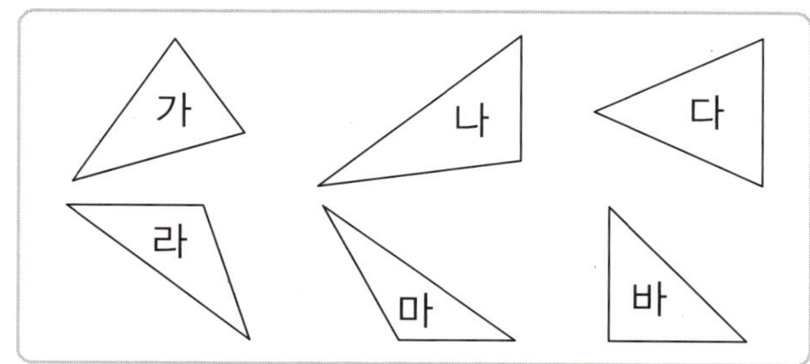

예각삼각형	직각삼각형	둔각삼각형

2 직사각형 모양의 종이를 선을 따라 잘랐을 때 생기는 예각삼각형과 둔각삼각형을 모두 찾아 각각 기호를 써 보세요.

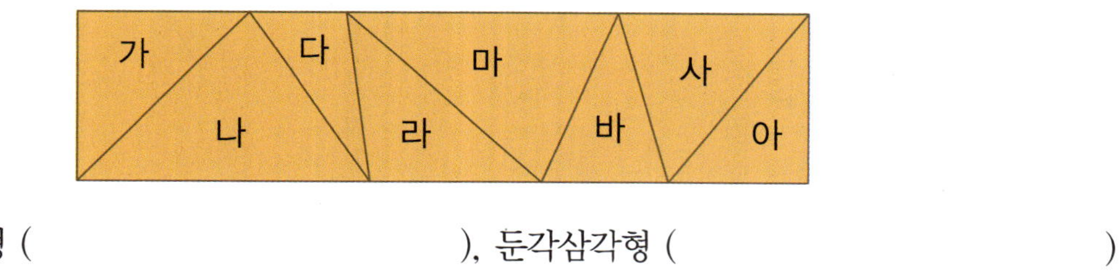

예각삼각형 (   ), 둔각삼각형 (   )

3 삼각형의 세 각 중 두 각의 크기가 각각 다음과 같을 때 둔각삼각형을 찾아 기호를 써 보세요.

> ㉠ 30°, 70°　　㉡ 40°, 35°　　㉢ 50°, 40°

(   )

삼각형을 두 가지 기준으로 분류하기

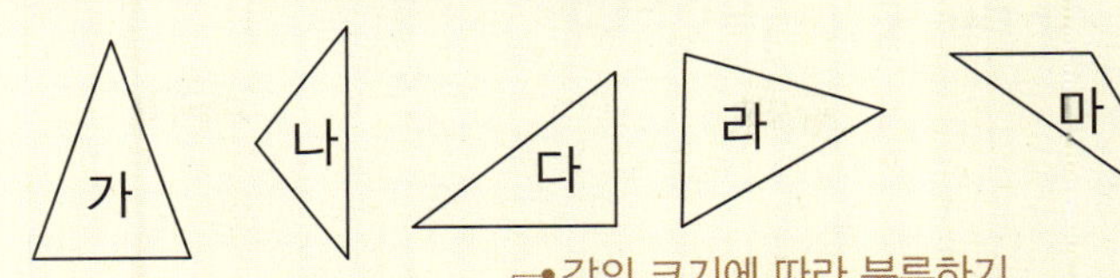

•각의 크기에 따라 분류하기

	예각삼각형	직각삼각형	둔각삼각형
이등변삼각형	가	바	나
세 변의 길이가 모두 다른 삼각형	라	다	마

•변의 길이에 따라 분류하기

정삼각형은 세 변의 길이가 같고, 세 각이 모두 예각이므로 이등변삼각형이면서 예각삼각형입니다.

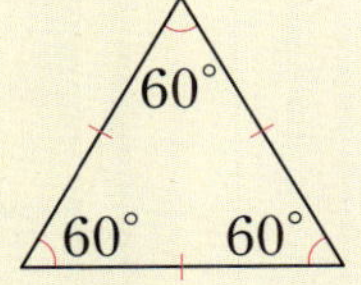

4 삼각형을 예각삼각형, 직각삼각형, 둔각삼각형으로 분류하여 기호를 써 보세요.

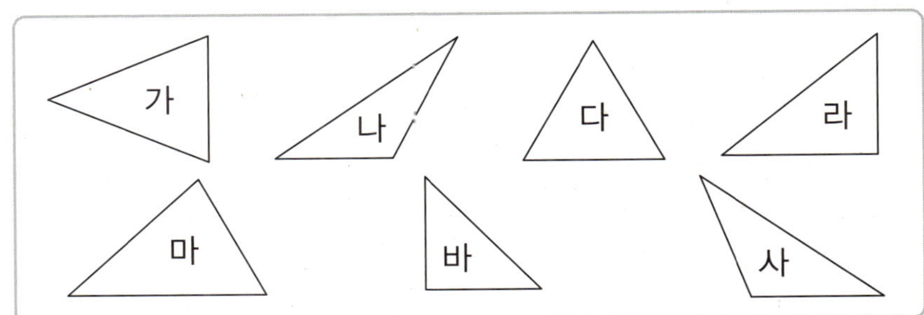

	예각삼각형	직각삼각형	둔각삼각형
이등변삼각형			
세 변의 길이가 모두 다른 삼각형			

5 다음 삼각형의 이름이 될 수 있는 것을 모두 찾아 ○표 하세요.

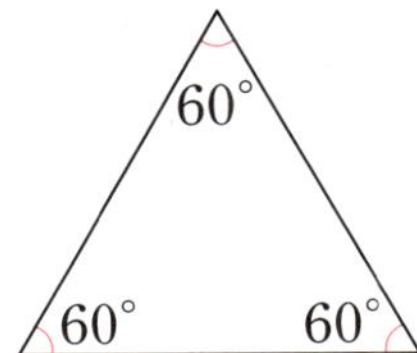

| 이등변삼각형 | 정삼각형 |
| 예각삼각형 | 둔각삼각형 | 직각삼각형 |

6 보기 에서 설명하는 삼각형을 그려 보세요.

보기

• 이등변삼각형입니다.
• 직각삼각형입니다.

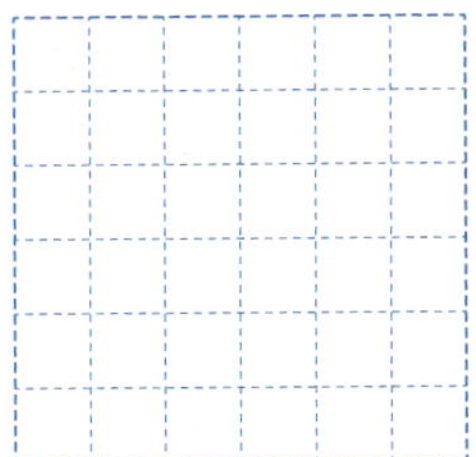

알 수 있는 것부터 차례로 구한다.

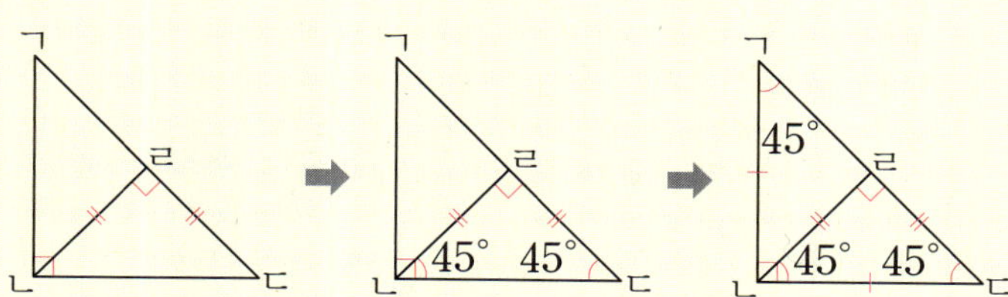

삼각형 ㄹㄴㄷ은 이등변삼각형이므로

(각 ㄹㄴㄷ)=(각 ㄹㄷㄴ)=90°÷2=45°

(각 ㄴㄱㄷ)=180°−90°−45°=45°이므로

(변 ㄱㄴ)=(변 ㄴㄷ)

대표문제 1

그림에서 선분 ㄱㄴ, 선분 ㄱㄷ, 선분 ㄷㄹ의 길이가 같을 때 각 ㄴㄱㄷ의 크기를 구해 보세요.

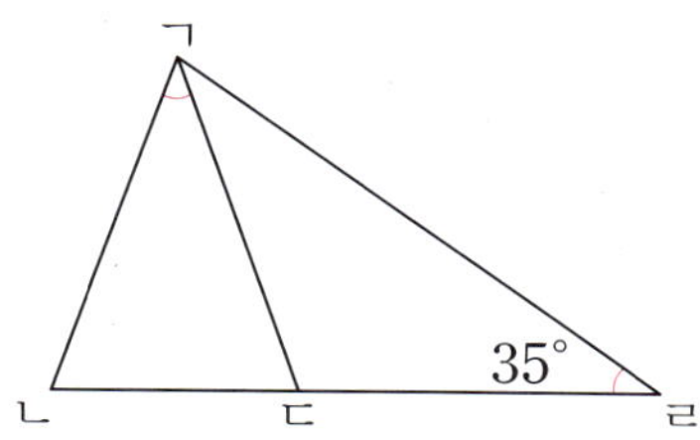

삼각형 ㄱㄷㄹ은 이등변삼각형이므로

(각 ㄷㄱㄹ)=(각 ㄷㄹㄱ)=[ ]°이고

(각 ㄱㄷㄹ)=180°−35°−35°=[ ]°입니다.

(각 ㄱㄷㄴ)=180°−(각 ㄱㄷㄹ)=180°−[ ]°=[ ]°

삼각형 ㄱㄴㄷ은 이등변삼각형이므로 (각 ㄱㄴㄷ)=(각 ㄱㄷㄴ)=[ ]°입니다.

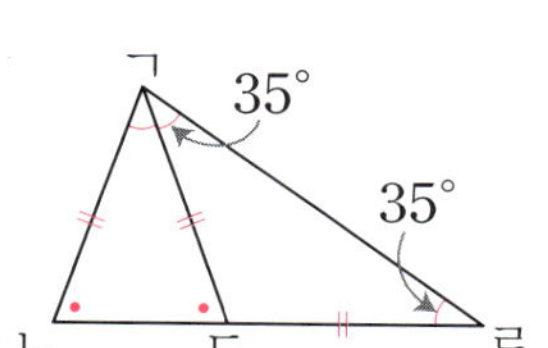

➡ (각 ㄴㄱㄷ)=180°−70°−70°=[ ]°

1-1 오른쪽 그림에서 선분 ㄱㄴ과 선분 ㄴㄷ의 길이가 같고, 선분 ㄹㄴ과 선분 ㄹㄷ의 길이가 같을 때 각 ㄱㄴㄹ의 크기를 구해 보세요.

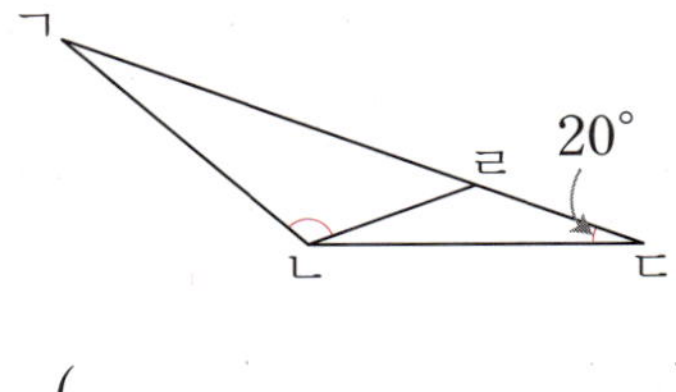

(   )

1-2 오른쪽 그림에서 선분 ㄱㄴ과 선분 ㄴㄹ의 길이가 같고, 선분 ㄱㄷ과 선분 ㄱㄹ의 길이가 같을 때 각 ㄱㄴㄷ의 크기를 구해 보세요.

(   )

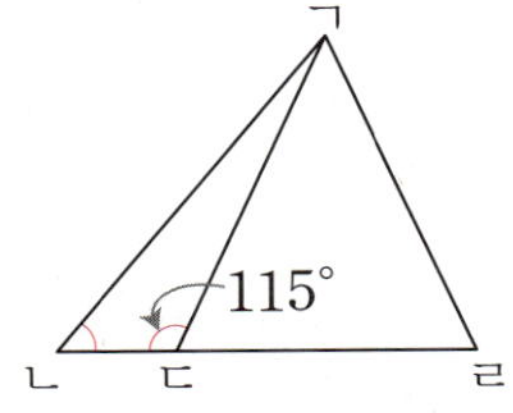

1-3 오른쪽 그림에서 삼각형 ㄱㄴㄷ은 직각삼각형이고 삼각형 ㄹㄴㄷ은 이등변삼각형입니다. 각 ㄱㄷㄴ의 크기를 구해 보세요.

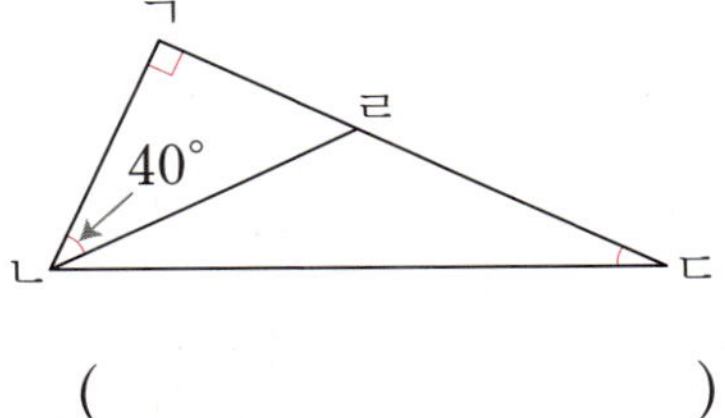

(   )

1-4 오른쪽 그림에서 삼각형 ㅁㄷㄹ은 이등변삼각형입니다. 각 ㄱㄷㅁ의 크기를 구해 보세요.

(   )

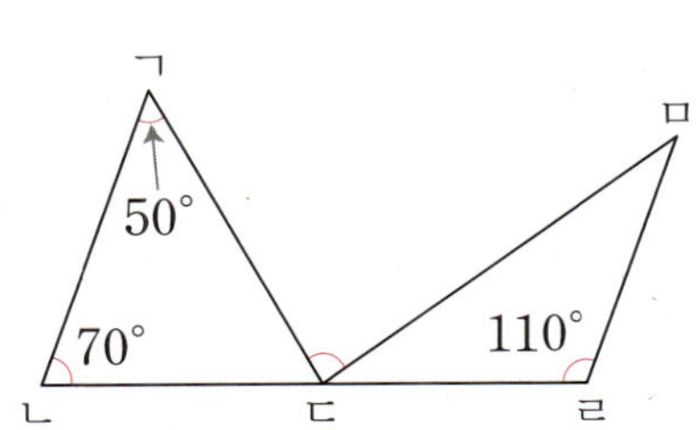

정삼각형은
세 변의 길이가 같고 세 각의 크기가 60°로 모두 같다.

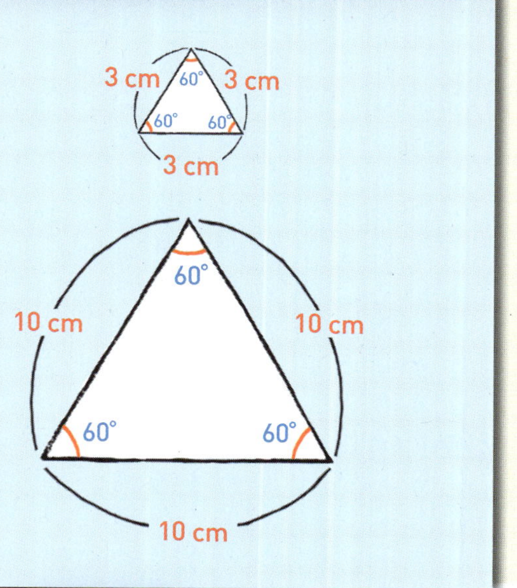

두 삼각형의 세 변의 길이의 합이 같을 때

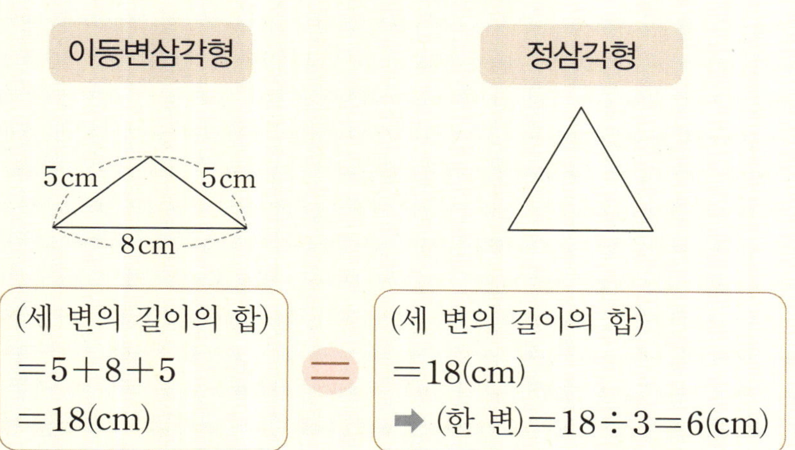

대표문제 2

다음 이등변삼각형과 세 변의 길이의 합이 같은 정삼각형을 만들려고 합니다. 정삼각형의 한 변은 몇 cm로 해야 할까요?

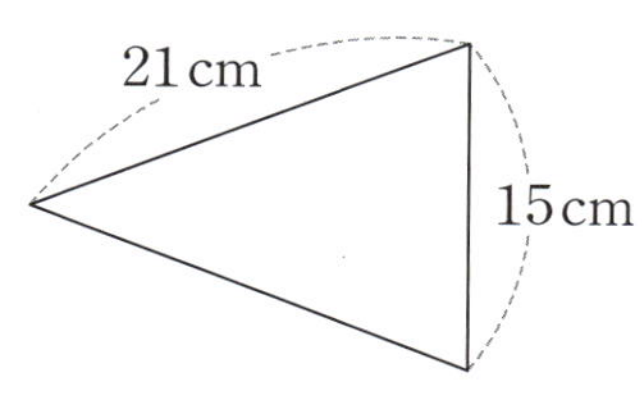

이등변삼각형은 두 변의 길이가 같으므로 나머지 한 변은 ☐ cm입니다.

(이등변삼각형의 세 변의 길이의 합)=21+ ☐ +15= ☐ (cm)

정삼각형은 세 변의 길이가 같으므로

정삼각형의 한 변은 57÷ ☐ = ☐ (cm)로 해야 합니다.

2-1 오른쪽 이등변삼각형과 세 변의 길이의 합이 같은 정삼각형을 만들려고 합니다. 정삼각형의 한 변은 몇 cm로 해야 할까요?

(   )

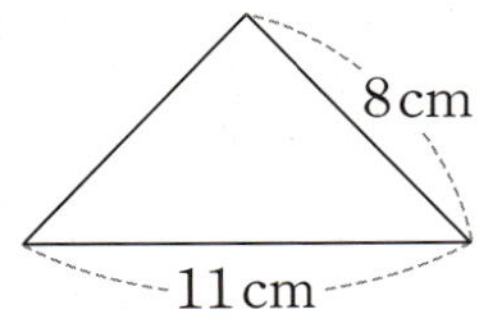

 2-2 동호는 길이가 $1\,\text{m}$인 철사로 한 변이 $9\,\text{cm}$인 정삼각형을 만들려고 합니다. 정삼각형을 몇 개까지 만들 수 있는지 풀이 과정을 쓰고 답을 구해 보세요.

풀이

답

2-3 오른쪽 그림에서 삼각형 ㄱㄴㄷ이 정삼각형일 때 각 ㅁㄹㄷ의 크기를 구해 보세요.

(   )

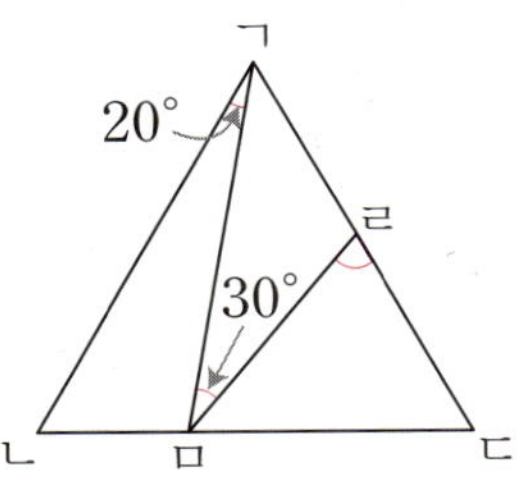

2-4 오른쪽 그림에서 삼각형 ㄱㄴㄷ은 정삼각형이고 삼각형 ㄹㄴㄷ은 이등변삼각형입니다. ㉠의 각도를 구해 보세요.

(   )

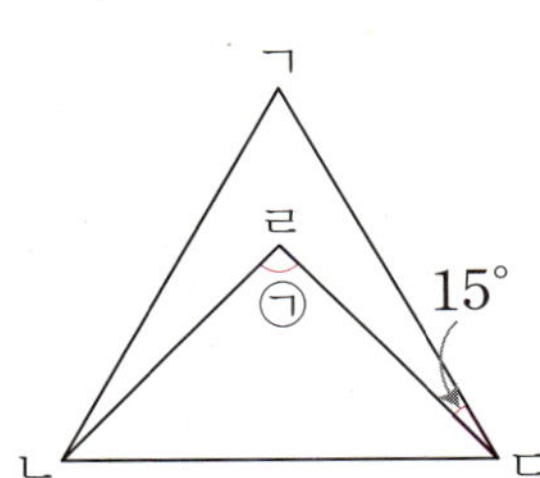

종이를 접었을 때
접은 각과 접힌 각의 크기는 같다.

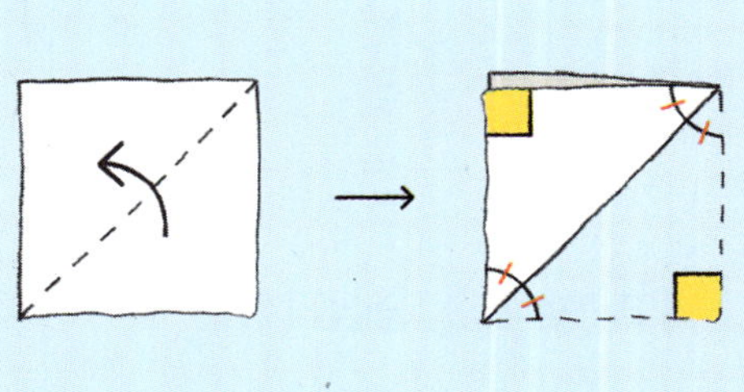

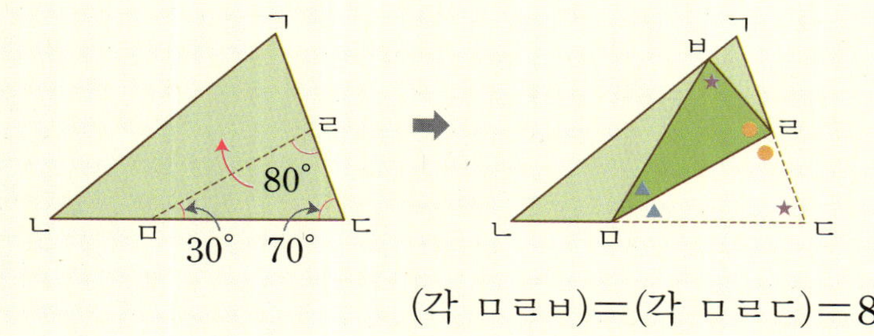

(각 ㅁㄹㅂ)=(각 ㅁㄹㄷ)=80°
(각 ㄹㅁㅂ)=(각 ㄹㅁㄷ)=30°
(각 ㄹㅂㅁ)=(각 ㄹㄷㅁ)=70°

대표문제 3

그림과 같이 삼각형 모양의 종이를 접었을 때 선분 ㄴㅁ과 선분 ㄹㅁ의 길이가 같습니다.
각 ㅁㅂㄷ의 크기를 구해 보세요.

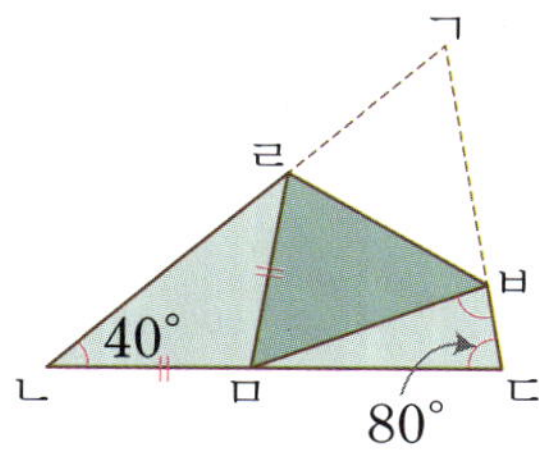

삼각형 ㄹㄴㅁ은 이등변삼각형이므로 (각 ㄴㄹㅁ)=(각 ㄹㄴㅁ)=$\boxed{}$°이고

(각 ㄴㅁㄹ)=180°−40°−40°=$\boxed{}$°입니다.

(각 ㄹㅁㅂ)=(각 ㄴㄱㄷ)=180°−40°−80°=$\boxed{}$°

(각 ㅂㅁㄷ)=180°−100°−60°=$\boxed{}$°

따라서 삼각형 ㅂㅁㄷ에서 (각 ㅁㅂㄷ)=180°−20°−80°=$\boxed{}$°입니다.

3-1 오른쪽 그림과 같이 삼각형 모양의 종이를 접었습니다. 각 ㄱㅂㄹ
의 크기를 구해 보세요.

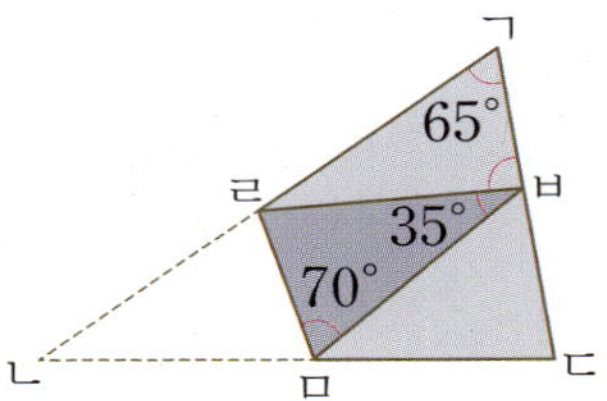

(   )

3-2 오른쪽 그림과 같이 정삼각형 모양의 종이를 접었습니다. ㉠의 크기를
구해 보세요.

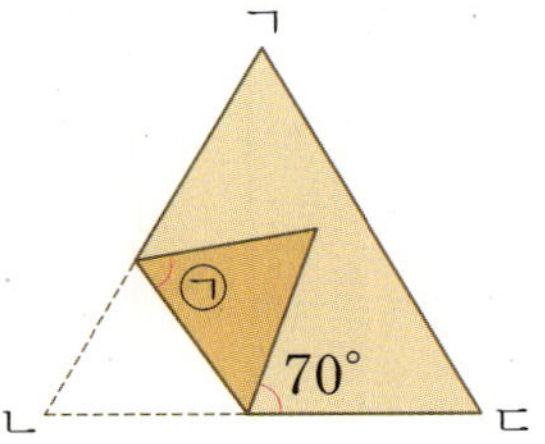

(   )

3-3 그림과 같이 이등변삼각형 모양의 종이를 접었습니다. ㉠의 크기를 구해 보세요.

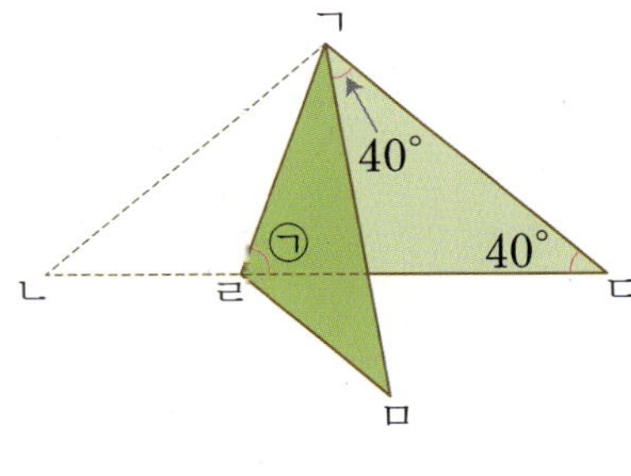

(   )

3-4 오른쪽 그림과 같이 정삼각형 모양의 종이를 접었습니다. ㉠의 크기를
구해 보세요.

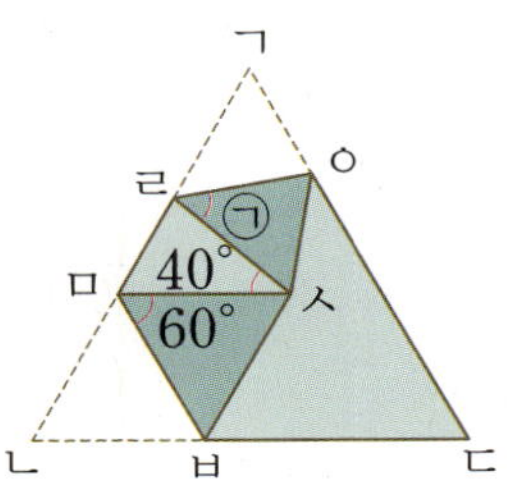

(   )

도형을 돌려도 변의 길이나 각의 크기는 변하지 않는다.

정삼각형을 시계 방향으로 45°, 90°만큼 돌렸을 때

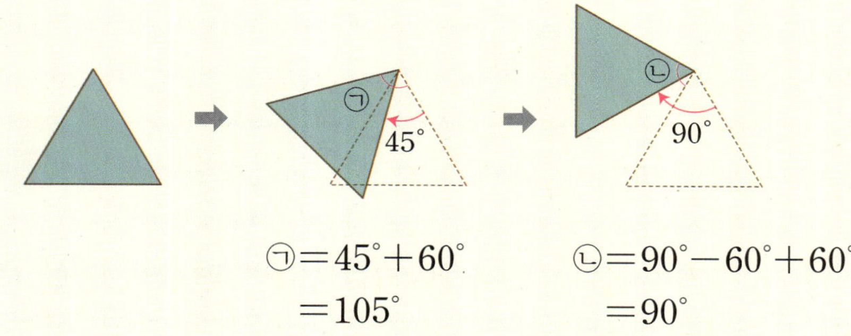

$$㉠=45°+60°$$
$$=105°$$

$$㉡=90°-60°+60°$$
$$=90°$$

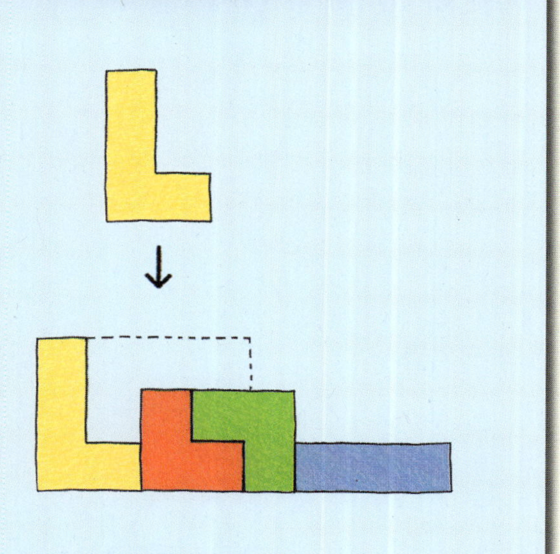

대표문제 4

그림과 같이 정삼각형 ㄱㄴㄷ을 점 ㄱ을 중심으로 하여 시계 방향으로 90°만큼 돌려서 정삼각형 ㄱㄹㅁ을 만들었습니다. ㉠의 크기를 구해 보세요.

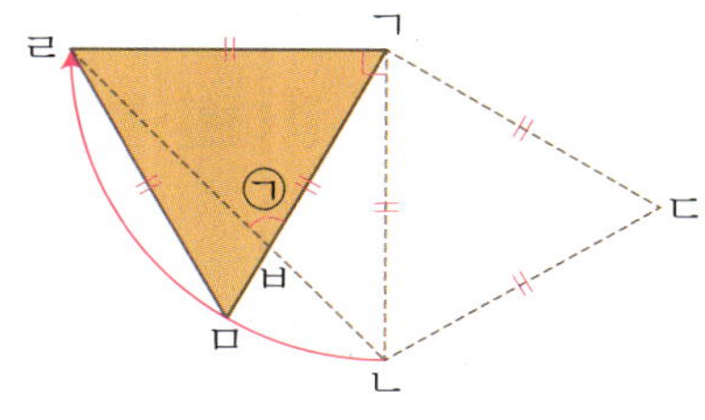

삼각형 ㄱㄴㄷ을 시계 방향으로 90°만큼 돌렸으므로

(각 ㄷㄱㅁ)=(각 ㄴㄱㄹ)= ⬚ °입니다.

삼각형 ㄱㄹㄴ에서 선분 ㄱㄹ과 선분 ㄱㄴ의 길이가 같으므로

(각 ㄱㄹㄴ)=(각 ㄱㄴㄹ)=(180°-90°)÷2= ⬚ °입니다.

삼각형 ㄱㄹㅁ은 정삼각형이므로 (각 ㄹㄱㅁ)= ⬚ °입니다.

따라서 삼각형 ㄱㄹㅂ에서 ㉠=180°-45°-60°= ⬚ °입니다.

4-1 오른쪽 그림과 같이 이등변삼각형 ㄱㄴㄷ을 점 ㄱ을 중심으로 하여 시계 반대 방향으로 90°만큼 돌려서 이등변삼각형 ㄱㄹㅁ을 만들었습니다. ㉠의 크기를 구해 보세요.

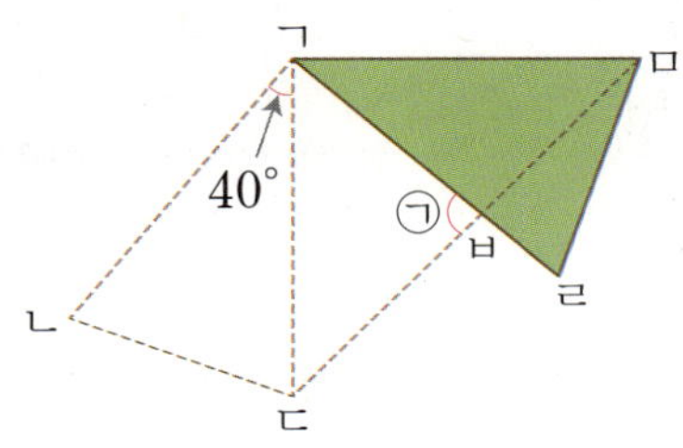

(   )

4-2 오른쪽 그림과 같이 직각삼각형 ㄱㄴㄷ을 점 ㄱ을 중심으로 하여 시계 방향으로 30°만큼 돌려서 삼각형 ㄱㄹㅁ을 만들었습니다. ㉠의 크기를 구해 보세요.

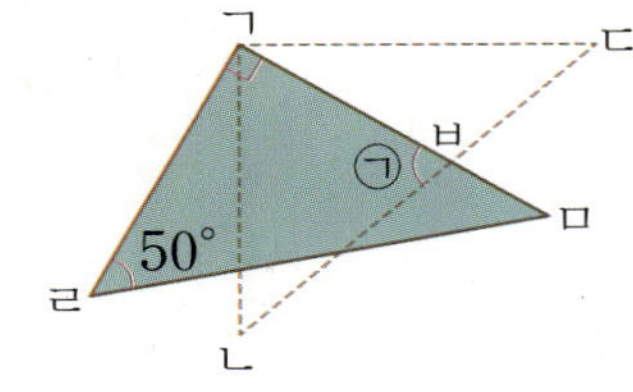

(   )

4-3 오른쪽 그림과 같이 삼각형 ㄱㄴㄷ을 점 ㄷ을 중심으로 하여 시계 방향으로 20°만큼 돌려서 삼각형 ㅁㄹㄷ을 만들었습니다. ㉠의 크기를 구해 보세요.

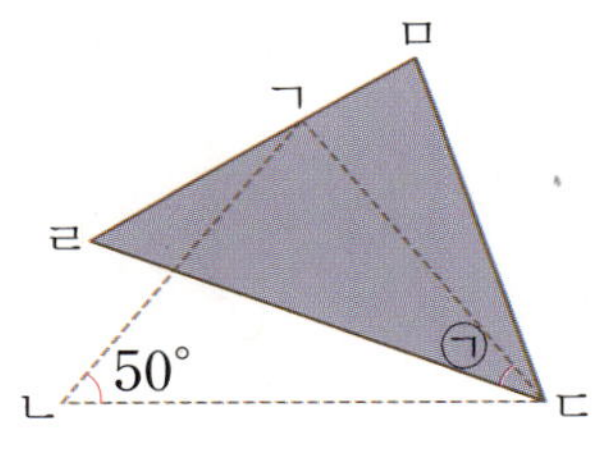

(   )

4-4 오른쪽 그림과 같이 이등변삼각형 ㄱㄴㄷ을 점 ㄴ을 중심으로 하여 시계 반대 방향으로 돌려서 삼각형 ㄹㄴㅁ을 만들었습니다. 삼각형 ㄱㄴㄷ을 시계 반대 방향으로 몇 도만큼 돌린 것일까요?

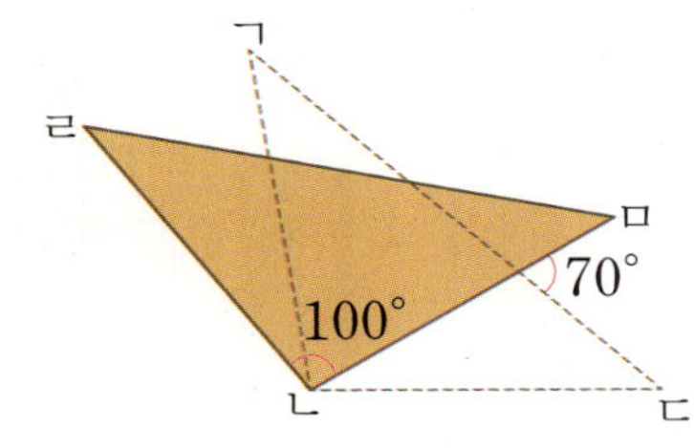

(   )

작은 도형들이 모여 큰 도형이 된다.

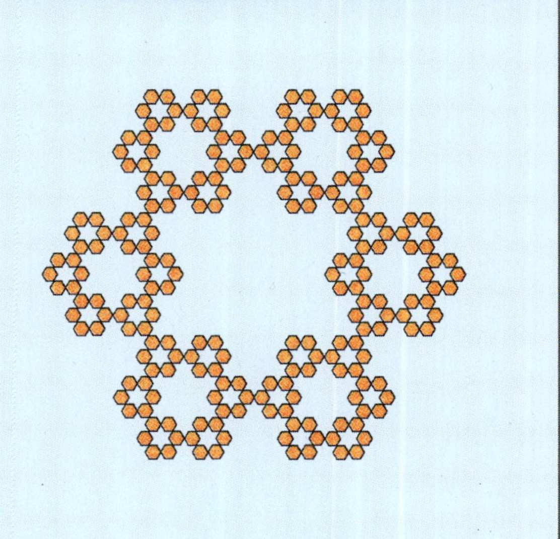

도형에서 찾을 수 있는 크고 작은 삼각형은

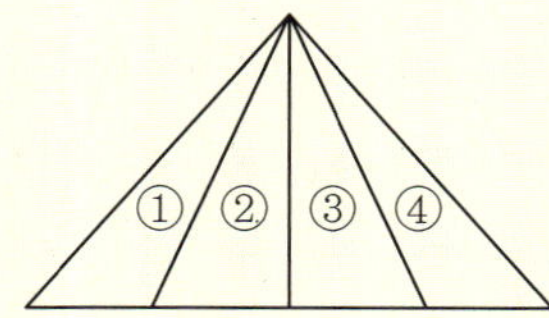

1개로 된 삼각형: ①, ②, ③, ④ → 4개
2개로 된 삼각형: ①+②, ②+③, ③+④ → 3개
3개로 된 삼각형: ①+②+③, ②+③+④ → 2개
4개로 된 삼각형: ①+②+③+④ → 1개
➡ 4+3+2+1=10(개)

크기가 같은 면봉 18개로 오른쪽 그림과 같은 모양을 만들었습니다. 이 모양에서 찾을 수 있는 크고 작은 정삼각형은 모두 몇 개일까요?

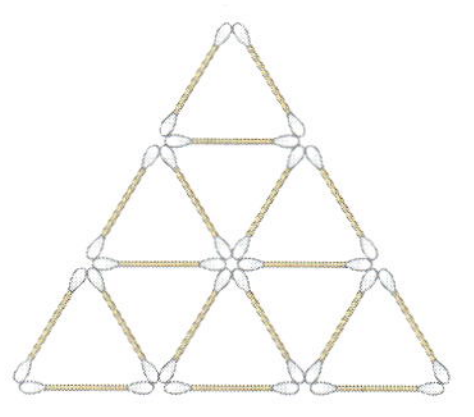

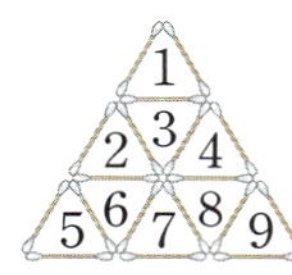

한 변이 면봉 1개인 정삼각형은 ☐개입니다.

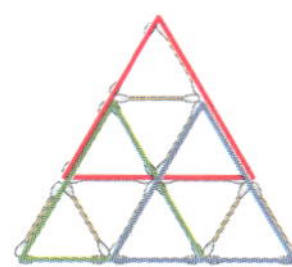

한 변이 면봉 2개인 정삼각형은 ☐개입니다.

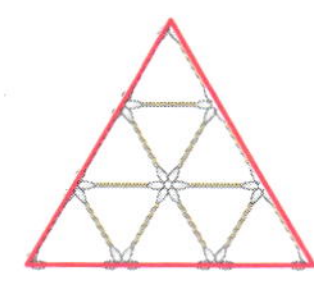

한 변이 면봉 3개인 정삼각형은 ☐개입니다.

따라서 크고 작은 정삼각형은 모두 ☐+☐+☐=☐(개)입니다.

5-1 크기가 같은 면봉 23개로 오른쪽 그림과 같은 모양을 만들었습니다. 이 모양에서 찾을 수 있는 크고 작은 정삼각형은 모두 몇 개일까요?

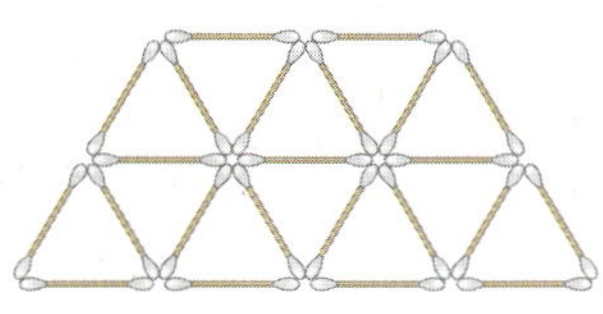

(   )

5-2 오른쪽 그림에서 찾을 수 있는 크고 작은 정삼각형은 모두 몇 개인지 풀이 과정을 쓰고 답을 구해 보세요.

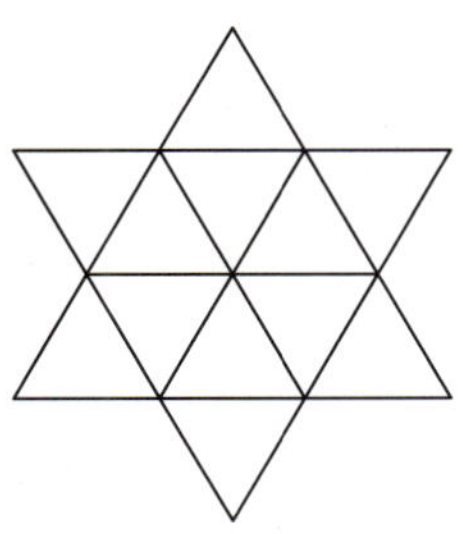

풀이 ....

....

....

답 ....

5-3 오른쪽 그림에서 찾을 수 있는 크고 작은 이등변삼각형은 모두 몇 개일까요?

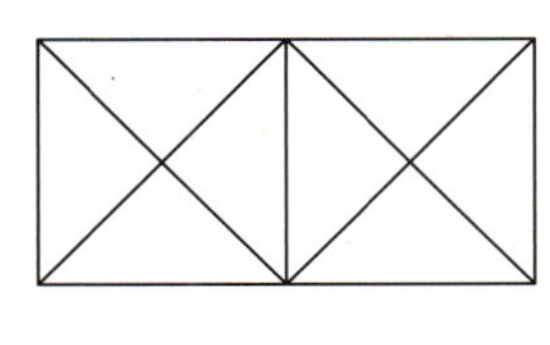

(   )

5-4 오른쪽 그림에서 찾을 수 있는 크고 작은 삼각형은 모두 몇 개일까요?

(   )

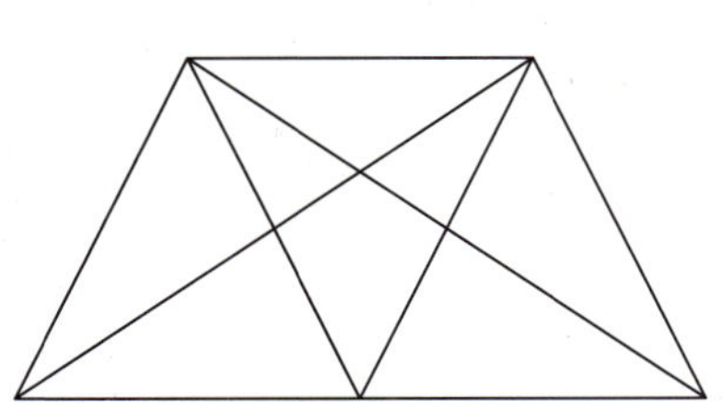

한 원의 반지름을 두 변으로 하는 삼각형은 이등변삼각형이다.

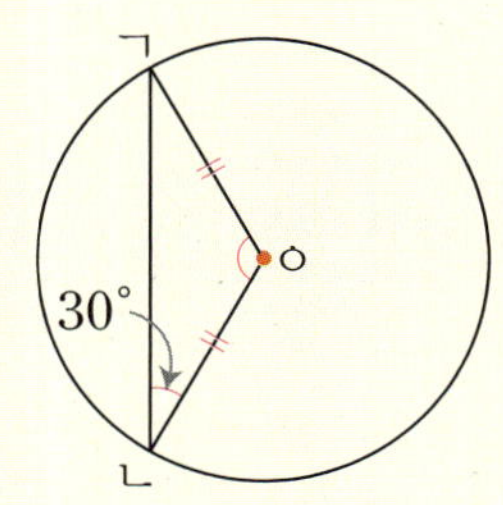

선분 ㄱㅇ과 선분 ㄴㅇ은 한 원의 반지름이므로
길이가 같습니다.

➡ 삼각형 ㄱㄴㅇ은 이등변삼각형
(각 ㄴㄱㅇ)=(각 ㄱㄴㅇ)=30°
(각 ㄱㅇㄴ)=180°−30°−30°=120°

대표문제 6

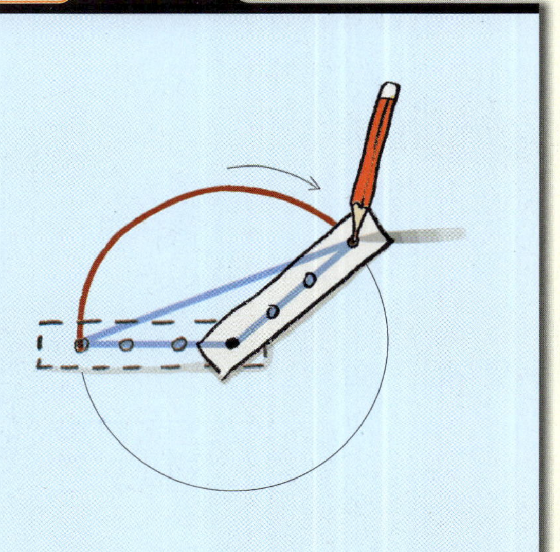

다음 그림에서 ㉠의 크기를 구해 보세요. (단, 점 ㅇ은 원의 중심입니다.)

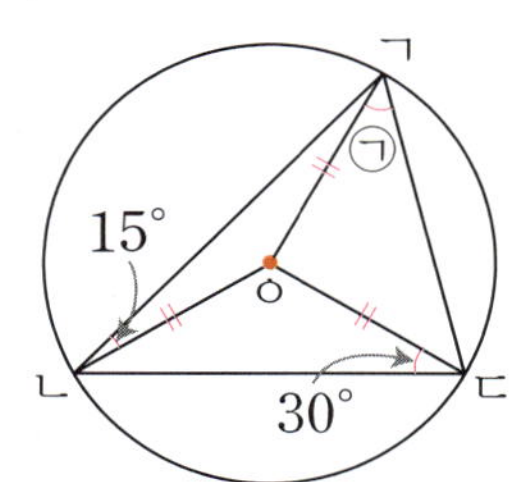

한 원에서 반지름의 길이는 모두 같으므로

선분 ㄱㅇ, 선분 ㄴㅇ, 선분 ㄷㅇ의 길이는 모두 같습니다.

삼각형 ㄱㄴㅇ은 이등변삼각형이므로 (각 ㅇㄱㄴ)=(각 ㅇㄴㄱ)=15°이고,

(각 ㄱㅇㄴ)=180°−15°−15°= ☐ °입니다.

삼각형 ㅇㄴㄷ은 이등변삼각형이므로 (각 ㅇㄴㄷ)=(각 ㅇㄷㄴ)=30°이고,

(각 ㄴㅇㄷ)=180°−30°−30°= ☐ °입니다.

(각 ㄱㅇㄷ)=360°−(각 ㄱㅇㄴ)−(각 ㄴㅇㄷ)=360°− ☐ °− ☐ °= ☐ °

따라서 삼각형 ㄱㅇㄷ은 이등변삼각형이므로 ㉠=(180°− ☐ °)÷2= ☐ °입니다.

6-1 오른쪽 그림에서 ㉠의 크기를 구해 보세요. (단, 점 ㅇ은 원의 중심 입니다.)

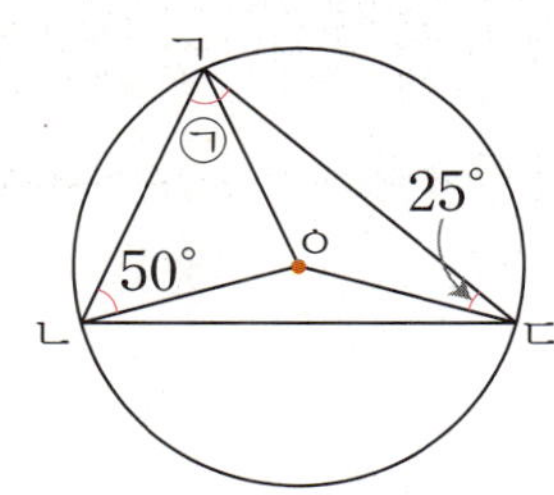

(   )

6-2 오른쪽 그림에서 삼각형 ㄱㄴㄷ은 직각삼각형입니다. ㉠과 ㉡의 크기를 각각 구해 보세요. (단, 점 ㅇ은 원의 중심입니다.)

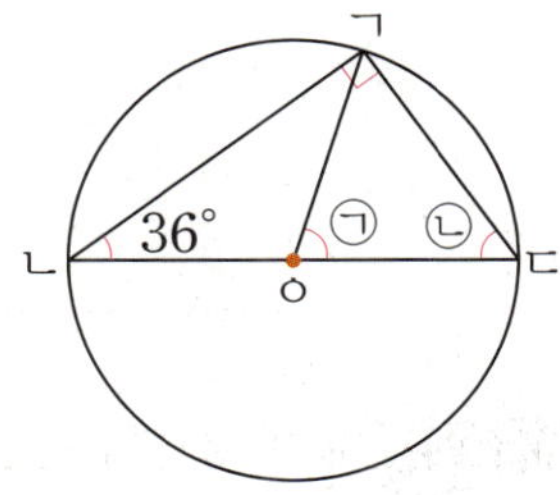

㉠ (   ), ㉡ (   )

6-3 오른쪽 그림에서 ㉠의 크기를 구해 보세요. (단, 점 ㅇ은 원의 중심입니다.)

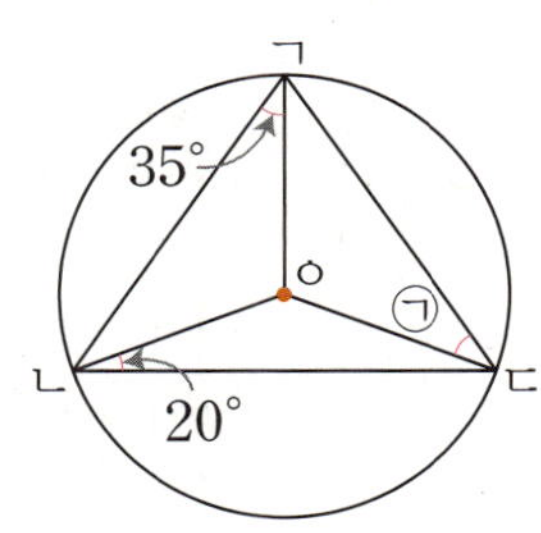

(   )

6-4 오른쪽 그림에서 선분 ㄴㄹ과 선분 ㄷㅇ의 길이가 같을 때 ㉠의 크기를 구해 보세요. (단, 점 ㅇ은 원의 중심입니다.)

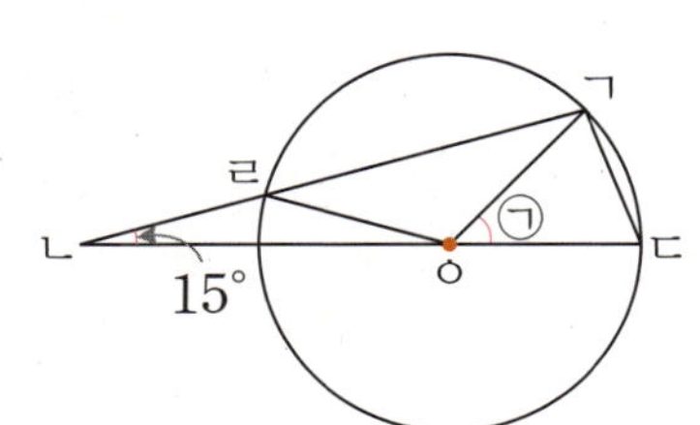

(   )

길이가 같은 변을 이용하여 이등변삼각형을 찾는다.

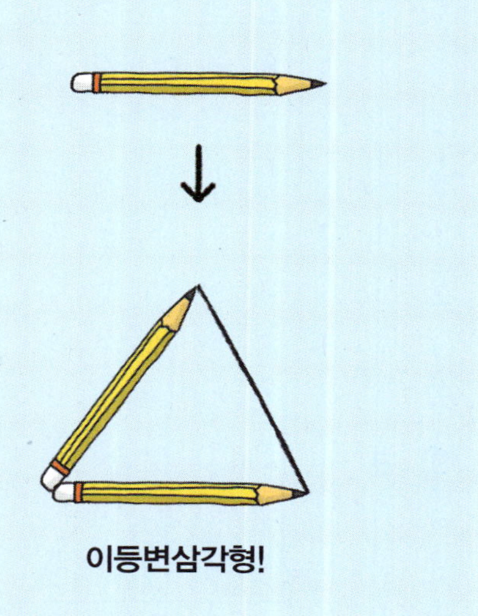

크기가 같은 정삼각형 2개를 이어 붙이면

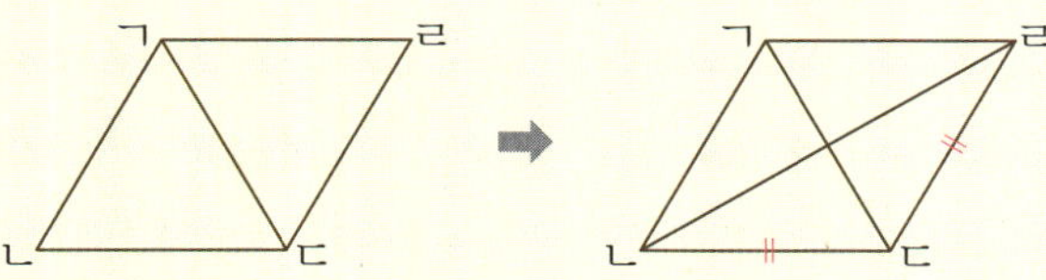

(선분 ㄴㄷ)=(선분 ㄱㄷ)이고 (선분 ㄱㄷ)=(선분 ㄷㄹ)

➡ (선분 ㄴㄷ)=(선분 ㄷㄹ)이므로
   삼각형 ㄴㄷㄹ은 이등변삼각형입니다.

대표문제 7 사각형 ㄱㄴㄷㄹ은 정사각형이고 삼각형 ㄹㄷㅁ은 정삼각형입니다. ㉠의 크기를 구해 보세요.

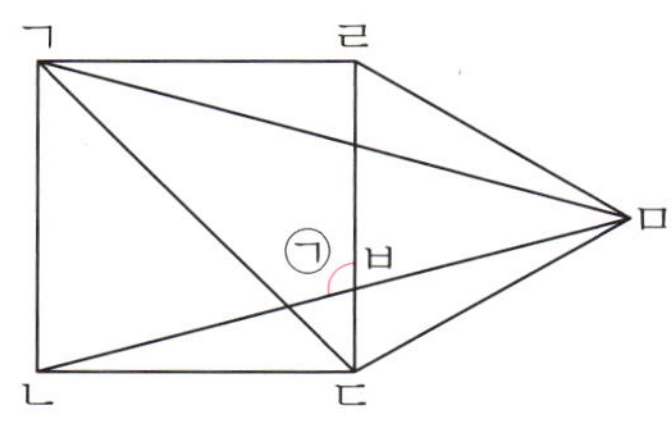

(선분 ㄴㄷ)=(선분 ㄹㄷ)이고 (선분 ㄹㄷ)=(선분 ㄷㅁ)이므로

(선분 ㄴㄷ)=(선분 ㄷㅁ)입니다.

➡ 삼각형 ㄴㄷㅁ은 이등변삼각형입니다.

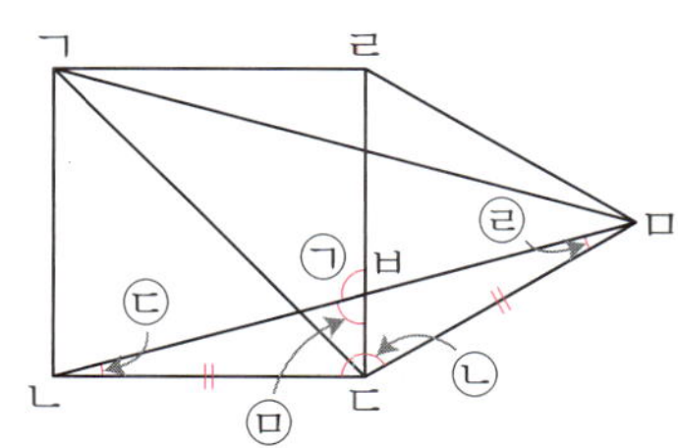

삼각형 ㄴㄷㅁ에서 ㉡=90°+60°=$\boxed{}$°이므로

㉢=㉣=(180°−150°)÷2=$\boxed{}$°입니다.

삼각형 ㅂㄴㄷ에서 ㉤=180°−15°−90°=$\boxed{}$°입니다.

➡ ㉠=180°−75°=$\boxed{}$°

7-1 오른쪽 그림에서 사각형 ㄱㄴㄷㄹ은 정사각형이고 삼각형 ㄹㄷㅁ은 정삼각형입니다. 각 ㄷㅂㅁ의 크기를 구해 보세요.

( )

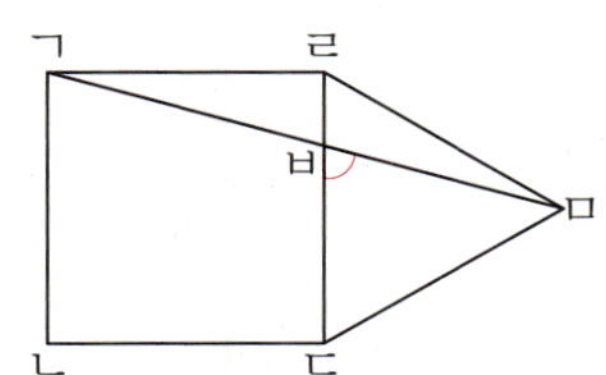

7-2 오른쪽 그림에서 사각형 ㄱㄴㄷㄹ은 정사각형이고 삼각형 ㄹㄷㅁ은 정삼각형입니다. ㉠과 ㉡의 크기를 각각 구해 보세요.

㉠ ( ), ㉡ ( )

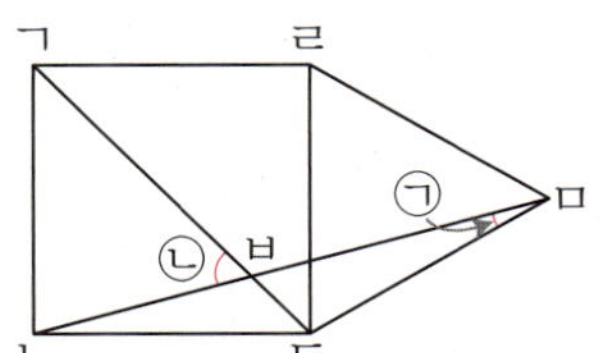

7-3 오른쪽 그림에서 사각형 ㄱㄴㄷㄹ은 정사각형이고 삼각형 ㄱㄴㅁ은 정삼각형입니다. 각 ㄹㅁㄷ의 크기를 구해 보세요.

( )

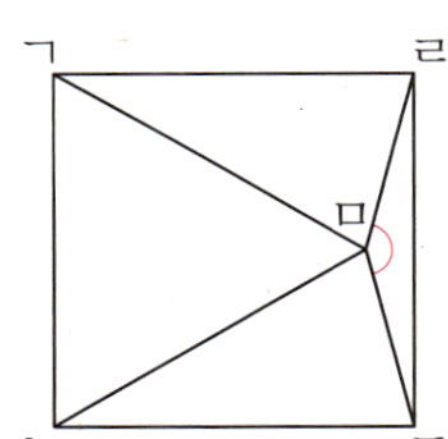

7-4 오른쪽 그림에서 사각형 ㄱㄴㄷㄹ과 삼각형 ㅁㄷㅂ의 변의 길이가 모두 같습니다. ㉠의 크기를 구해 보세요.

( )

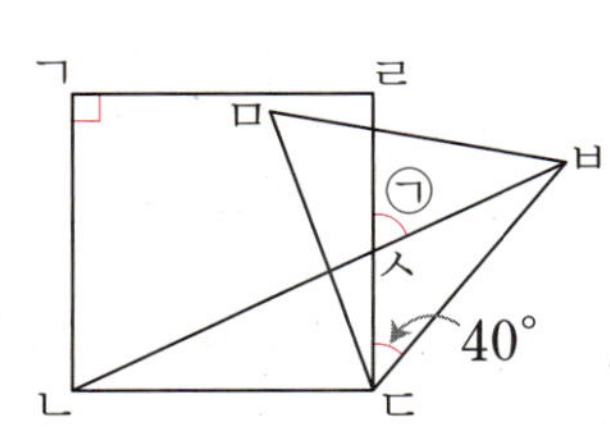

두 점 사이의 거리가 같아야 길이가 같은 변을 만들 수 있다.

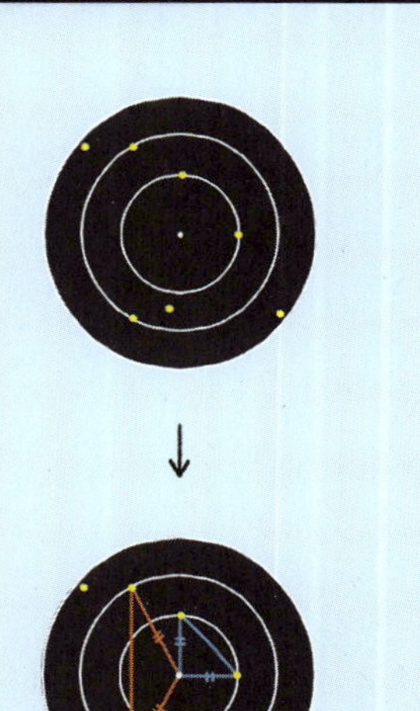

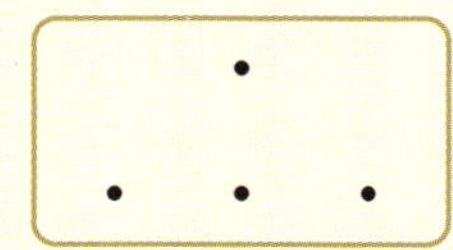

세 점을 꼭짓점으로 하여 만들 수 있는 이등변삼각형

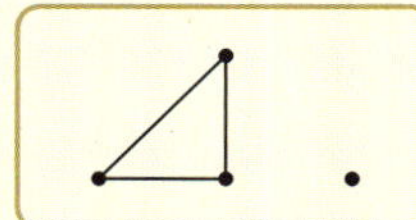 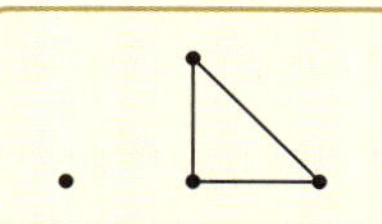 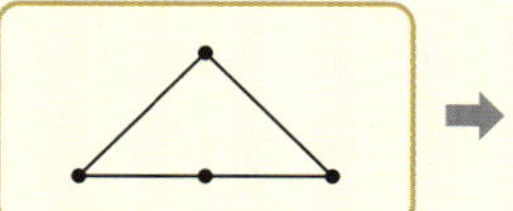 ➡ 3개

오른쪽 그림은 9개의 점을 정사각형 모양으로 놓은 것입니다. 이 점들을 꼭짓점으로 하여 만들 수 있는 이등변삼각형은 모두 몇 개일까요?

◥ 모양의 이등변삼각형은 ☐ 개입니다.

▷ 모양의 이등변삼각형은 ☐ 개입니다.

▷ 모양의 이등변삼각형은 ☐ 개입니다.

◿ 모양의 이등변삼각형은 ☐ 개입니다.

△ 모양의 이등변삼각형은 ☐ 개입니다.

따라서 만들 수 있는 이등변삼각형은 모두

☐ + ☐ + ☐ + ☐ + ☐ = ☐ (개)입니다.

8-1 오른쪽 그림은 10개의 점을 정삼각형 모양으로 놓은 것입니다. 이 점들을 꼭짓점으로 하여 만들 수 있는 정삼각형은 모두 몇 개일까요?

(   )

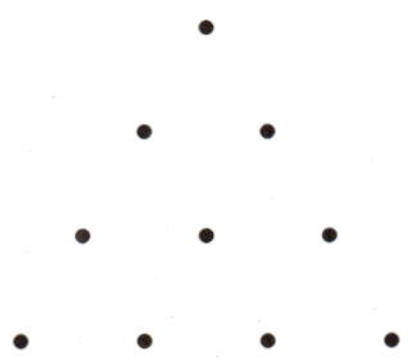

8-2 오른쪽 그림은 15개의 점을 정삼각형 모양으로 놓은 것입니다. 이 점들을 꼭짓점으로 하여 만들 수 있는 크기가 다른 정삼각형은 모두 몇 가지일까요?

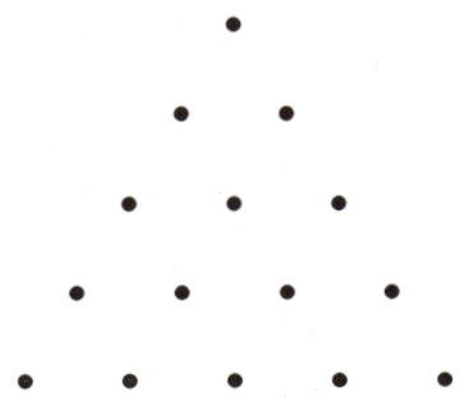

(   )

8-3 오른쪽 그림은 원 위에 같은 간격으로 12개의 점을 놓은 것입니다. 이 점들을 꼭짓점으로 하여 만들 수 있는 이등변삼각형은 모두 몇 개일까요?

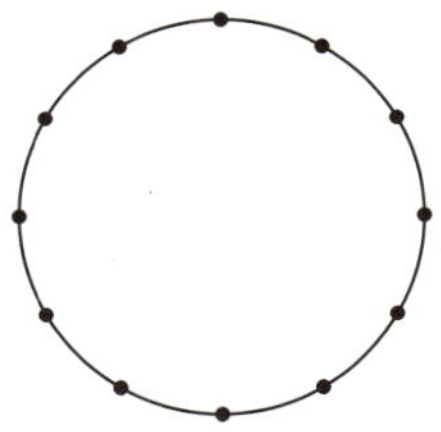

(   )

길이가 같은 변 6개로 둘러싸인 도형

8-4 오른쪽 그림은 7개의 점을 정육각형 모양으로 놓은 것입니다. 이 점들을 꼭짓점으로 하여 만들 수 있는 정삼각형이 아닌 이등변삼각형은 모두 몇 개일까요?

(   )

MATH MASTER

1 오른쪽 그림에서 사각형 ㄱㄴㄷㄹ은 정사각형이고 삼각형 ㄹㄷㅁ은 이등변삼각형입니다. 이등변삼각형 ㄹㄷㅁ의 세 변의 길이의 합이 47 cm일 때 정사각형의 한 변은 몇 cm일까요?

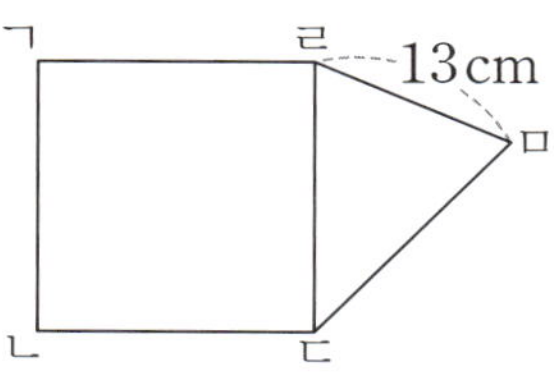

(   )

2 오른쪽 그림은 정삼각형 ㄱㄴㄷ의 각 변의 한가운데를 이어 가면서 정삼각형을 만든 것입니다. 정삼각형 ㄱㄴㄷ의 한 변이 16 cm일 때 정삼각형 ㅅㅇㅈ의 세 변의 길이의 합을 구해 보세요.

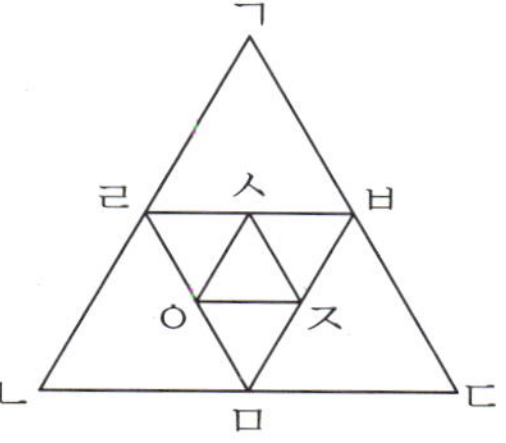

(   )

3 그림에서 ㉠의 크기를 구해 보세요.

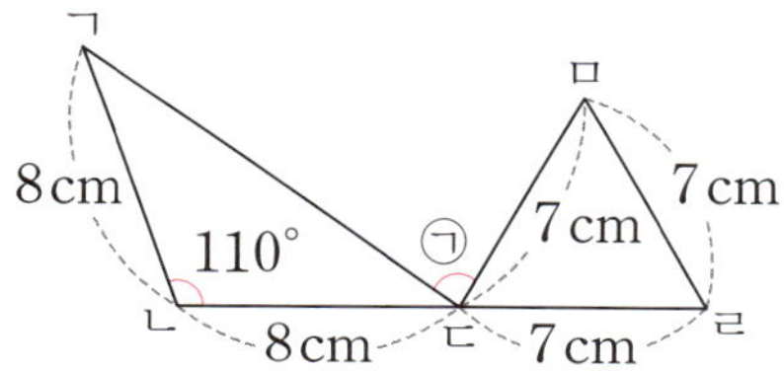

(   )

4 오른쪽 그림에서 찾을 수 있는 크고 작은 정삼각형은 모두 몇 개일까요?

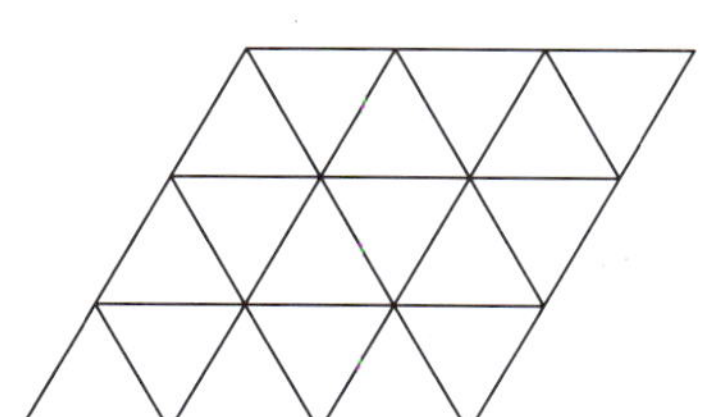

(   )

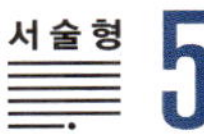

5 오른쪽 그림에서 삼각형 ㄱㄴㄷ과 삼각형 ㄹㄴㄷ은 이등변삼각형일 때 각 ㄱㄷㄹ의 크기를 구하려고 합니다. 풀이 과정을 쓰고 답을 구해 보세요.

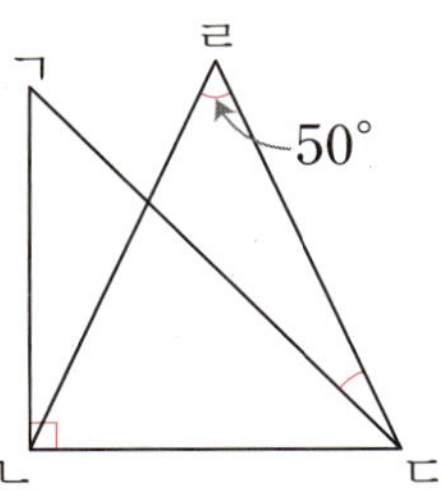

풀이

답

6 그림에서 선분 ㄱㄴ, 선분 ㄴㄹ, 선분 ㄷㄹ, 선분 ㄷㅁ의 길이가 같을 때 각 ㄹㄷㅁ의 크기를 구해 보세요.

먼저 생각해 봐요!
삼각형 ㄱㄴㄷ이 이등변삼각형일 때 ㉠의 크기는?

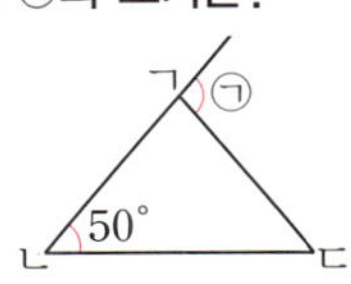

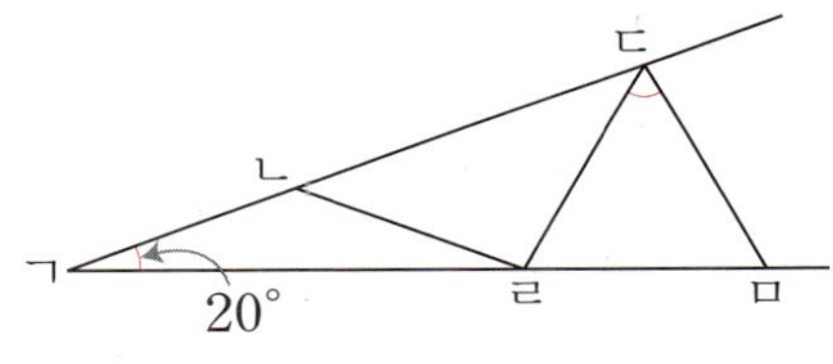

(   )

7 오른쪽 그림에서 사각형 ㄱㄴㄷㄹ은 정사각형이고 삼각형 ㅁㄱㄹ은 이등변삼각형입니다. 각 ㄱㅁㅂ의 크기를 구해 보세요.

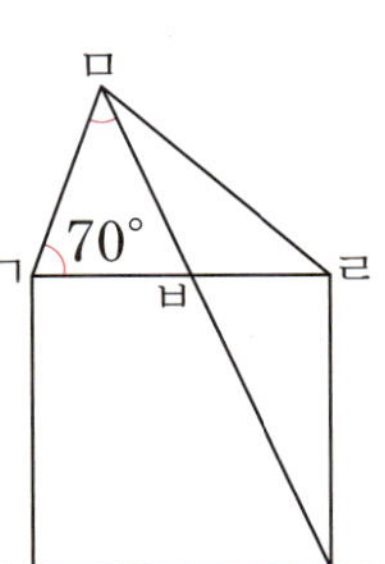

(   )

8 오른쪽 그림은 크기와 모양이 같은 이등변삼각형을 꼭짓점 ㄴ이 일치하도록 겹쳐서 붙인 것입니다. 각 ㅇㄴㅈ의 크기를 구해 보세요.

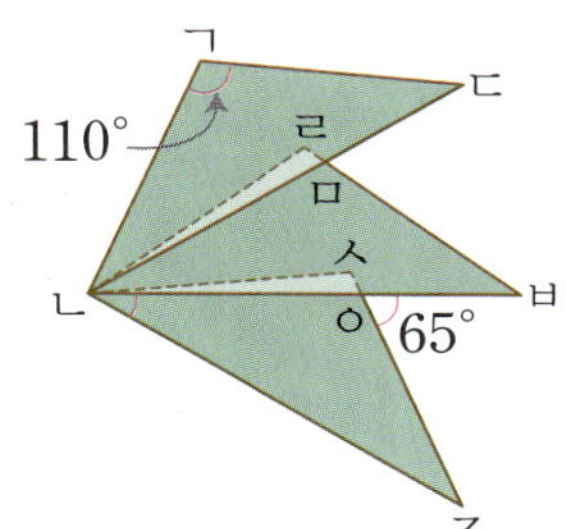

(   )

먼저 생각해 봐요!
각 ㄴㄱㄷ의 크기는?

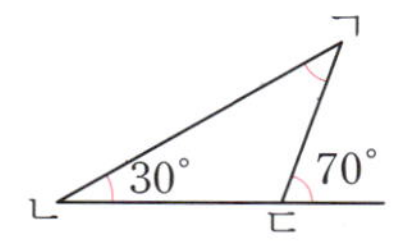

서술형 **9** 한 변이 4 cm인 정삼각형을 그림과 같이 겹치지 않게 옆으로 이어 붙여 새로운 도형을 만들려고 합니다. 정삼각형 10개를 이어 붙여 만든 도형의 둘레는 몇 cm인지 풀이 과정을 쓰고 답을 구해 보세요.

└ ●테두리의 길이

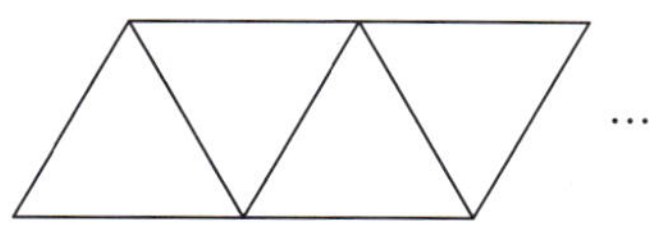

풀이 ....

....

....

답 ....

---

10 오른쪽 그림에서 삼각형 ㄱㄴㄷ은 정삼각형이고 사각형 ㄹㅁㅂㅅ은 정사각형입니다. ㉠의 크기를 구해 보세요.

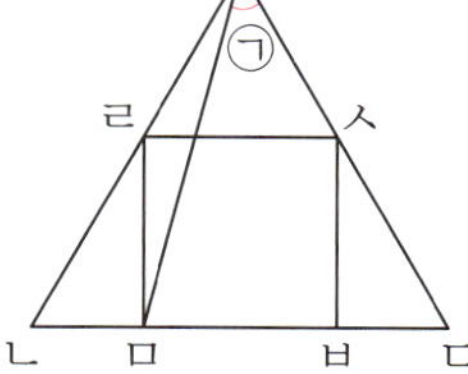

(   )

3

소수의 덧셈과 뺄셈

1 소수 두 자리 수, 소수 세 자리 수

- 소수는 분수를 자릿값이 있는 수로 나타낸 것입니다.
- 소수의 자릿값은 오른쪽으로 갈수록 $\frac{1}{10}$씩 작아집니다.

소수 두 자리 수

- 0.01 알아보기

분수 $\frac{1}{100}$을 소수로 0.01이라 쓰고 영 점 영일이라고 읽습니다.

$$\frac{1}{100}=0.01$$

소수 세 자리 수

- 0.001 알아보기

분수 $\frac{1}{1000}$을 소수로 0.001이라 쓰고 영 점 영영일이라고 읽습니다.

$$\frac{1}{1000}=0.001$$

4.695의 각 자리의 숫자가 나타내는 수

일의 자리		소수 첫째 자리	소수 둘째 자리	소수 셋째 자리
4	.			
0	.	6		
0	.	0	9	
0	.	0	0	5

4.695에서 4는 일의 자리 숫자이고, 4를 나타냅니다.

6은 소수 첫째 자리 숫자이고, 0.6을 나타냅니다.

9는 소수 둘째 자리 숫자이고, 0.09를 나타냅니다.

5는 소수 셋째 자리 숫자이고, 0.005를 나타냅니다.

---

1 □ 안에 알맞은 소수를 써넣으세요.

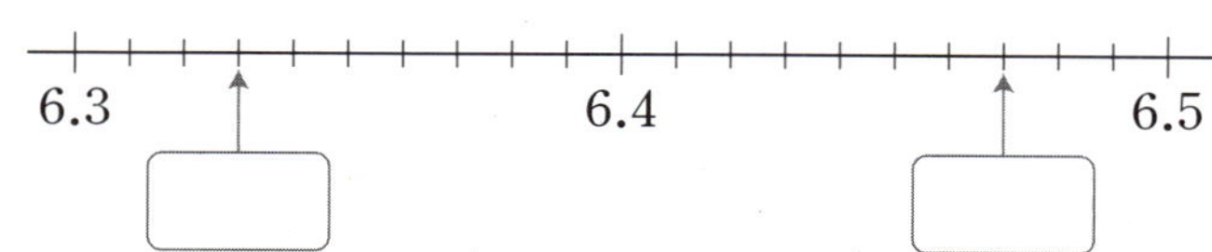

2 숫자 8이 0.008을 나타내는 수를 찾아 기호를 써 보세요.

　㉠ 2.083　　㉡ 1.893　　㉢ 4.728　　㉣ 8.561

(　　　　　　　　)

3 □ 안에 알맞은 수를 써넣으세요.

3.205는 1이 3개, □이 2개, 0.001이 □개인 수입니다.

2 소수 사이의 관계, 소수의 크기 비교

- 같은 숫자라도 자리에 따라 나타내는 수가 다릅니다.
- 높은 자리일수록 나타내는 수가 큽니다.

1, 0.1, 0.01, 0.001 사이의 관계

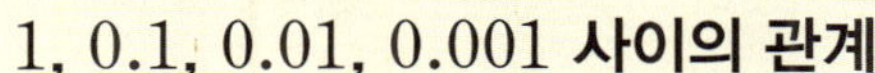
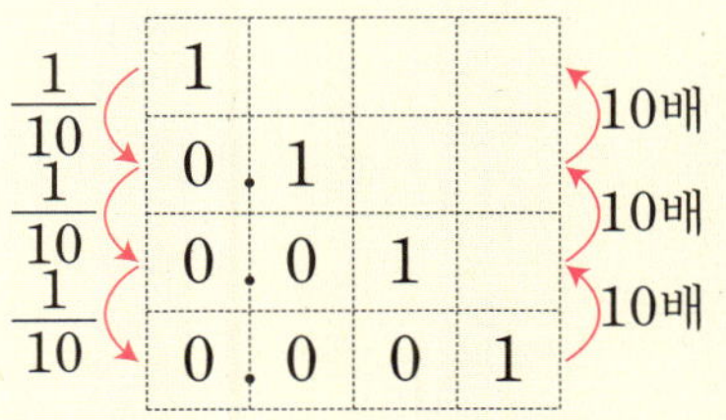

소수 사이의 관계

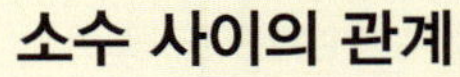
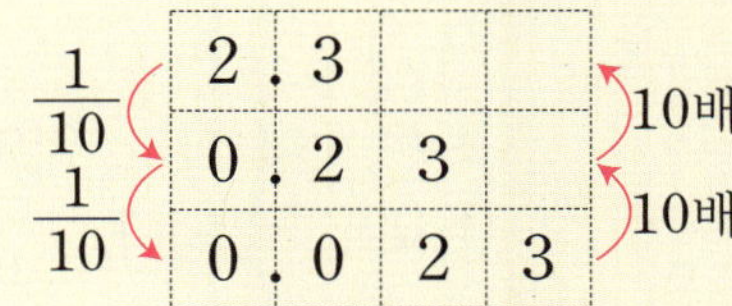

소수의 크기 비교

높은 자리의 수부터 차례로 비교합니다.

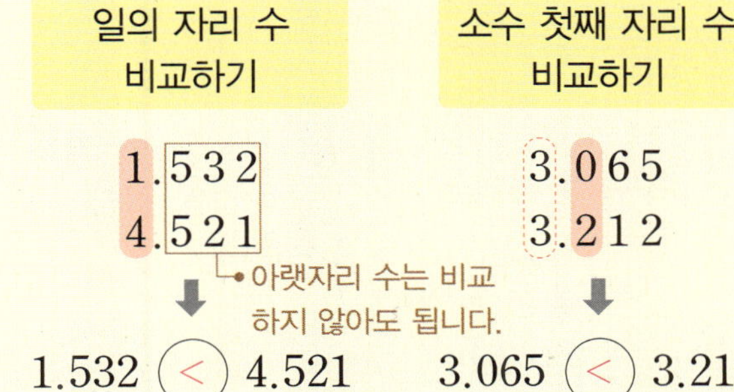

일의 자리 수 비교하기	소수 첫째 자리 수 비교하기	소수 둘째 자리 수 비교하기	소수 셋째 자리 수 비교하기
1.532 4.521	3.065 3.212	0.945 0.927	8.723 8.729
1.532 $<$ 4.521	3.065 $<$ 3.212	0.945 $>$ 0.927	8.723 $<$ 8.729

• 아랫자리 수는 비교하지 않아도 됩니다.

---

1 빈칸에 알맞은 수를 써넣으세요.

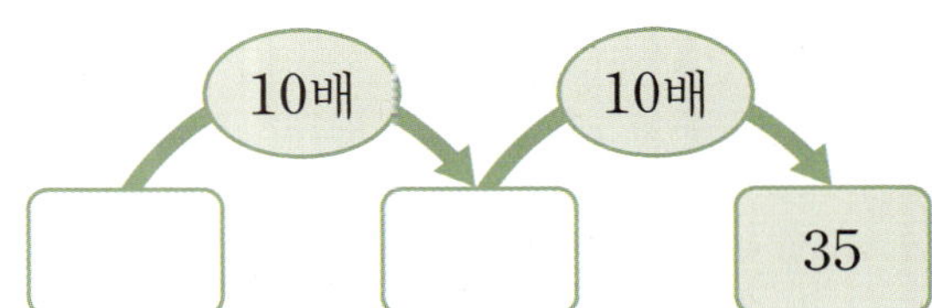

2 ㉠이 나타내는 수는 ㉡이 나타내는 수의 몇 배일까요?

$$25.315$$
㉠ ㉡

( )

3 큰 수부터 차례로 기호를 써 보세요.

㉠ 4.032	㉡ 4.302	㉢ 4.043

( )

3 소수의 덧셈

- 세로로 계산할 때 소수점끼리 맞추어 쓰고 자연수의 덧셈과 같은 방법으로 계산합니다.
- 아랫자리에서 10은 바로 윗자리에서 1입니다.

소수 한 자리 수의 덧셈

- $0.6+3.7$의 계산

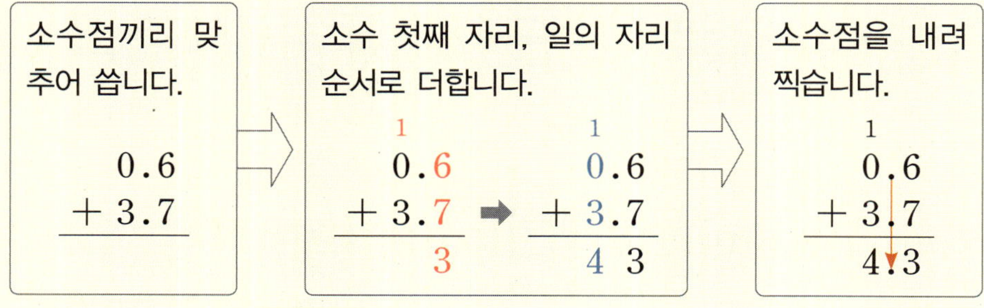

소수 두 자리 수의 덧셈

- $2.73+4.18$의 계산

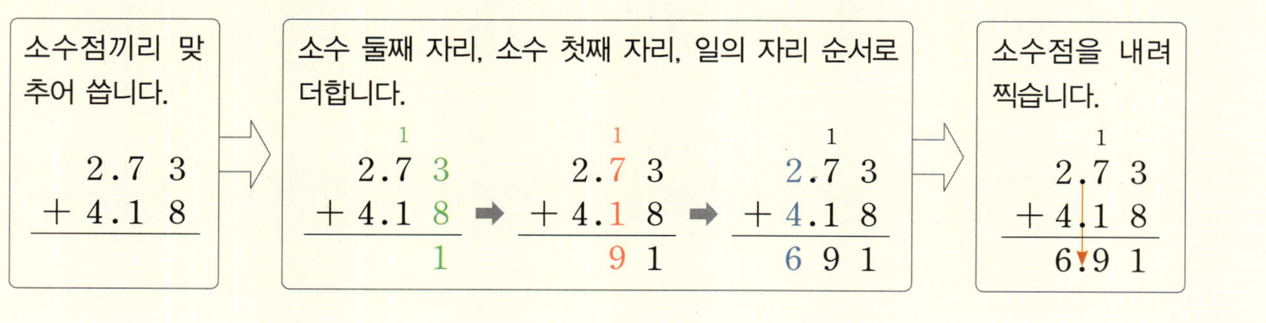

1 계산해 보세요.

(1)
$$\begin{array}{r} 5.3 \\ +\ 1.8 \\ \hline \end{array}$$

(2)
$$\begin{array}{r} 7.2\ 5 \\ +\ 2.0\ 9 \\ \hline \end{array}$$

(3)
$$\begin{array}{r} 4.5\ 6 \\ +\ 3.4\ 4 \\ \hline \end{array}$$

2 ㉠이 나타내는 수와 ㉡이 나타내는 수의 합을 구해 보세요.

> ㉠ 0.89의 10배인 수
> ㉡ 0.1이 76개인 수

(   )

3 주어진 두 길이의 합을 m로 나타내 보세요.

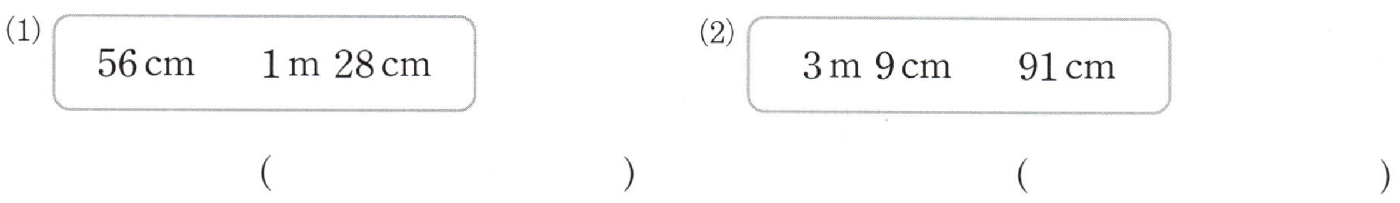

(1) 56 cm   1 m 28 cm

(2) 3 m 9 cm   91 cm

(   )　　　　(   )

4 계산 결과를 비교하여 ○ 안에 >, =, < 중 알맞은 것을 써넣으세요.

(1) $0.3+2.8$ ◯ $1.5+1.7$　　　　(2) $5.74+1.63$ ◯ $3.56+4.25$

5 아버지께서 과일 가게에서 사과 $0.8\,\text{kg}$과 배 $0.9\,\text{kg}$을 사 오셨습니다. 아버지께서 사 오신 사과와 배의 무게는 모두 몇 kg일까요?

(　　　　　　　　)

6 집에서 서점까지의 거리는 $1.95\,\text{km}$이고, 서점에서 학교까지의 거리는 $4.27\,\text{km}$입니다. 집에서 서점을 지나 학교까지 가는 거리는 몇 km일까요?

(　　　　　　　　)

BASIC CONCEPT 3-2　　　　　　　　　　　　　　　　　　　　　　　중등연계

덧셈의 교환법칙

덧셈에서는 두 수를 바꾸어 더해도 결과는 같습니다.

$$\underset{5.8}{1.6+4.2}=\underset{5.8}{4.2+1.6} \Rightarrow \boxed{a+b=b+a}$$

7 □ 안에 알맞은 수나 알파벳을 써넣으세요.

(1) $2.5+0.7=0.7+\boxed{}$

(2) $6.49+5.87=\boxed{}+6.49$

(3) $A+B=\boxed{}+A$

4 소수의 뺄셈

- 윗자리에서 1은 아랫자리에서 10입니다.
- 자릿수가 다른 소수의 뺄셈은 소수점을 맞춥니다.

소수 한 자리 수의 뺄셈

- 3.6−1.9의 계산

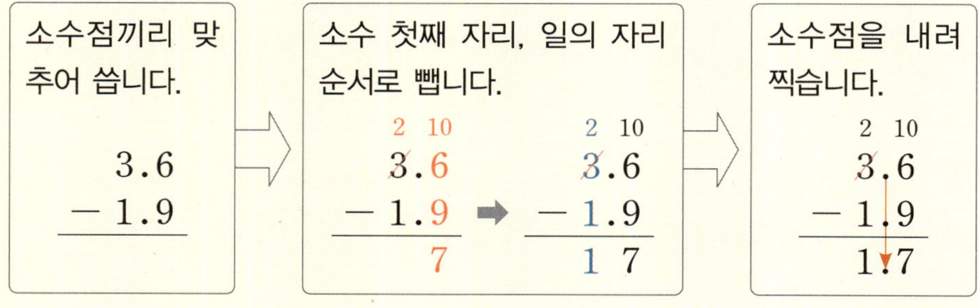

소수 두 자리 수의 뺄셈

- 5.74−2.36의 계산

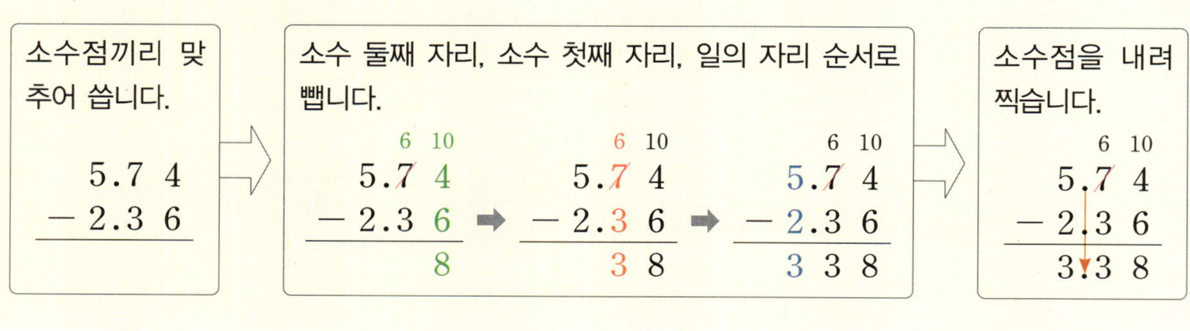

---

1 계산해 보세요.

(1)
$$\begin{array}{r} 5.6 \\ -\,0.8 \\ \hline \end{array}$$

(2)
$$\begin{array}{r} 9.7\,2 \\ -\,2.7\,5 \\ \hline \end{array}$$

2 □ 안에 알맞은 수를 써넣으세요.

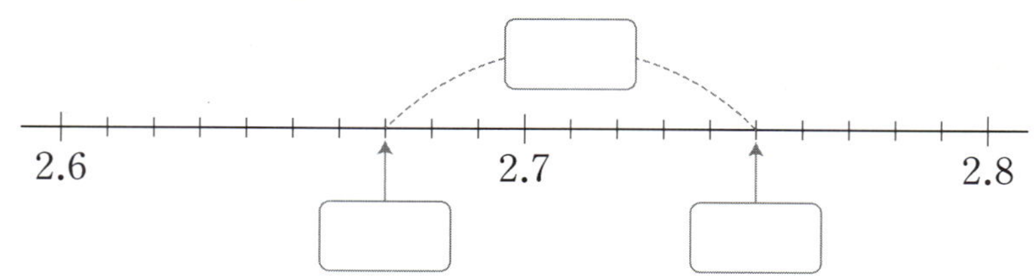

3 오른쪽은 소수 두 자리 수의 뺄셈을 한 것입니다. ㉠, ㉡, ㉢에 알맞은 수를 각각 구해 보세요.

$$\begin{array}{r} ㉠.8\,\;3 \\ -\,6.㉡\,4 \\ \hline 2.5\,\;㉢ \end{array}$$

㉠ (　　　　　　), ㉡ (　　　　　　), ㉢ (　　　　　　)

자릿수가 다른 소수의 덧셈과 뺄셈

소수점끼리 맞추어 세로로 쓰고 같은 자리 수끼리 계산합니다.

· 1.2＋2.84의 계산

$$
\begin{array}{r}
\overset{1}{1.2}\;0 \\
+\,2.8\,4 \\
\hline
4.0\,4
\end{array}
$$

→ 1.2는 1.20과 같습니다.

· 4.3－0.52의 계산

$$
\begin{array}{r}
\overset{3\;\;12\;\;10}{4.3}\;0 \\
-\,0.5\,2 \\
\hline
3.7\,8
\end{array}
$$

→ 4.3은 4.30과 같습니다.

4 빈칸에 알맞은 수를 써넣으세요.

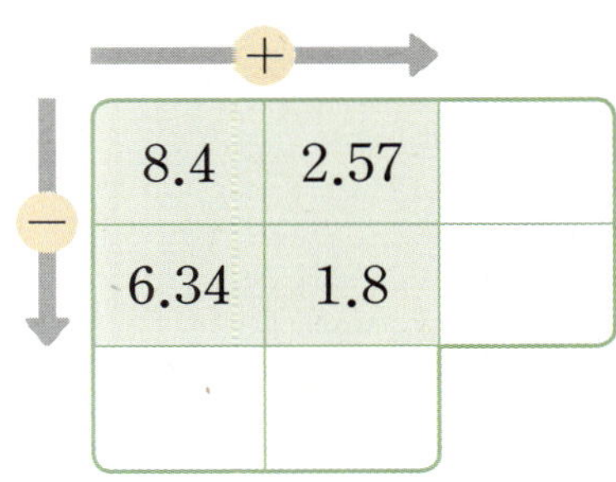

5 잘못 계산한 곳을 찾아 그 까닭을 쓰고, 바르게 계산해 보세요.

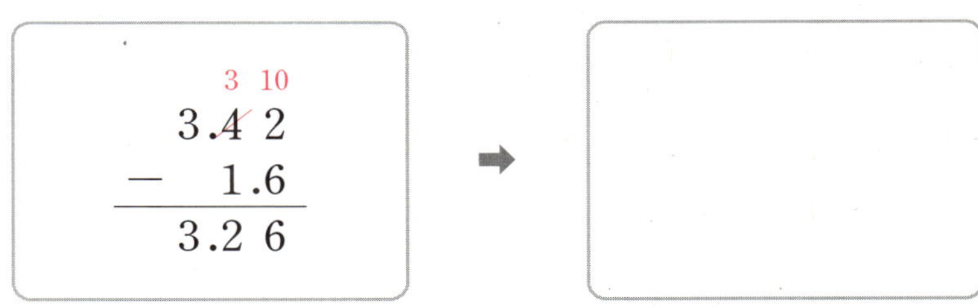

까닭

6 훈호의 키는 150.43 cm입니다. 예지의 키가 훈호의 키보다 12.8 cm 더 작다면 예지의 키는 몇 cm일까요?

( )

7 물병에 1.5 L의 물이 들어 있었습니다. 가림이가 식사 후에 물병의 물을 0.85 L 마셨다면 물병에 남은 물은 몇 L일까요?

( )

계산한 방법과 순서를 거꾸로 하면 처음 수가 된다.

어떤 수의 $\dfrac{1}{10}$인 수가 0.05이면

어떤 수는 0.05의 10배인 0.5입니다.

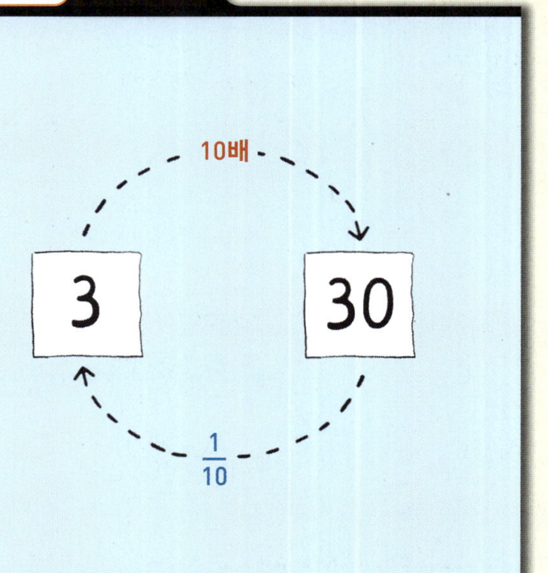

대표문제 1 어떤 수의 $\dfrac{1}{100}$인 수는 65.4보다 0.07만큼 더 작다고 합니다. 어떤 수를 구해 보세요.

65.4보다 0.07만큼 더 작은 수는 $65.4 - 0.07 = \boxed{}$입니다.

어떤 수 $\xrightarrow{\ \frac{1}{100}\ }$ $\boxed{}$

$\boxed{}$배

어떤 수의 $\dfrac{1}{100}$인 수가 $\boxed{}$이므로 어떤 수는 $\boxed{}$의 100배인 수입니다.

따라서 어떤 수는 $\boxed{}$입니다.

1-1 어떤 수의 $\dfrac{1}{100}$인 수는 0.1이 3개, 0.01이 24개, 0.001이 17개인 수와 같습니다. 어떤 수를 구해 보세요.

(   )

1-2 어떤 수의 $\dfrac{1}{100}$인 수는 36.54보다 0.08만큼 더 크다고 합니다. 어떤 수를 구해 보세요.

(   )

1-3 어떤 수의 10배인 수는 29.54보다 0.61만큼 더 작다고 합니다. 어떤 수를 구해 보세요.

(   )

1-4 다음에서 ㉠은 ㉡의 몇 배일까요?

> · ㉠의 $\dfrac{1}{10}$인 수는 6.7보다 0.23만큼 더 작습니다.
>
> · ㉡의 10배인 수는 5.98보다 0.49만큼 더 큽니다.

(   )

도형의 둘레는 모든 변의 길이의 합이다.

정사각형은 네 변의 길이가 모두 같으므로

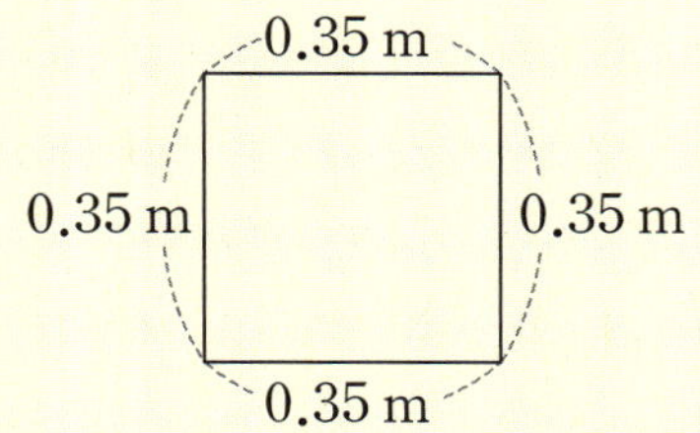

$$(\text{정사각형의 둘레}) = 0.35 + 0.35 + 0.35 + 0.35$$
$$= 1.4 \, (\text{m})$$

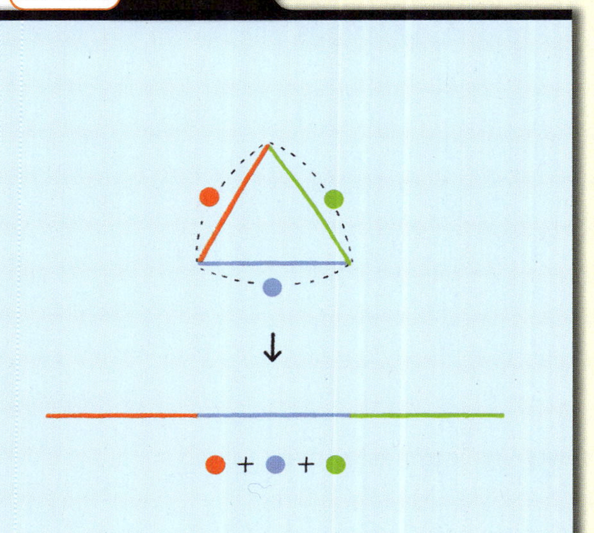

대표문제 2

길이가 4 m인 철사를 겹치지 않게 사용하여 다음과 같은 정삼각형을 한 개 만들었습니다. 사용하고 남은 철사는 몇 m일까요?

정삼각형은 세 변의 길이가 모두 같으므로 세 변의 길이는 ☐ m로 같습니다.

$$(\text{사용한 철사의 길이}) = (\text{정삼각형의 둘레})$$이므로

$$(\text{정삼각형의 둘레}) = 0.58 + 0.58 + 0.58 = \boxed{} \, (\text{m})$$

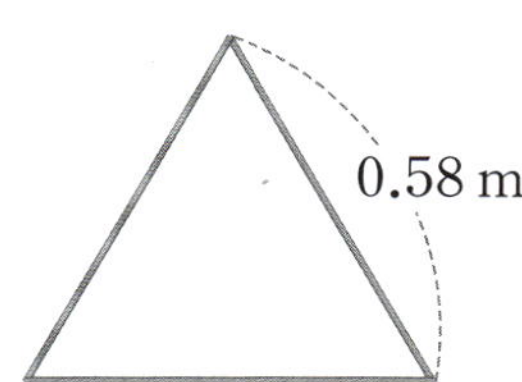

➡ $$(\text{사용하고 남은 철사의 길이}) = 4 - \boxed{} = \boxed{} \, (\text{m})$$

2-1 철사를 겹치지 않게 사용하여 오른쪽과 같은 직사각형을 한 개 만들었습니다. 사용한 철사는 몇 m일까요?

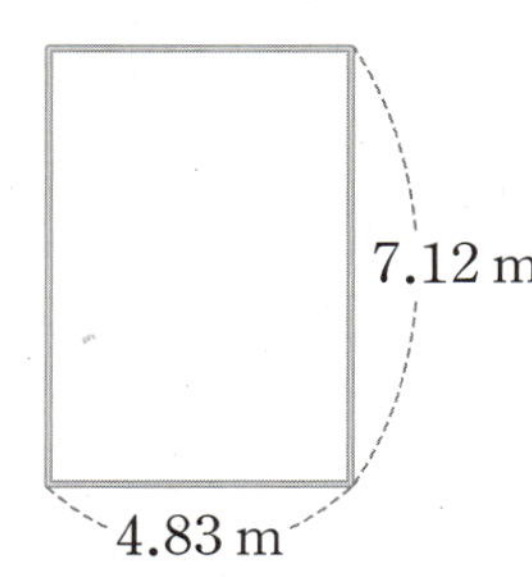

(   )

2-2 길이가 3 m인 끈을 겹치지 않게 사용하여 오른쪽과 같은 이등변삼각형을 한 개 만들었습니다. 사용하고 남은 끈은 몇 m일까요?

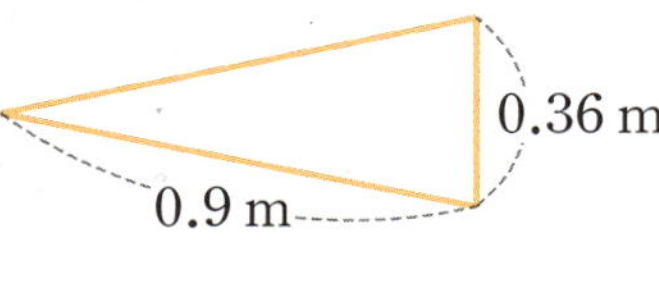

(   )

2-3 한 변이 0.16 m인 정사각형 모양의 액자가 있습니다. 이 액자의 네 변을 따라 길이가 85 cm인 색 테이프를 겹치지 않게 이어 붙였습니다. 액자에 붙이고 남은 색 테이프는 몇 m인지 풀이 과정을 쓰고 답을 구해 보세요.

풀이

답

2-4 가로가 1.97 m이고 세로는 가로보다 0.83 m 더 짧은 직사각형 모양의 칠판이 있습니다. 이 칠판의 네 변에 리본을 겹치지 않게 이어 붙였더니 0.78 m의 리본이 남았습니다. 처음에 있던 리본은 몇 m일까요?

(   )

잘못 계산한 식으로 처음 수를 구한다.

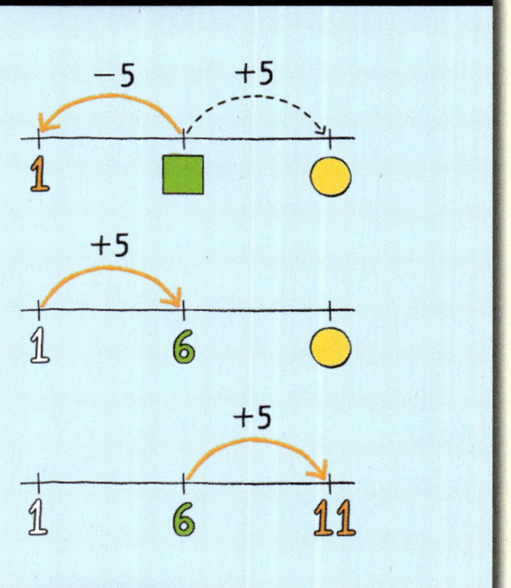

① 어떤 수에 0.5를 더해야 할 것을 잘못하여
② 뺐더니 0.3이 되었다면

① 잘못 계산한 식에서 어떤 수 구하기

(어떤 수)$-0.5=0.3$

(어떤 수)$=0.3+0.5=0.8$

② 바르게 계산한 값 구하기

(어떤 수)$+0.5=0.8+0.5=1.3$

대표문제 3 어떤 수에서 6.7을 빼야 할 것을 잘못하여 더했더니 15.29가 되었습니다. 바르게 계산하면 얼마일까요?

어떤 수를 ■라 하면 잘못 계산한 식에서 ■$+6.7=15.29$입니다.

덧셈과 뺄셈의 관계를 이용하면

■$=15.29-6.7=$ ☐ 입니다.

따라서 바르게 계산하면 ☐ $-6.7=$ ☐ 입니다.

3-1 어떤 수에서 0.6을 빼야 할 것을 잘못하여 더했더니 1.32가 되었습니다. 바르게 계산하면 얼마일까요?

(   )

3-2 어떤 수에 5.84를 더해야 할 것을 잘못하여 뺐더니 27.63이 되었습니다. 바르게 계산하면 얼마일까요?

(   )

서술형 **3-3** 어떤 수에서 1.63을 빼야 할 것을 잘못하여 16.3을 뺐더니 10.94가 되었습니다. 바르게 계산하면 얼마인지 풀이 과정을 쓰고 답을 구해 보세요.

풀이

답

3-4 어떤 수에 8.5를 더한 다음 3.75를 빼야 하는데 8.5를 빼고 3.75를 더했더니 5.9가 되었습니다. 바르게 계산하면 얼마일까요?

(   )

최상위 S

두 수의 차가 작을수록 가깝다.

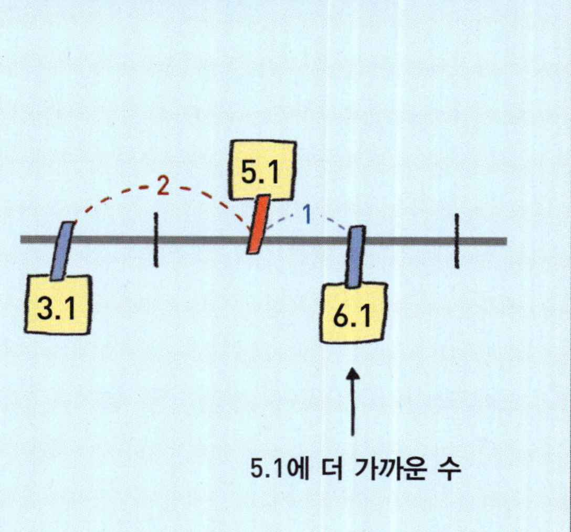

2에 가장 가까운 소수 두 자리 수를 만들려면

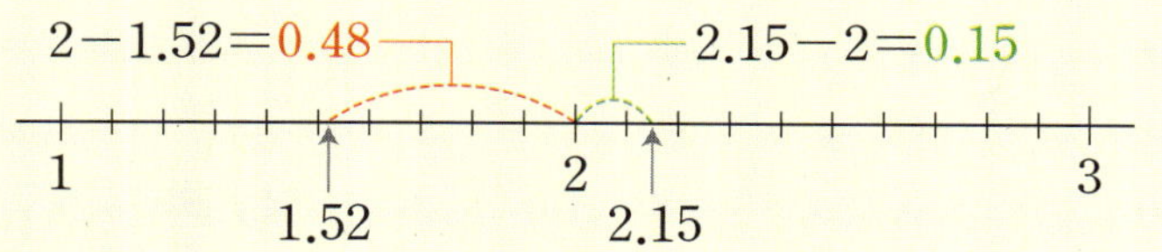

2보다 작으면서 2에 가장 가까운 소수 두 자리 수: 1.52

2보다 크면서 2에 가장 가까운 소수 두 자리 수: 2.15

$2-1.52=0.48$ ┐   ┌ $2.15-2=0.15$

1   1.52   2   2.15   3

➡ 2.15가 2에 가장 가깝습니다.

대표문제 **4**

수 카드 4장을 모두 한 번씩 사용하여 소수 두 자리 수를 만들려고 합니다. 만들 수 있는 소수 두 자리 수 중에서 30에 가장 가까운 수를 구해 보세요.

• 30보다 작으면서 30에 가장 가까운 소수 두 자리 수를 만들려면 십의 자리에 2를 놓고 가장 큰 수를 만들어야 합니다.

➡ 십의 자리에 2를 놓으면 남은 수 카드의 수는 $7>4>3$이므로 가장 큰 수를 만들면

2. 입니다.

• 30보다 크면서 30에 가장 가까운 소수 두 자리 수를 만들려면 십의 자리에 3을 놓고 가장 작은 수를 만들어야 합니다.

➡ 십의 자리에 3을 놓으면 남은 수 카드의 수는 $2<4<7$이므로 가장 작은 수를 만들면

3.□□ 입니다.

$\underset{=2.57}{30-27.43}$ ◯ $\underset{=2.47}{32.47-30}$ 이므로

만들 수 있는 소수 두 자리 수 중에서 30에 가장 가까운 수는 □ 입니다.

4-1 수 카드 4장을 모두 한 번씩 사용하여 소수 두 자리 수를 만들려고 합니다. 만들 수 있는 소수 두 자리 수 중에서 60에 가장 가까운 수를 구해 보세요.

3 6 5 4

(   )

4-2 수 카드 4장을 모두 한 번씩 사용하여 소수 세 자리 수를 만들려고 합니다. 만들 수 있는 소수 세 자리 수 중에서 1에 가장 가까운 수를 구해 보세요.

0 5 1 9

(   )

4-3 수 카드 5장 중에서 4장을 골라 한 번씩만 사용하여 소수 세 자리 수를 만들려고 합니다. 만들 수 있는 소수 세 자리 수 중에서 5에 가장 가까운 수를 구해 보세요.

6 4 0 5 9

(   )

4-4 수 카드 4장을 모두 한 번씩 사용하여 소수 두 자리 수를 만들려고 합니다. 만들 수 있는 소수 두 자리 수 중에서 20에 가장 가까운 수와 둘째로 가까운 수의 합을 구해 보세요.

4 2 1 8

(   )

비교하는 수가 9이거나 0일 때
□의 바로 아랫자리를 비교한다.

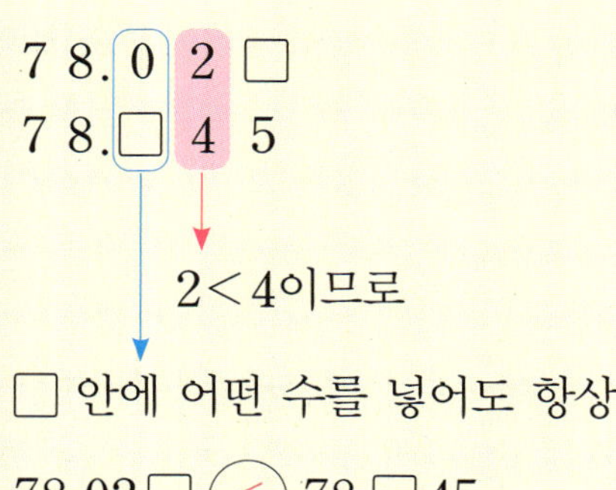

대표문제 5

□ 안에는 0부터 9까지의 수가 들어갈 수 있습니다. 작은 수부터 차례로 기호를 써 보세요.

> ㉠ 79.□98   ㉡ 7□.096   ㉢ 70.0□2

□ 안에 가장 작은 수인 0이나 가장 큰 수인 9를 넣어 수의 크기를 비교해 봅니다.

㉠과 ㉡의 □ 안에 0을, ㉢의 □ 안에 9를 넣으면

㉠ 79.098, ㉡ 70.096, ㉢ 70.092이므로 가장 작은 수는 [ ]입니다.

㉠의 □ 안에 0을, ㉡의 □ 안에 9를 넣으면

㉠ 79.098, ㉡ 79.096이므로 ㉠ ( ) ㉡입니다.

따라서 □ 안에 어떤 수를 넣어도 [ ] < [ ] < [ ]이므로

작은 수부터 차례로 기호를 쓰면 [ ], [ ], [ ]입니다.

5-1 ☐ 안에는 0부터 9까지의 수가 들어갈 수 있습니다. 큰 수부터 차례로 기호를 써 보세요.

> ㉠ 6☐.095   ㉡ 60.0☐3   ㉢ 69.11☐

(   )

5-2 ☐ 안에는 0부터 9까지의 수가 들어갈 수 있습니다. 큰 수부터 차례로 기호를 써 보세요.

> ㉠ 49.☐6   ㉡ 50.83☐   ㉢ 4☐.027   ㉣ 5☐.891

(   )

5-3 소수 세 자리 수를 작은 수부터 차례로 쓴 것입니다. 0부터 9까지의 수 중에서 ☐ 안에 알맞은 수를 써넣으세요.

> 18.3☐8   18.30☐   1☐.052

5-4 0부터 9까지의 수 중에서 ☐ 안에 알맞은 수를 써넣으세요.

> 28.☐7 < 28.☐93 < 28.0☐5 < 2☐.031

두 식의 값이 같은 경우를 생각하여 수를 구한다.

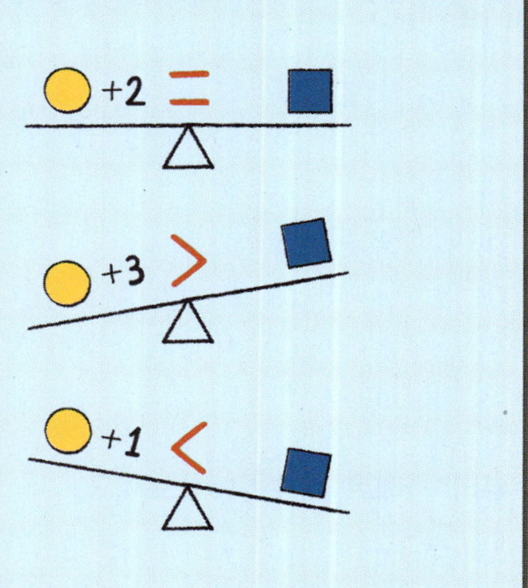

□ 안에 들어갈 수 있는 가장 큰 소수 한 자리 수

$$2.5+\square<4.7$$

<를 =로 놓으면

$2.5+\square=4.7,\ \square=2.2$

➡ □ 안에 들어갈 수 있는 수는 2.2보다 작아야 하므로
가장 큰 소수 한 자리 수는 2.1입니다.

대표문제 **6**

■에 들어갈 수 있는 수 중에서 가장 큰 소수 두 자리 수를 구해 보세요.

$$\blacksquare+4.17<10.45-2.71$$

<를 =로 놓고 계산했을 때 ■에 들어갈 수 있는 수는

$\blacksquare+4.17=10.45-2.71,\ \blacksquare+4.17=\boxed{}$

➡ $\blacksquare=\boxed{}-4.17=\boxed{}$ 입니다.

■에 들어갈 수 있는 수는 $\boxed{}$ 보다 작은 수입니다.

따라서 ■에 들어갈 수 있는 가장 큰 소수 두 자리 수는 $\boxed{}$ 입니다.

6-1 □ 안에 들어갈 수 있는 수 중에서 가장 큰 소수 두 자리 수를 구해 보세요.

$$□-8.32<4.06$$

(   )

6-2 □ 안에 들어갈 수 있는 수 중에서 가장 작은 소수 두 자리 수를 구해 보세요.

$$3.57+□>15.8-3.98$$

(   )

6-3 □ 안에 들어갈 수 있는 수 중에서 가장 큰 소수 세 자리 수를 구해 보세요.

$$6.82+2.34<9.31-□$$

(   )

6-4 □ 안에 공통으로 들어갈 수 있는 소수 두 자리 수는 모두 몇 개일까요?

$$10-7.52>□ \qquad □+4.73>6.45+0.7$$

(   )

덜어 낸 양으로 담는 그릇의 무게를 구한다.

물 3 L가 들어 있는 통의 무게: (물 3 L)＋(통)＝3.2(kg)
물 1 L를 덜어 낸 후 통의 무게: (물 2 L)＋(통)＝2.3(kg)

$$\ominus \quad \begin{matrix} (물\ 3\,L)＋(통)＝3.2(kg) \\ (물\ 2\,L)＋(통)＝2.3(kg) \\ \hline (물\ 1\,L) \qquad ＝0.9(kg) \end{matrix}$$

➡ (통의 무게)＝3.2－(0.9＋0.9＋0.9)＝0.5(kg)
　　　　　　　　　　　물 3 L의 무게

대표문제 7

무게가 똑같은 음료수 5병이 들어 있는 상자의 무게를 재어 보았더니 0.89 kg이었습니다. 이 상자에서 음료수 1병을 꺼낸 후 다시 상자의 무게를 재었더니 0.74 kg이었다면 빈 상자의 무게는 몇 kg일까요?

(음료수 1병의 무게)

＝(음료수 5병이 들어 있는 상자의 무게)－(음료수 1병을 꺼낸 후 상자의 무게)

＝0.89－0.74＝ ☐ (kg)

(음료수 5병의 무게)＝ ☐ ＋ ☐ ＋ ☐ ＋ ☐ ＋ ☐ ＝ ☐ (kg)

➡ (빈 상자의 무게)＝(음료수 5병이 들어 있는 상자의 무게)－(음료수 5병의 무게)

＝0.89－ ☐ ＝ ☐ (kg)

7-1 무게가 똑같은 사과 10개가 들어 있는 바구니의 무게를 재어 보았더니 4.25 kg이었습니다. 이 바구니에 똑같은 사과 1개를 더 넣고 다시 무게를 재었더니 4.63 kg이었다면 빈 바구니의 무게는 몇 kg일까요?

(   )

서술형 **7-2** 무게가 똑같은 책 10권이 들어 있는 상자의 무게를 재어 보았더니 9.48 kg이었습니다. 이 상자에서 책 1권을 꺼낸 후 다시 상자의 무게를 재었더니 8.56 kg이었다면 빈 상자의 무게는 몇 kg인지 풀이 과정을 쓰고 답을 구해 보세요.

풀이

답

7-3 물이 가득 들어 있는 병의 무게를 재어 보았더니 1 kg이었습니다. 이 병에 들어 있는 물의 $\frac{1}{3}$을 마신 후 다시 무게를 재었더니 0.72 kg이었습니다. 빈 병의 무게는 몇 kg일까요?

(   )

7-4 식용유 1 L가 들어 있는 병의 무게가 1.2 kg입니다. 이 병에 들어 있는 식용유를 600 mL 사용한 후 다시 무게를 재었더니 0.66 kg이었습니다. 빈 병의 무게는 몇 kg일까요?

(   )

모르는 수가 하나만 있는 식으로 만든다.

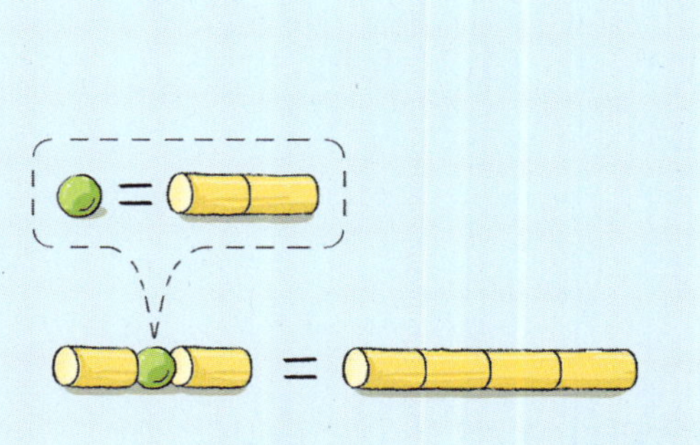

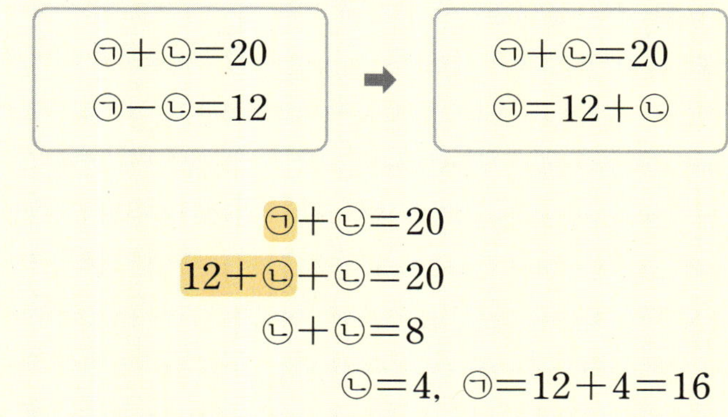

대표문제 8 합이 12.46이고, 차가 5.68인 두 수를 구해 보세요.

두 수 중에서 큰 수를 ㉠, 작은 수를 ㉡이라 하면

㉠+㉡=12.46, ㉠−㉡=5.68입니다.

두 식을 더하면

$(㉠+㉡)+(㉠−㉡)=12.46+5.68$

㉠+㉠=□입니다.

□=9.07+□이므로 ㉠=□입니다.

㉠+㉡=12.46에서 □+㉡=12.46, ㉡=12.46−□=□입니다.

8-1 두 수 ㉠과 ㉡을 각각 구해 보세요.

$$㉠+㉡=7.45 \qquad ㉠-㉡=2.63$$

㉠ (   ), ㉡ (   )

8-2 합이 6.42이고, 차가 1.58인 두 수 중에서 큰 수의 $\dfrac{1}{100}$인 수를 구해 보세요.

(   )

8-3 합이 4.72이고, 차가 1.9인 두 수 중에서 작은 수의 100배인 수를 구해 보세요.

(   )

8-4 세 수 ㉠, ㉡, ㉢이 있습니다. ㉠과 ㉡의 합은 4.23, ㉡과 ㉢의 합은 8.35, ㉠과 ㉢의 합은 5.42입니다. ㉠, ㉡, ㉢을 각각 구해 보세요.

㉠ (   ), ㉡ (   ), ㉢ (   )

연속하는 자연수는 1씩 커진다.

연속하는 세 자연수는 다음과 같이 나타낼 수 있습니다.

① □−2　　□−1　　□
② □−1　　□　　□+1
③ □　　□+1　　□+2
④ □+1　　□+2　　□+3

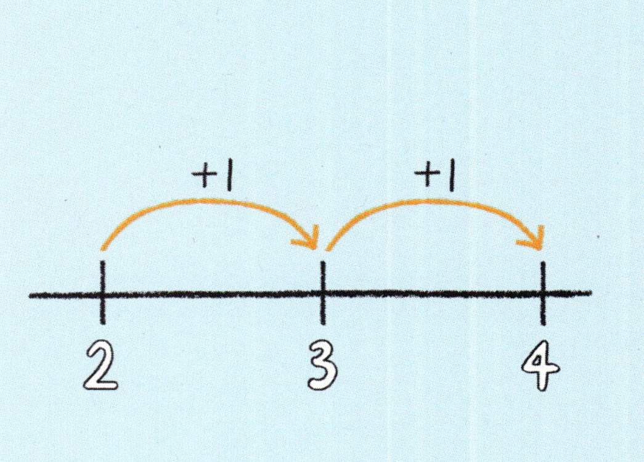

대표문제 9

연속하는 한 자리 자연수 5개를 작은 수부터 차례로 쓰면 ㉠, ㉡, ㉢, ㉣, ㉤입니다. 소수 ㉠.㉡㉢과 ㉢.㉣㉤의 합이 6보다 크고 7보다 작을 때 ㉠.㉡㉢의 100배인 수를 구해 보세요.

㉠, ㉡, ㉢, ㉣, ㉤은 연속하는 자연수이므로 ㉢=㉠+ □ 입니다.

㉠.㉡㉢과 ㉢.㉣㉤의 합이 6보다 크고 7보다 작으므로

일의 자리 수끼리의 합인 ㉠+㉢은 5 또는 □ 입니다.

㉠+㉢=5가 되는 자연수 ㉠과 ㉢은 없습니다.

㉠+㉢= □ 일 때 ㉠= □ , ㉢= □ 입니다.

따라서 ㉠.㉡㉢은 □ 이므로 ㉠.㉡㉢의 100배인 수는 □ 입니다.

9-1 연속하는 한 자리 자연수 5개를 작은 수부터 차례로 쓰면 ㉠, ㉡, ㉢, ㉣, ㉤입니다. 소수 ㉠.㉡㉢과 ㉢.㉣㉤의 합이 9보다 크고 10보다 작을 때 ㉢.㉣㉤의 $\dfrac{1}{10}$인 수를 구해 보세요.

(   )

9-2 연속하는 한 자리 자연수 6개를 작은 수부터 차례로 쓰면 ㉠, ㉡, ㉢, ㉣, ㉤, ㉥입니다. 소수 ㉠.㉡㉢과 ㉣.㉤㉥의 합이 12보다 크고 13보다 작을 때 ㉥의 $\dfrac{1}{100}$인 수를 구해 보세요.

(   )

9-3 바로 앞의 수와의 차가 0.01씩인 소수 두 자리 수 ㉠, ㉡, ㉢의 합이 6.39일 때 ㉢의 100배인 수를 구해 보세요. (단, ㉠<㉡<㉢입니다.)

(   )

9-4 수직선에 일정한 간격으로 소수를 늘어놓았습니다. ㉡과 ㉢의 합과 2.5와 ㉠의 합의 차가 0.44일 때 ㉠, ㉡, ㉢을 각각 구해 보세요.

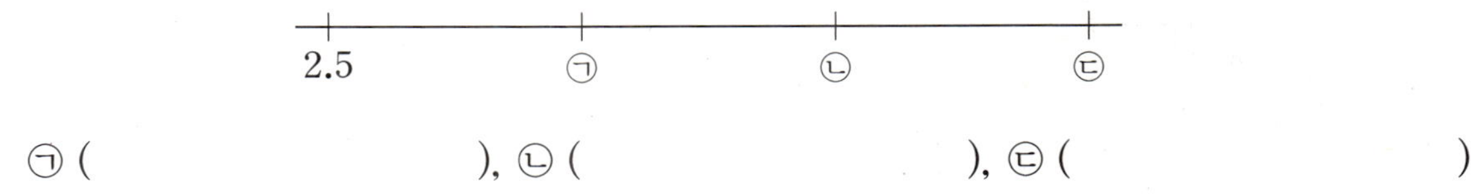

㉠ (   ), ㉡ (   ), ㉢ (   )

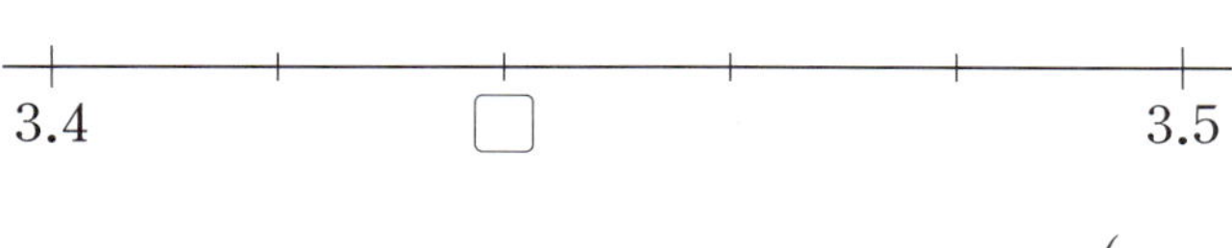

1 수직선에서 □ 안에 알맞은 수를 구해 보세요.

$$3.4 \quad\quad\quad \square \quad\quad\quad 3.5$$

(   )

2 어떤 수의 $\dfrac{1}{100}$인 수가 0.729이면 어떤 수의 1000배인 수는 얼마일까요?

(   )

먼저 생각해 봐요!

빈칸에 알맞은 수는?

3 0부터 9까지의 수 중에서 □ 안에 들어갈 수 있는 수를 모두 구해 보세요.

$$5.47 + 2.79 > 8.\square3$$

(   )

4 3, 4, 5, 6, 7을 □ 안에 모두 한 번씩 써넣어 다음 뺄셈식을 만들려고 합니다. 차가 가장 크게 되도록 뺄셈식을 만들고 차를 구해 보세요.

$$\square.\square\square - \square.\square$$

(   )

5 대전에서 대구까지의 거리는 청주에서 대전까지의 거리보다 몇 km 더 멀까요?

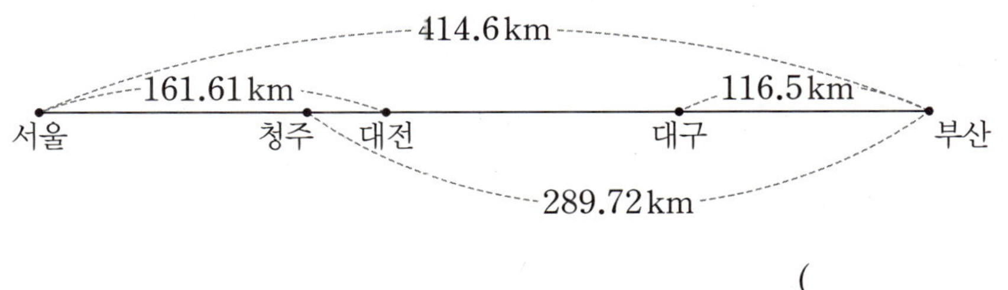

( )

서술형 **6** 지호는 무게가 3.97 kg인 상자를 들고 몸무게를 재어 보았더니 36.51 kg이었습니다. 상자를 내려놓고 가방을 메고 몸무게를 다시 재어 보았더니 34.9 kg이었습니다. 가방의 무게는 몇 kg인지 풀이 과정을 쓰고 답을 구해 보세요.

풀이

답

7 다음 조건을 모두 만족시키는 소수 세 자리 수를 모두 구해 보세요.

> ㉠ 6.2보다 크고 6.43보다 작습니다.
> ㉡ 소수 둘째 자리 수는 소수 첫째 자리 수의 3배입니다.
> ㉢ 소수 셋째 자리 수와 어떤 수를 곱하면 항상 어떤 수가 됩니다.

( )

8 떨어진 높이의 $\dfrac{1}{10}$만큼 튀어 오르는 공이 있습니다. 이 공을 $73\,\mathrm{m}$ 높이에서 떨어뜨렸을 때 셋째로 튀어 오른 공의 높이는 몇 m일까요?

( )

서술형 **9** 일정한 빠르기로 소라는 20분 동안 $2.36\,\mathrm{km}$를 가고, 민석이는 30분 동안 $3.92\,\mathrm{km}$를 갑니다. 두 사람이 같은 지점에서 동시에 출발하여 서로 반대 방향으로 직선 거리를 간다면 1시간 후 두 사람 사이의 거리는 몇 km인지 풀이 과정을 쓰고 답을 구해 보세요.

풀이

답

10 어떤 소수와 그 소수의 소수점을 빼서 만든 자연수의 차가 4115.43입니다. 어떤 소수는 얼마일까요?

먼저 생각해 봐요!
5.28과 528의 차는
소수 몇 자리 수?

( )

4

사각형

수직과 평행

- 두 개의 직선은 겹치거나, 한 점에서 만나거나, 서로 만나지 않습니다.
- 두 직선이 한 점에서 만나면 각이 생깁니다.

수직과 수선

- 두 직선이 만나서 이루는 각이 직각일 때 두 직선은 서로 **수직**이라고 합니다.
  선분과 선분, 직선과 선분이 만나서 직각을 이룰 때도 수직이라고 합니다.

- 두 직선이 서로 수직으로 만나면 한 직선을 다른 직선에 대한 **수선**이라고 합니다.

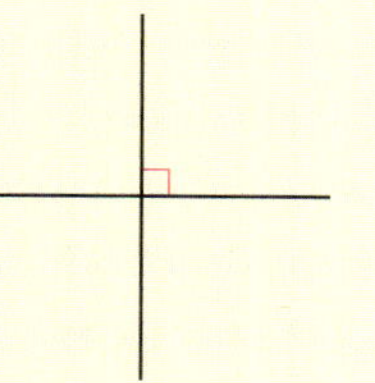

수선 긋기

- 삼각자를 사용하여 수선 긋기

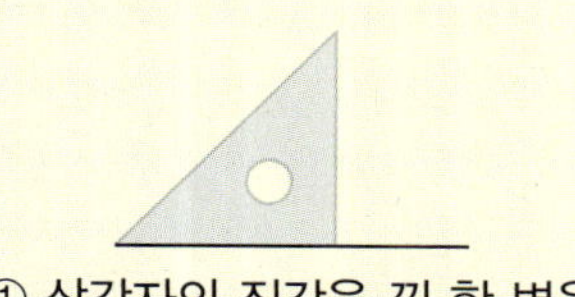 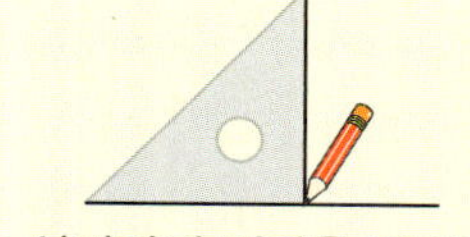

① 삼각자의 직각을 낀 한 변을
주어진 직선에 맞추기

② 삼각자의 직각을 낀 다른
한 변을 따라 직선을 긋기

- 각도기를 사용하여 수선 긋기

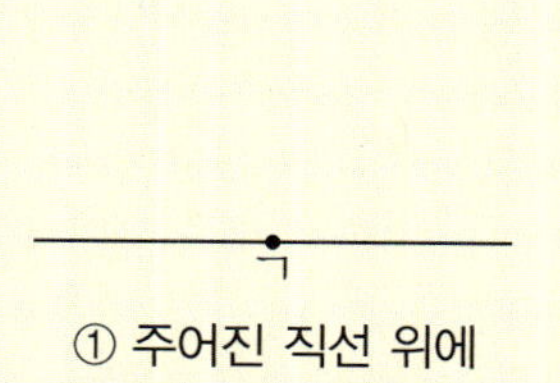 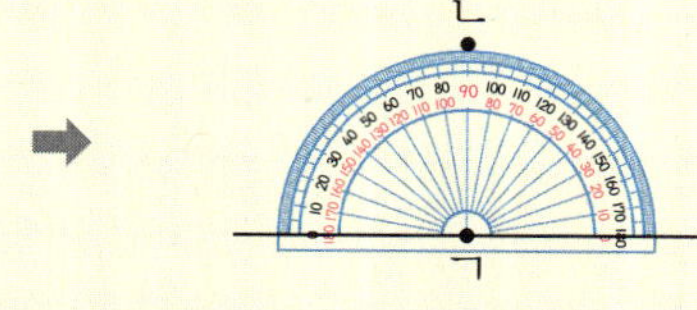 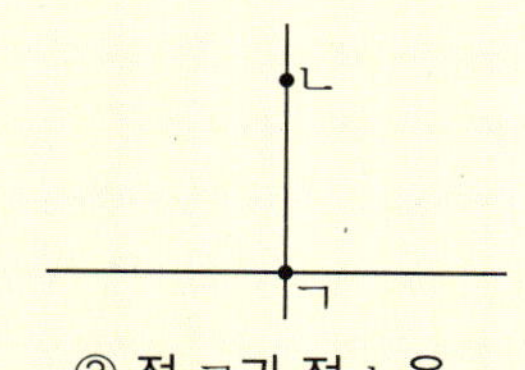

① 주어진 직선 위에
점 ㄱ 찍기

② 각도기의 중심을 점 ㄱ에, 각도기
의 밑금을 주어진 직선과 맞추고
각도기에서 90°가 되는 눈금 위에
점 ㄴ 찍기

③ 점 ㄱ과 점 ㄴ을
직선으로 잇기

---

1 서로 수직인 변이 있는 도형을 모두 찾아 기호를 써 보세요.

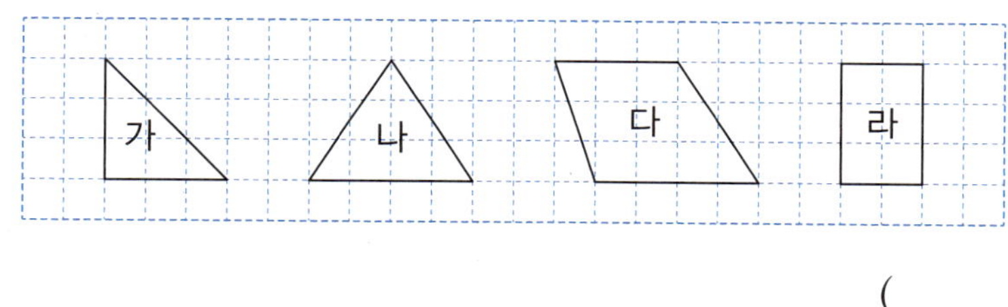

(   )

2 오른쪽 사각형 ㄱㄴㄷㄹ에서 직선 가와 수직인 변을 모두 찾아 써
보세요.

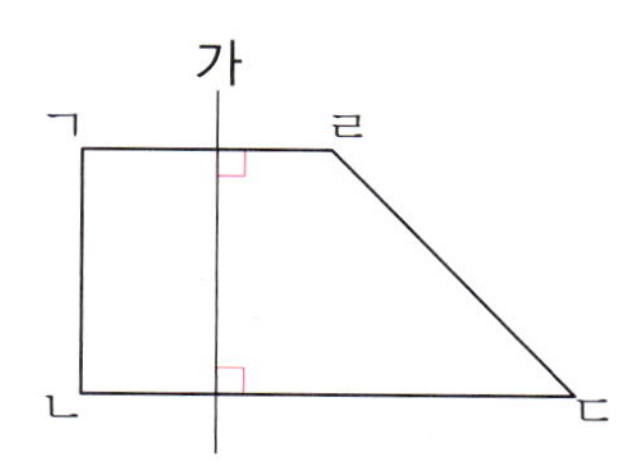

(   )

평행과 평행선

- 한 직선에 수직인 두 직선을 그었을 때 그 두 직선은 서로 만나지 않습니다. 이와 같이 서로 만나지 않는 두 직선을 **평행**하다고 합니다. → 한 직선에 수직인 두 선분도 평행하다고 합니다.
- 평행한 두 직선을 **평행선**이라고 합니다.

평행선 긋기

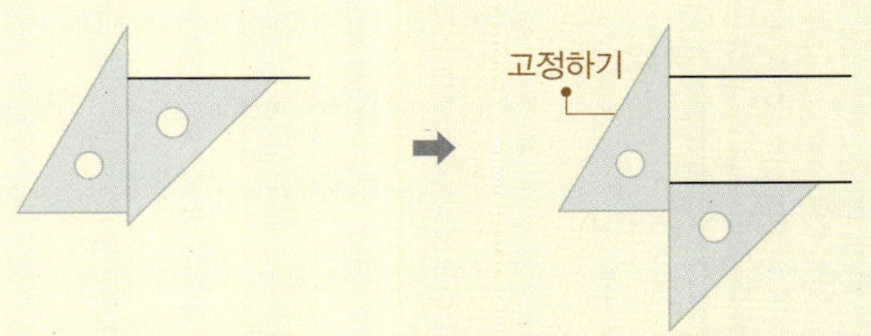

평행선 사이의 거리

평행선의 한 직선에서 다른 직선에 수직인 선분을 그었을 때, 오른쪽과 같이 수직인 선분의 길이를 **평행선 사이의 거리**라고 합니다.

3 직선 가와 직선 나는 서로 평행합니다. 평행선 사이의 거리는 몇 cm일까요?

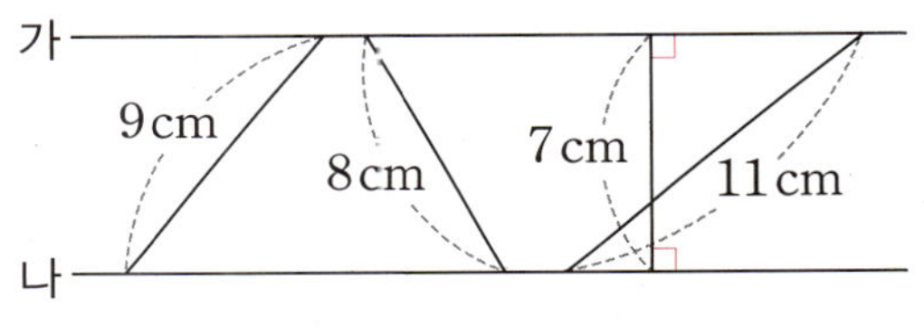

(   )

평행선과 한 직선이 만나서 생기는 각   중등 연계

평행선과 한 직선이 만나서 생기는 각 중에 같은 위치에 있는 두 각을 **동위각**이라 하고 엇갈린 위치에 있는 두 각을 **엇각**이라고 합니다.

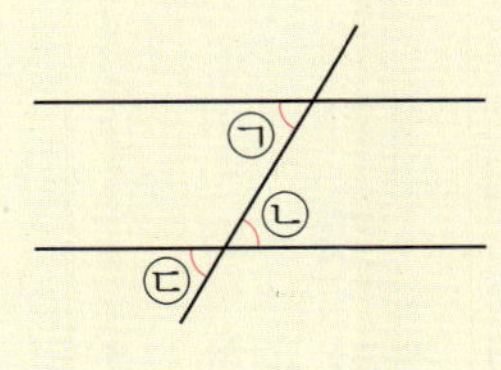

4 오른쪽 그림에서 직선 가와 직선 나, 직선 다와 직선 라는 각각 서로 평행합니다. ☐ 안에 알맞은 수를 써넣으세요.

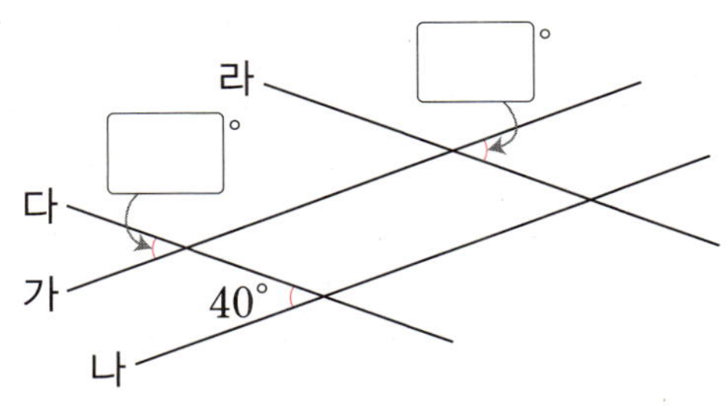

사다리꼴, 평행사변형, 마름모

- 4개의 선분으로 둘러싸인 도형을 사각형이라고 합니다.
- 변의 길이와 각의 크기로 사각형의 이름이 정해집니다.

사다리꼴

평행한 변이 있는 사각형

평행사변형

마주 보는 두 쌍의 변이 서로 평행한 사각형

평행사변형의 성질

① 마주 보는 두 변의 길이가 같습니다.

② 마주 보는 두 각의 크기가 같습니다.

③ 이웃하는 두 각의 크기의 합이 180°입니다.

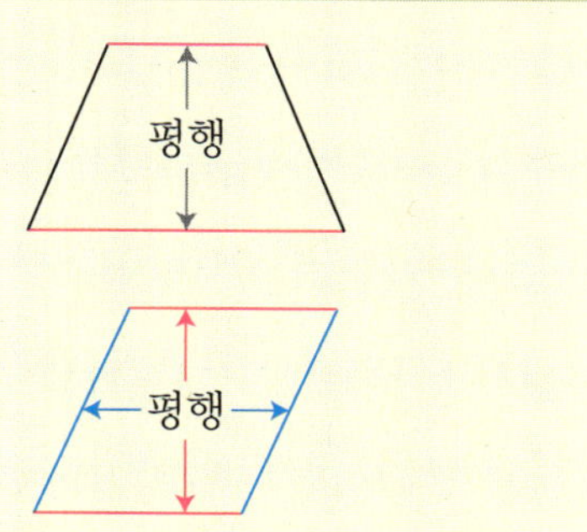

1 사다리꼴은 모두 몇 개일까요?

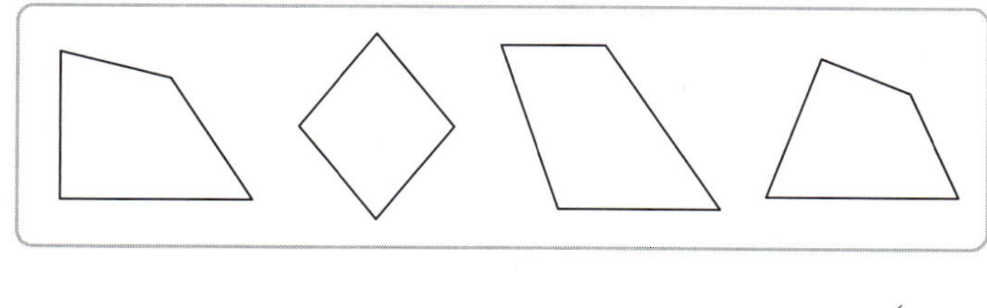

(   )

2 평행사변형을 보고 □ 안에 알맞은 수를 써넣으세요.

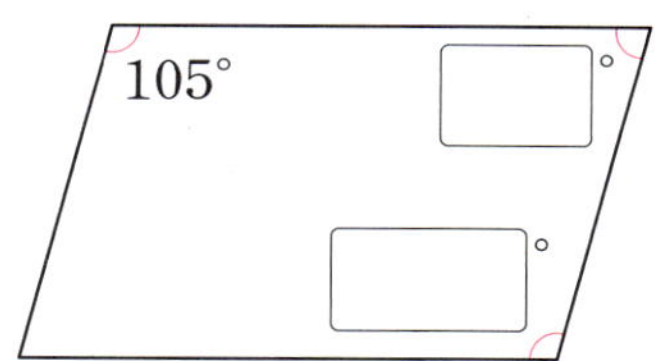

3 사다리꼴을 잘라 평행사변형을 만들려면 어느 선을 따라 자르면 될까요?

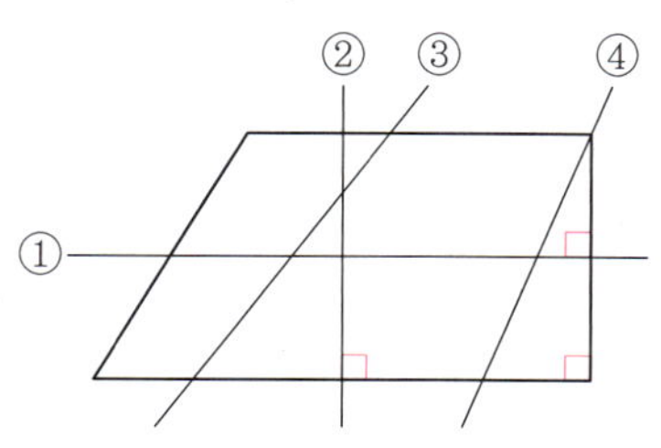

(   )

마름모

네 변의 길이가 모두 같은 사각형

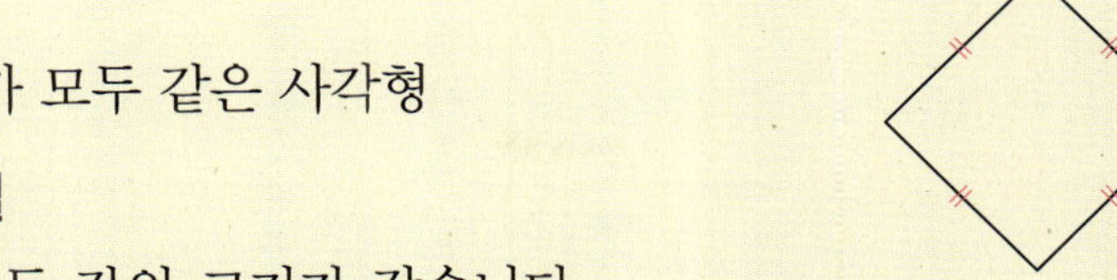

마름모의 성질

① 마주 보는 두 각의 크기가 같습니다.

② 이웃하는 두 각의 크기의 합이 180°입니다.

③ 마주 보는 꼭짓점끼리 이은 선분이 수직으로 만납니다.

④ 마주 보는 꼭짓점끼리 이은 두 선분이 서로를 똑같이 둘로 나눕니다.

4 마름모를 모두 찾아 기호를 써 보세요.

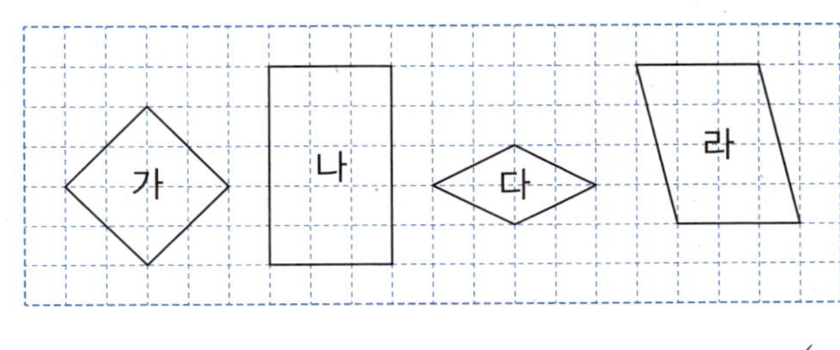

( )

5 도형은 마름모입니다. □ 안에 알맞은 수를 써넣으세요.

(1)

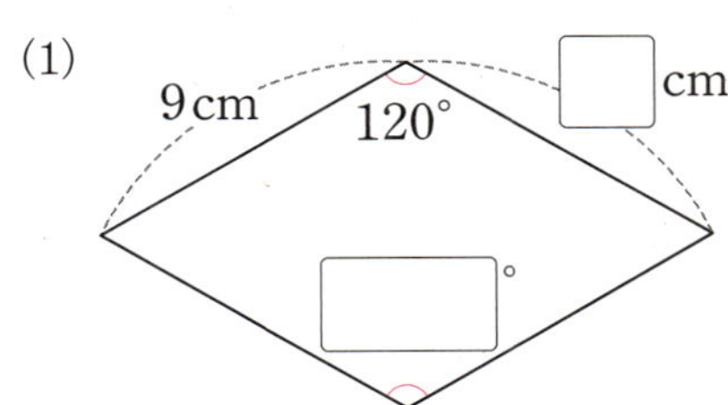

(2)

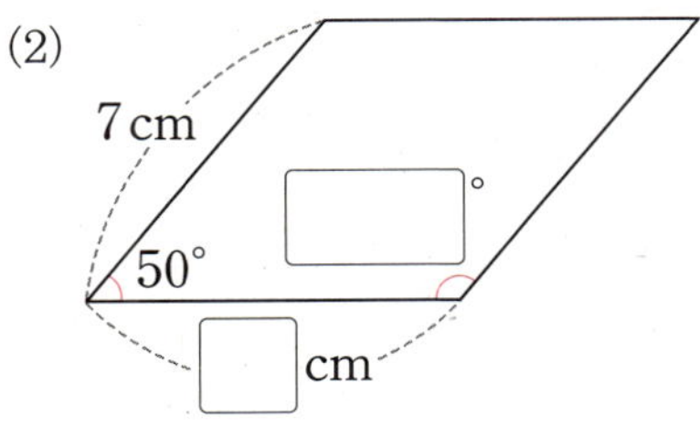

6 길이가 50 cm인 철사를 겹치지 않게 사용하여 오른쪽과 같은 마름모 모양을 만들었습니다. 마름모 모양을 만들고 남은 철사의 길이는 몇 cm일까요?

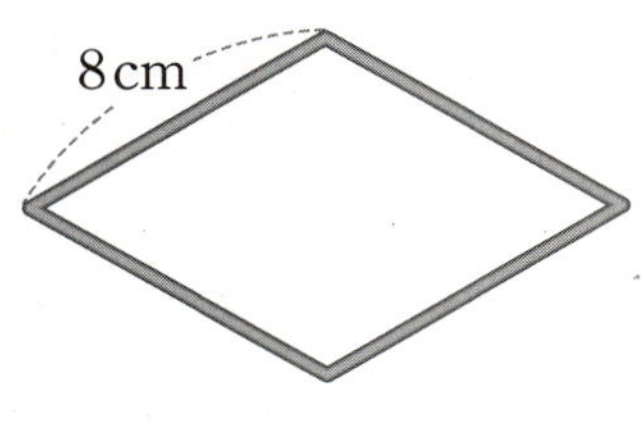

( )

3 여러 가지 사각형

• 사각형은 변의 길이와 각의 크기로 포함 관계가 생깁니다.

직사각형과 정사각형의 성질

직사각형의 성질	정사각형의 성질
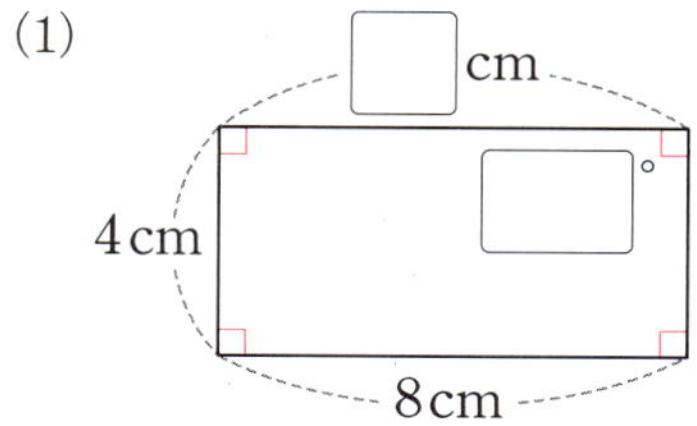	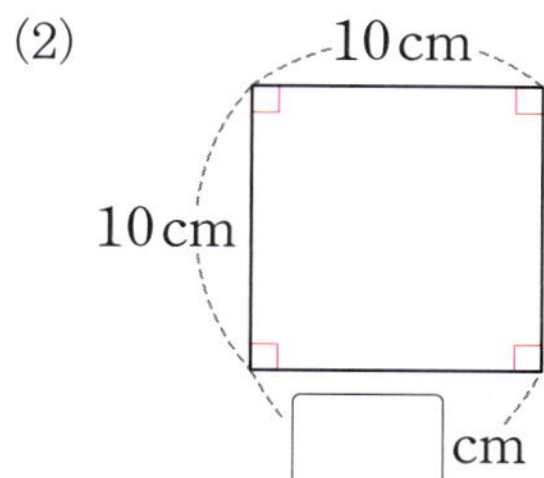
• 두 쌍의 마주 보는 변은 서로 평행합니다. • 마주 보는 두 변의 길이가 같습니다. • 마주 보는 두 각의 크기가 같습니다. • 마주 보는 꼭짓점끼리 이은 두 선분의 길이는 같습니다.	
네 변의 길이가 모두 같지는 않습니다.	마주 보는 꼭짓점끼리 이은 두 선분은 서로 수직으로 만납니다.

1 ☐ 안에 알맞은 수를 써넣으세요.

(1)
☐ cm
4 cm
8 cm

(2)
10 cm
10 cm
☐ cm

2 정사각형에 대한 설명으로 잘못된 것은 어느 것일까요? (   )

① 두 쌍의 마주 보는 변은 서로 평행합니다.
② 평행사변형이라고 할 수 없습니다.
③ 직사각형이라고 할 수 있습니다.
④ 네 각의 크기가 모두 같습니다.
⑤ 네 변의 길이가 모두 같습니다.

3 사각형을 보고 알맞은 말에 ○표 하고 그 까닭을 써 보세요.

정사각형이라고 할 수 (있습니다 , 없습니다).

까닭 ....

여러 가지 사각형 사이의 관계

성질	사다리꼴	평행사변형	마름모	직사각형	정사각형
한 쌍의 마주 보는 변은 서로 평행합니다.	○	○	○	○	○
두 쌍의 마주 보는 변은 서로 평행합니다.		○	○	○	○
네 변의 길이가 모두 같습니다.			○		○
네 각의 크기가 모두 같습니다.				○	○
이웃하는 두 각의 크기의 합이 180°입니다.		○	○	○	○

4 사각형을 보고 물음에 답하세요.

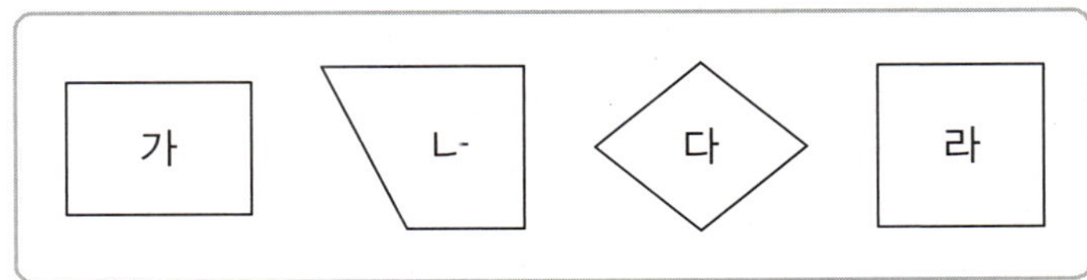

(1) 평행사변형을 모두 찾아 기호를 써 보세요.　　　　　(　　　　　)

(2) 직사각형을 모두 찾아 기호를 써 보세요.　　　　　(　　　　　)

5 다음 조건을 모두 만족시키는 사각형을 모두 써 보세요.

> • 두 쌍의 마주 보는 변은 서로 평행합니다.
> • 네 변의 길이가 모두 같습니다.

(　　　　　)

6 오른쪽 사각형의 이름이 될 수 있는 것을 모두 찾아 기호를 써 보세요.

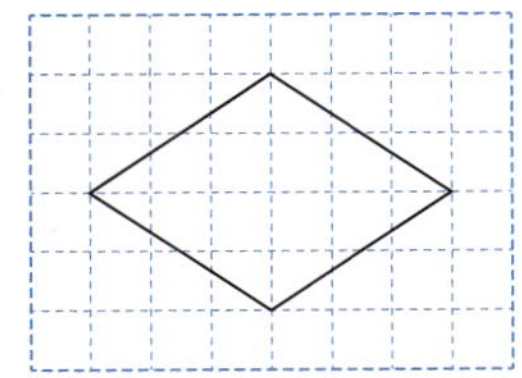

> ㉠ 정사각형　　　㉡ 평행사변형
> ㉢ 사다리꼴　　　㉣ 직사각형

(　　　　　)

직사각형의 세로 사이의 거리는 가로의 길이와 같다.

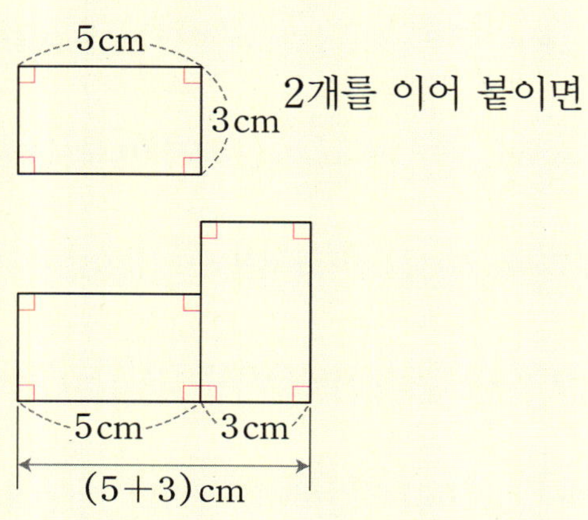

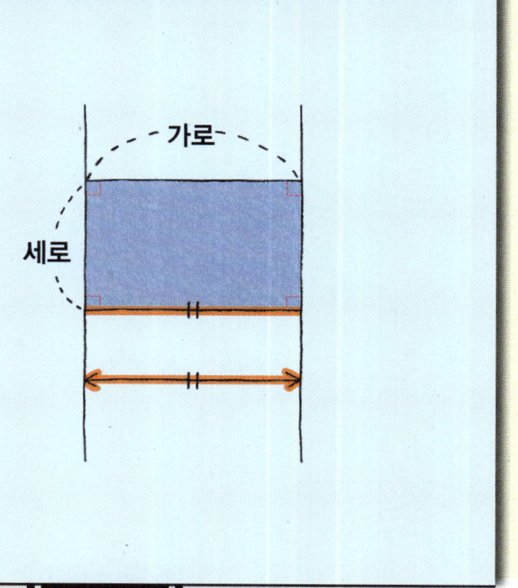

대표문제 1

크기가 서로 다른 정사각형 가, 나, 다를 겹치지 않게 이어 붙인 것입니다. 변 ㄱㄴ과 변 ㄹㄷ이 서로 평행할 때 변 ㄱㄴ과 변 ㄹㄷ 사이의 거리는 몇 cm일까요?

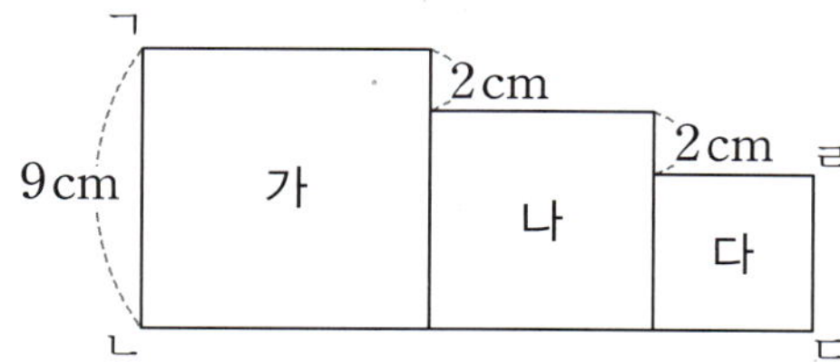

(나의 한 변의 길이)=9−2=☐ (cm)

(다의 한 변의 길이)=☐−☐=☐ (cm)

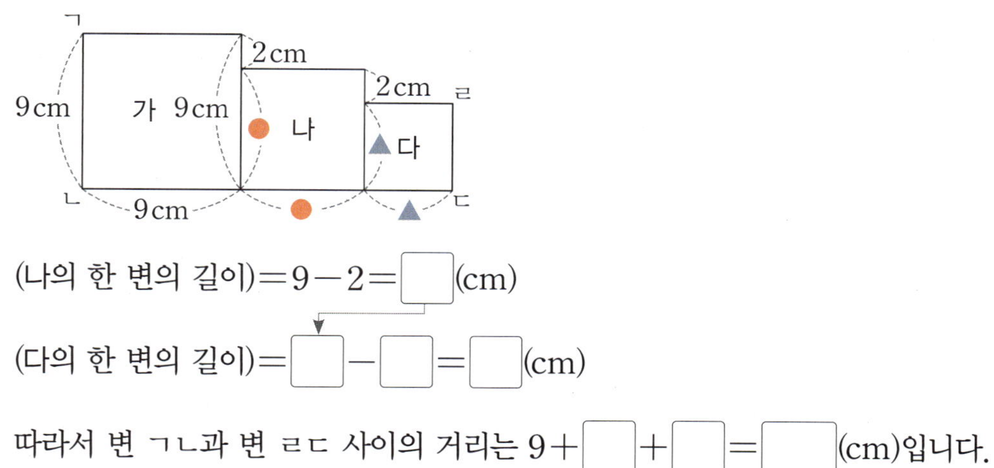

따라서 변 ㄱㄴ과 변 ㄹㄷ 사이의 거리는 9+☐+☐=☐ (cm)입니다.

1-1 크기가 다른 정사각형 가, 나, 다를 겹치지 않게 이어 붙인 것입니다. 변 ㄱㄴ과 변 ㄹㄷ이 서로 평행할 때 변 ㄱㄴ과 변 ㄹㄷ 사이의 거리는 몇 cm일까요?

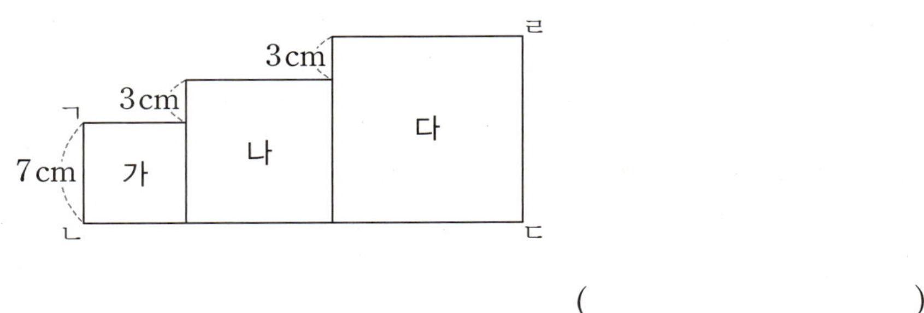

( )

1-2 오른쪽 그림은 크기가 다른 정사각형 가, 나, 다를 겹치지 않게 이어 붙인 것입니다. 도형에서 가장 먼 평행선 사이의 거리는 몇 cm일까요?

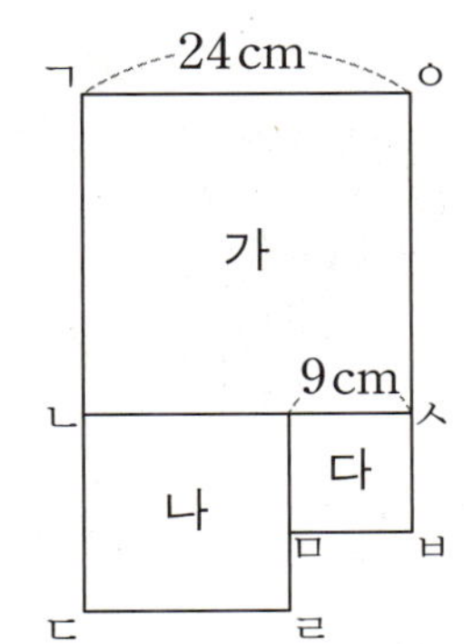

( )

 1-3 크기가 같은 직사각형 4개를 겹치지 않게 이어 붙인 것입니다. 변 ㄱㄴ과 변 ㄹㄷ 사이의 거리는 몇 cm인지 풀이 과정을 쓰고 답을 구해 보세요.

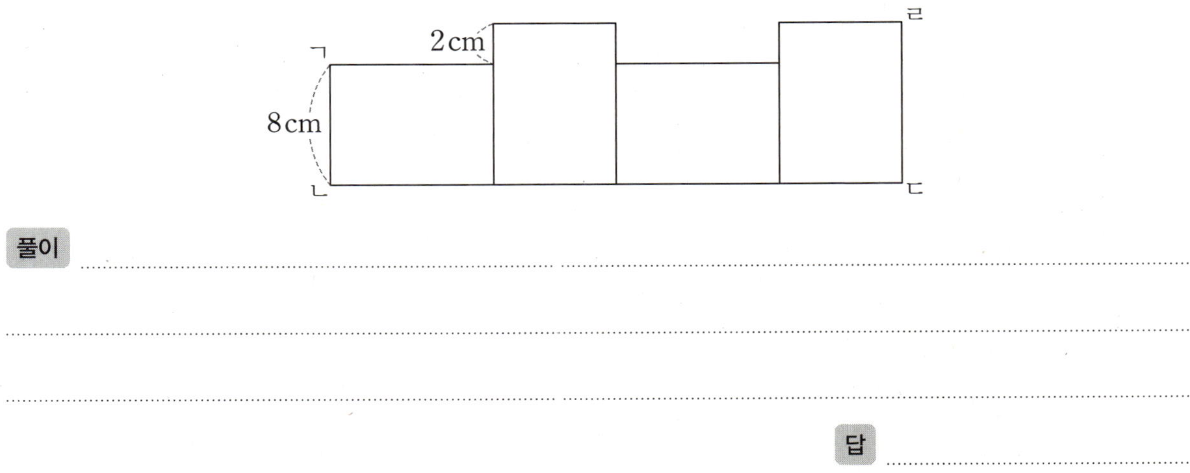

풀이

답

수직은 직선(180°)의 절반(90°)이다.

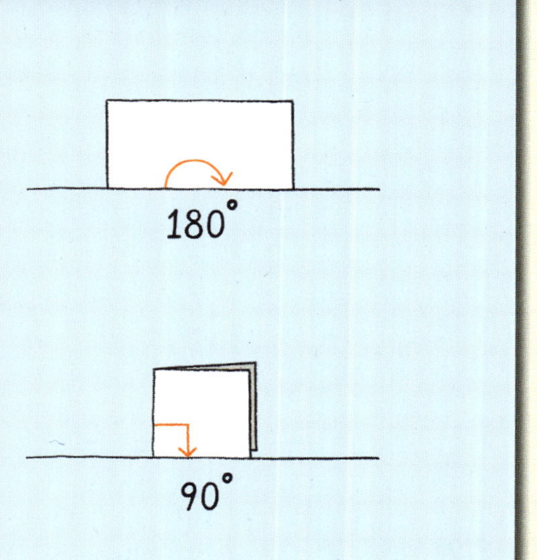

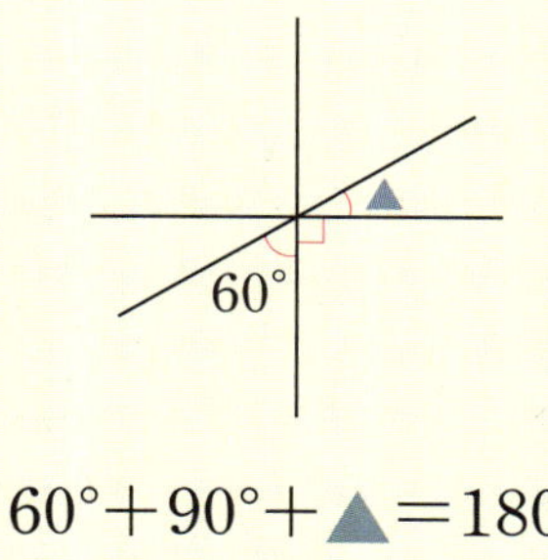

$$60° + 90° + \blacktriangle = 180°$$
$$\blacktriangle = 30°$$

대표문제 2

선분 ㄷㅇ과 선분 ㅁㅇ은 서로 수직입니다. ㉠의 크기를 구해 보세요.

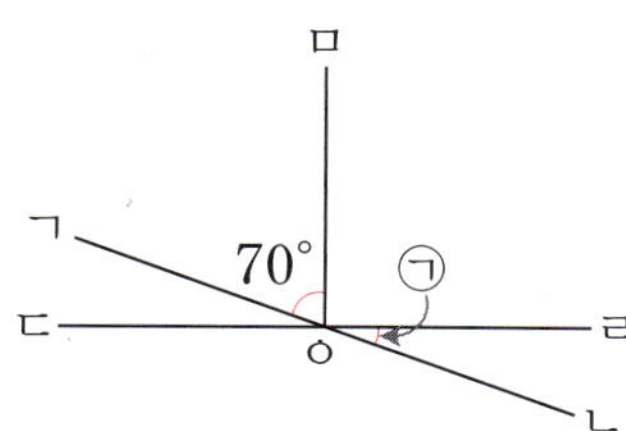

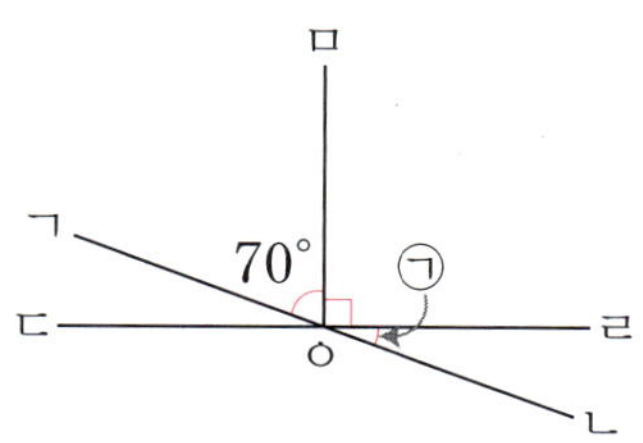

선분 ㄷㅇ과 선분 ㅁㅇ이 서로 수직이므로 (각 ㅁㅇㄹ)=(각 ㅁㅇㄷ)=□°입니다.

한 직선이 이루는 각의 크기는 180°이므로

㉠=180°-(각 ㄱㅇㅁ)-(각 ㅁㅇㄹ)

=180°-□°-□°=□°입니다.

2-1 오른쪽 그림에서 선분 ㄷㅇ과 선분 ㄹㅇ은 서로 수직입니다.
㉠의 크기를 구해 보세요.

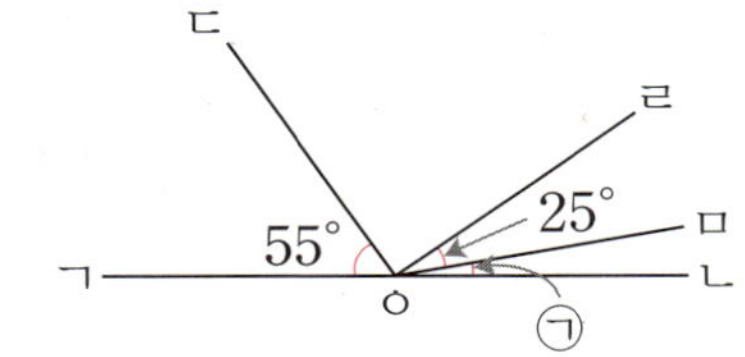

(   )

 2-2 오른쪽 그림에서 직선 ㄷㄹ과 직선 ㅁㅂ은 서로 수직입니다.
㉠의 크기는 몇 도인지 풀이 과정을 쓰고 답을 구해 보세요.

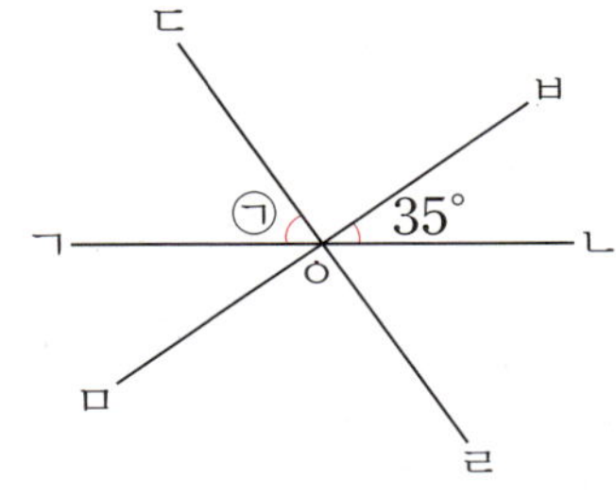

풀이 ....

....

....

답 ....

2-3 오른쪽 그림에서 선분 ㅁㅇ은 선분 ㄷㅇ에 대한 수선입니다. ㉠
과 ㉡의 크기를 각각 구해 보세요.

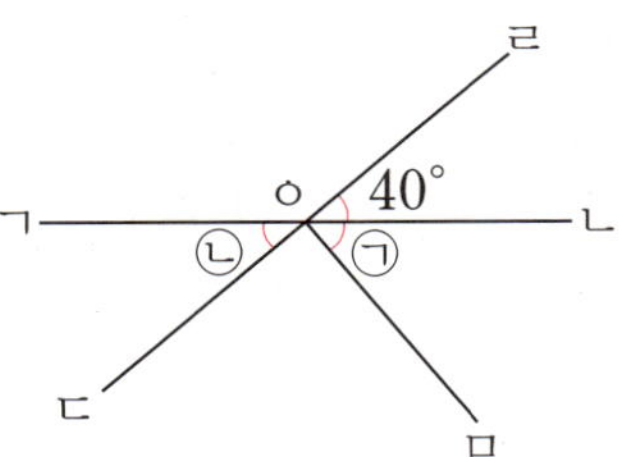

㉠ (   ), ㉡ (   )

2-4 오른쪽 그림에서 선분 ㄱㅁ과 선분 ㄷㅁ, 선분 ㄴㅁ과 선분 ㄹㅁ
은 각각 서로 수직입니다. 각 ㄱㅁㄹ의 크기가 145°일 때 ㉠의
크기를 구해 보세요.

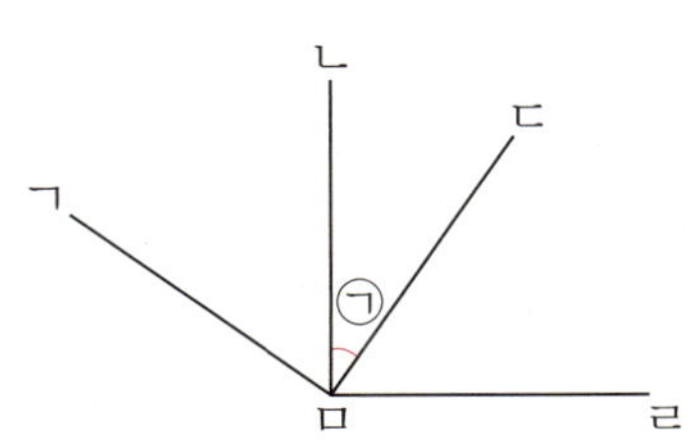

(   )

최상위 S

평행선과 한 직선이 만날 때 생기는
같은 위치에 있는 각, 엇갈린 위치에 있는 각은 서로 같다.

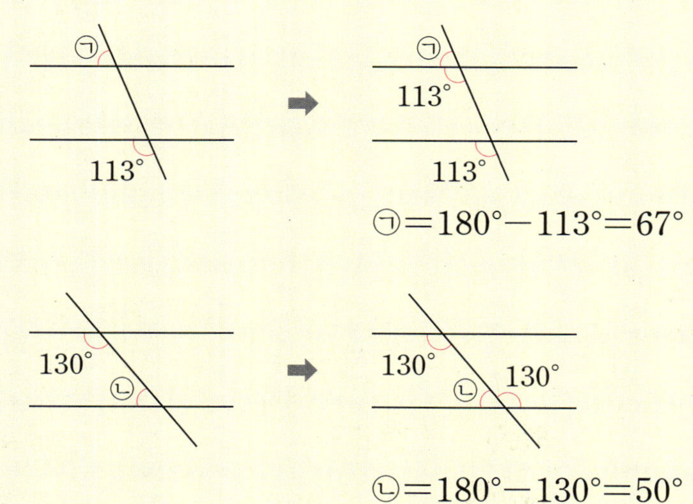

$$㉠=180°-113°=67°$$

$$㉡=180°-130°=50°$$

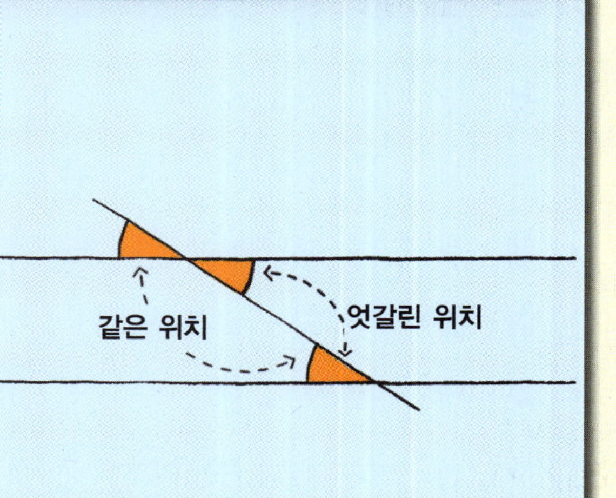

대표문제 3

그림에서 직선 가와 직선 나는 서로 평행합니다. ㉠의 크기를 구해 보세요.

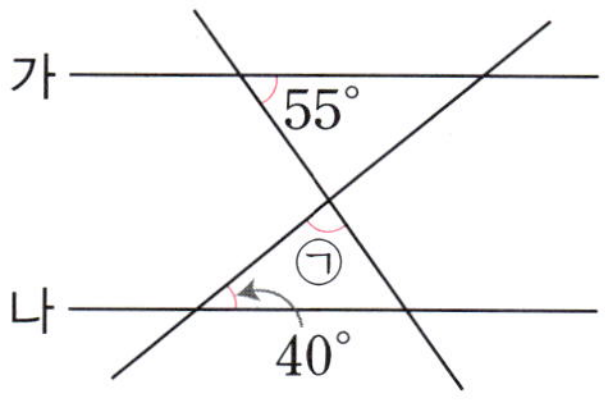

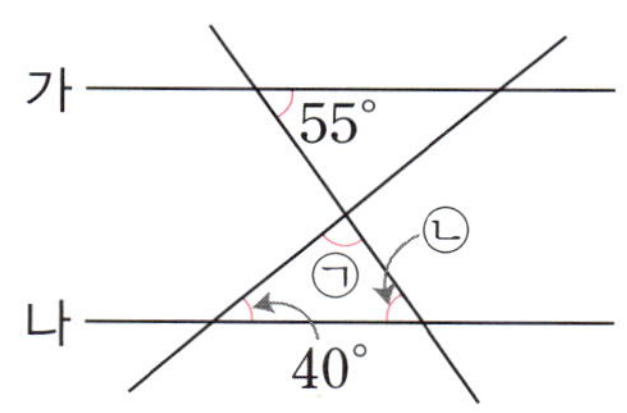

평행선과 한 직선이 만날 때 생기는 엇갈린 위치에 있는 각의 크기는 같습니다.

㉡은 55°의 엇갈린 위치에 있는 각이므로 ㉡=☐°입니다.

삼각형의 세 각의 크기의 합은 ☐°이므로

㉠=180°-40°-☐°=☐°입니다.

3-1 오른쪽 그림에서 직선 가와 직선 나는 서로 평행합니다. ㉠의
크기를 구해 보세요.

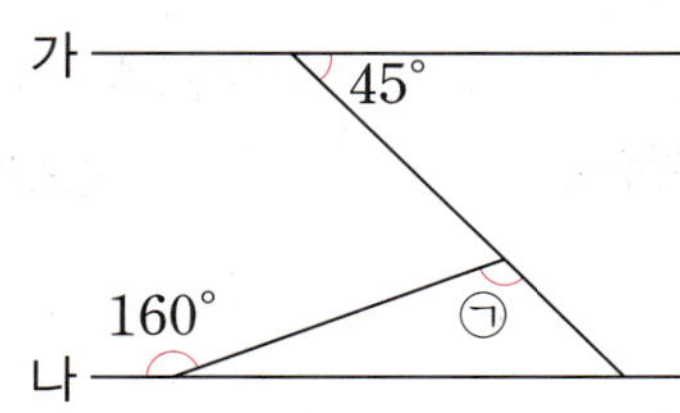

( )

3-2 오른쪽 그림에서 직선 가와 직선 나는 서로 평행합니다. ㉠의 크기
를 구해 보세요.

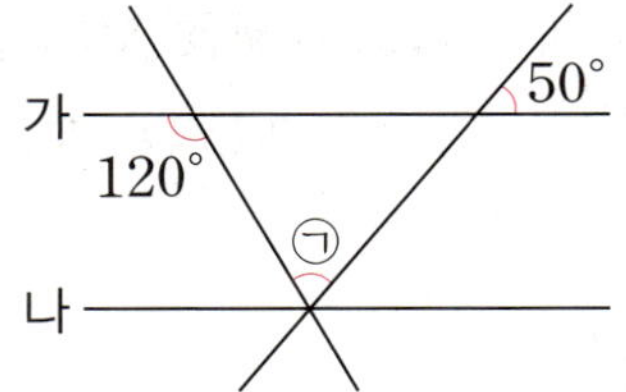

( )

3-3 오른쪽 그림에서 직선 가와 직선 나는 서로 평행합니다. ㉠과 ㉡
의 크기의 차가 20°일 때 ㉠과 ㉡의 크기를 각각 구해 보세요.

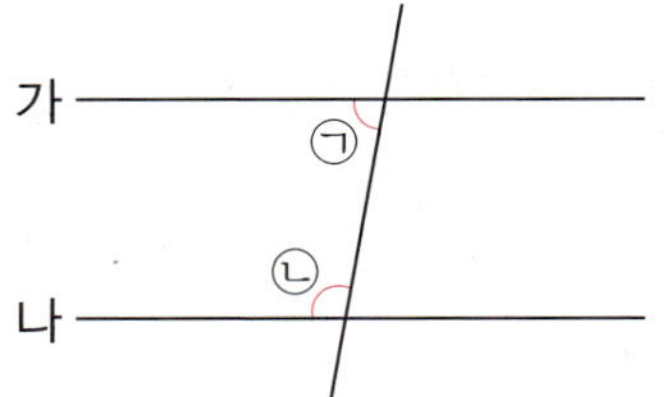

㉠ ( ), ㉡ ( )

3-4 오른쪽 그림에서 직선 가와 직선 나는 서로 평행하고 세 직선 다,
라, 마도 서로 평행합니다. ㉠과 ㉡의 크기를 각각 구해 보세요.

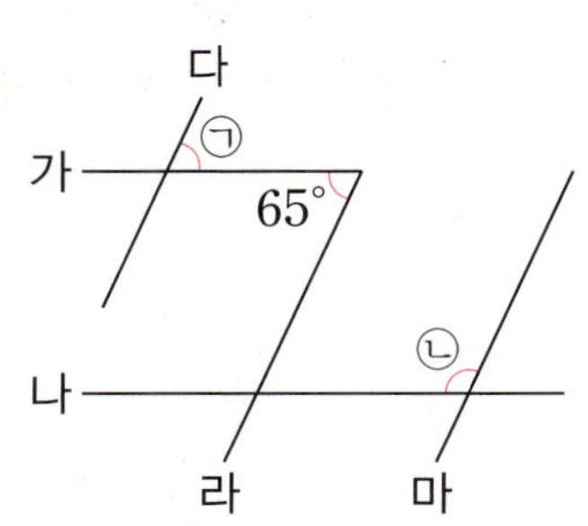

㉠ ( ), ㉡ ( )

평행선 사이에 수선을 그어 사각형을 만든다.

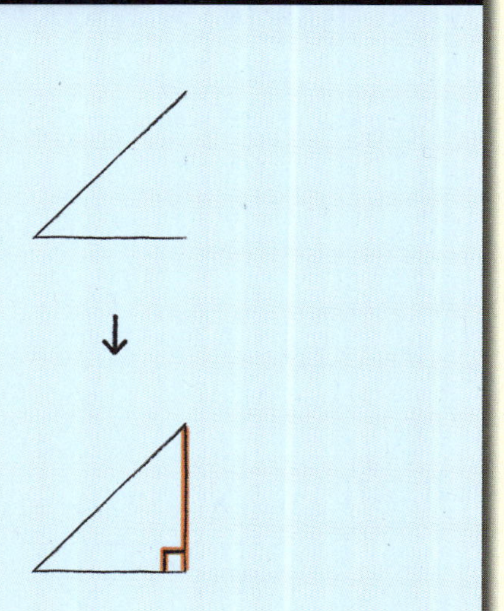

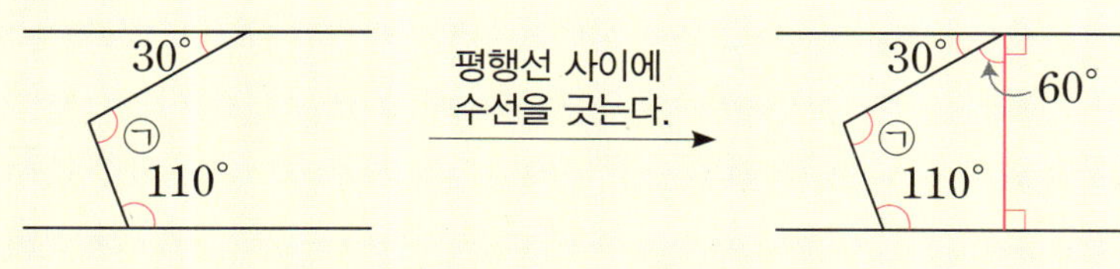

(사각형의 네 각의 크기의 합)$=360°$

➡ ㉠ $=360°-60°-110°-90°$

$=100°$

대표문제 4

직선 가와 직선 나는 서로 평행합니다. ㉠의 크기를 구해 보세요.

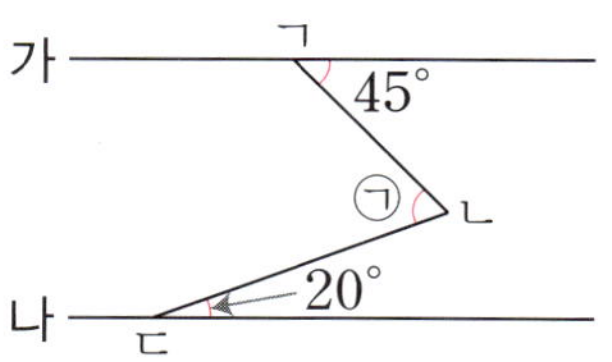

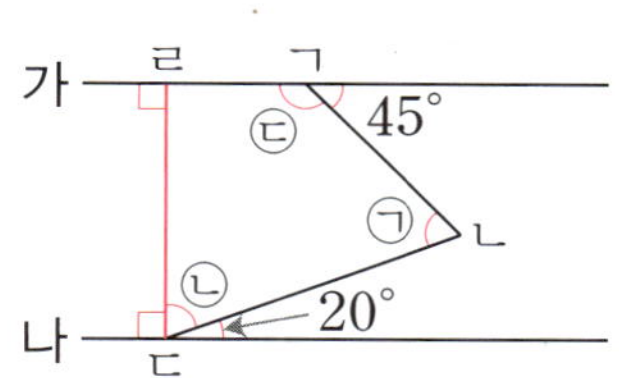

점 ㄷ에서 직선 가에 수선을 그어 만나는 점을 점 ㄹ이라 하면

㉡ $=90°-20°=$ ⬚ 입니다.

한 직선이 이루는 각의 크기는 $180°$이므로 ㉢ $=180°-45°=$ ⬚ 입니다.

사각형 ㄹㄷㄴㄱ의 네 각의 크기의 합은 ⬚ 이므로

$90°+$ ㉡ $+$ ㉠ $+$ ㉢ $=360°$, $90°+$ ⬚ $+$ ㉠ $+$ ⬚ $=360°$,

㉠ $=360°-90°-$ ⬚ $-$ ⬚ $=$ ⬚ 입니다.

4-1 오른쪽 그림에서 직선 가와 직선 나는 서로 평행합니다. ㉠의 크기를 구해 보세요.

( )

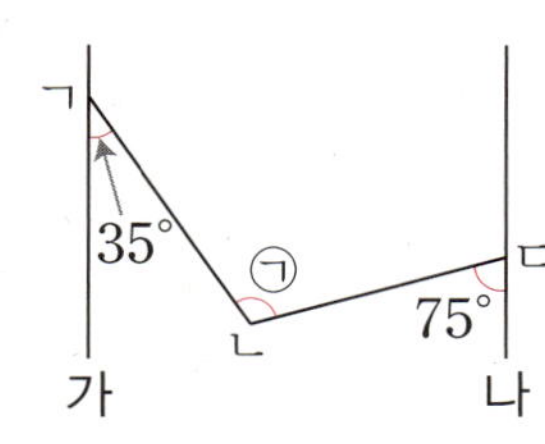

4-2 오른쪽 그림에서 직선 가와 직선 나는 서로 평행합니다. ㉠의 크기를 구해 보세요.

( )

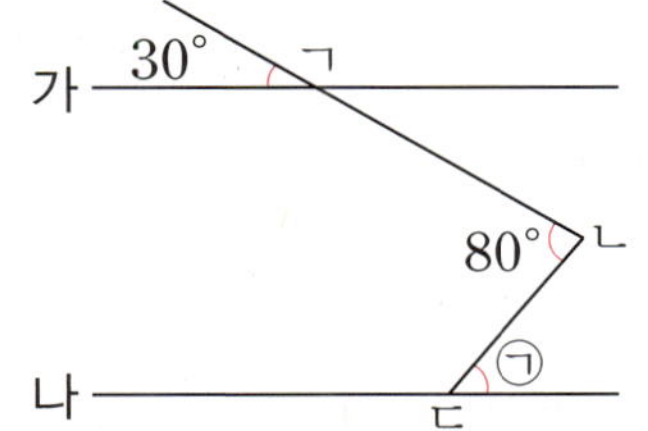

4-3 오른쪽 그림에서 직선 가와 직선 나는 서로 평행합니다. ㉠의 크기를 구해 보세요.

( )

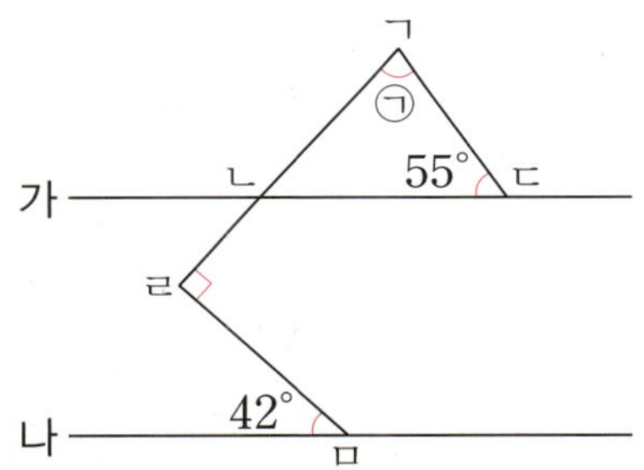

4-4 오른쪽 그림에서 직선 가와 직선 나는 서로 평행합니다. ㉠의 크기가 ㉡의 크기의 2배일 때 ㉠과 ㉡의 크기를 각각 구해 보세요.

㉠ ( ), ㉡ ( )

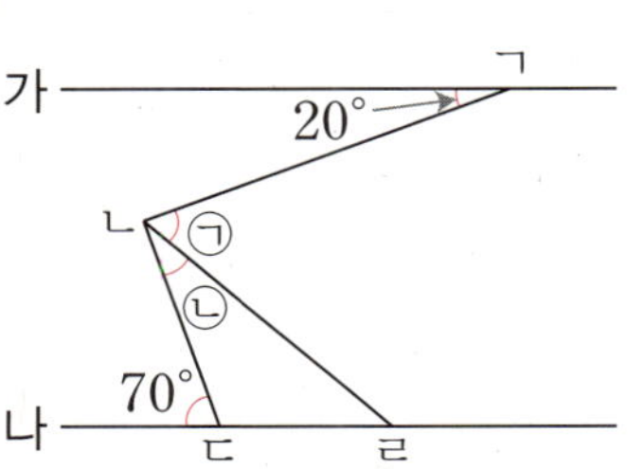

종이를 접을 때 접힌 각의 크기는 서로 같다.

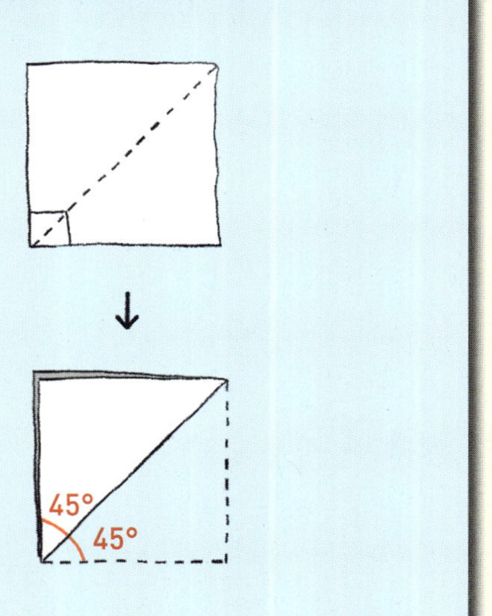

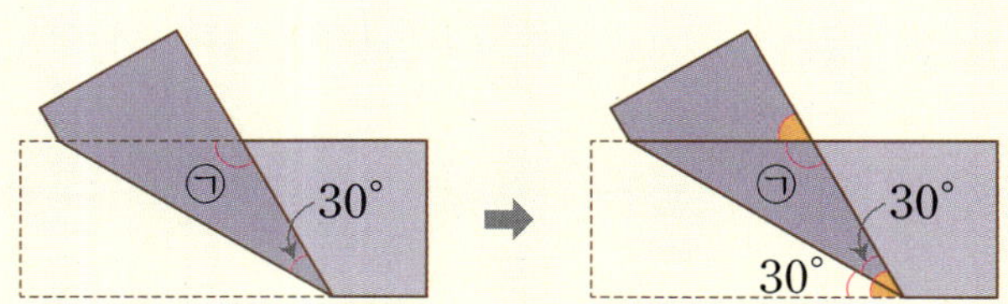

접은 각과 접힌 각의 크기는 같으므로

🔺 $=30°+30°=60°$

평행선과 한 직선이 만날 때 생기는 같은 위치에 있는 각의 크기는 같으므로

➡ ㉠$=180°-60°=120°$

대표문제 5

그림과 같이 직사각형 모양의 종이를 접었습니다. ㉠의 크기를 구해 보세요.

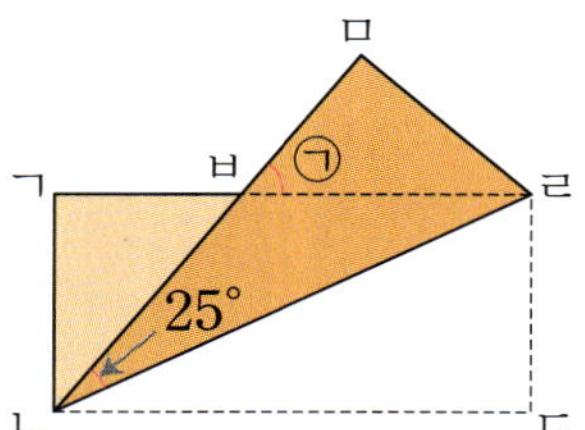

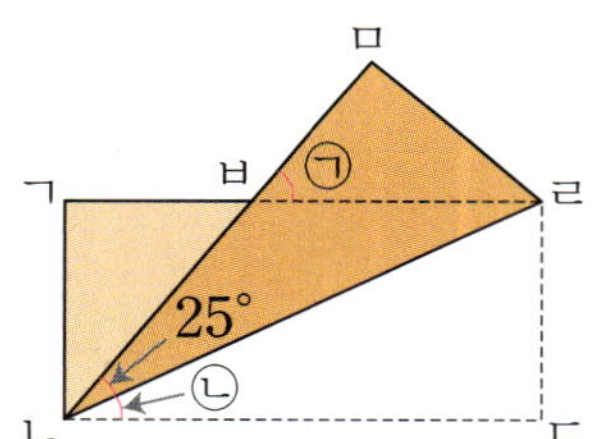

직사각형 모양의 종이를 접었을 때 생기는 접은 각과 접힌 각의 크기는 같으므로

㉡$=$(각 ㅁㄴㄹ)$=$ ☐ °입니다.

(각 ㅁㄴㄷ)$=25°+$ ☐ °$=$ ☐ °

평행선과 한 직선이 만날 때 생기는 같은 위치에 있는 각의 크기는 같으므로

㉠$=$(각 ㅁㄴㄷ)$=$ ☐ °입니다.

5-1 오른쪽 그림과 같이 직사각형 모양의 종이를 접었습니다. ㉠과
㉡의 크기를 각각 구해 보세요.

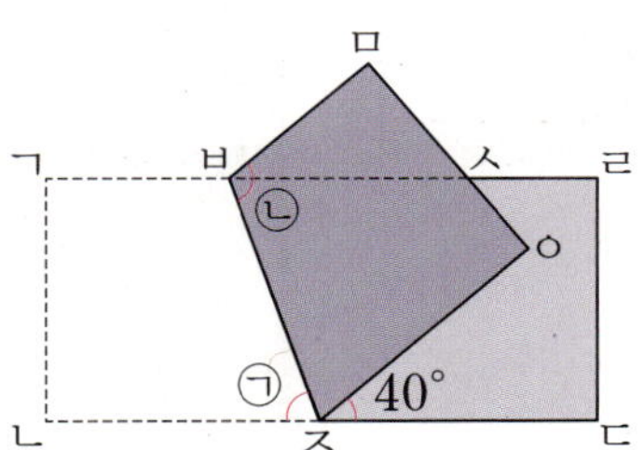

㉠ (   ), ㉡ (   )

5-2 오른쪽 그림과 같이 직사각형 모양의 종이를 접었습니다. ㉠의
크기를 구해 보세요.

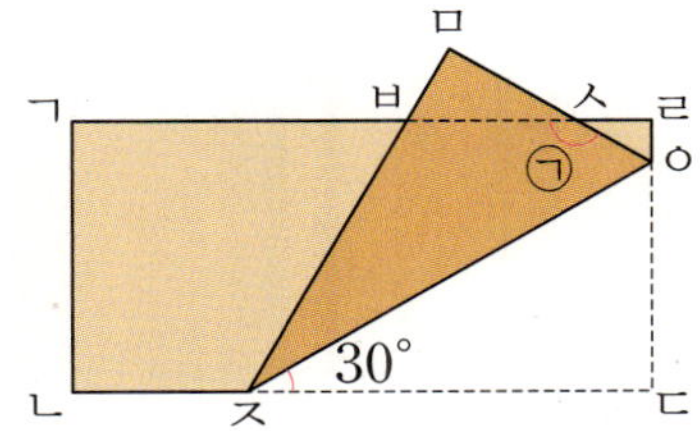

(   )

5-3 오른쪽 그림과 같이 직사각형 모양의 종이를 접었습니다. ㉠과 ㉡
의 크기를 각각 구해 보세요.

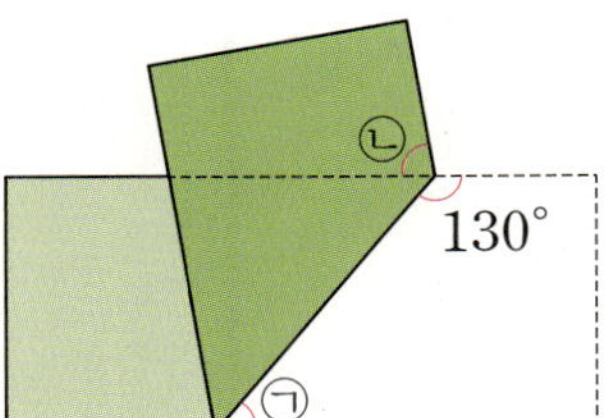

㉠ (   ), ㉡ (   )

5-4 그림과 같이 직사각형 모양의 종이를 접었습니다. ㉠의 크기를 구해 보세요.

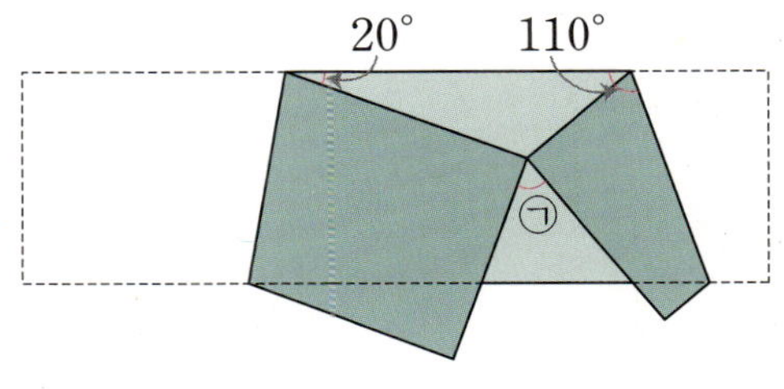

(   )

작은 도형이 모여 큰 도형이 된다.

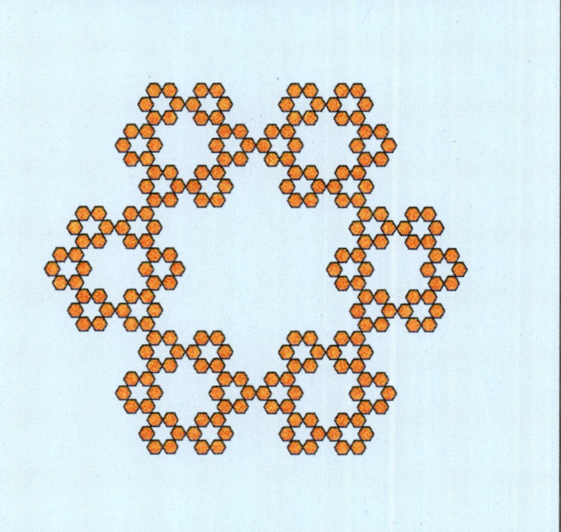

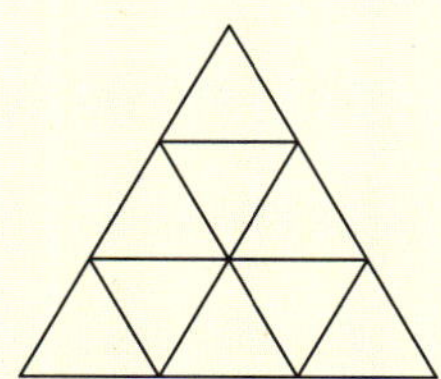

그림에서 찾을 수 있는 크고 작은 삼각형은

가장 작은 삼각형 1개로 된 삼각형: 9개

가장 작은 삼각형 4개로 된 삼각형: 3개

가장 작은 삼각형 9개로 된 삼각형: 1개

➡ $9+3+1=13$(개)

대표문제 6

정삼각형을 겹치지 않게 이어 붙인 것입니다. 그림에서 찾을 수 있는 크고 작은 마름모는 모두 몇 개일까요?

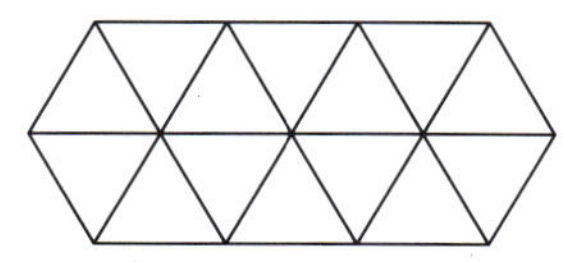

정삼각형 2개, 8개로 이루어진 마름모를 각각 찾아봅니다.

정삼각형 2개로 이루어진 마름모:

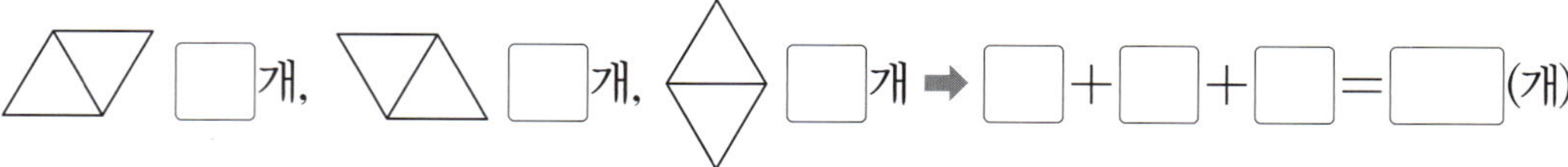

정삼각형 8개로 이루어진 마름모:

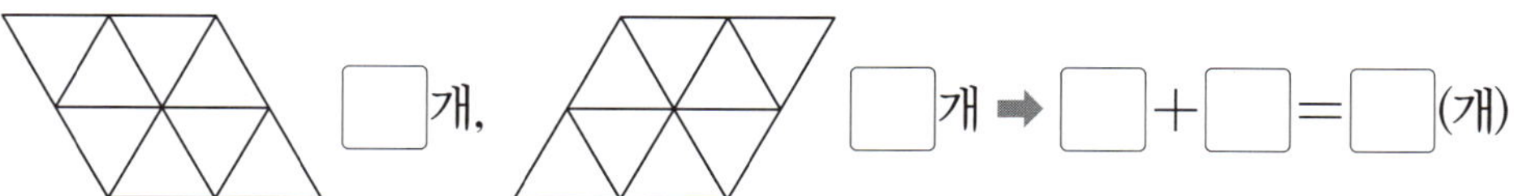

따라서 그림에서 찾을 수 있는 크고 작은 마름모는 모두 ☐ + ☐ = ☐ (개)입니다.

6-1 오른쪽 그림에서 찾을 수 있는 크고 작은 사다리꼴은 모두 몇 개일까요?

( )

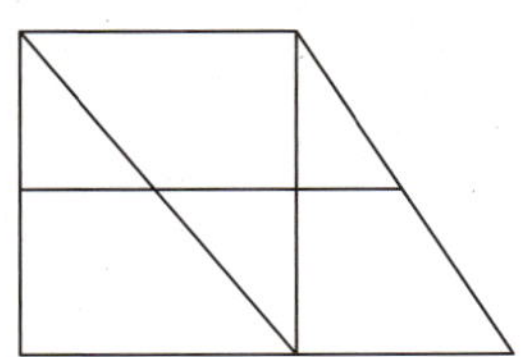

6-2 오른쪽 그림은 정삼각형 25개를 겹치지 않게 이어 붙인 것입니다. 그림에서 찾을 수 있는 크고 작은 마름모는 모두 몇 개일까요?

( )

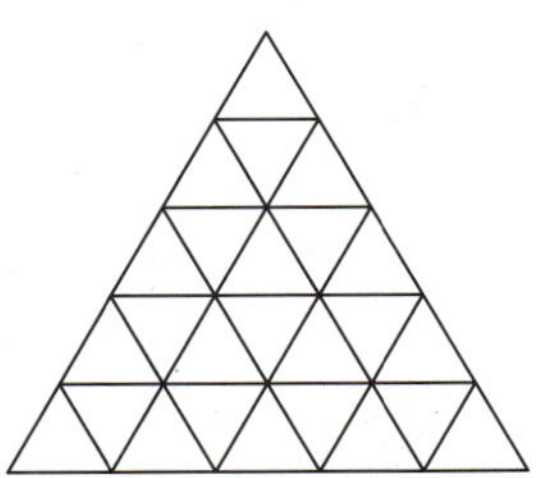

6-3 오른쪽 그림에서 찾을 수 있는 크고 작은 평행사변형은 모두 몇 개일까요?

( )

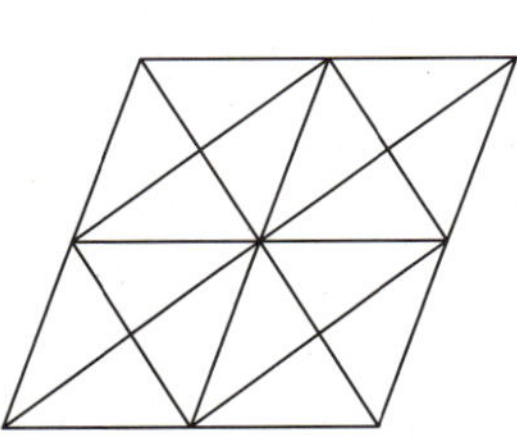

6-4 오른쪽 그림에서 찾을 수 있는 크고 작은 사각형 중에서 ★을 포함하는 사각형은 모두 몇 개일까요?

( )

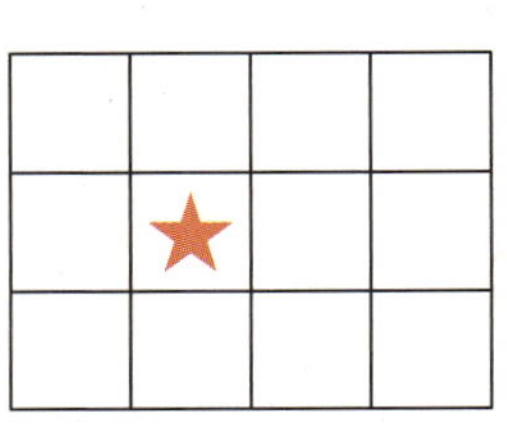

도형의 둘레는 그 모양의 변의 수로 알 수 있다.

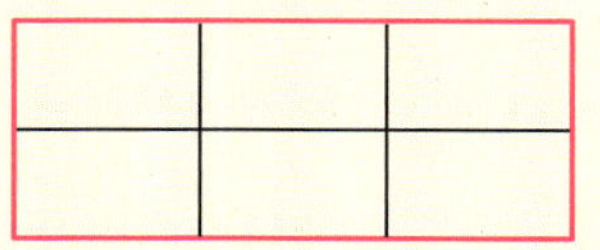

$3\,\text{cm}$ ☐ $5\,\text{cm}$ 을 이어 붙여 만든 큰 직사각형에서

(직사각형의 긴 변)$=5\times3=15(\text{cm})$

(직사각형의 짧은 변)$=3\times2=6(\text{cm})$

➡ (직사각형의 둘레)

$=15+6+15+6=42(\text{cm})$

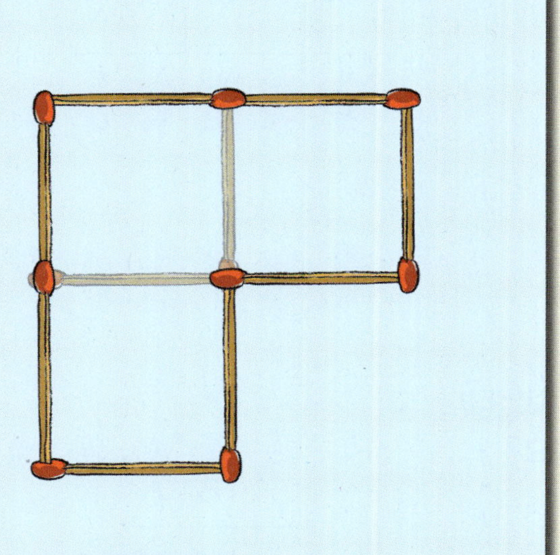

대표문제 7

오른쪽 도형은 직사각형과 정사각형을 겹치지 않게 이어 붙인 것입니다. 직사각형 ㄱㄴㄷㄹ의 네 변의 길이의 합은 몇 cm 일까요?

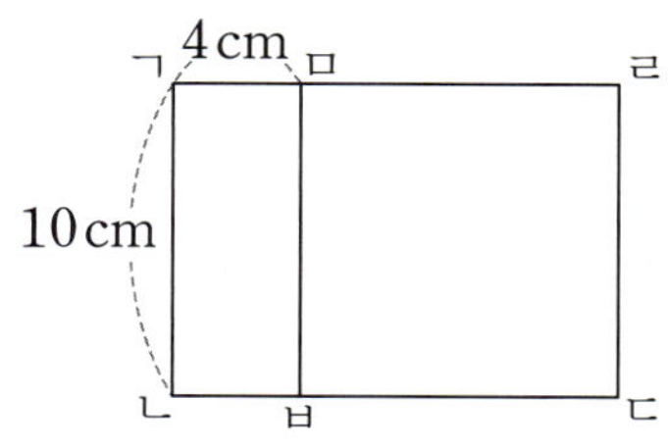

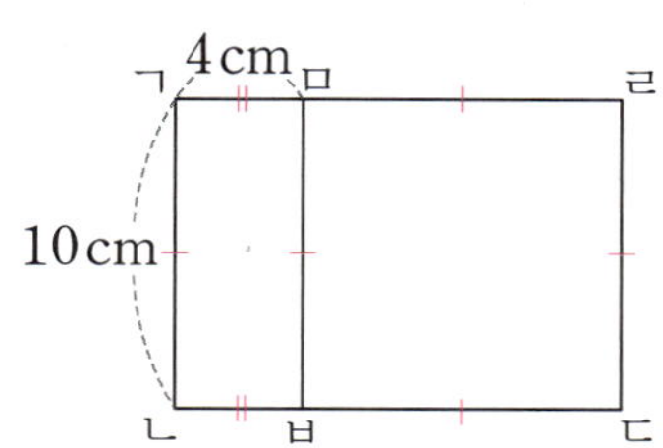

직사각형 ㄱㄴㅂㅁ에서 (선분 ㅁㅂ)$=$(선분 ㄱㄴ)$=$ ☐ cm이고

정사각형 ㅁㅂㄷㄹ에서 (선분 ㅁㄹ)$=$(선분 ㅁㅂ)$=$ ☐ cm입니다.

(선분 ㄱㄹ)$=$(선분 ㄱㅁ)$+$(선분 ㅁㄹ)$=4+$ ☐ $=$ ☐ (cm)

따라서 직사각형 ㄱㄴㄷㄹ의 네 변의 길이의 합은

☐ $+10+$ ☐ $+10=$ ☐ (cm)입니다.

7-1 오른쪽 도형은 모양과 크기가 같은 정사각형 2개와 직사각형 1개를 겹치지 않게 이어 붙인 것입니다. 직사각형 ㄱㄴㄷㄹ의 네 변의 길이의 합은 몇 cm일까요?

(   )

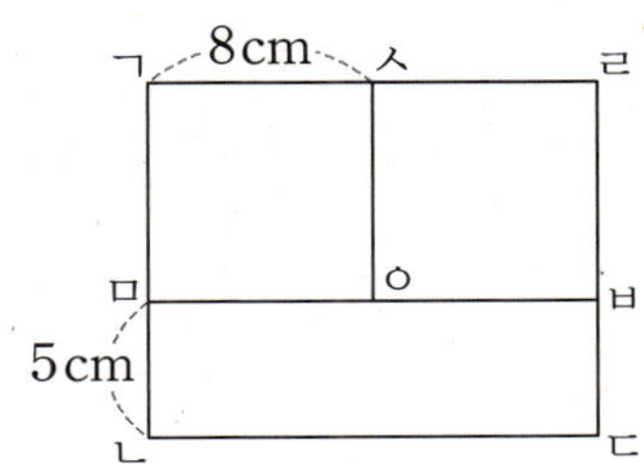

7-2 오른쪽 도형은 모양과 크기가 같은 직사각형 4개를 겹치지 않게 이어 붙인 것입니다. 직사각형 ㄱㄴㄷㄹ의 네 변의 길이의 합은 몇 cm일까요?

(   )

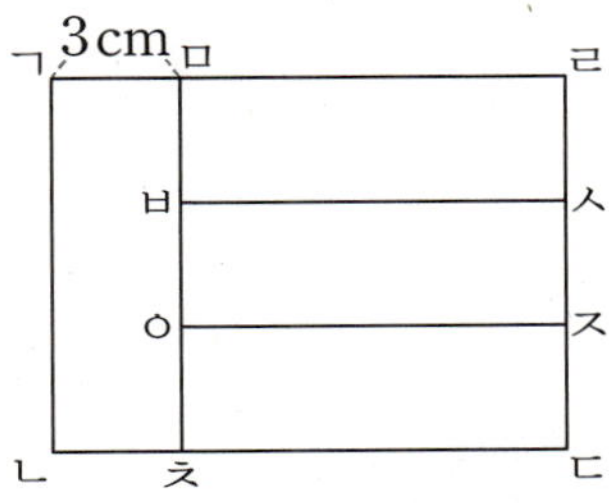

7-3 오른쪽 도형은 모양과 크기가 같은 직사각형 4개를 겹치지 않게 이어 붙인 것입니다. 정사각형 ㄱㄴㄷㄹ의 둘레와 정사각형 ㅂㅅㅇㅈ의 둘레의 차는 몇 cm일까요?

(   )

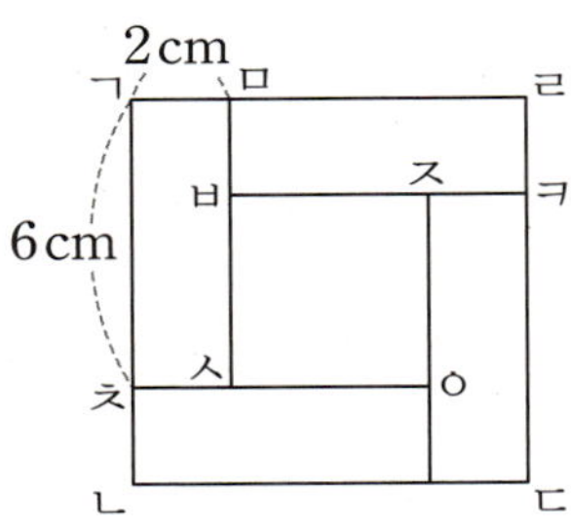

7-4 가로가 48 cm이고 세로가 64 cm인 직사각형의 긴 변을 반으로 나눈 것이 직사각형 가이고, 나머지 직사각형에서 긴 변을 다시 반으로 나눈 것이 직사각형 나입니다. 같은 방법으로 직사각형의 긴 변을 계속 반으로 나눌 때 직사각형 마의 네 변의 길이의 합은 몇 cm일까요?

(   )

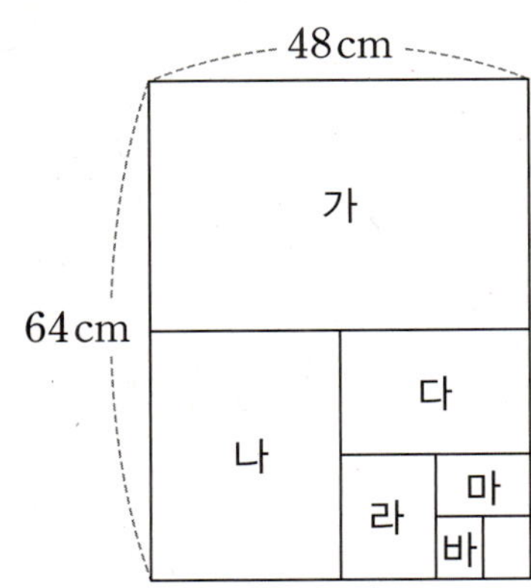

최상위 ₂S₂ 평행사변형에서 이웃하는 두 각의 크기의 합은 180°이다

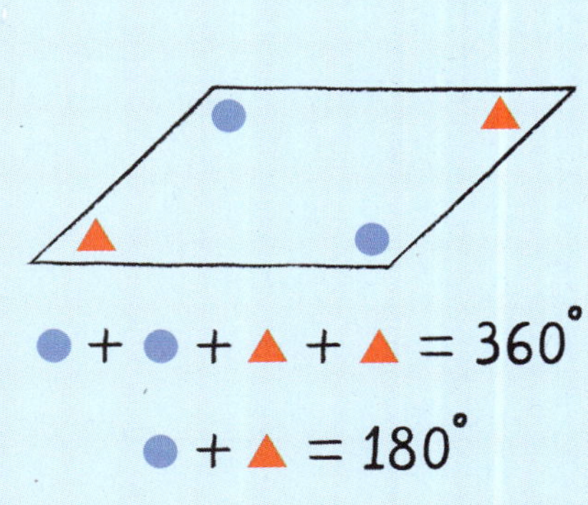

$$\bullet + \bullet + \blacktriangle + \blacktriangle = 360°$$

$$\bullet + \blacktriangle = 180°$$

각 ㄴㄱㄹ과 각 ㄱㄴㄷ을 각각 똑같이 둘로 나누는
선이 만나는 점을 점 ㅁ이라고 할 때

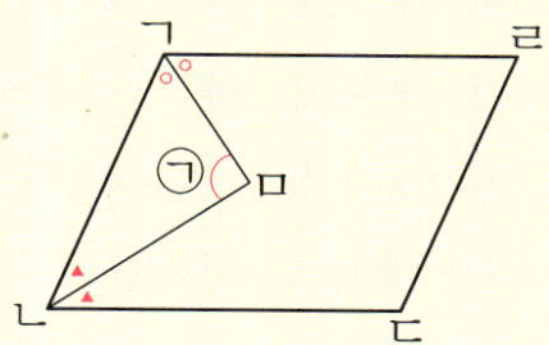

(각 ㄴㄱㄹ)+(각 ㄱㄴㄷ)=180°이므로
(각 ㅁㄱㄴ)+(각 ㄱㄴㅁ)=90°

➡ ㉠=180°−90°=90°

대표문제 8

오른쪽 사각형 ㄱㄴㄷㄹ은 평행사변형입니다. 선분 ㄱㅁ과
선분 ㄱㄹ의 길이가 같을 때 ㉠의 크기를 구해 보세요.

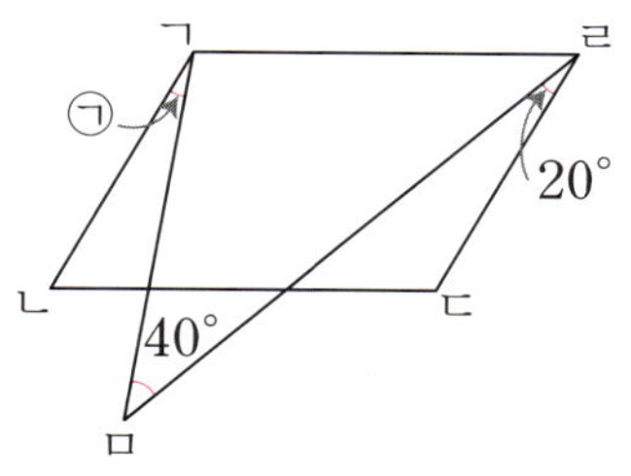

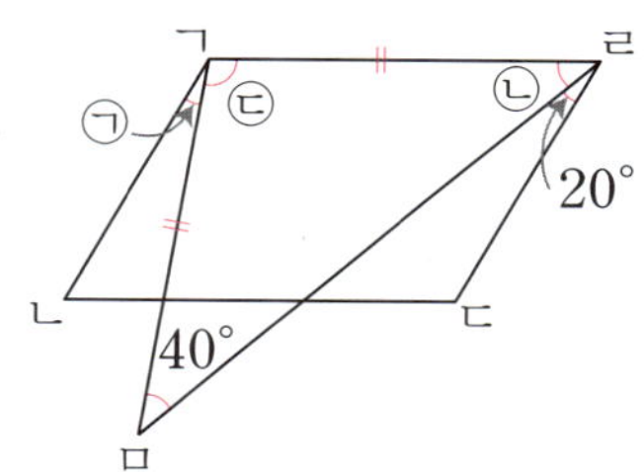

(선분 ㄱㅁ)=(선분 ㄱㄹ)이므로 삼각형 ㄱㅁㄹ은 이등변삼각형입니다.

㉡=(각 ㄱㅁㄹ)=40°이므로 ㉢=180°−40°−40°=□° 입니다.

(각 ㄱㄹㄷ)=㉡+20°=40°+20°=□°

평행사변형에서 이웃하는 두 각의 크기의 합은 180°이므로

(각 ㄴㄱㄹ)=180°−(각 ㄱㄹㄷ)=180°−□°=□° 입니다.

➡ ㉠=(각 ㄴㄱㄹ)−㉢=□°−□°=□°

8-1 오른쪽 사각형 ㄱㅁㄷㄹ은 평행사변형입니다. ㉠의 크기를 구해 보세요.

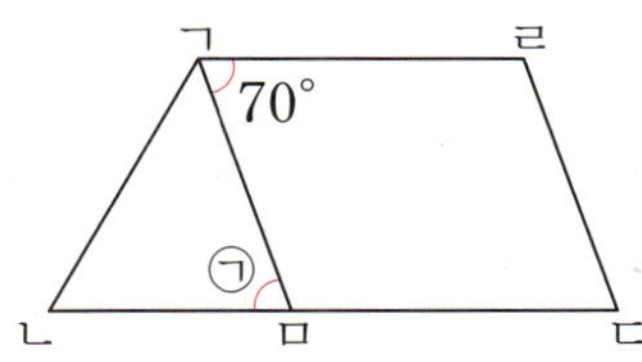

( )

8-2 오른쪽 사각형 ㄱㄴㄷㄹ은 평행사변형입니다. ㉠의 크기를 구해 보세요.

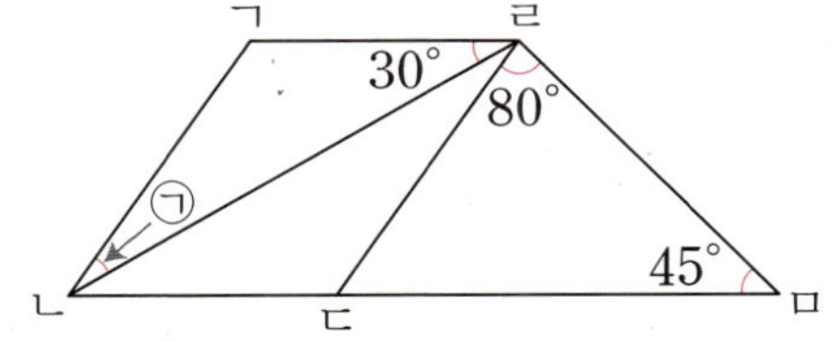

( )

8-3 사각형 ㄱㄴㄷㄹ은 평행사변형입니다. 선분 ㄱㅁ과 선분 ㅁㄹ의 길이가 같을 때 ㉠의 크기를 구해 보세요.

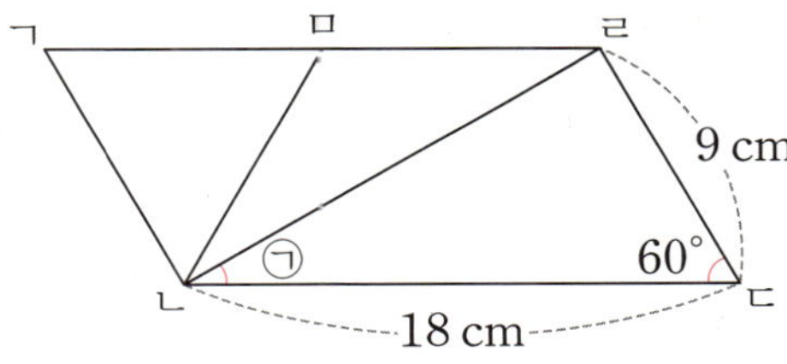

( )

8-4 오른쪽 그림은 평행사변형 ㄱㄴㄷㄹ 안에 이등변삼각형 ㅁㄴㄷ과 정삼각형 ㅁㄷㄹ을 그린 것입니다. ㉠, ㉡, ㉢의 크기를 각각 구해 보세요.

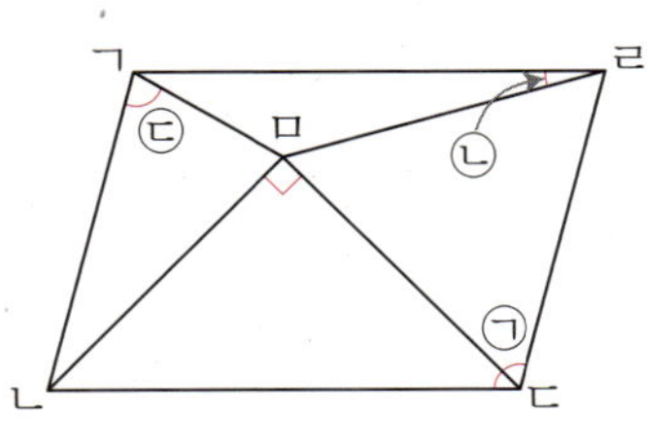

㉠ ( ), ㉡ ( ), ㉢ ( )

최상위 S

평행선을 그어 두 평행선과 한 직선이 만나는 각을 만든다.

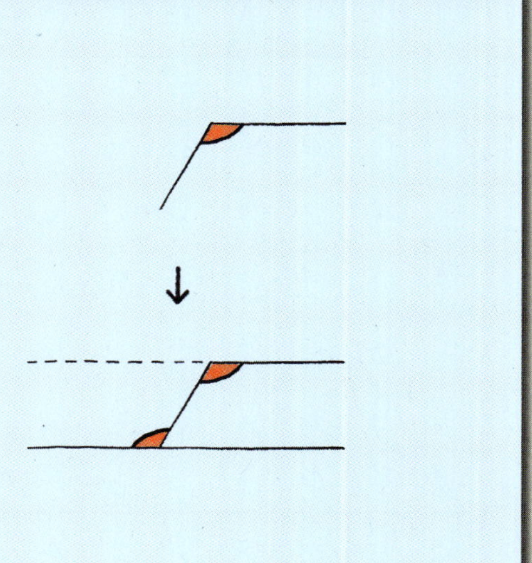

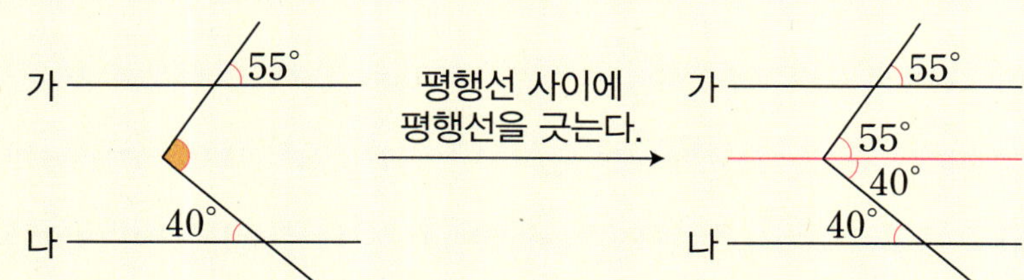

평행선과 한 직선이 만날 때 생기는
같은 위치에 있는 각의 크기와
엇갈린 위치에 있는 각의 크기는
각각 같습니다.

➡ ◆ $=55°+40°=95°$

대표문제 9

선분 ㄱㄴ과 선분 ㄹㅁ이 서로 평행할 때 ㉠의 크기를 구해 보세요.

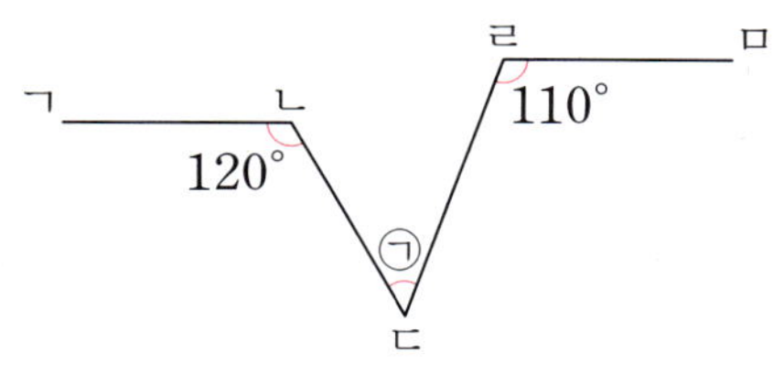

한 직선이 이루는 각의 크기는 180°이므로

㉡ $=180°-120°=$ ◻ °, ㉢ $=180°-110°=$ ◻ °입니다.

선분 ㄱㄴ에 평행하고 점 ㄷ을 지나는 직선을 그어 봅니다.

평행선과 한 직선이 만날 때 생기는 엇갈린 위치에 있는 각의 크기는 같으므로

㉣ $=$ ㉡ $=$ ◻ °, ㉤ $=$ ㉢ $=$ ◻ °입니다.

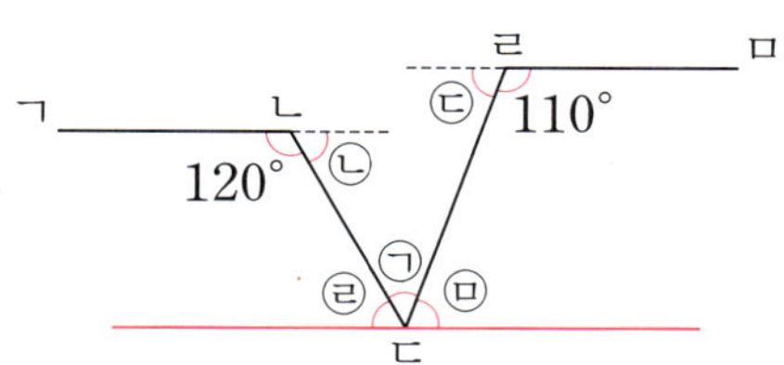

➡ ㉠ $=180°-$ ◻ ° $-$ ◻ ° $=$ ◻ °

9-1 선분 ㄱㄴ과 선분 ㄹㅁ이 서로 평행할 때 ㉠의 크기를 구해 보세요.

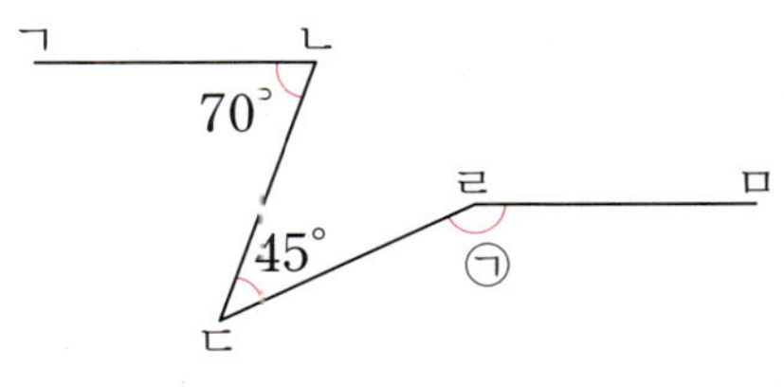

( )

9-2 선분 ㄱㄴ과 선분 ㅁㅂ이 서로 평행할 때 ㉠의 크기를 구해 보세요.

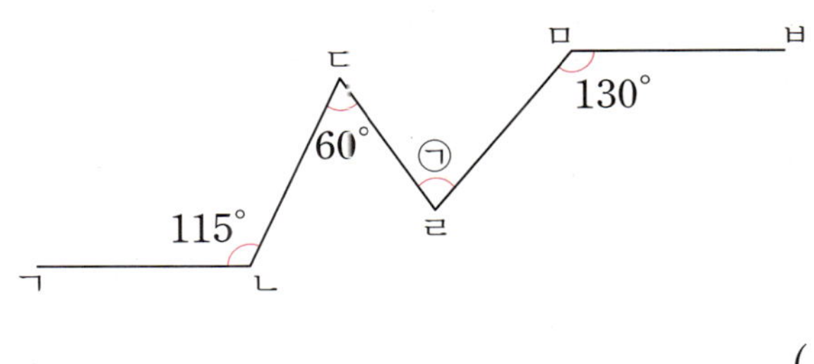

( )

9-3 선분 ㄱㄴ과 선분 ㅁㅂ이 서로 평행할 때 ㉠의 크기를 구해 보세요.

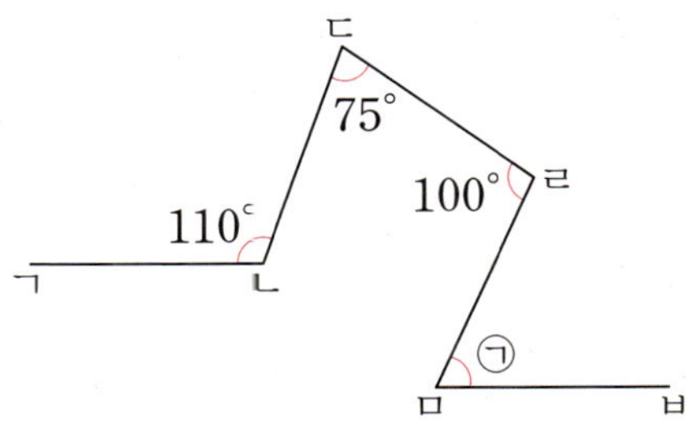

( )

MATH MASTER

1 오른쪽 그림에서 세 직선 가, 나, 다는 서로 평행합니다. 직선 가와 직선 다 사이의 거리는 몇 cm일까요?

(   )

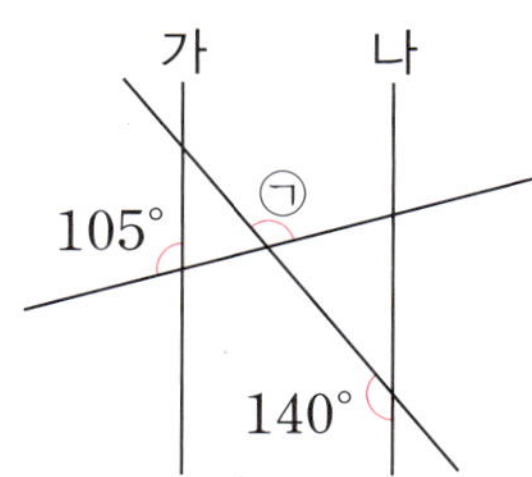

2 오른쪽 그림에서 직선 가와 직선 나는 서로 평행합니다. ㉠의 크기를 구해 보세요.

(   )

서술형 3 오른쪽 도형은 평행사변형과 마름모를 겹치지 않게 이어 붙인 것입니다. ㉠의 크기는 몇 도인지 풀이 과정을 쓰고 답을 구해 보세요.

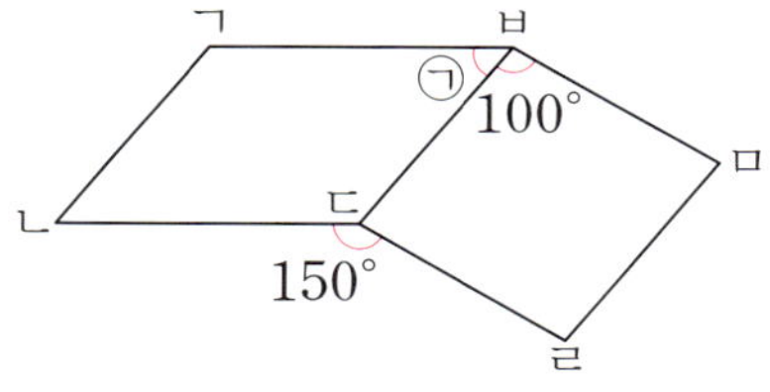

풀이

답

4 오른쪽 그림과 같이 마름모 모양의 종이를 접었습니다. 각 ㄱㄴㅁ의 크기를 구해 보세요.

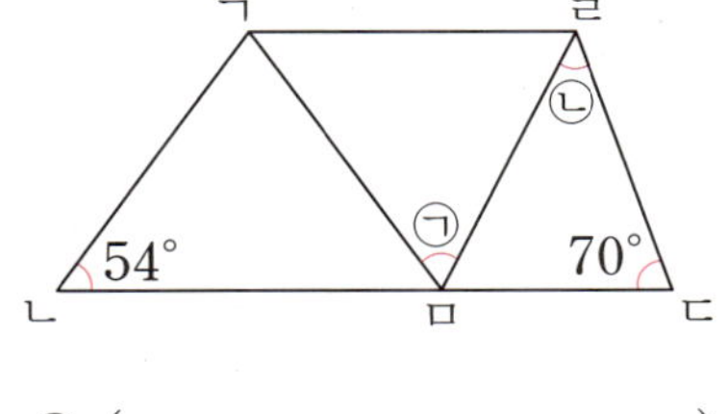

먼저 생각해 봐요!

마름모에서 ㉠과 ㉡은 각각 몇 도?

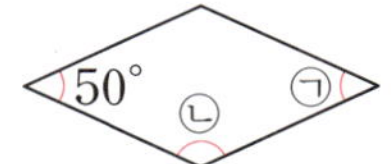

(   )

5 오른쪽 사각형 ㄱㄴㄷㄹ은 선분 ㄱㄹ과 선분 ㄴㄷ이 서로 평행한 사각형입니다. 선분 ㄱㄴ, 선분 ㄱㅁ, 선분 ㄱㄹ의 길이가 모두 같을 때 ㉠과 ㉡의 크기를 각각 구해 보세요.

㉠ (   ), ㉡ (   )

 **서술형**

6 오른쪽 도형은 평행사변형 ㄱㄴㄷㅁ과 이등변삼각형 ㅁㄷㄹ을 겹치지 않게 이어 붙인 것입니다. 선분 ㄱㄴ의 길이는 몇 cm인지 풀이 과정을 쓰고 답을 구해 보세요.

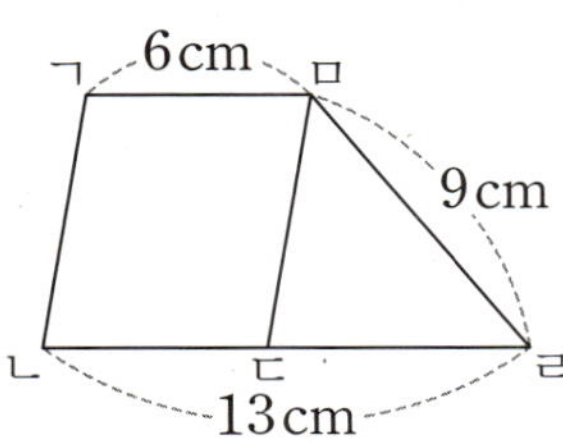

풀이

답

7 오른쪽 그림에서 직선 가와 직선 나는 서로 평행합니다. ㉠과
㉡의 크기의 차를 구해 보세요.

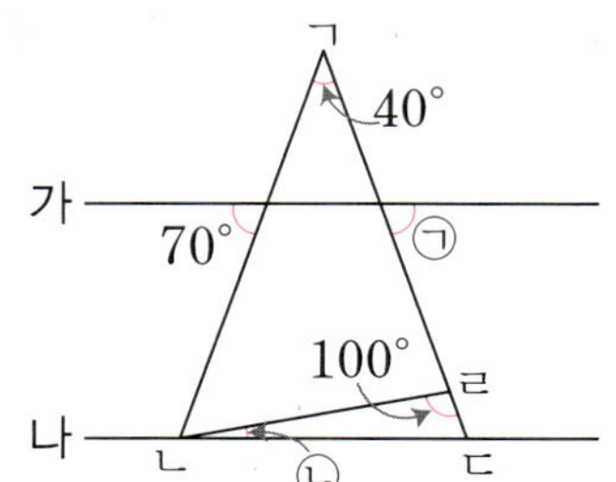

(   )

8 오른쪽 그림은 평행사변형 ㄱㄴㄷㄹ의 변 ㄱㄴ과 변 ㄱㄹ에
각각 수선을 그은 것입니다. 각 ㄴㅇㅂ의 크기를 구해 보세요.

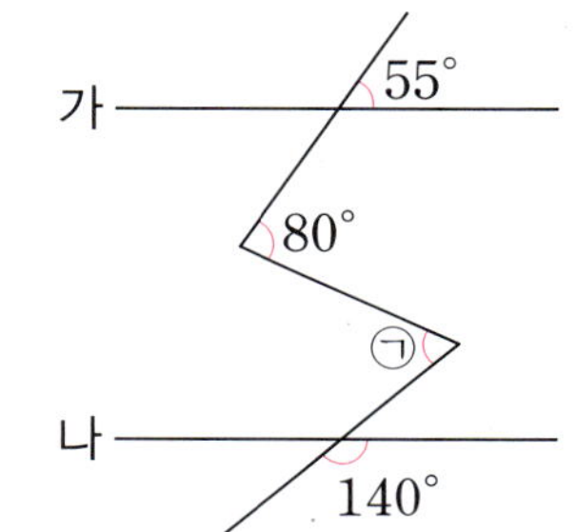

(   )

9 오른쪽 그림에서 직선 가와 직선 나는 서로 평행합니다. ㉠의 크
기를 구해 보세요.

먼저 생각해 봐요!
㉠의 크기는?

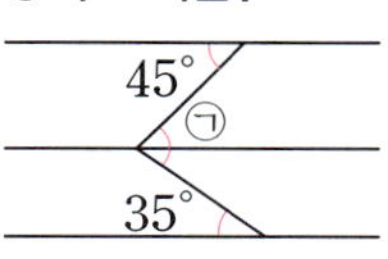

(   )

10 오른쪽 그림은 16개의 점을 같은 간격으로 찍은 것입니다. 이 점들을
꼭짓점으로 하여 만들 수 있는 정사각형이 아닌 직사각형은 모두 몇
개일까요? (단, 모양과 크기가 같은 직사각형은 같은 것으로 생각합
니다.)

(   )

5

꺾은선그래프

1 꺾은선그래프 알아보기

- 꺾은선그래프로 나타내면 자료의 변화를 파악하는 데 편리합니다.
- 물결선을 사용하면 변화하는 모양이 더 뚜렷하게 나타납니다.

꺾은선그래프

연속적으로 변화하는 양을 점으로 표시하고, 그 점들을 선분으로 이어 그린 그래프

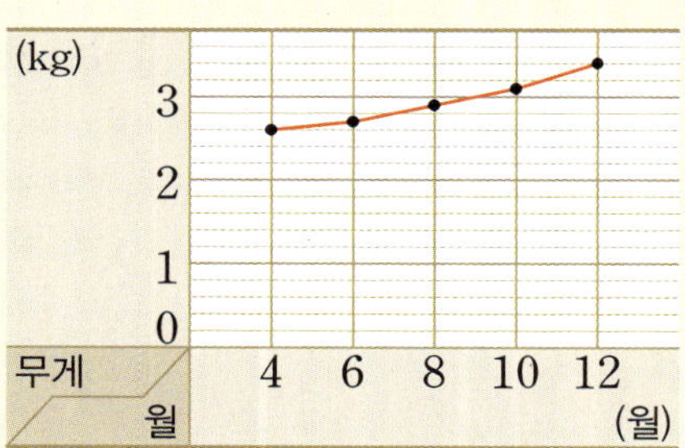

물결선을 사용한 꺾은선그래프

그래프에서 일부분을 생략할 때 물결선(≈)을 사용합니다.

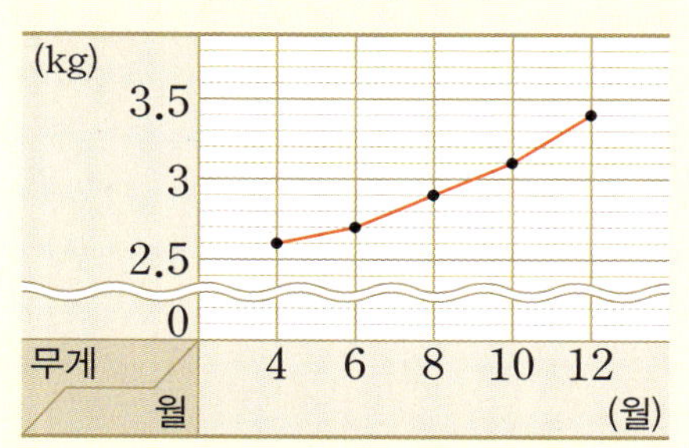

필요 없는 부분을 줄여서 나타내기 때문에 변화하는 모습이 더 잘 나타납니다.

[1~4] 연우가 운동장의 기온을 조사하여 나타낸 그래프입니다. 물음에 답하세요.

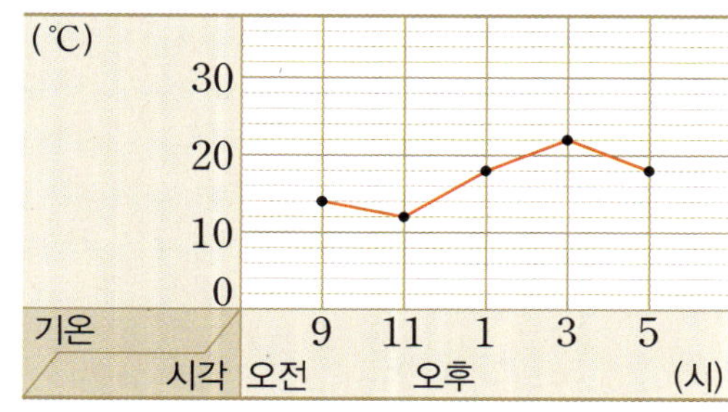

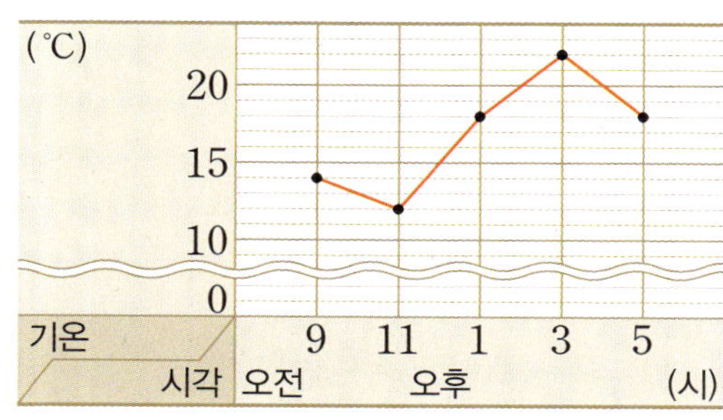

1 (가), (나)와 같은 그래프를 무슨 그래프라고 할까요?

( )

2 꺾은선그래프의 가로와 세로는 각각 무엇을 나타낼까요?

가로 ( ), 세로 ( )

3 두 그래프의 세로 눈금 한 칸은 각각 몇 ℃를 나타낼까요?

(가) ( ), (나) ( )

4 (가)와 (나) 그래프 중 기온의 변화를 더 뚜렷하게 알 수 있는 것은 어느 것일까요?

( )

막대그래프와 꺾은선그래프 비교하기

막대그래프	꺾은선그래프
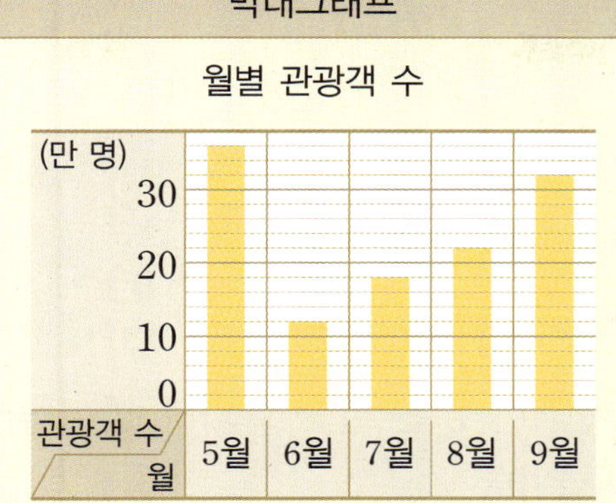	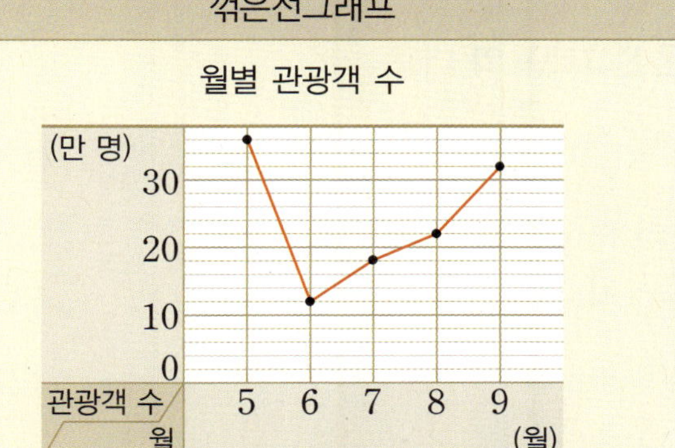
• 각 자료의 상대적인 크기를 비교하기 쉽습니다. • 전체적으로 비교하기 쉽습니다. • 수량의 크기를 정확하게 나타낼 수 있습니다.	• 자료의 변화 정도를 쉽게 알 수 있습니다. • 늘어나고 줄어드는 변화를 쉽게 알 수 있습니다. • 조사하지 않은 중간값을 예상할 수 있습니다.

[5~6] 정우의 몸무게를 조사하여 나타낸 막대그래프와 꺾은선그래프입니다. 물음에 답하세요.

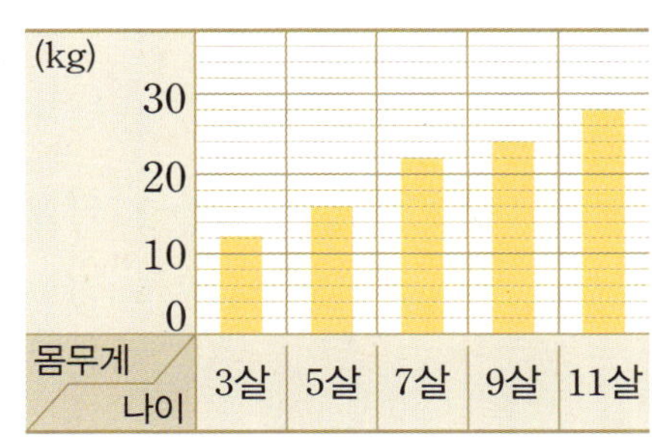

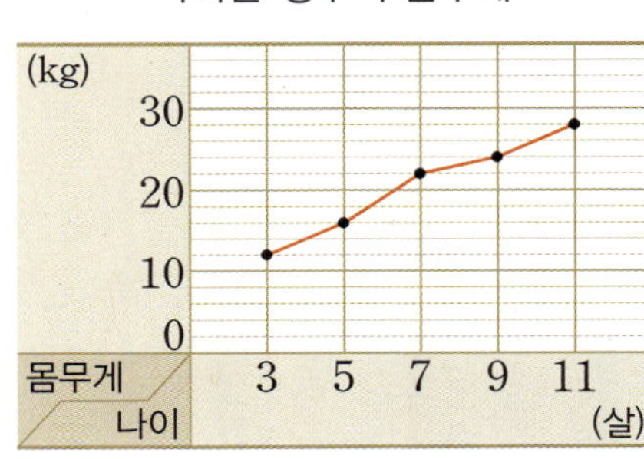

5 몸무게의 변화를 한눈에 알아보기 쉬운 것은 막대그래프와 꺾은선그래프 중 어느 것일까요?

(   )

6 막대그래프와 꺾은선그래프의 다른 점을 써 보세요

7 꺾은선그래프로 나타내면 더 좋은 것을 찾아 기호를 써 보세요.

> ㉠ 마을별 초등학생 수   ㉡ 정우네 학교의 연도별 입학생 수
> ㉢ 과수원별 사과 생산량   ㉣ 모둠원별 줄넘기 기록

(   )

2 꺾은선그래프의 내용 알아보기

- 자료를 목적에 맞게 정리하면 많은 정보를 빠르게 알 수 있습니다.
- 정리된 자료를 통해 새로운 정보를 예상할 수 있습니다.

꺾은선그래프의 내용

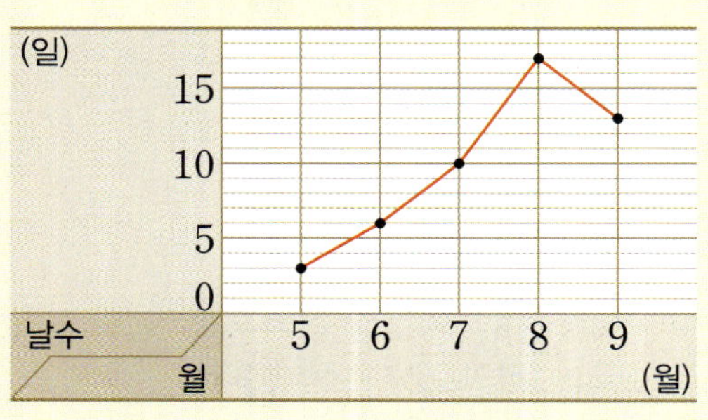

- 비가 온 날이 가장 적은 달은 5월입니다.
- 비가 온 날수가 8월까지 늘어났다가 9월에 줄어 들었습니다.
- 지난달에 비해 비가 온 날수가 가장 많이 늘어 난 달은 8월입니다.

[1~4] 감자 싹의 키를 조사하여 나타낸 꺾은선그래프입니다. 물음에 답하세요.

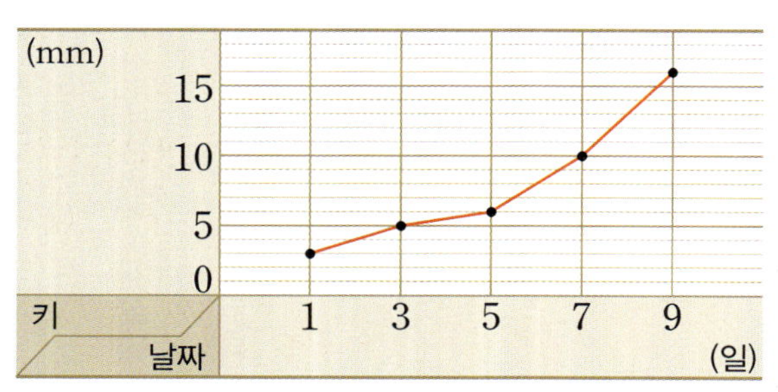

1 감자 싹의 키가 가장 큰 때는 며칠일까요?

( )

2 5일에 감자 싹의 키는 몇 mm일까요?

( )

3 9일의 감자 싹의 키는 7일의 감자 싹의 키보다 몇 mm 더 클까요?

( )

4 11일에 감자 싹의 키는 어떻게 변할 것이라고 예상할 수 있을까요?

꺾은선의 기울어진 정도

꺾은선그래프에서 꺾은선의 기울어진 모양으로 자료의 변화하는 모양을 알 수 있고, 기울어진 정도로 자료의 변화 정도를 알 수 있습니다.

변화하는 모양

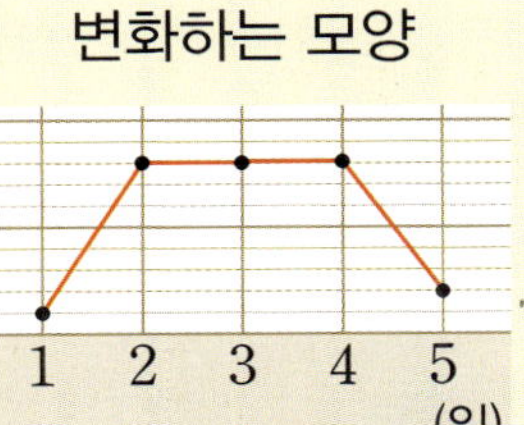

변화 정도

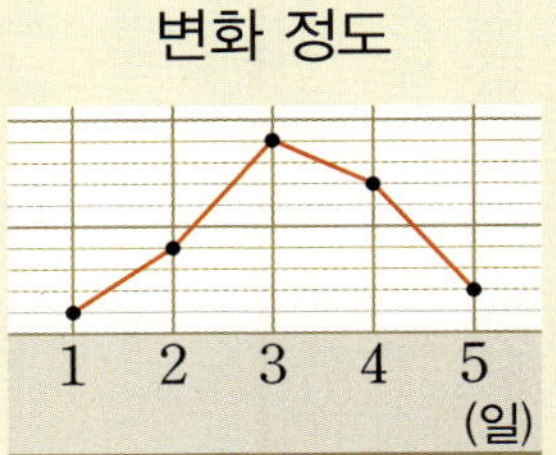

- 값이 늘어날 때: 꺾은선이 오른쪽 위로 기울어진 1일과 2일 사이
- 값의 변화가 없을 때: 꺾은선이 기울어지지 않은 2일과 4일 사이
- 값이 줄어든 때: 꺾은선이 오른쪽 아래로 기울어진 4일과 5일 사이

- 값이 가장 많이 늘어난 때: 꺾은선이 오른쪽 위로 가장 많이 기울어진 2일과 3일 사이
- 값이 가장 많이 줄어든 때: 꺾은선이 오른쪽 아래로 가장 많이 기울어진 4일과 5일 사이

꺾은선이 많이 기울어질수록 변화가 많습니다.

[5~7] 지원이의 영어 점수를 조사하여 나타낸 꺾은선그래프입니다. 물음에 답하세요.

월별 지원이으 영어 점수

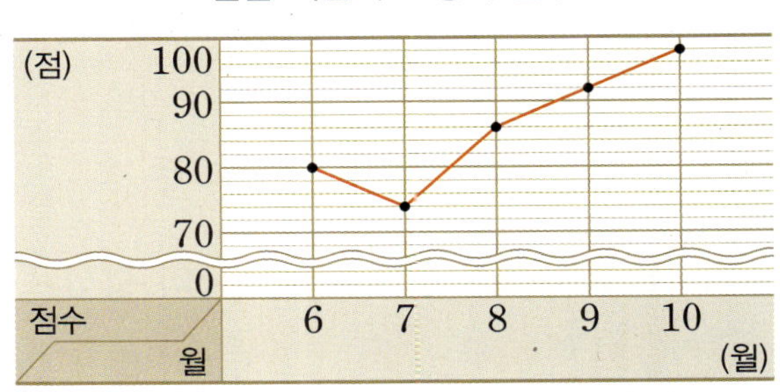

5 전달과 비교하여 영어 점수가 낮아진 때는 몇 월일까요?

(   )

6 영어 점수의 변화가 가장 큰 때는 몇 월과 몇 월 사이일까요?

(   )

7 영어 점수가 가장 높은 때와 가장 낮은 때의 점수의 차는 몇 점일까요?

(   )

3 꺾은선그래프로 나타내기

• 꺾은선그래프를 그릴 때 점과 점을 선분으로 반듯하게 이어야 합니다.

꺾은선그래프로 나타내기

요일별 턱걸이 횟수

요일(요일)	월	화	수	목	금
횟수(회)	5	7	14	10	12

① 표를 보고 꺾은선그래프의 가로와 세로에 무엇을 나타낼지 정합니다.

② 가장 큰 수를 나타낼 수 있도록 눈금 한 칸의 크기를 정합니다.

③ 가로 눈금과 세로 눈금이 만나는 자리에 점을 표시하고, 점들을 선분으로 잇습니다.

④ 꺾은선그래프에 알맞은 제목을 씁니다. —•제목을 먼저 써도 됩니다.

[1~3] 어느 과일 가게의 멜론 판매량을 조사하여 나타낸 표를 보고 꺾은선그래프로 나타내려고 합니다. 물음에 답하세요.

요일별 멜론 판매량

요일(요일)	월	화	수	목	금	토	일
판매량(개)	8	14	18	28	30	26	22

1 가로에 요일을 나타낸다면 세로에는 무엇을 나타내야 할까요?

( )

2 세로 눈금 한 칸을 멜론 2개로 나타낸다면 수요일의 멜론 판매량은 세로 눈금 몇 칸인 곳에 점을 찍어야 할까요?

( )

3 표를 보고 꺾은선그래프로 나타내 보세요.

요일별 멜론 판매량

물결선을 사용하여 꺾은선그래프로 나타내기

날짜별 색연필의 길이

날짜(일)	1	2	3	4	5
길이(cm)	17	16.4	16	15.6	15.2

• 가장 작은 값이 15.2이므로 15부터 시작하고 필요 없는 부분을 물결선으로 나타냅니다.

① 표를 보고 꺾은선그래프의 가로와 세로에 무엇을 나타낼지 정합니다.

② 물결선을 그린다면 몇 cm와 몇 cm 사이에 넣으면 좋을지 생각하고 물결선을 그립니다.

③ 가장 큰 수를 나타낼 수 있도록 눈금 한 칸의 크기를 정합니다. ─• 눈금 한 칸의 크기를 작게 하면 변화의 정도를 더 뚜렷하게 알 수 있습니다.

④ 가로 눈금과 세로 눈금이 만나는 자리에 점을 표시하고, 점들을 선분으로 잇습니다.

⑤ 꺾은선그래프에 알맞은 제목을 씁니다. ─• 제목을 먼저 써도 됩니다.

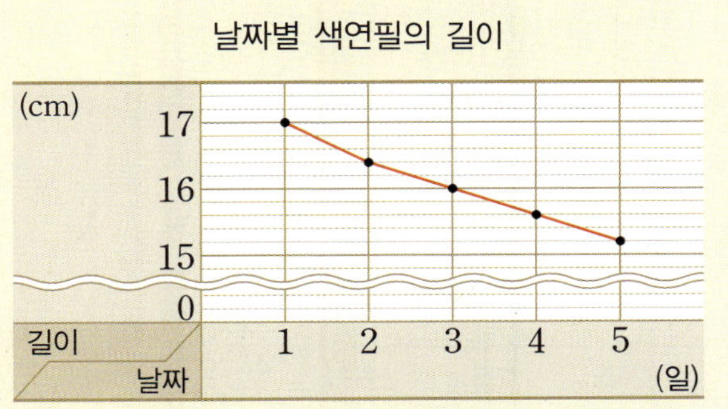

[4~6] 어느 마을의 강수량을 조사하여 나타낸 표를 보고 꺾은선그래프로 나타내려고 합니다. 물음에 답하세요.

월별 강수량

월(월)	6	7	8	9	10
강수량(mm)	180	230	250	190	150

4 가로와 세로에는 각각 무엇을 나타내는 것이 좋을까요?

가로 (　　　　　　　　　　), 세로 (　　　　　　　　　　)

5 물결선을 넣는다면 몇 mm와 몇 mm 사이에 넣으면 좋을까요?

(　　　　　　　　)와 (　　　　　　　　) 사이

6 표를 보고 물결선을 사용하여 꺾은선그래프로 나타내 보세요.

월별 강수량

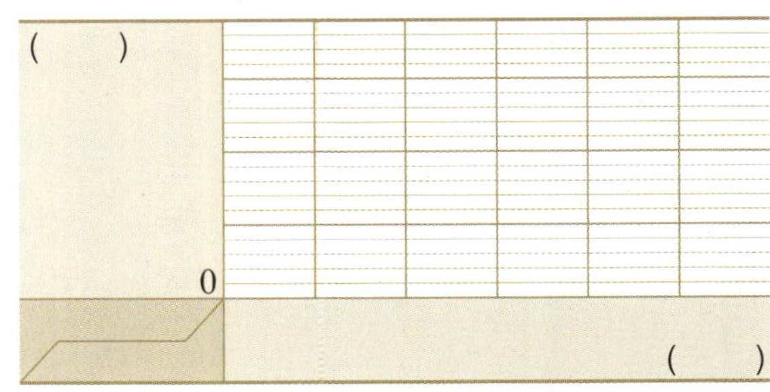

자료의 값이 클수록 위쪽에 점이 찍힌다.

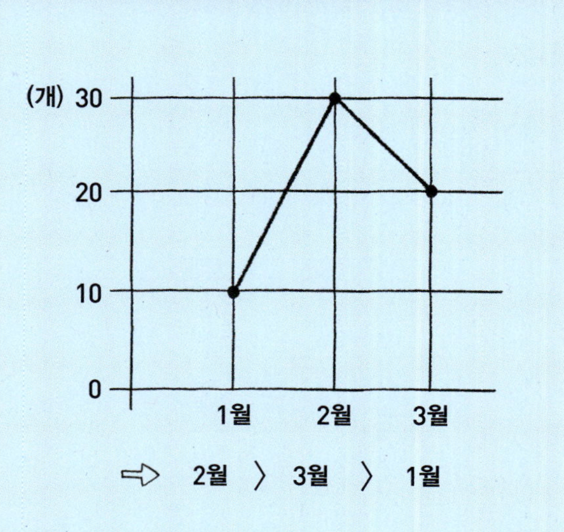

2월 〉 3월 〉 1월

요일별 윗몸 일으키기 횟수

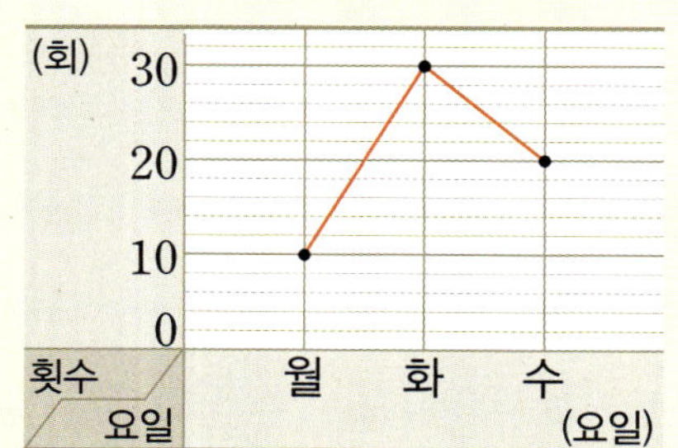

- 자료의 값 중 가장 큰 값은 화요일로 30회입니다.
- 자료의 값 중 가장 작은 값은 월요일로 10회입니다.
➡ (두 자료의 값의 차)$=30-10=20$(회)

대표문제 1

어느 가게의 아이스크림 판매량을 조사하여 나타낸 꺾은선그래프입니다. 아이스크림 판매량이 가장 많은 때와 가장 적은 때의 차는 몇 개일까요?

요일별 아이스크림 판매량

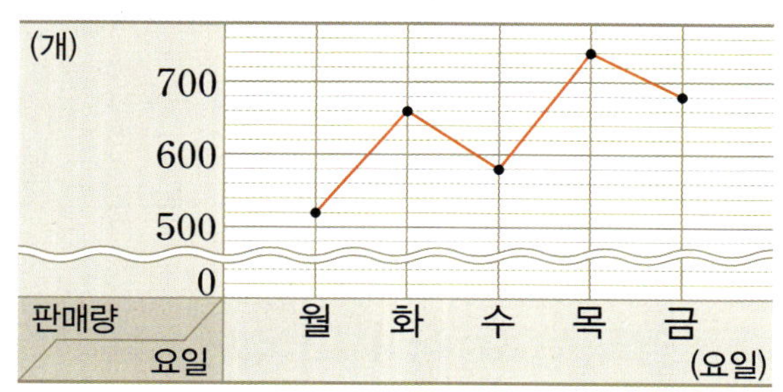

세로 눈금 5칸의 크기가 ☐ 개이므로

세로 눈금 한 칸은 ☐ $\div 5=$ ☐ (개)를 나타냅니다.

아이스크림 판매량이 가장 많은 때는 ☐ 요일로 ☐ 개이고,

가장 적은 때는 ☐ 요일로 ☐ 개입니다.

➡ (아이스크림 판매량의 차)$=$ ☐ $-$ ☐ $=$ ☐ (개)

1-1 어느 공장의 자동차 생산량을 조사하여 나타낸 꺾은선그래프입니다. 자동차 생산량이 가장 많은 때와 가장 적은 때의 차는 몇 대일까요?

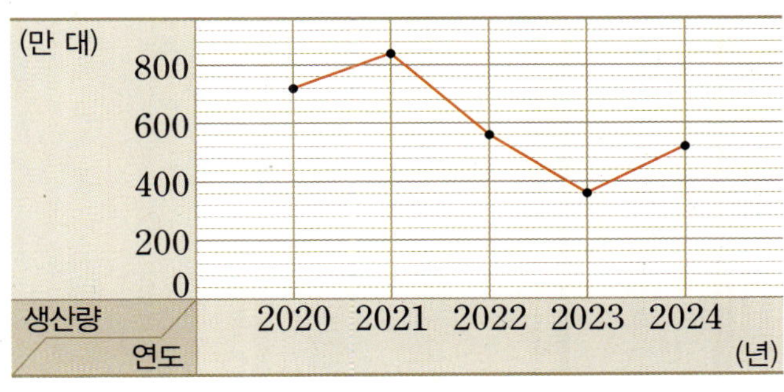

(   )

1-2 어느 회사의 컴퓨터 판매량을 조사하여 나타낸 꺾은선그래프입니다. 전년과 비교하여 컴퓨터 판매량이 가장 많이 늘어난 때는 몇 년이고, 몇 대 늘어났을까요?

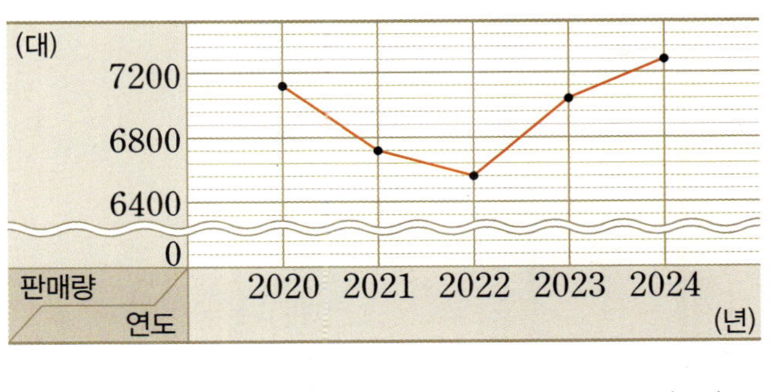

(   ), (   )

각 항목의 자료의 값을 모두 더하면 합계를 알 수 있다.

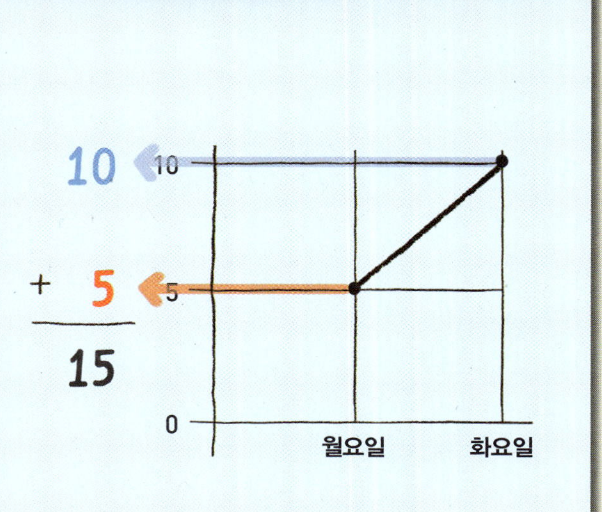

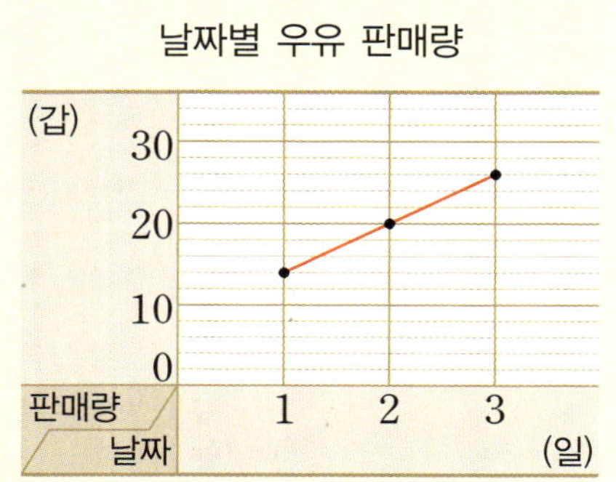
날짜별 우유 판매량

➡ (전체 우유 판매량)

　＝(1일의 판매량)＋(2일의 판매량)＋(3일의 판매량)

　＝14＋20＋26＝60(갑)

대표문제 2

어느 문구점의 5일부터 9일까지 5일 동안 지우개 판매량을 조사하여 나타낸 꺾은선그래프입니다. 5일 동안 이 문구점에서 판매한 지우개는 모두 몇 개일까요?

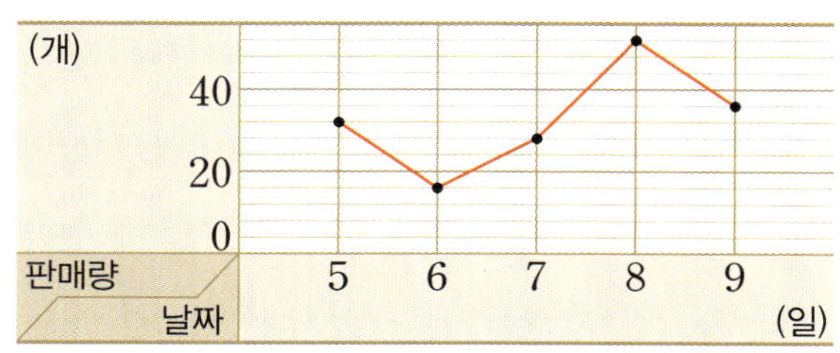
날짜별 지우개 판매량

세로 눈금 5칸의 크기가 [　]개이므로

세로 눈금 한 칸은 [　]÷5＝[　](개)를 나타냅니다.

지우개 판매량은 5일에 [　]개, 6일에 [　]개, 7일에 [　]개,

8일에 [　]개, 9일에 [　]개입니다.

➡ (5일 동안 지우개 판매량)

　＝[　]＋[　]＋[　]＋[　]＋[　]＝[　](개)

2-1 영은이가 월요일부터 금요일까지 5일 동안 줄넘기를 한 횟수를 조사하여 나타낸 꺾은선그래 프입니다. 5일 동안 줄넘기를 한 횟수는 모두 몇 회일까요?

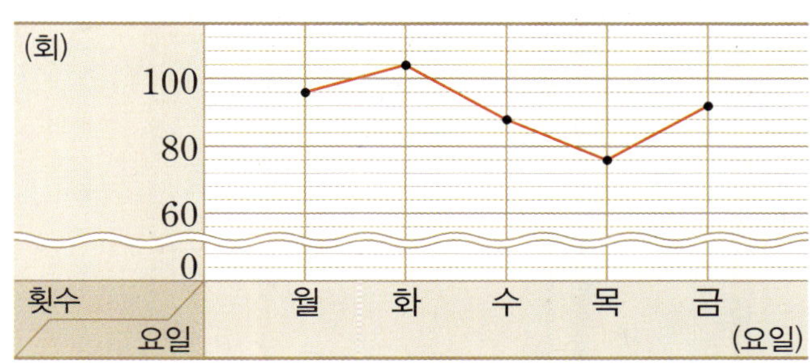

( )

서술형 **2-2** 어느 가게의 햄버거 판매량을 조사하여 나타낸 꺾은선그래프입니다. 햄버거 한 개가 3000원 일 때 조사한 기간 동안 햄버거 판매액은 모두 얼마인지 풀이 과정을 쓰고 답을 구해 보세요.

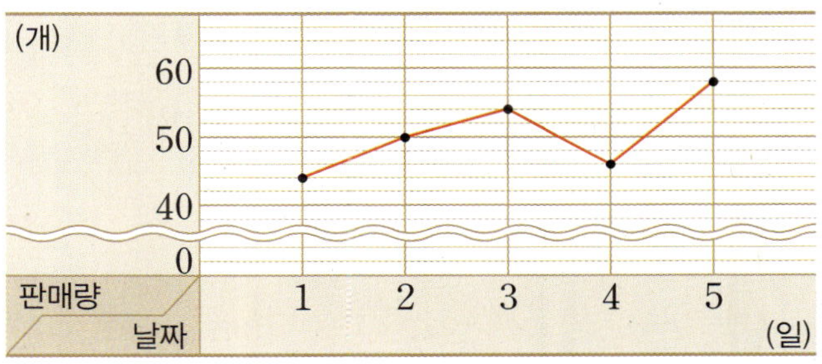

풀이

답

최상위 S

꺾은선그래프는 조사하지 않은 중간값을 알 수 있다.

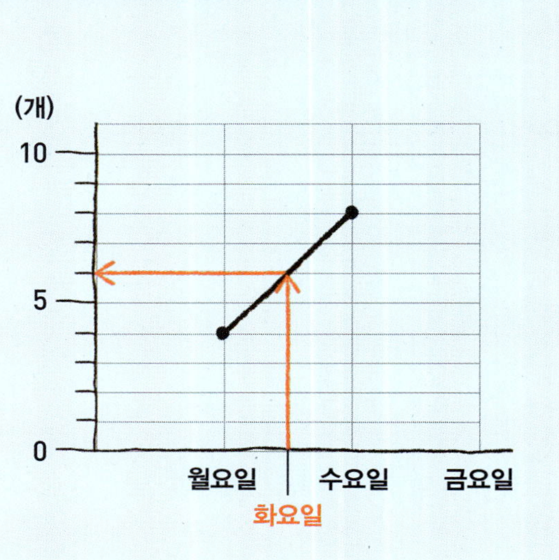

월별 평균 기온

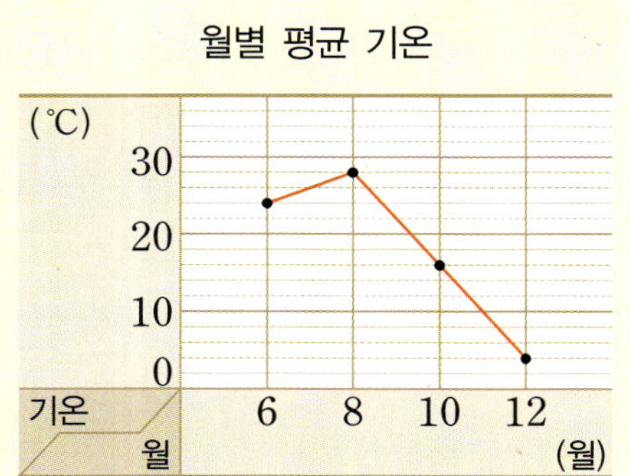

9월의 평균 기온은 8월의 평균 기온과 10월의 평균 기온의 중간값으로 예상할 수 있습니다.

➡ 9월 평균 기온은 약 $(28+16) \div 2 = 22(℃)$

대표문제 **3**

어느 날 마당의 기온을 조사하여 나타낸 꺾은선그래프입니다. 오후 1시의 기온은 약 몇 ℃였을까요?

시각별 마당의 기온

세로 눈금 5칸의 크기가 ☐℃이므로

세로 눈금 한 칸은 ☐÷5=☐(℃)를 나타냅니다.

낮 12시의 기온은 ☐℃이고, 오후 2시의 기온은 ☐℃입니다.

따라서 오후 1시의 기온은 ☐℃와 ☐℃의 중간값인

약 (☐+☐)÷2=☐÷2=☐(℃)였을 것입니다.

서술형 3-1 주아의 몸무게를 매년 1월에 조사하여 나타낸 꺾은선그래프입니다. 주아가 10살인 해 7월의 몸무게는 약 몇 kg이었을지 풀이 과정을 쓰고 답을 구해 보세요.

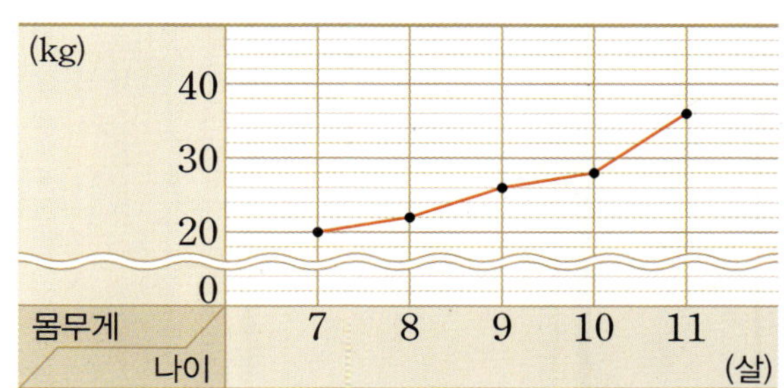

풀이

답

3-2 봉숭아 싹의 키를 4일마다 조사하여 나타낸 꺾은선그래프입니다. 28일의 봉숭아 싹의 키는 14일의 봉숭아 싹의 키보다 약 몇 cm 더 자랐다고 예상할 수 있을까요?

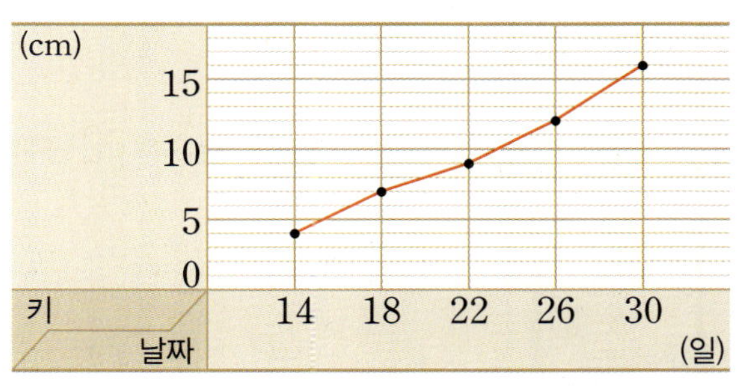

(   )

알 수 있는 것부터 차례로 꺾은선으로 나타낸다.

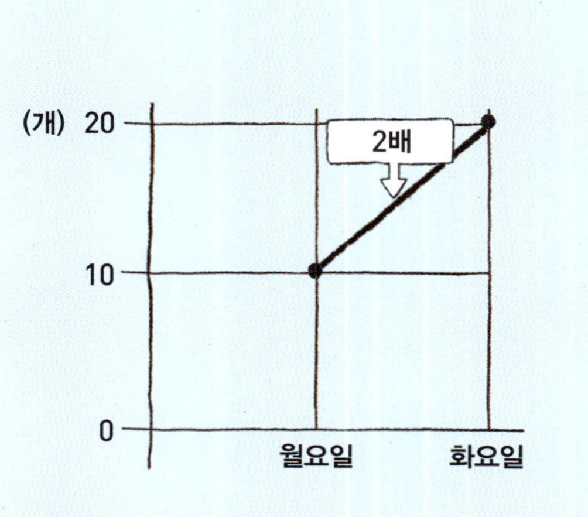

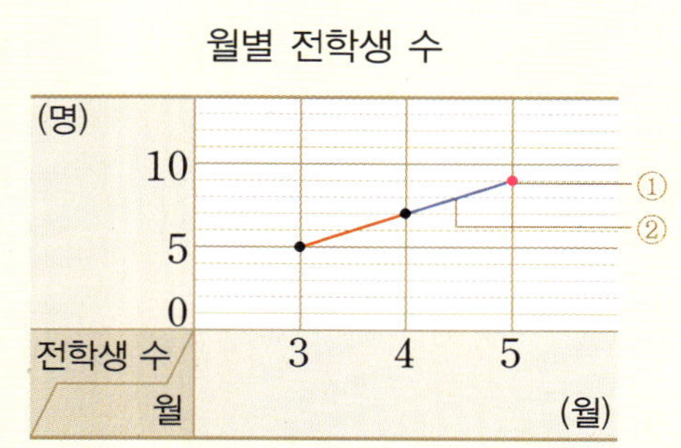

월별 전학생 수

① 3월, 4월, 5월의 전학생이 모두 21명이면
5월의 전학생은 21−5−7=9(명)입니다.
② 점들을 선분으로 잇습니다.

대표문제 4

어느 공장의 액자 생산량을 조사하여 나타낸 꺾은선그래프입니다. 이 공장의 7월의 액자 생산량은 6월의 액자 생산량보다 80개 더 많고, 7월과 8월의 액자 생산량은 모두 640개입니다. 꺾은선그래프를 완성해 보세요.

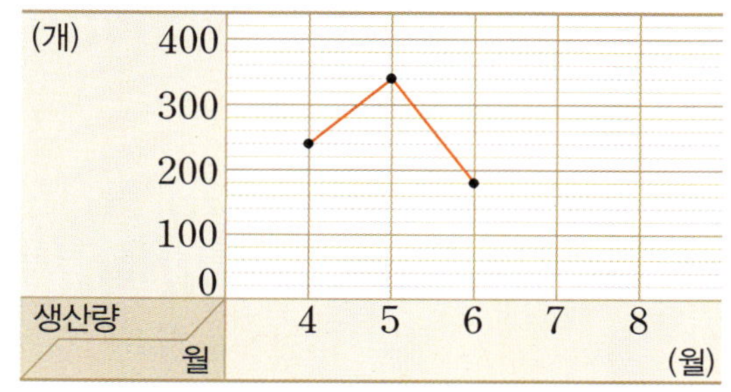

월별 액자 생산량

세로 눈금 5칸의 크기가 [ ]개이므로

세로 눈금 한 칸은 [ ]÷5=[ ](개)를 나타냅니다.

6월의 액자 생산량이 [ ]개이므로

(7월의 액자 생산량)=[ ]+[ ]=[ ](개)입니다.

7월과 8월의 액자 생산량은 모두 640개이므로

(8월의 액자 생산량)=[ ]−[ ]=[ ](개)입니다.

7월과 8월의 액자 생산량에 맞게 각각 점을 표시하고, 점들을 선분으로 이어 꺾은선그래프를 완성합니다.

4-1 어느 회사의 휴대 전화 판매량을 조사하여 나타낸 꺾은선그래프입니다. 2023년의 휴대 전화 판매량은 2022년의 휴대 전화 판매량보다 800대 더 적고, 2023년과 2024년의 휴대 전화 판매량은 모두 4000대입니다. 꺾은선그래프를 완성해 보세요.

연도별 휴대 전화 판매량

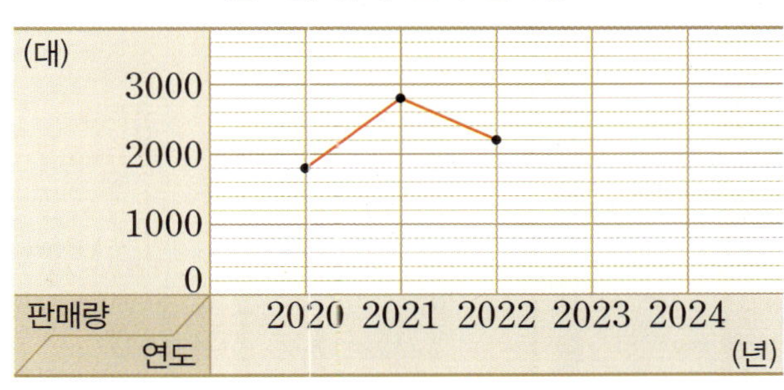

4-2 어느 공연장의 입장객 수를 조사하여 나타낸 꺾은선그래프입니다. 5월부터 9월까지의 입장객은 모두 6100명이고, 9월의 입장객은 8월의 입장객보다 300명 더 적습니다. 꺾은선그래프를 완성해 보세요.

월별 입장객 수

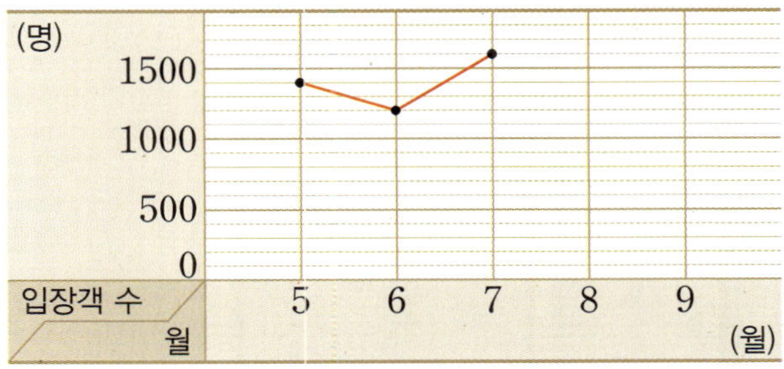

세로 눈금 한 칸의 크기가 커질수록 칸 수는 줄어든다.

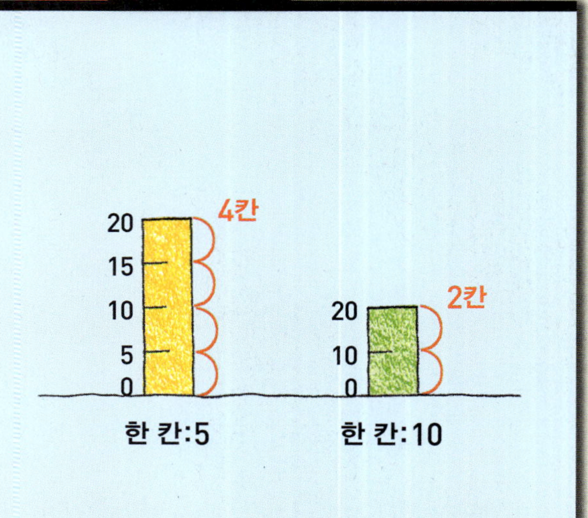

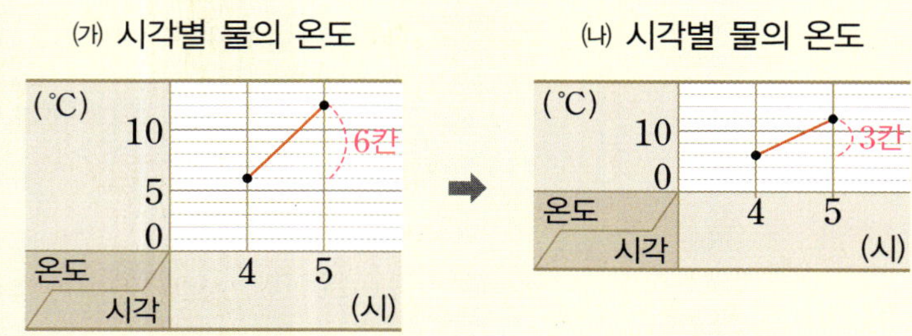

	㉮ 그래프	㉯ 그래프
세로 눈금 한 칸의 크기	1℃	2℃
4시와 5시의 칸 수의 차	6칸	3칸

대표문제 5 해바라기의 키를 조사하여 나타낸 꺾은선그래프입니다. 세로 눈금 한 칸의 크기를 2 cm 로 하여 꺾은선그래프를 다시 그린다면 12일과 16일의 세로 눈금은 몇 칸 차이가 날까요?

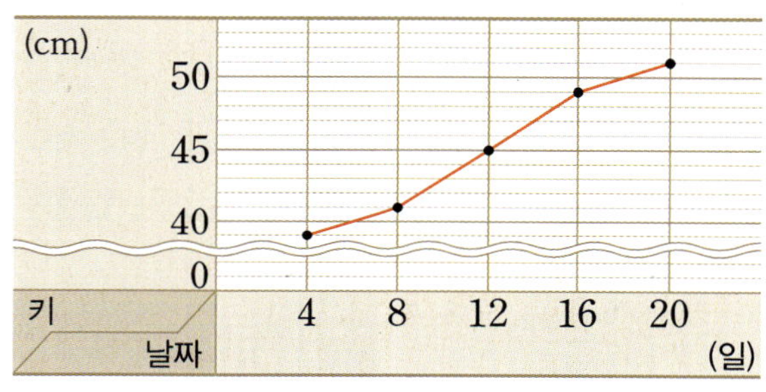

세로 눈금 5칸의 크기가 ◻ cm이므로

세로 눈금 한 칸은 ◻ ÷5＝◻ (cm)를 나타냅니다.

해바라기의 키는 12일에 ◻ cm, 16일에 ◻ cm입니다.

(12일과 16일의 해바라기 키의 차)＝◻ － ◻ ＝◻ (cm)

따라서 세로 눈금 한 칸의 크기를 2 cm로 하면

세로 눈금은 ◻ ÷2＝◻ (칸) 차이가 납니다.

5-1 어느 회사의 인형 판매량을 조사하여 나타낸 꺾은선그래프입니다. 세로 눈금 한 칸의 크기를 5개로 하여 꺾은선그래프를 다시 그린다면 10월과 11월의 세로 눈금은 몇 칸 차이가 날까요?

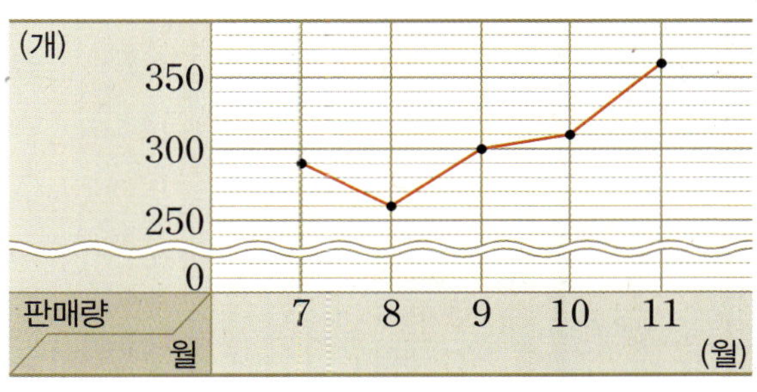

(   )

5-2 어느 도시의 초등학생 수를 조사하여 나타낸 꺾은선그래프입니다. 이 그래프의 세로 눈금 한 칸의 크기를 다르게 하여 다시 그렸더니 초등학생 수가 가장 많은 때와 가장 적은 때의 세로 눈금의 차가 36칸이었습니다. 다시 그린 그래프는 세로 눈금 한 칸의 크기를 몇 명으로 한 것일까요?

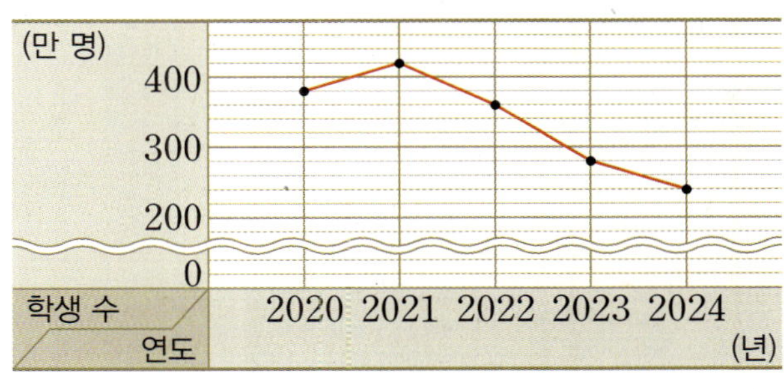

(   )

두 꺾은선 사이의 간격이 넓을수록 값의 차이가 크다.

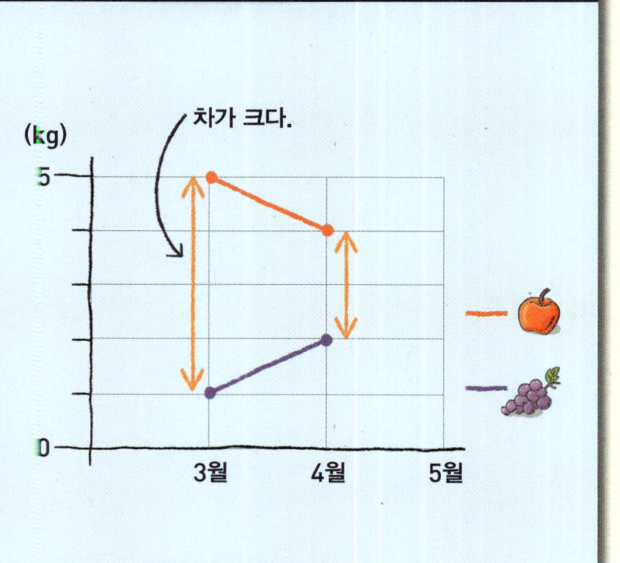

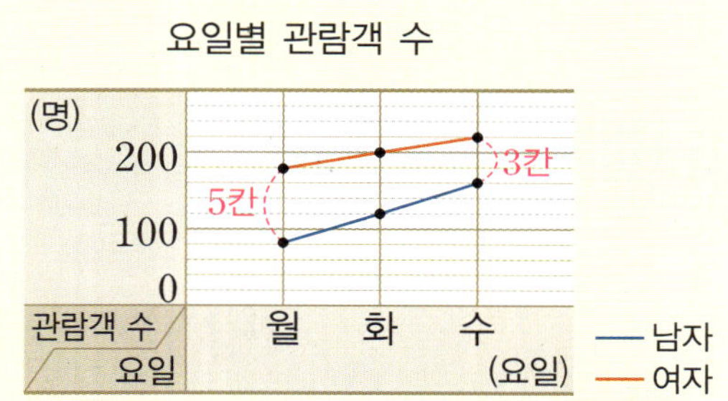

- 관람객 수의 차가 가장 큰 때는 월요일입니다.
- 관람객 수가 차가 가장 작은 때는 수요일입니다.

6 민선이와 윤민이의 몸무게를 매년 5월에 조사하여 나타낸 꺾은선그래프입니다. 두 사람의 몸무게의 차가 가장 작은 때는 몇 살이고 이때 몸무게의 차는 몇 kg일까요?

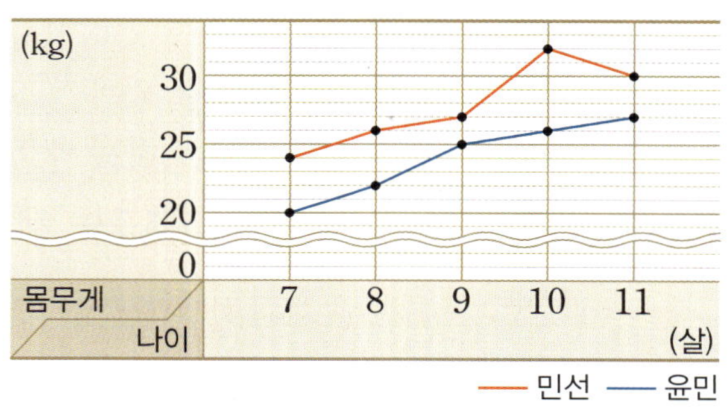

세로 눈금 5칸의 크기가 ☐ kg이므로

세로 눈금 한 칸은 ☐ ÷ 5 = ☐ (kg)을 나타냅니다.

두 사람의 몸무게의 차가 가장 작은 때는

두 꺾은선 사이의 간격이 가장 (넓은 , 좁은) ☐ 살 때입니다.

이때 민선이의 몸무게는 ☐ kg이고 윤민이의 몸무게는 ☐ kg이므로

(두 사람의 몸무게의 차) = ☐ − ☐ = ☐ (kg)입니다.

서술형 6-1 근호와 연수의 팔 굽혀 펴기 횟수를 조사하여 나타낸 꺾은선그래프입니다. 두 사람의 기록의 차가 가장 큰 때의 기록의 차는 몇 회인지 풀이 과정을 쓰고 답을 구해 보세요.

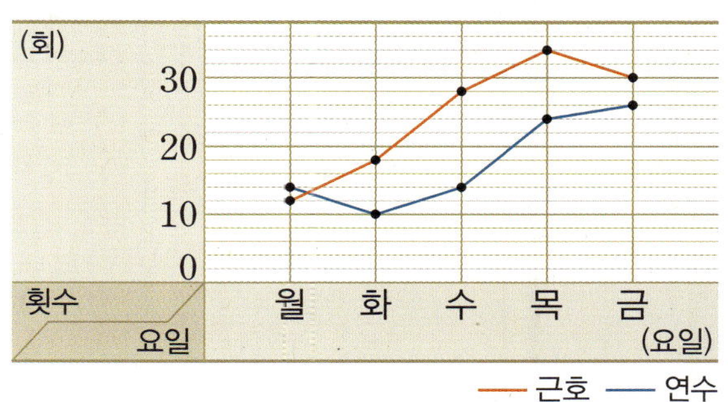

풀이 ....

....

....

답 ....

6-2 가 도시와 나 도시의 기온을 조사하여 나타낸 꺾은선그래프입니다. 가 도시의 기온이 나 도시의 기온보다 더 높으면서 기온의 차가 가장 큰 때의 기온의 차는 몇 ℃일까요?

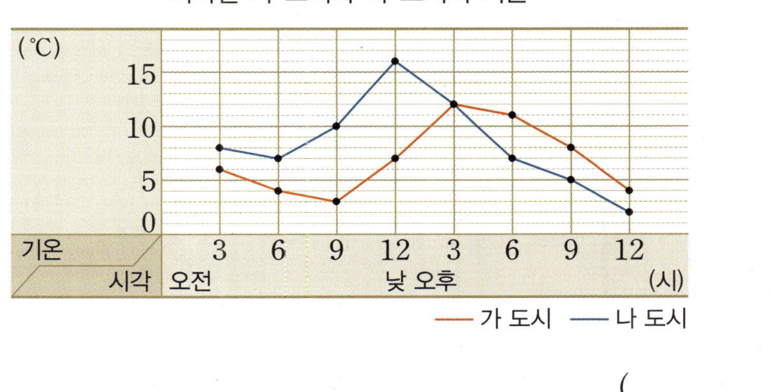

( )

눈금 한 칸의 크기가 다른 두 그래프는

각각의 자료의 값을 구하여 비교한다.

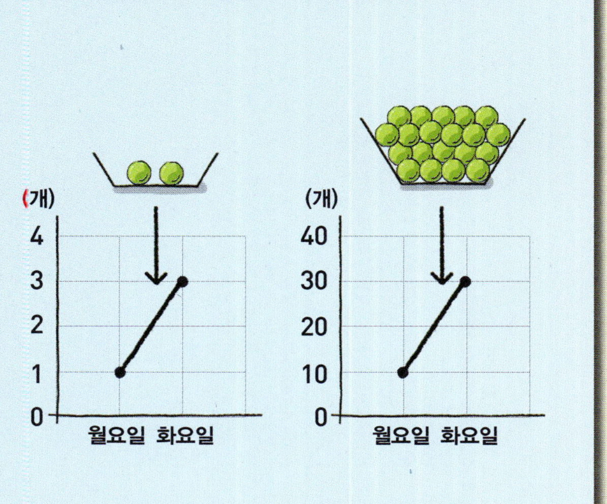

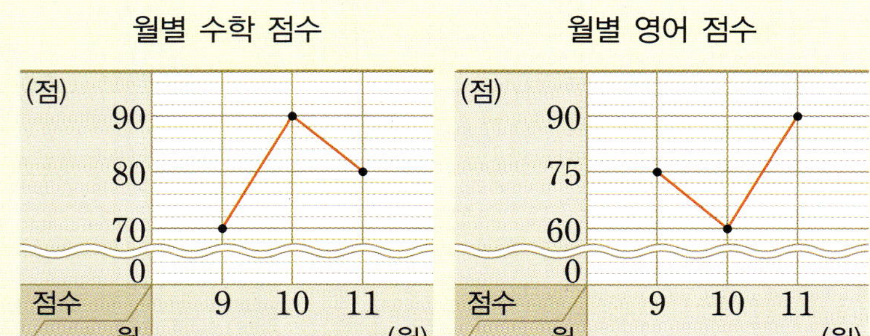

가장 높은 점수와 가장 낮은 점수의 차는

수학 점수: $90-70=20$(점)

영어 점수: $90-60=30$(점)

➡ 점수의 차가 더 큰 것은 영어 점수입니다.

어느 쿠키 가게의 초코 쿠키와 딸기 쿠키의 판매량을 조사하여 나타낸 꺾은선그래프입니다. 판매량이 가장 많은 날과 가장 적은 날의 판매량의 차가 더 큰 쿠키는 어느 것일까요?

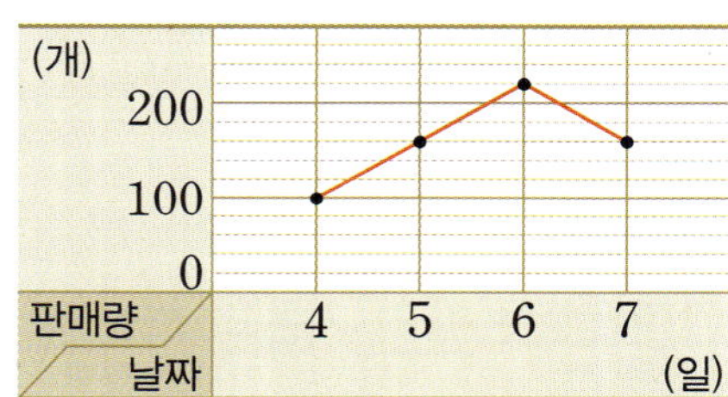

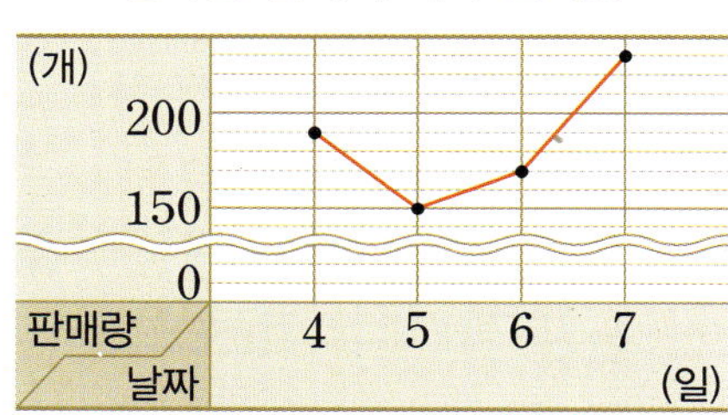

왼쪽 꺾은선그래프의 세로 눈금 한 칸은 ☐ ÷5= ☐ (개)를 나타내고,

오른쪽 꺾은선그래프의 세로 눈금 한 칸은 ☐ ÷5= ☐ (개)를 나타냅니다.

판매량이 가장 많은 날과 가장 적은 날의 판매량의 차를 각각 구하면

초코 쿠키: ☐ − ☐ = ☐ (개),

딸기 쿠키: ☐ − ☐ = ☐ (개)이므로

판매량의 차가 더 큰 쿠키는 ☐ 쿠키입니다.

7-1

가 공장과 나 공장의 연필 생산량을 조사하여 나타낸 꺾은선그래프입니다. 생산량이 가장 많은 때와 가장 적은 때의 생산량의 차가 더 큰 공장은 어느 공장일까요?

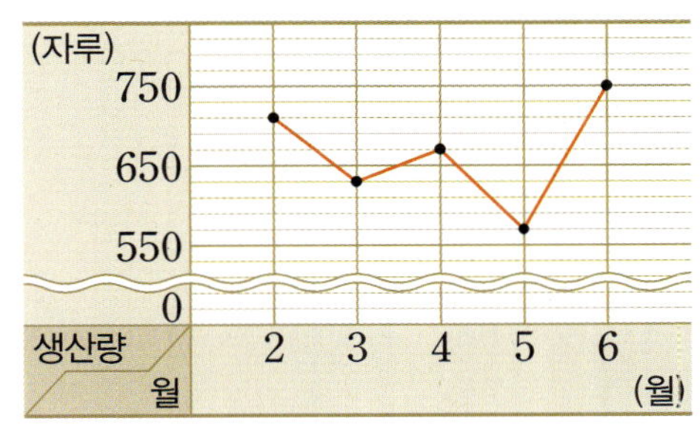

가 공장의 월별 연필 생산량

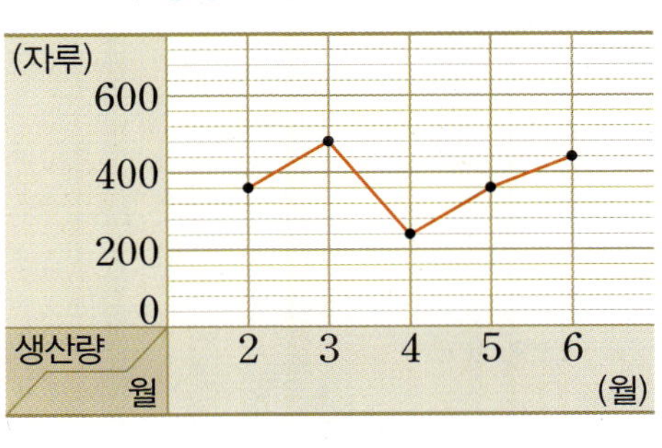

나 공장의 월별 연필 생산량

(　　　　　　　　　)

7-2

㉮, ㉯, ㉰, ㉱ 과수원의 귤 수확량을 조사하여 나타낸 꺾은선그래프입니다. 조사한 기간 동안 수확량이 가장 많은 때와 가장 적은 때의 수확량의 차가 가장 큰 과수원은 어느 과수원일까요?

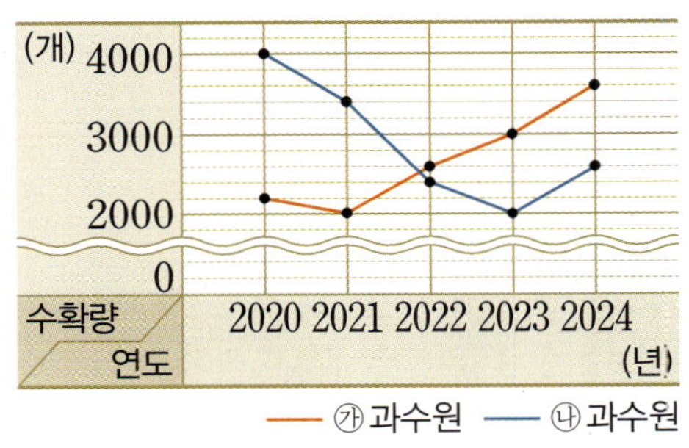

㉮와 ㉯ 과수원의 연도별 귤 수확량

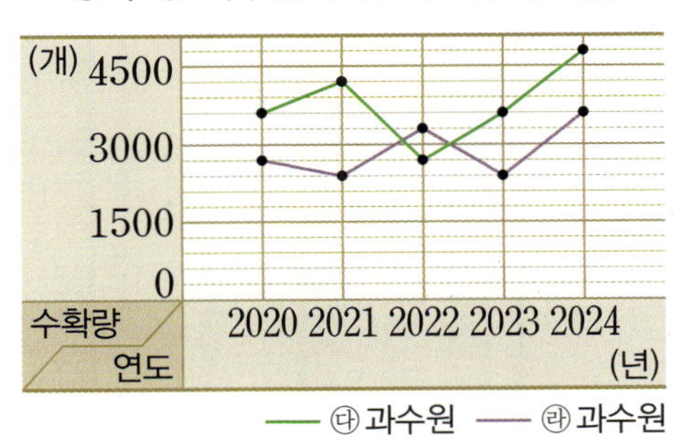

㉰와 ㉱ 과수원의 연도별 귤 수확량

(　　　　　　　　　)

그래프의
가로에 시간, 세로에 거리를 나타내면 빠르기를 알 수 있다.

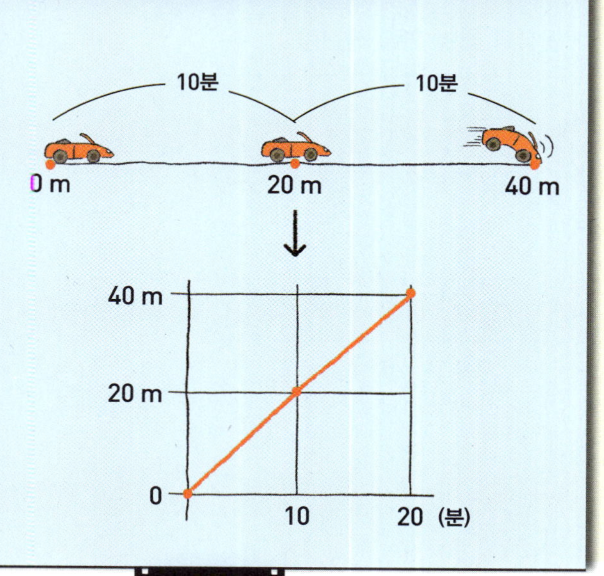

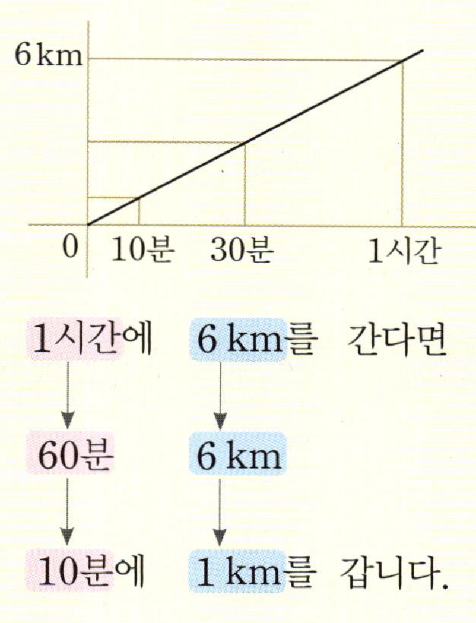

1시간에 6 km를 간다면

60분 6 km

10분에 1 km를 갑니다.

대표문제 8

제현이가 자전거를 타고 집에서 4 km 떨어진 친구네 집에 가는 데 걸린 시간과 거리의 관계를 나타낸 꺾은선그래프입니다. 제현이가 자전거를 타고 움직인 시간은 몇 분인지 구해 보세요.

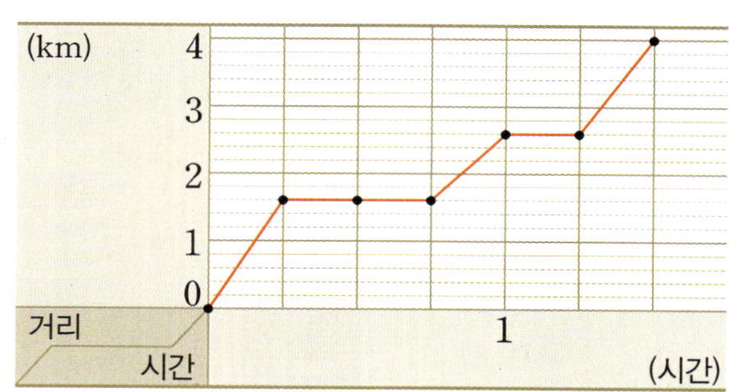

가로 눈금 4칸의 크기가 1시간＝60분이므로

가로 눈금 한 칸의 크기는 ☐분입니다.

꺾은선그래프에서 제현이가 움직인 구간은 꺾은선이 기울어진 구간으로 ☐부분입니다.

따라서 제현이가 자전거를 타고 움직인 시간은

☐분＋☐분＋☐분＝☐분입니다.

8-1 우진이가 집에서 $900\,\text{m}$ 떨어진 마트까지 가는 데 걸린 시간과 거리의 관계를 나타낸 꺾은 선그래프입니다. 우진이는 5분 동안 뛰다가 그 후로는 걸어서 마트에 도착했습니다. 우진이 가 처음부터 걸어간다면 집에서 마트까지 가는 데 몇 분이 걸릴까요? (단, 우진이의 뛰거나 걷는 빠르기는 각각 일정합니다.)

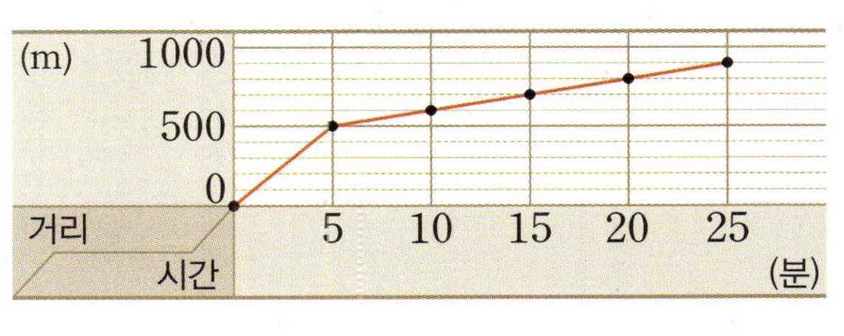

(   )

8-2 윤혁이와 형이 집에서 $1800\,\text{m}$ 떨어진 공원까지 가는 데 걸린 시간과 거리의 관계를 나타낸 꺾은선그래프입니다. 형과 집에서 동시에 출발한 윤혁이는 처음에는 뛰다가 10분 후부터는 걸어서 형과 동시에 공원에 도착했습니다. 윤혁이가 처음부터 걸어간다면 형보다 몇 분 늦게 공원에 도착할까요? (단, 윤혁이와 형이 뛰거나 걷는 빠르기는 각각 일정합니다.)

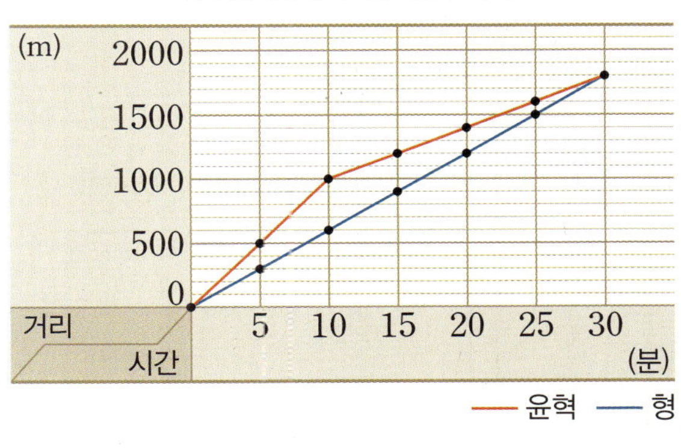

(   )

MATH MASTER

1 오른쪽은 어느 미술관에 방문한 관람객 수를 조사하여 나타낸 꺾은선그래프입니다. 한 명의 입장료가 10000원일 때 전날과 비교하여 전체 입장료가 줄어든 때는 언제이고, 얼마나 줄어들었을까요?

(   ), (   )

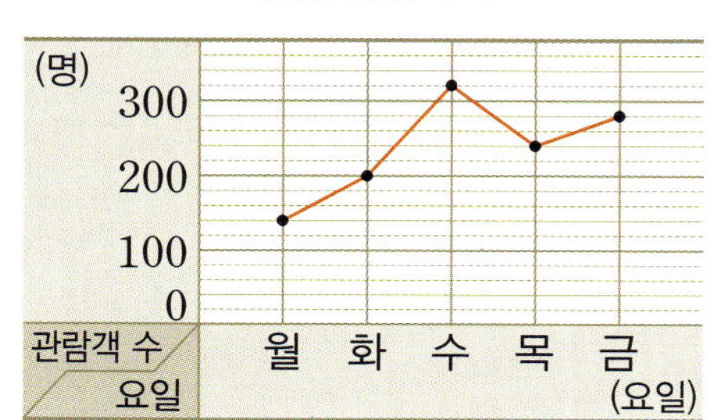
요일별 관람객 수

2 80 L들이의 통에 가득 차 있던 물이 흘러나오고 있습니다. 오른쪽은 통에 남아 있는 물의 양을 조사하여 나타낸 꺾은선그래프입니다. 물이 가장 많이 흘러나온 때는 몇 분과 몇 분 사이이고, 이때 흘러 나온 물의 양은 몇 L일까요?

(   ), (   )

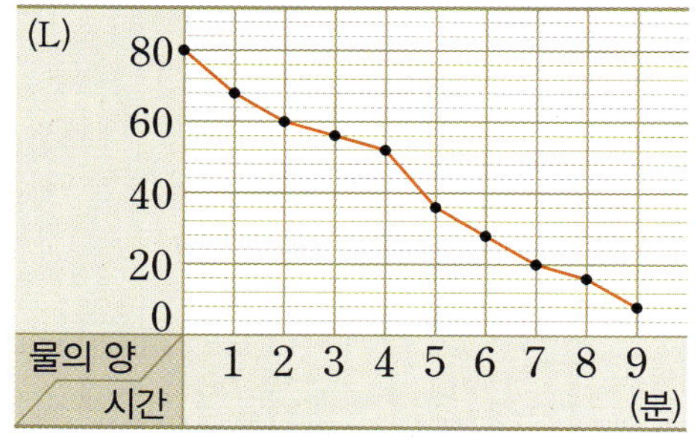
시간별 통에 남아 있는 물의 양

3 오른쪽은 진아와 정민이의 몸무게를 매년 1월에 조사하여 나타낸 꺾은선그래프입니다. 9살인 해 7월에 두 사람의 몸무게의 차는 약 몇 kg이었다고 예상할 수 있을까요?

먼저 생각해 봐요!
오후 2시의 기온은?

시각별 기온

(   )

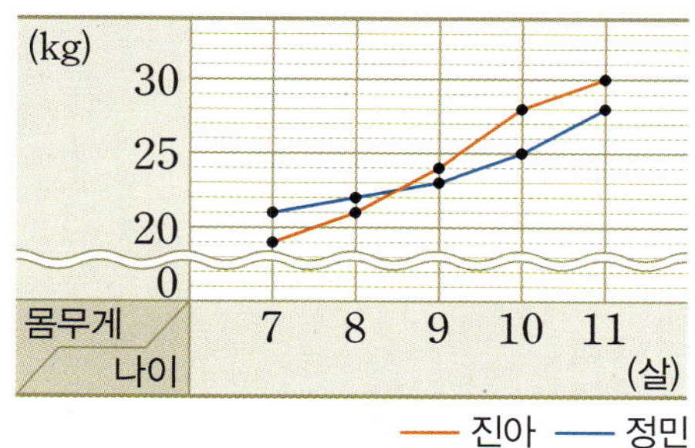
나이별 진아와 정민이의 몸무게

4 오른쪽은 민재의 휴대 전화 데이터 사용량을 매월 마지막날에 조사하여 나타낸 꺾은선그래프입니다. 조사한 기간 동안 민재가 사용한 데이터가 모두 700 MB일 때 ㉠+㉡은 얼마인지 풀이 과정을 쓰고 답을 구해 보세요.

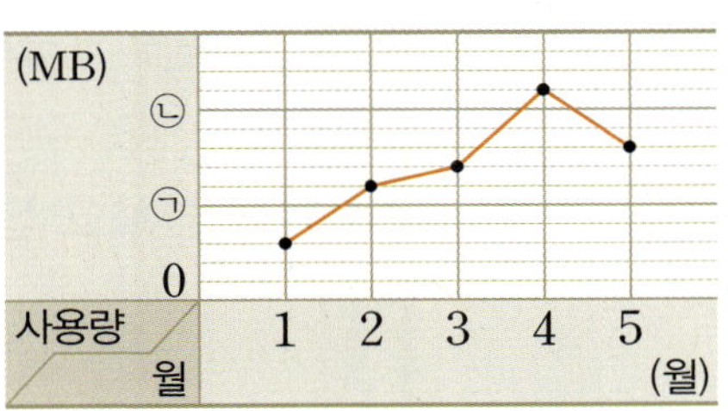

풀이

답

5 오른쪽은 다현이와 진우의 키를 조사하여 나타낸 꺾은선그래프입니다. 조사한 기간 동안 키가 더 많이 자란 사람은 누구이고, 몇 cm 자랐을까요?

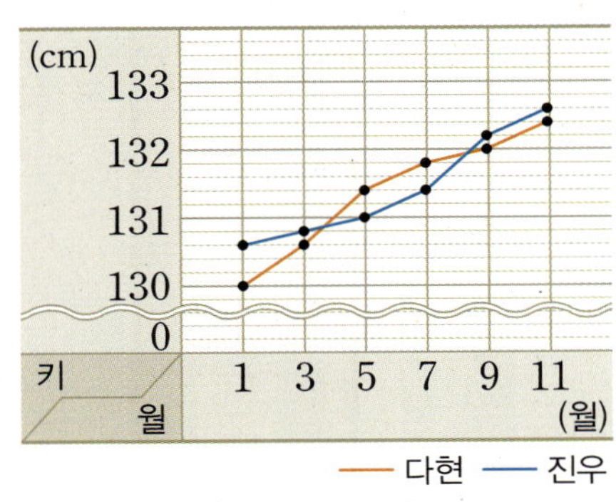

(   ), (   )

6 두한이가 빈 통장에 8월부터 매월 마지막 날에 저금한 금액과 찾은 금액을 조사하여 나타낸 꺾은선그래프입니다. 12월 31일에 통장에 남아 있는 돈은 얼마일까요? (단, 이자는 생각하지 않습니다.)

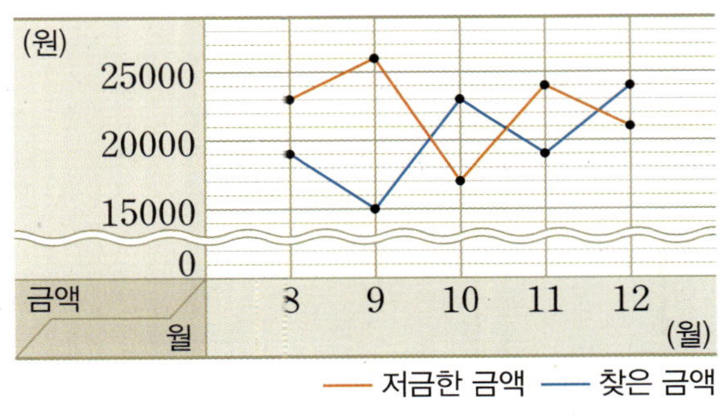

(   )

서술형 7

270 L들이의 통에 물을 채우는 데 처음에는 1개의 수도로 물을 받다가 도중에 2개의 수도로 물을 받았습니다. 다음은 통에 담긴 물의 양을 조사하여 나타낸 꺾은선그래프입니다. 이어서 2개의 수도로 물을 계속 받는다면 통에 물을 가득 채우는 데 몇 분이 걸리는지 풀이 과정을 쓰고 답을 구해 보세요. (단, 2개의 수도에서 나오는 물의 양은 같고 일정합니다.)

시간별 통에 담긴 물의 양

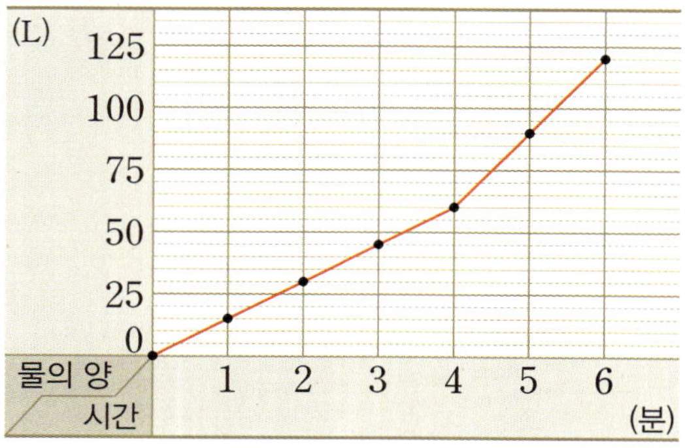

풀이

답

8

어느 서점의 방문자 수를 조사하여 나타낸 꺾은선그래프입니다. 수요일과 비교하여 목요일에 늘어난 방문자 수는 목요일과 비교하여 금요일에 줄어든 방문자 수의 3배일 때 꺾은선그래프를 완성해 보세요.

요일별 서점의 방문자 수

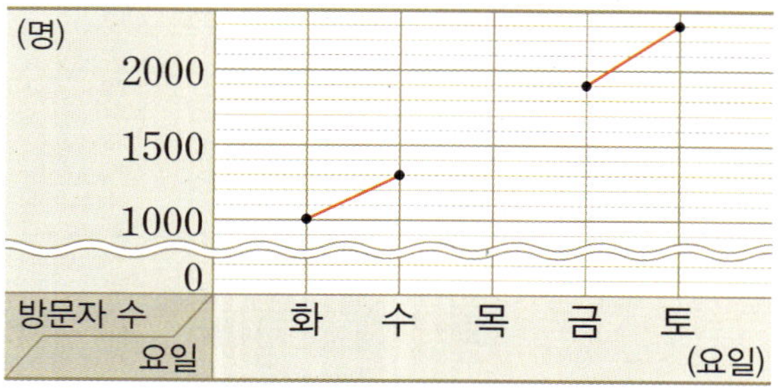

9 시온이와 예림이의 수학 점수를 나타낸 꺾은선그래프입니다. 8월부터 12월까지의 시온이의 수학 점수의 합은 예림이의 수학 점수의 합보다 34점 더 높다고 합니다. 꺾은선그래프를 완성해 보세요.

먼저 생각해 봐요!

사과와 배의 합계가 같을 때 8월의 사과 생산량은?

월별 사과와 배의 생산량

	7월	8월	9월
사과	6		7
배	8	5	9

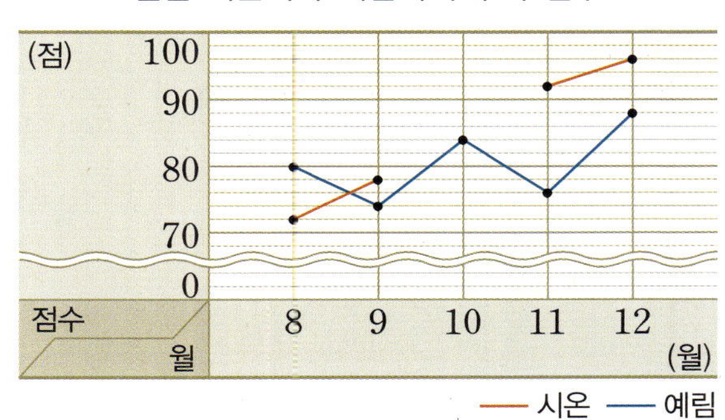

월별 시온이와 예림이의 수학 점수

10 어느 가게에서 4가지 종류의 도넛 ㉠, ㉡, ㉢, ㉣을 만듭니다. 왼쪽은 요일별 도넛 생산량을 나타낸 꺾은선그래프이고, 오른쪽은 수요일의 종류별 도넛 생산량을 나타낸 막대그래프입니다. 도넛 ㉢ 한 개의 가격이 2000원일 때 수요일에 생산한 도넛 ㉢을 모두 팔았다면 수요일에 도넛 ㉢의 판매 금액은 모두 얼마일까요?

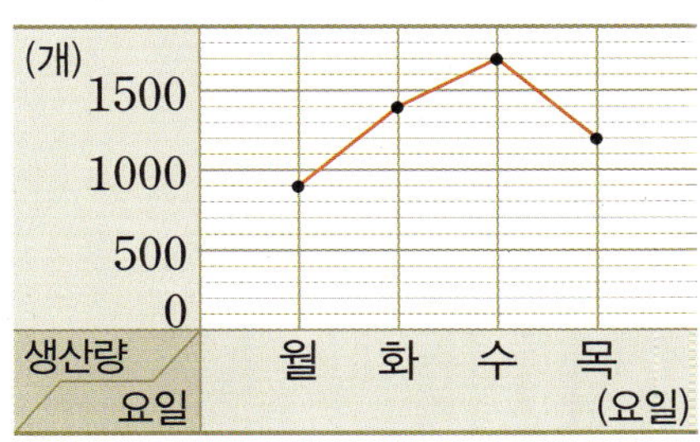

요일별 도넛 생산량

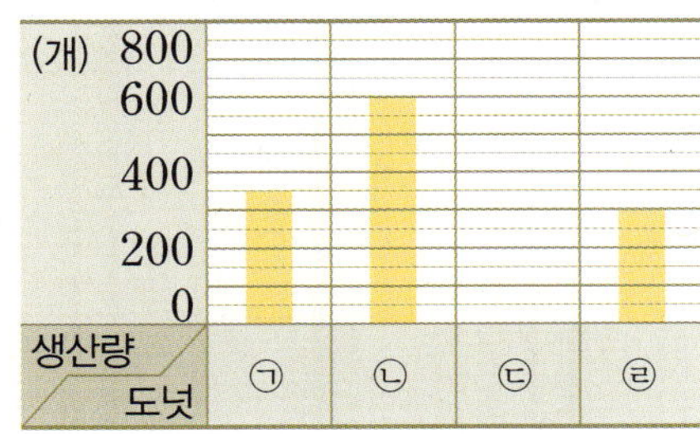

수요일의 종류별 도넛 생산량

(   )

가로, 세로, 굵은 선으로 나누어진 부분에 1, 2, 3, 4, 5, 6이 각각 한 번씩만 들어가도록 빈칸을 모두 채워 보세요.

		2			1
	1		5		
		3	6		
2		6	5		3
	2		1		
1			3		5

6

다각형

1 다각형과 정다각형

- 둘러싸인 선분의 수만큼 각이 생깁니다.
- 모든 다각형은 삼각형으로 나눌 수 있습니다.

다각형
선분으로만 둘러싸인 도형

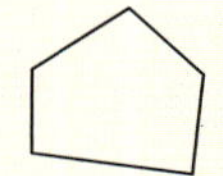 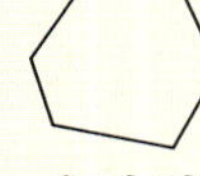 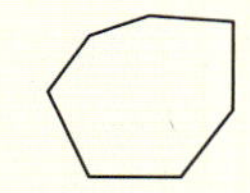 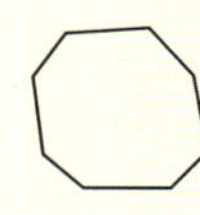

오각형　　육각형　　칠각형　　팔각형

변의 수에 따라 변이 5개이면 오각형, 변이 6개이면
육각형, 변이 7개이면 칠각형, 변이 8개이면 팔각형
이라고 부릅니다.

정다각형
변의 길이가 모두 같고 각의 크기가 모두 같은 다각형

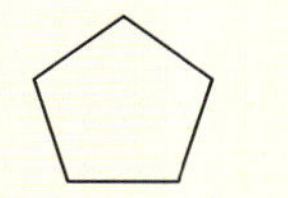 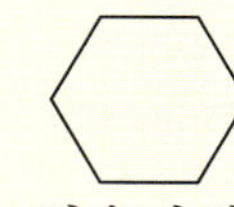 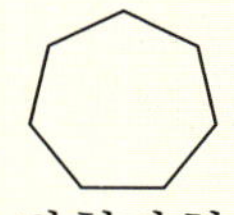 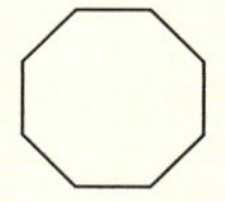

정오각형　　정육각형　　정칠각형　　정팔각형

변의 수에 따라 정오각형, 정육각형, 정칠각형, 정팔각형이라고
부릅니다.

[1~2] 도형을 보고 물음에 답하세요.

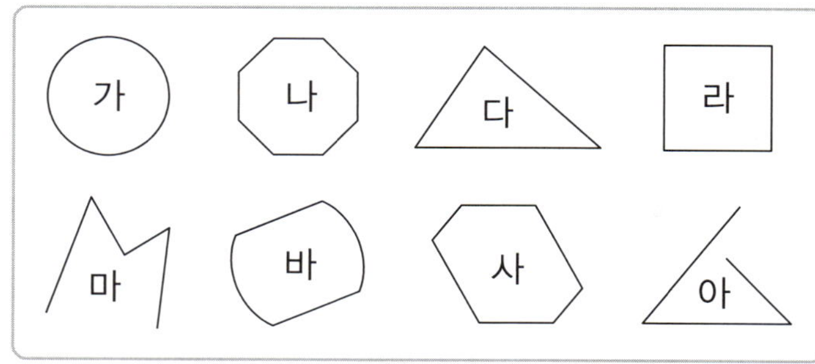

1 선분으로만 둘러싸인 도형을 모두 찾아 기호를 써 보세요.

(　　　　　　　　　　)

2 정다각형을 모두 찾아 기호를 써 보세요.

(　　　　　　　　　　)

3 오른쪽 정다각형의 이름을 쓰고 둘레는 몇 cm인지 구해 보세요.
　└─● 모든 변의 길이의 합

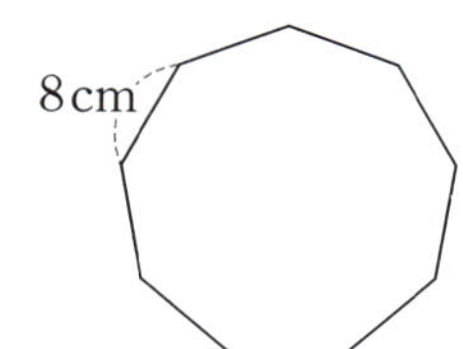

이름 (　　　　　　　　), 둘레 (　　　　　　)

4 한 변의 길이가 2 cm이고 둘레가 24 cm인 정다각형의 이름은 무엇일까요?

(　　　　　　　　　　)

정다각형의 각의 크기

정■각형은 삼각형 (■−2)개로 나눌 수 있습니다.

- (정■각형의 모든 각의 크기의 합)$=180°×(■−2)$ → 나누어진 삼각형의 수
- (정■각형의 한 각의 크기)$=180°×(■−2)÷■$ → 정■각형은 ■개의 각의 크기가 모두 같습니다.

정다각형	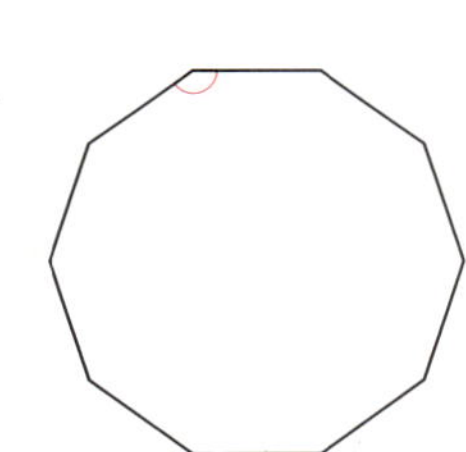 정사각형	정오각형	정육각형
삼각형의 수(개)	$4−2=2$	$5−2=3$	$6−2=4$
모든 각의 크기의 합	•삼각형의 세 각의 크기의 합 $180°×2=360°$	$180°×3=540°$	$180°×4=720°$
한 각의 크기	$360°÷4=90°$	$540°÷5=108°$	$720°÷6=120°$

5 오른쪽 정팔각형의 모든 각의 크기의 합을 구해 보세요.

(   )

6 오른쪽 정십각형의 한 각의 크기를 구해 보세요.

(   )

중등 연계

내각

다각형의 안쪽에 있는 각

외각

다각형의 한 변을 늘였을 때 바깥쪽에 만들어지는 각

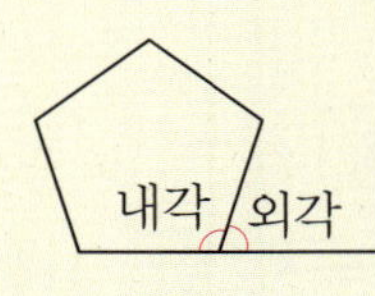

➡ (내각)+(외각)$=180°$

7 오른쪽 도형은 오각형입니다. ㉠의 크기를 구해 보세요.

(   )

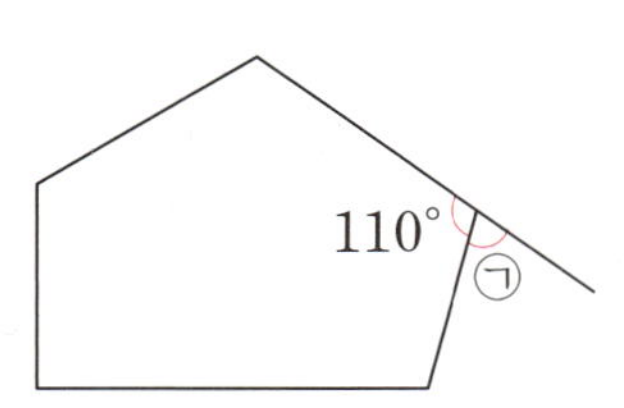

2 대각선

• 다각형의 꼭짓점의 수가 많을수록 그을 수 있는 대각선의 수도 많아집니다.

대각선

다각형에서 선분 ㄱㄷ, 선분 ㄴㄹ과 같이 서로 이웃하지 않는 두 꼭짓점을 이은 선분

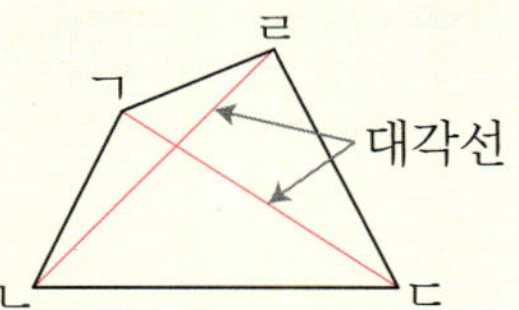

여러 가지 사각형의 대각선의 성질

성질	평행사변형	마름모	직사각형	정사각형
두 대각선의 길이가 같습니다.			○	○
두 대각선이 서로 수직으로 만납니다.		○		○
한 대각선이 다른 대각선을 반으로 나눕니다.	○	○	○	○

[1~2] 도형을 보고 물음에 답하세요.

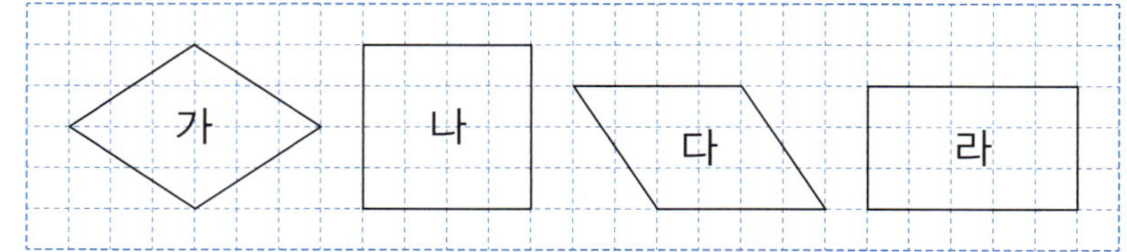

1 두 대각선이 서로 수직으로 만나는 사각형을 모두 찾아 기호를 써 보세요.

( )

2 두 대각선의 길이가 같은 사각형을 모두 찾아 기호를 써 보세요.

( )

3 다음 조건을 모두 만족시키는 사각형의 이름을 써 보세요.

> • 네 각의 크기가 모두 같습니다.
> • 두 대각선이 서로 수직으로 만납니다.

( )

대각선의 수

■각형의 꼭짓점의 수는 ■개이고 한 꼭짓점에서 그을 수 있는 대각선은 (■−3)개입니다.

• (■각형의 대각선의 수)=(■−3)×■÷2

└─● 각 꼭짓점에서 대각선을 그으면 2번씩 겹칩니다.

다각형	사각형	오각형	육각형
한 꼭짓점에서 그을 수 있는 대각선의 수(개)	$4-3=1$	$5-3=2$	$6-3=3$
대각선의 수(개)	$1\times4\div2=2$	$2\times5\div2=5$	$3\times6\div2=9$

4 오른쪽 다각형에 그을 수 있는 대각선은 모두 몇 개일까요?

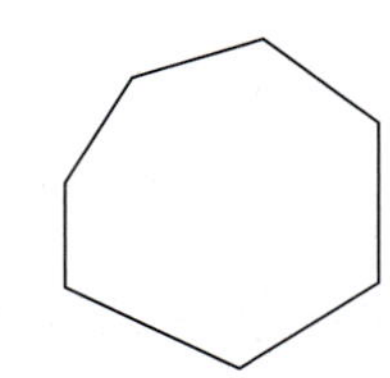

(   )

5 다음 두 도형에 그을 수 있는 대각선 수의 차는 몇 개일까요?

> 구각형   십일각형

(   )

6 어떤 다각형의 한 꼭짓점에서 그을 수 있는 대각선이 5개일 때 이 다각형에 그을 수 있는 대각선은 모두 몇 개일까요?

(   )

7 지윤이가 다각형을 그리고 그 다각형에 대각선을 그었더니 모두 35개였습니다. 지윤이가 그린 다각형의 이름을 써 보세요.

(   )

3 모양 만들기와 모양 채우기

• 모양 조각은 길이가 같은 변끼리 이어 붙입니다.
• 한 모양 조각의 크기를 수로 나타내면 다른 모양 조각의 크기도 수로 나타낼 수 있습니다.

모양 조각의 이름 알아보기

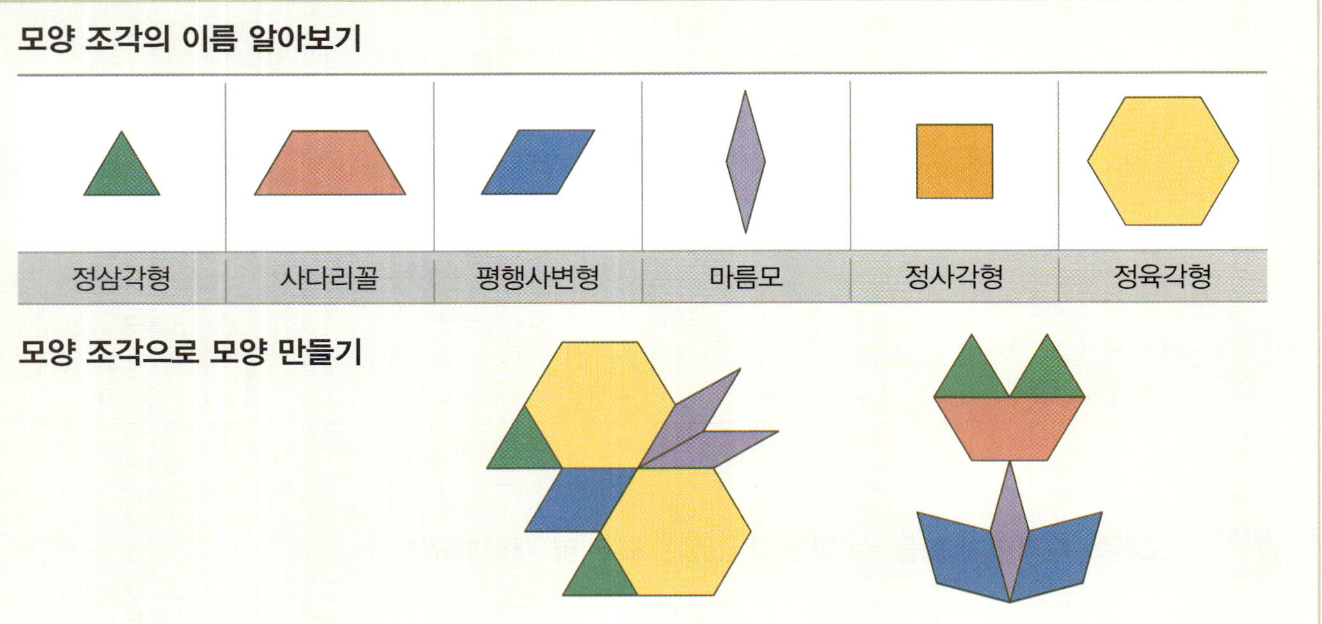

| 정삼각형 | 사다리꼴 | 평행사변형 | 마름모 | 정사각형 | 정육각형 |

모양 조각으로 모양 만들기

[1~3] 모양 조각을 보고 물음에 답하세요.

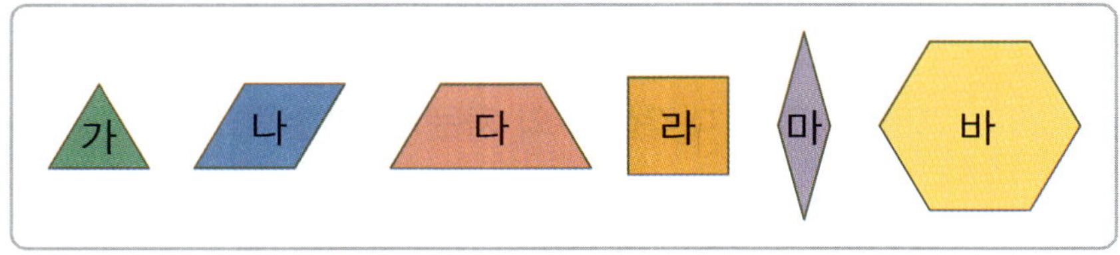

1 모양 조각 중에서 마름모를 모두 찾아 기호를 써 보세요.

(   )

2 가 모양 조각 3개를 이어 붙여서 만들 수 있는 모양 조각을 찾아 기호를 써 보세요.

(   )

3 모양 조각을 사용하여 다음 모양을 만들어 보세요. (단, 같은 모양 조각을 여러 번 사용해도 됩니다.)

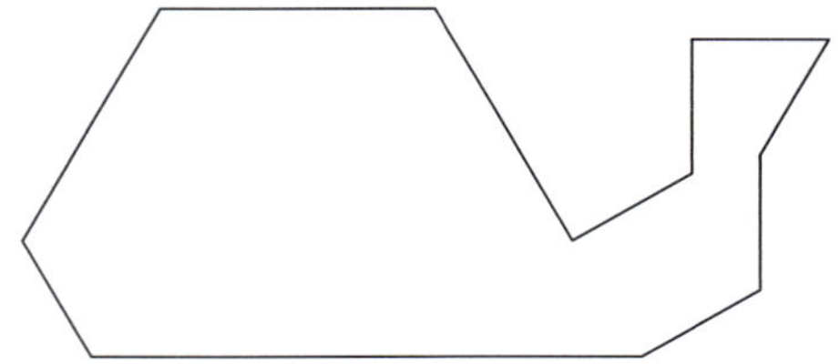

모양 조각을 사용하여 같은 모양을 서로 다른 방법으로 채우기

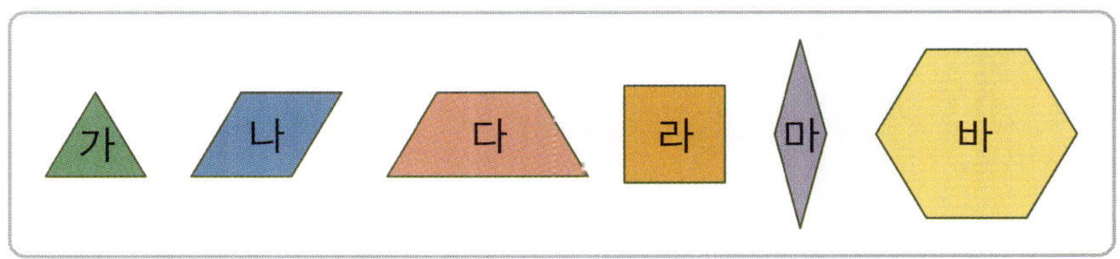

㉮ △ ◇ ▱ 모양 조각을 사용하여 정육각형 채우기

한 가지 모양 조각으로 채우기   두 가지 모양 조각으로 채우기   세 가지 모양 조각으로 채우기

[4~6] 모양 조각을 보고 물음에 답하세요.

4 한 가지 모양 조각으로 바 모양 조각을 채우려면 각각의 모양 조각이 몇 개 필요할까요?

가 (   ), 나 (   ), 다 (   )

5 모양 조각을 사용하여 서로 다른 평행사변형을 2개 만들어 보세요. (단, 같은 모양 조각을 여러 번 사용해도 됩니다.)

6 모양 조각을 가장 적게 사용하여 다음 모양을 채워 보세요. (단, 같은 모양 조각을 여러 번 사용해도 됩니다.)

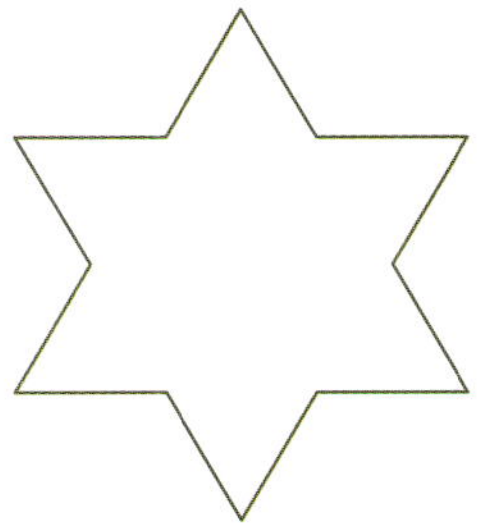

정다각형의 둘레는
한 변의 길이와 변의 수를 곱한 값이다.

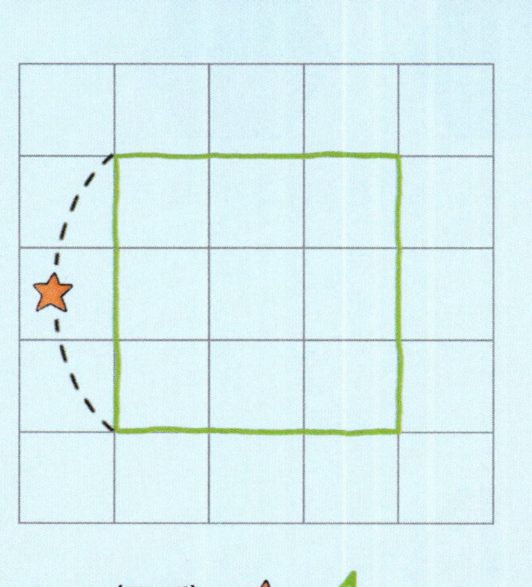

24 cm짜리 끈으로 한 변이 4 cm인 정■각형을 만들었을 때

(한 변의 길이) × (변의 수) = (사용한 끈의 길이)

➡ (변의 수) = (사용한 끈의 길이) ÷ (한 변의 길이)

■ = 24 ÷ 4, ■ = 6이므로 정육각형을 만들었습니다.

대표문제 1

길이가 120 cm인 철사를 겹치지 않게 사용하여 한 변이 8 cm인 정다각형을 한 개 만들었습니다. 남은 철사가 24 cm일 때 만든 정다각형의 이름을 써 보세요.

(정다각형을 만드는 데 사용한 철사의 길이)

= (처음에 있던 철사의 길이) − (남은 철사의 길이)

= 120 − 24 = ☐ (cm)

(정다각형의 변의 수)

= (정다각형을 만드는 데 사용한 철사의 길이) ÷ (한 변의 길이)

= ☐ ÷ 8 = ☐ (개)

따라서 만든 정다각형의 이름은 ☐ 입니다.

1-1 길이가 200 cm인 철사를 겹치지 않게 사용하여 한 변이 12 cm인 정다각형을 한 개 만들었습니다. 남은 철사가 20 cm일 때 만든 정다각형의 이름을 써 보세요.

( )

1-2 길이가 90 cm인 색 테이프를 겹치지 않게 모두 사용하여 한 변이 5 cm인 정육각형과 한 변이 6 cm인 정다각형을 한 개씩 만들었습니다. 한 변이 6 cm인 정다각형의 이름을 써 보세요.

( )

서술형 **1-3** 길이가 100 cm인 끈을 겹치지 않게 사용하여 한 변이 4 cm인 정팔각형과 한 변이 7 cm인 정다각형을 한 개씩 만들었더니 끈이 5 cm 남았습니다. 한 변이 7 cm인 정다각형의 이름은 무엇인지 풀이 과정을 쓰고 답을 구해 보세요.

풀이

답

1-4 오른쪽 정오각형 모양을 만들었던 철사를 펴서 가장 큰 정십삼각형을 만들었습니다. 만든 정십삼각형의 한 변의 길이는 정오각형의 한 변의 길이보다 몇 cm 더 짧을까요?

13 cm

( )

평행사변형의 한 대각선은 다른 대각선을 반으로 나눈다.

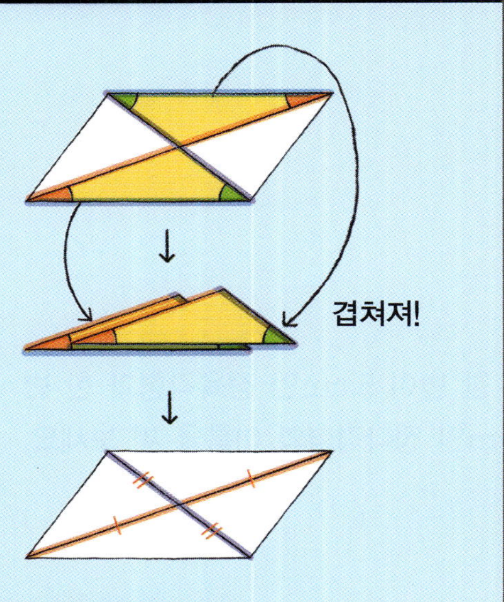

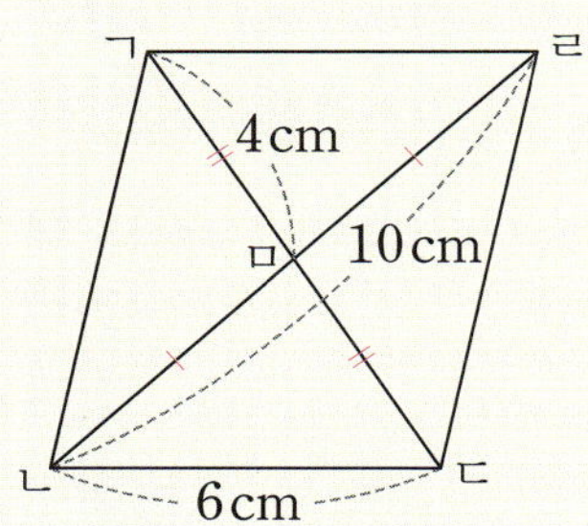

$(선분\ ㅁㄷ)=(선분\ ㄱㅁ)=4\,cm$

$(선분\ ㄹㅁ)=(선분\ ㅁㄴ)=10÷2=5(cm)$

➡ $(삼각형\ ㅁㄴㄷ의\ 둘레)=5+6+4=15(cm)$

대표문제 2 평행사변형 ㄱㄴㄷㄹ에서 삼각형 ㅁㄴㄷ의 둘레는 몇 cm일까요?

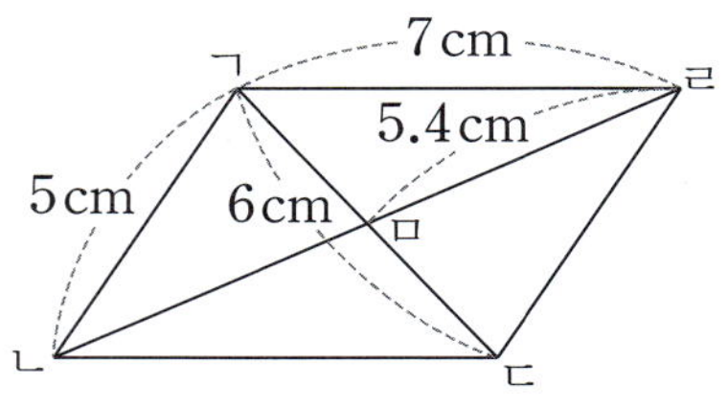

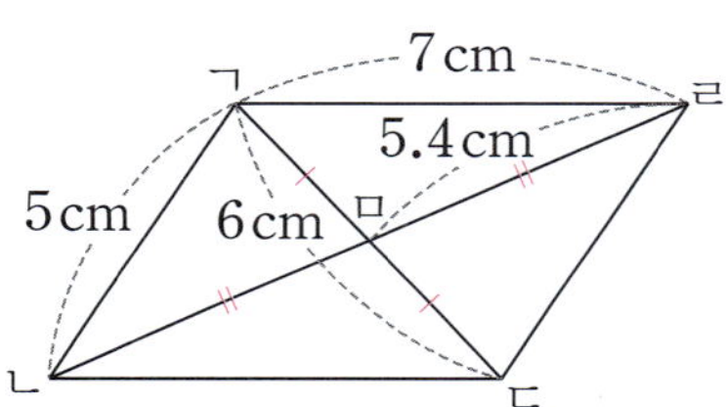

평행사변형의 한 대각선은 다른 대각선을 반으로 나누므로

$(선분\ ㄴㅁ)=(선분\ ㄹㅁ)=$ ☐ cm, $(선분\ ㄷㅁ)=6÷2=$ ☐ (cm)입니다.

평행사변형에서 마주 보는 변의 길이는 같으므로

$(선분\ ㄴㄷ)=(선분\ ㄱㄹ)=$ ☐ cm입니다.

➡ $(삼각형\ ㅁㄴㄷ의\ 둘레)=$ ☐ $+$ ☐ $+$ ☐ $=$ ☐ (cm)

2-1 오른쪽 평행사변형 ㄱㄴㄷㄹ에서 삼각형 ㄱㄴㅁ의 둘레는 몇 cm일까요?

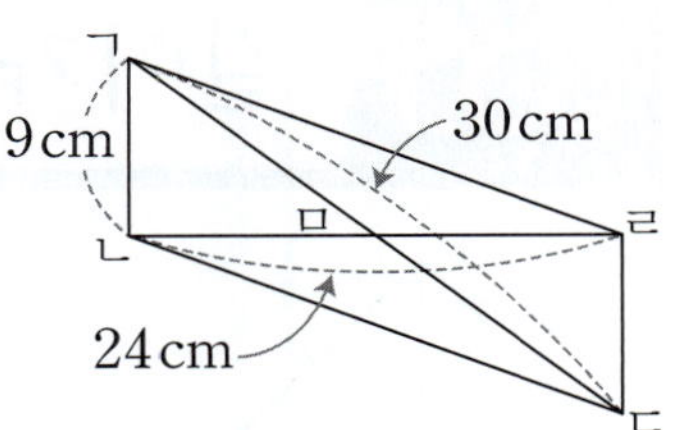

(   )

2-2 오른쪽 직사각형 ㄱㄴㄷㄹ에서 삼각형 ㅁㄴㄷ의 둘레는 몇 cm일까요?

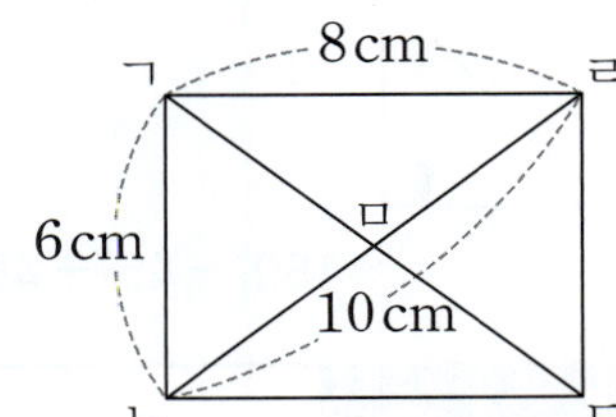

(   )

2-3 오른쪽 마름모 ㄱㄴㄷㄹ에서 선분 ㄴㅁ의 길이는 몇 cm일까요?

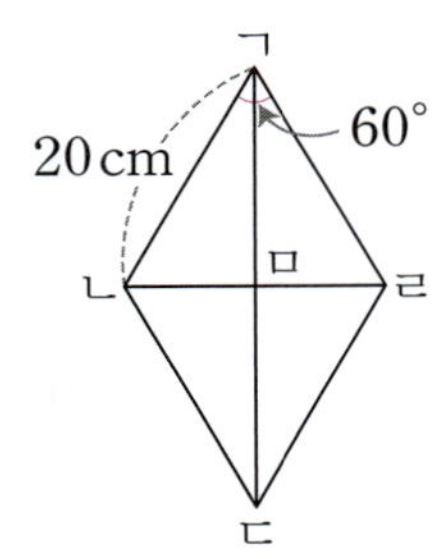

(   )

2-4 오른쪽 마름모 ㄱㄴㄷㄹ의 두 대각선의 길이의 합이 14 cm이고 차가 2 cm일 때 삼각형 ㄱㄴㅁ의 둘레는 몇 cm일까요?

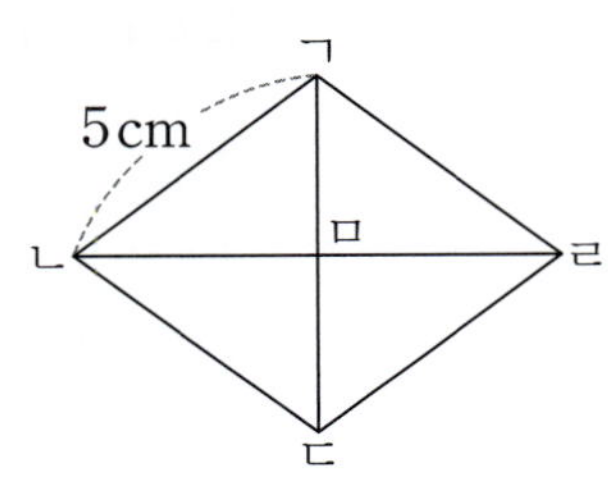

(   )

정사각형의 두 대각선은
길이가 같고 서로 수직으로 만나고 반으로 나눈다.

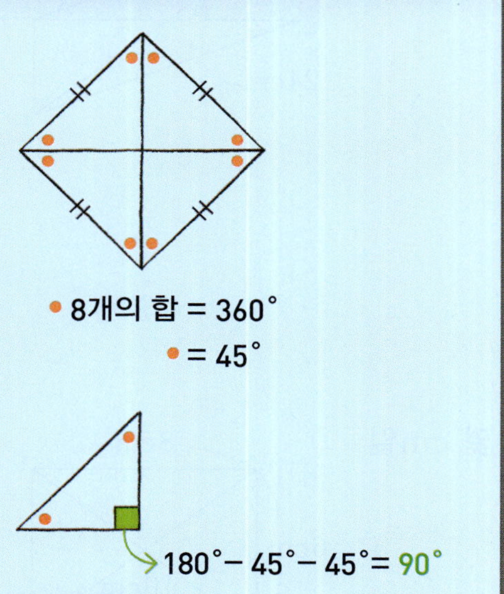

사각형 ㄱㄴㄷㄹ이 정사각형일 때

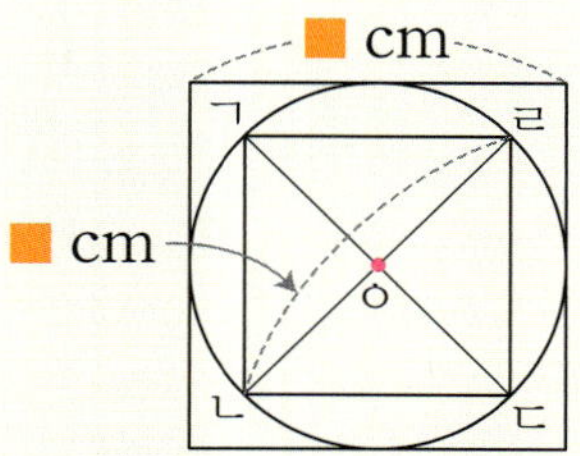

(원의 지름)＝(큰 정사각형의 한 변의 길이)＝■ cm
정사각형은 한 대각선이 다른 대각선을 반으로 나누므로
(선분 ㄴㅇ)＝(선분 ㄴㄹ)÷2＝(■÷2)(cm)

대표문제 3

오른쪽 그림은 한 변이 16 cm인 정사각형 안에 원을 그리고, 그 원 위의 네 점을 이어 다시 정사각형 ㄱㄴㄷㄹ을 그린 것입니다. 선분 ㄴㅇ의 길이는 몇 cm일까요?

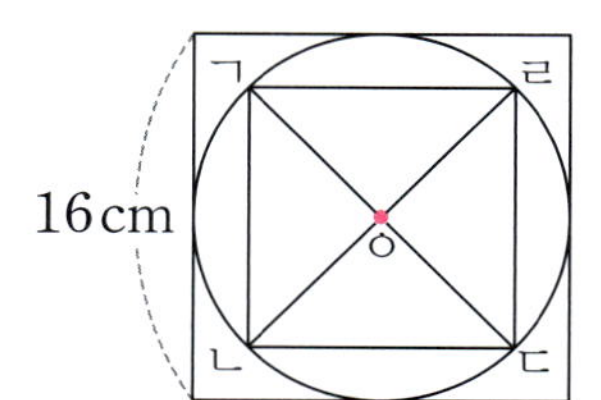

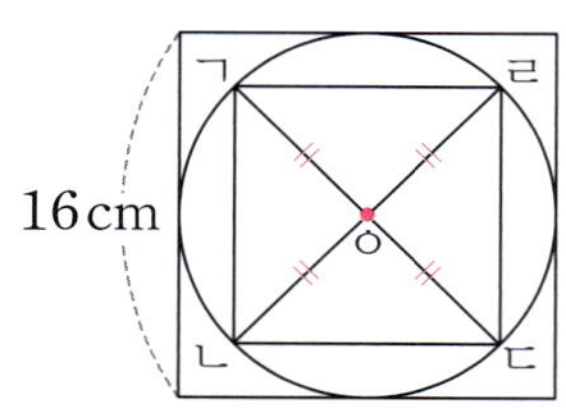

(원의 지름)＝(큰 정사각형의 한 변의 길이)＝◻ cm

원의 지름과 선분 ㄴㄹ의 길이가 같고 선분 ㄴㄹ은 정사각형 ㄱㄴㄷㄹ의 대각선입니다.

정사각형은 한 대각선이 다른 대각선을 반으로 나누므로

(선분 ㄴㅇ)＝(선분 ㄴㄹ)÷2＝◻÷2＝◻(cm)입니다.

3-1 오른쪽 그림은 점 ㅇ이 원의 중심이고 반지름이 20 cm인 원 안에 직사각형 ㄱㄴㄷㄹ을 그린 것입니다. 직사각형 ㄱㄴㄷㄹ의 두 대각선의 길이의 합은 몇 cm일까요?

(   )

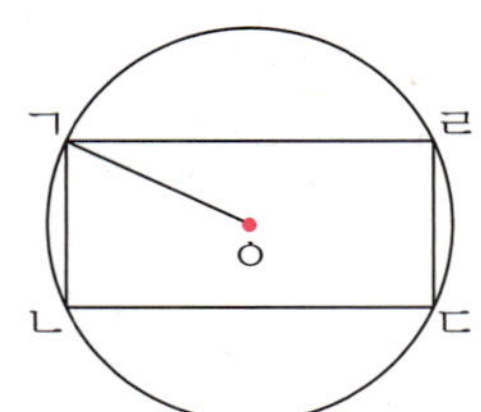

3-2 오른쪽 그림은 점 ㅇ이 원의 중심이고 반지름이 12 cm인 원 안에 정사각형 ㄱㄴㄷㄹ을 그린 것입니다. 정사각형 ㄱㄴㄷㄹ의 두 대각선의 길이의 합은 몇 cm일까요?

(   )

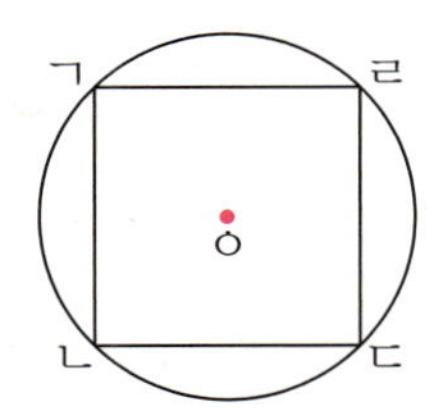

3-3 오른쪽 그림은 한 변이 30 cm인 정사각형 안에 원을 그리고, 그 원 위의 네 점을 이어 다시 정사각형 ㄱㄴㄷㄹ을 그린 것입니다. 선분 ㄱㅇ의 길이는 몇 cm일까요?

(   )

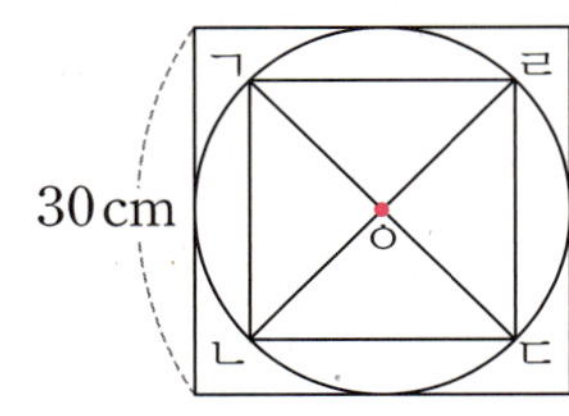

3-4 오른쪽 그림은 한 변이 26 cm인 정사각형 안에 원을 그리고, 그 원 위의 네 점을 이어 다시 정사각형 ㄱㄴㄷㄹ을 그린 것입니다. 정사각형 ㄱㄴㄷㄹ의 두 대각선의 길이의 합은 몇 cm일까요?

(   )

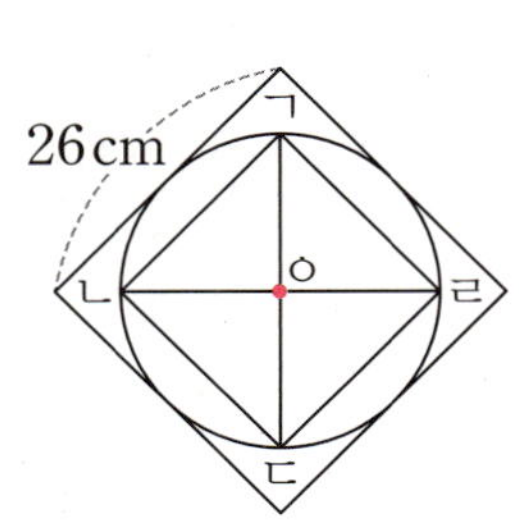

모든 다각형은 몇 개의 삼각형으로 나눠진다.

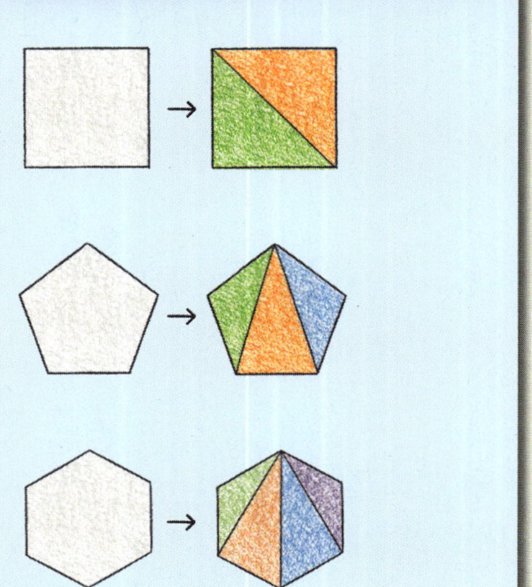

(삼각형의 세 각의 크기의 합)=180°임을 이용하여 다각형의 모든 각의 크기의 합을 구할 수 있습니다.

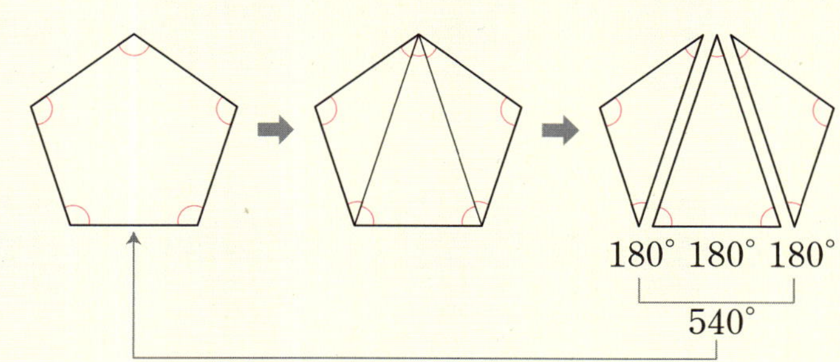

대표문제 4

오른쪽 그림은 정구각형에 대각선을 그은 것입니다. ㉠의 크기를 구해 보세요.

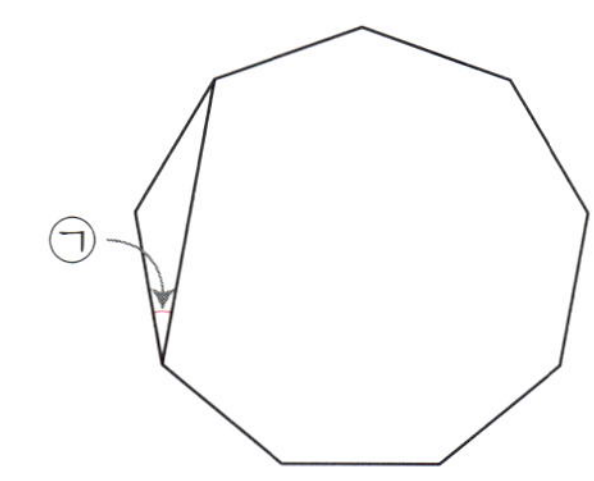

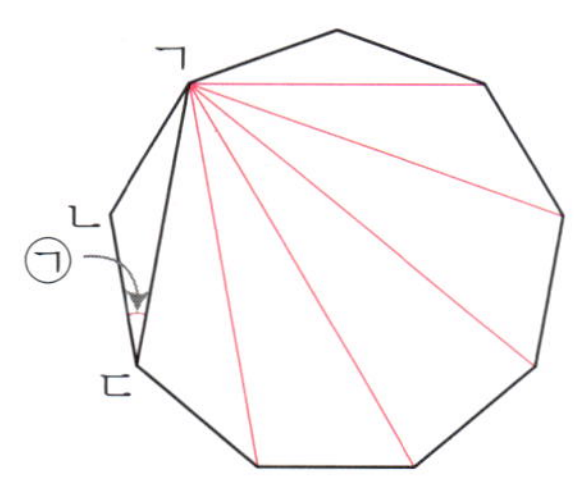

정구각형은 삼각형 7개로 나눌 수 있으므로

(정구각형의 모든 각의 크기의 합)=180°×7= ⬚ °입니다.

정구각형은 모든 각의 크기가 같으므로

(정구각형의 한 각의 크기)= ⬚ °÷9= ⬚ °입니다.

(변 ㄱㄴ)=(변 ㄴㄷ)이므로 삼각형 ㄱㄴㄷ은 이등변삼각형입니다.

➡ ㉠=(180°− ⬚ °)÷2= ⬚ °

4-1 오른쪽 그림은 정십이각형에 대각선을 그은 것입니다. ㉠의 크기를 구해 보세요.

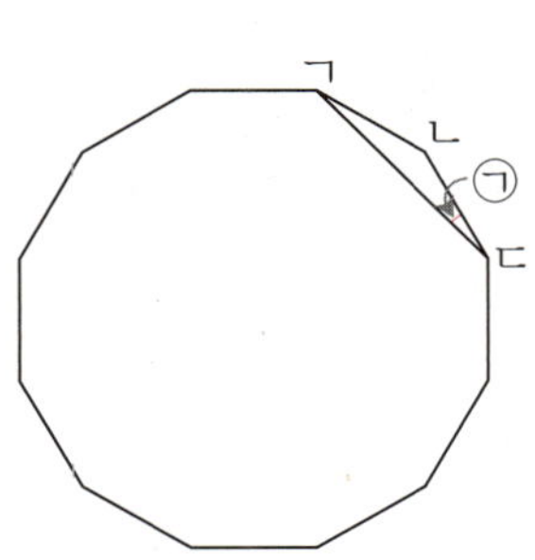

(   )

서술형 **4-2** 오른쪽 그림은 정육각형에 대각선을 그은 것입니다. ㉠의 크기는 몇 도인지 풀이 과정을 쓰고 답을 구해 보세요.

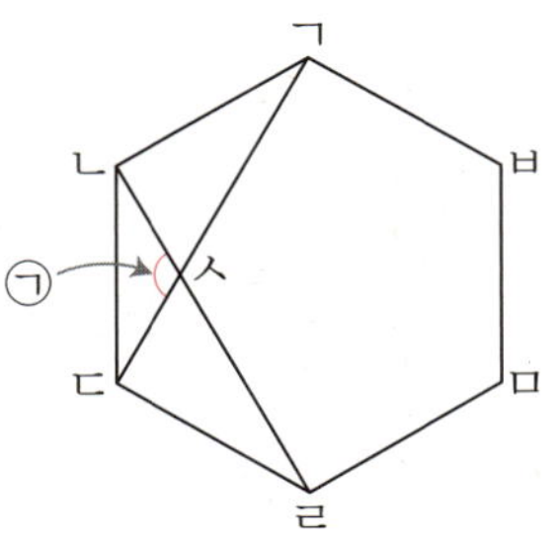

풀이

답

4-3 오른쪽 그림은 정오각형에 대각선을 모두 그은 것입니다. ㉠, ㉡, ㉢, ㉣, ㉤의 크기의 합을 구해 보세요.

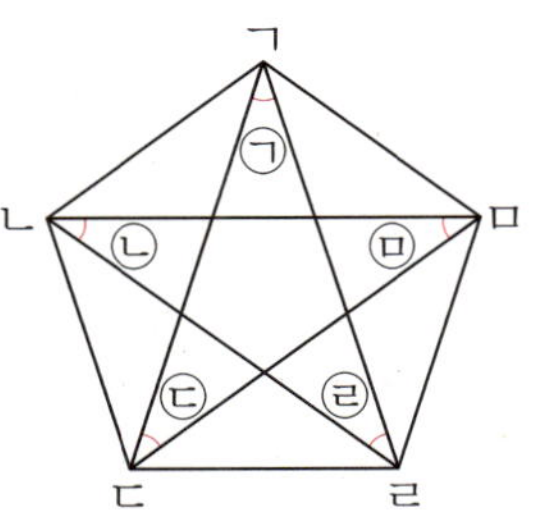

(   )

최상위 S

직선은 한 바퀴(360°)의 절반(180°)이다.

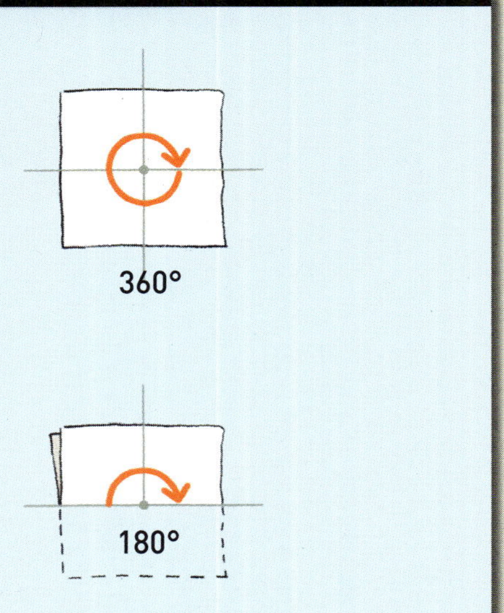

도형의 한 변을 연장한 선은 직선입니다.

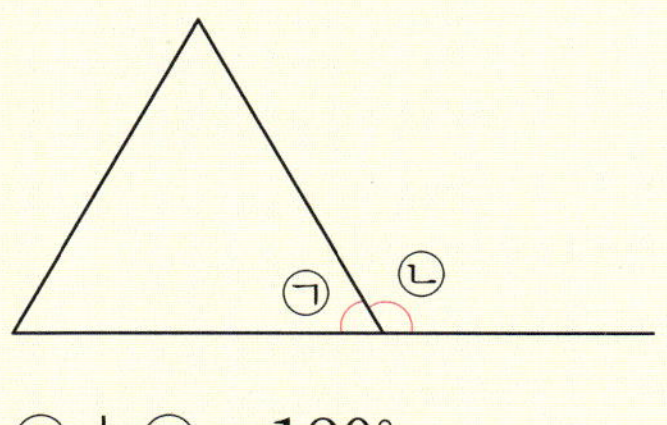

$$㉠+㉡=180°$$
➡ $㉡=180°-㉠$

대표문제 5

오른쪽 그림은 정육각형의 각 변을 길게 늘인 것입니다. ㉠, ㉡, ㉢, ㉣, ㉤, ㉥의 크기의 합을 구해 보세요.

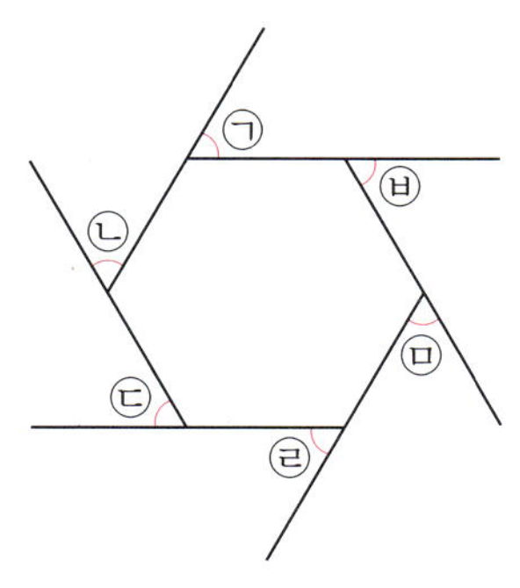

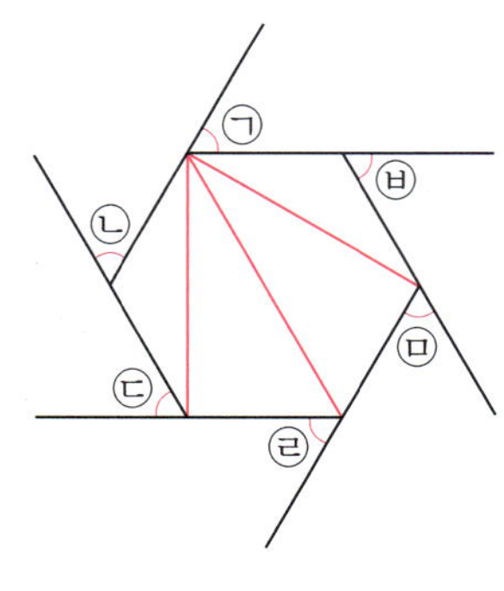

정육각형은 삼각형 4개로 나눌 수 있으므로

(정육각형의 모든 각의 크기의 합)$=180°×4=$ ☐ °입니다.

정육각형은 모든 각의 크기가 같으므로

(정육각형의 한 각의 크기)$=$ ☐ °$÷6=$ ☐ °입니다.

㉠$=180°-$ ☐ °$=$ ☐ °이고 같은 방법으로

㉡$=$㉢$=$㉣$=$㉤$=$㉥$=$ ☐ °입니다.

➡ ㉠$+$㉡$+$㉢$+$㉣$+$㉤$+$㉥$=$ ☐ °$×6=$ ☐ °

5-1 오른쪽 그림은 정십각형의 한 변을 길게 늘인 것입니다. ㉠의 크기를 구해 보세요.

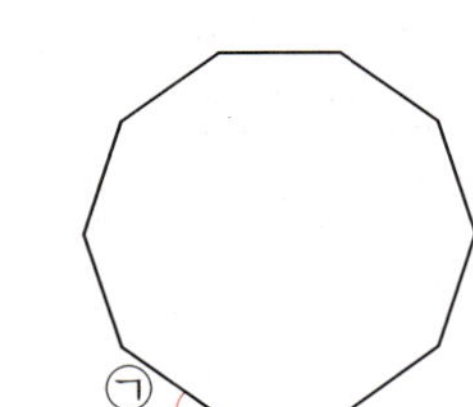

(   )

5-2 오른쪽 그림은 정오각형의 각 변을 길게 늘인 것입니다. ㉠, ㉡, ㉢, ㉣, ㉤의 크기의 합을 구해 보세요.

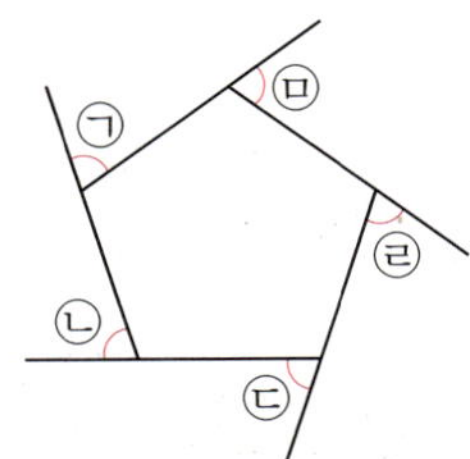

(   )

5-3 오른쪽 그림은 한 변의 길이가 같은 정육각형 2개와 정오각형 1개를 한 꼭짓점에서 만나도록 이어 붙인 것입니다. ㉠의 크기를 구해 보세요.

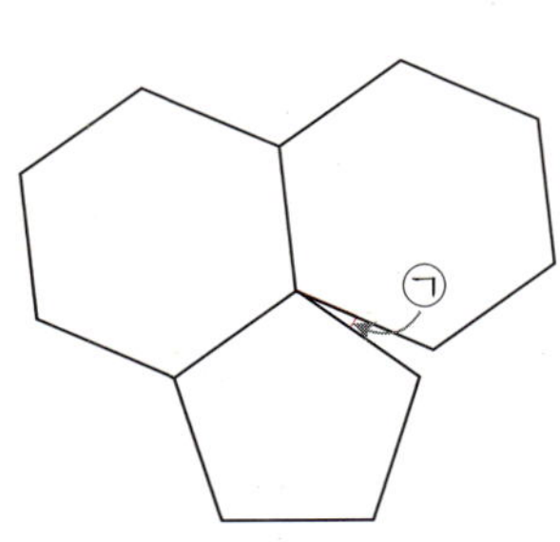

(   )

5-4 오른쪽 그림은 한 변의 길이가 같은 정오각형과 정팔각형을 한 변이 맞닿게 이어 붙인 것입니다. ㉠의 크기를 구해 보세요.

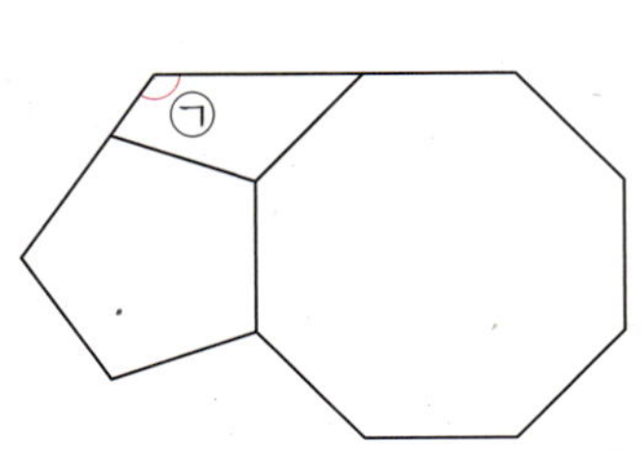

(   )

조각을 하나씩 늘려가며 만들 수 있는 모양을 알아본다.

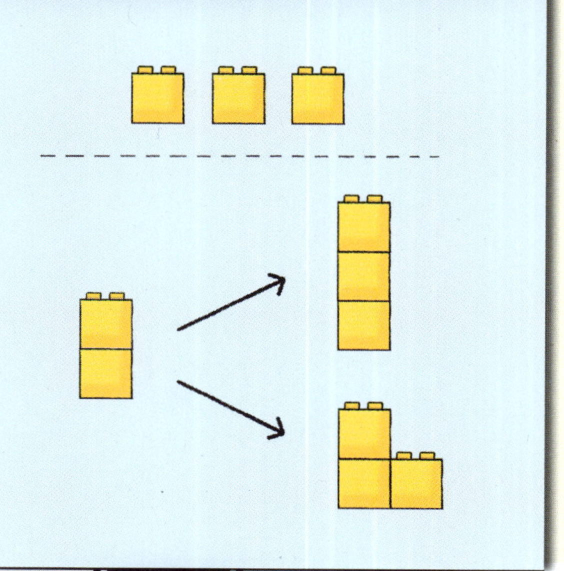

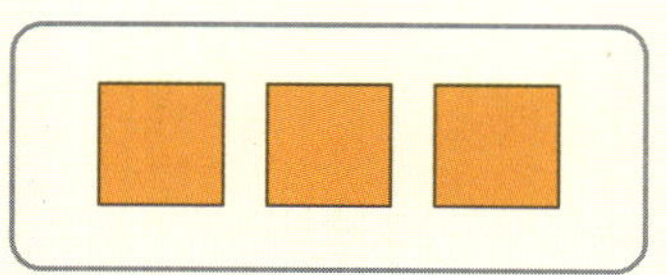

2개의 조각으로 만들 수 있는 모양

1개의 조각을 더 붙여 만들 수 있는 모양

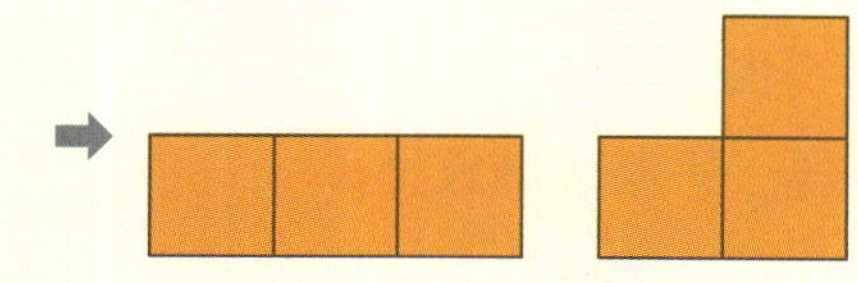

대표문제 6

네 변의 길이가 같은 평행사변형 모양 조각 3개를 사용하여 만들 수 있는 모양은 모두 몇 가지일까요? (단, 변끼리 서로 맞닿게 이어 붙여야 하고, 돌리거나 뒤집어서 같은 모양이면 한 가지로 생각합니다.)

평행사변형 모양 조각 2개로 만들 수 있는 모양은 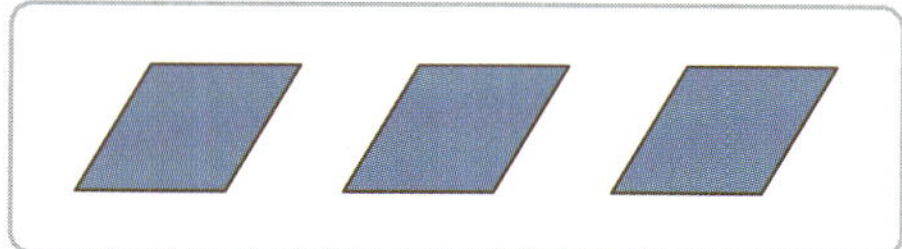 과 ◢◣ 입니다.

▱▱ 에 평행사변형 모양 조각 1개를 더 붙여 만들 수 있는 모양:

→ ☐ 가지

◢◣ 에 평행사변형 모양 조각 1개를 더 붙여 만들 수 있는 모양:

└ • 위에서 만든 모양은 제외합니다.

→ ☐ 가지

따라서 평행사변형 모양 조각 3개를 사용하여 만들 수 있는 모양은 모두

☐ + ☐ = ☐ (가지)입니다.

6-1 정삼각형 모양 조각 4개를 사용하여 만들 수 있는 모양은 모두 몇 가지일까요? (단, 변끼리 서로 맞닿게 이어 붙여야 하고, 돌리거나 뒤집어서 같은 모양이면 한 가지로 생각합니다.)

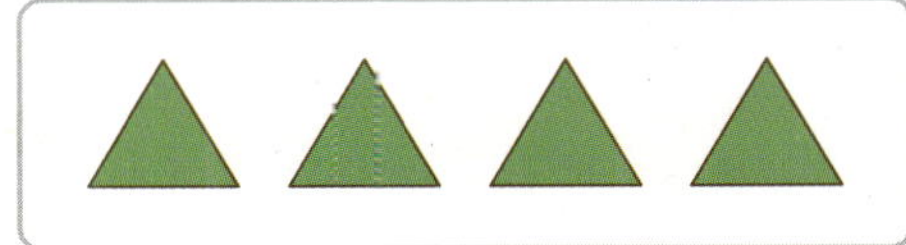

(   )

6-2 정사각형 모양 조각 4개를 사용하여 만들 수 있는 모양은 모두 몇 가지일까요? (단, 변끼리 서로 맞닿게 이어 붙여야 하고, 돌리거나 뒤집어서 같은 모양이면 한 가지로 생각합니다.)

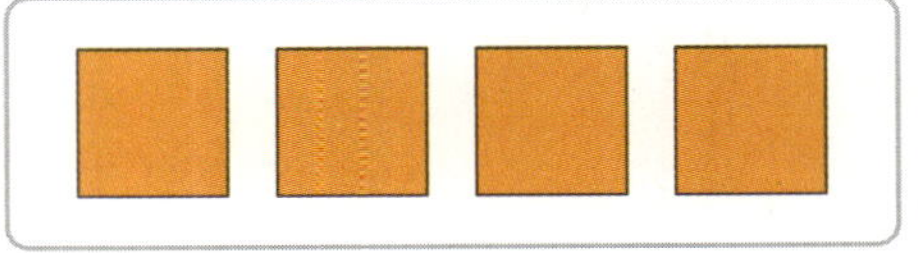

(   )

6-3 한 변의 길이가 같은 정삼각형 모양 조각 2개와 정사각형 모양 조각 1개를 사용하여 만들 수 있는 모양은 모두 몇 가지일까요? (단, 변끼리 서로 맞닿게 이어 붙여야 하고, 돌리거나 뒤집어서 같은 모양이면 한 가지로 생각합니다.)

(   )

사용된 조각의 모양과 수를 구한다.

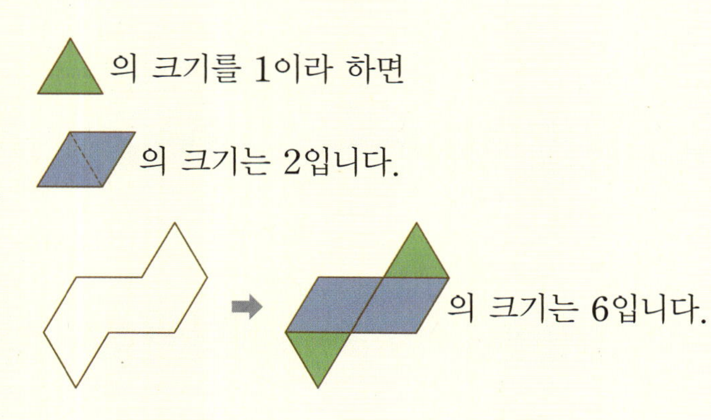

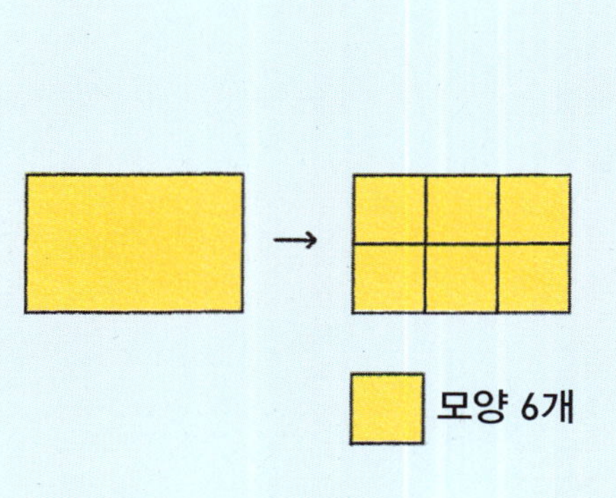

대표문제 7

왼쪽 모양 조각을 여러 번 사용하여 오른쪽 모양을 만들었습니다.  모양 조각의 크기가 1이고 ▦ 모양 조각의 크기가 약 2라면 오른쪽 모양의 크기는 약 얼마일까요?

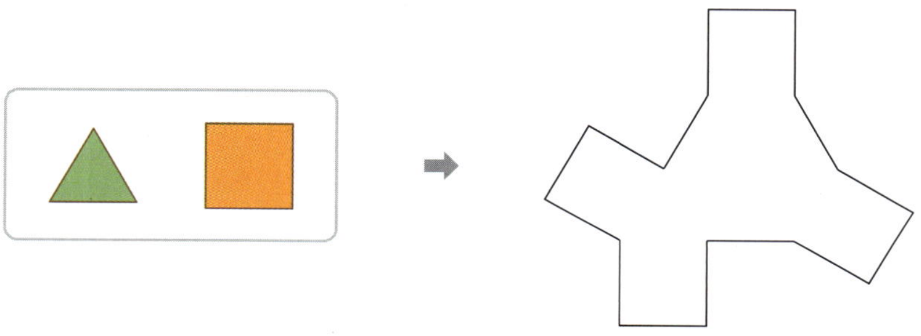

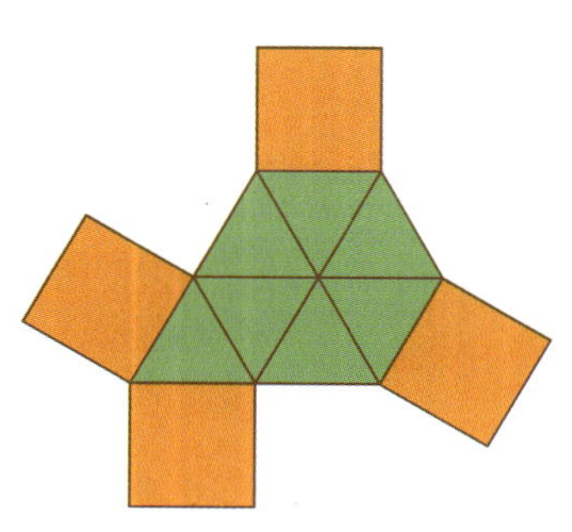

오른쪽 모양은 ▲ 모양 조각 ☐개, ▦ 모양 조각 ☐개로 만든 모양이므로

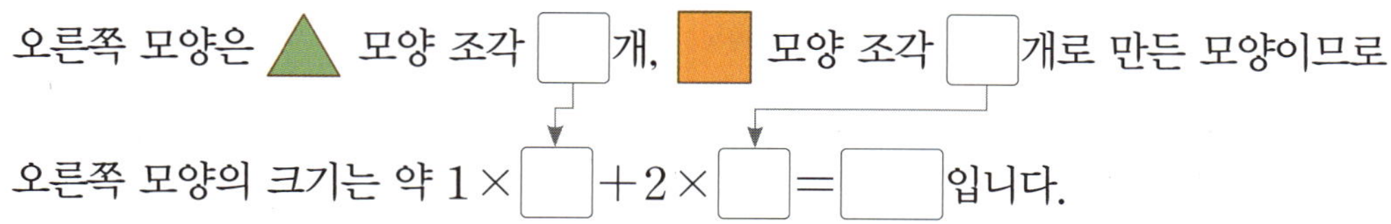

오른쪽 모양의 크기는 약 1×☐+2×☐=☐입니다.

7-1  모양 조각을 여러 번 사용하여 오른쪽 모양을 만들었습니다.

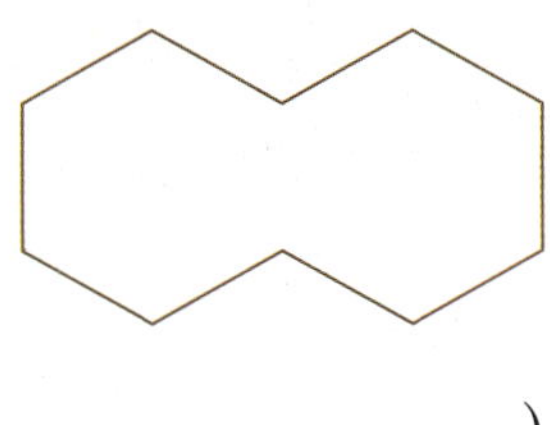

모양 조각의 크기가 1이면 오른쪽 모양의 크기는 얼마일까요?

(   )

7-2 왼쪽 모양 조각을 여러 번 사용하여 오른쪽 모양을 만들었습니다. ▲ 모양 조각의 크기가 1이고 ■ 모양 조각의 크기가 약 2라면 오른쪽 모양의 크기는 약 얼마일까요?

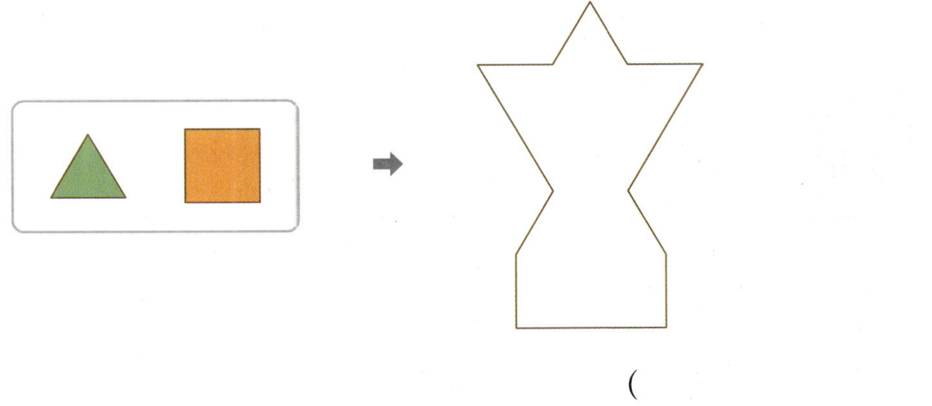

(   )

7-3 왼쪽 모양 조각을 여러 번 사용하여 오른쪽 모양을 만들었습니다. 가 모양 조각의 크기가 1이고 라 모양 조각의 크기가 약 2라면 오른쪽 모양의 크기는 약 얼마일까요?

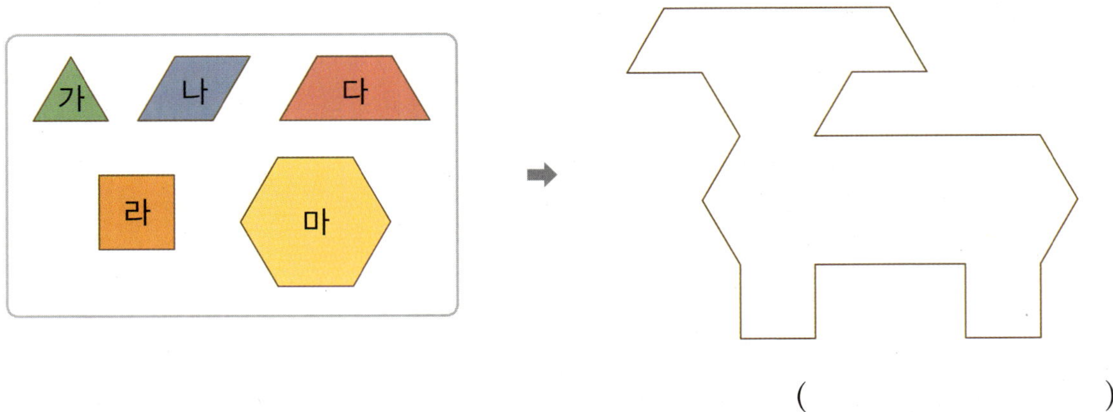

(   )

최상위 S

이등변삼각형은 두 변의 길이가 같고 두 각의 크기가 같다.

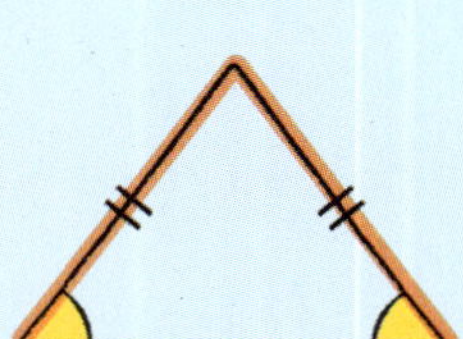

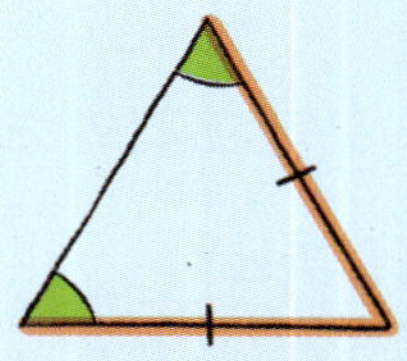

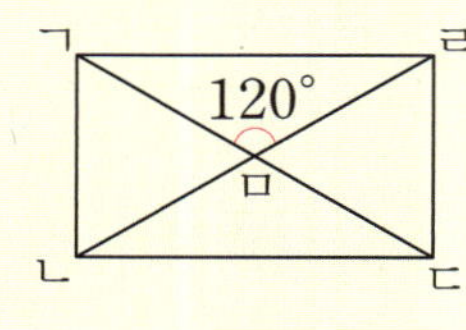

(각 ㄹㅁㄷ)=180°−120°=60°

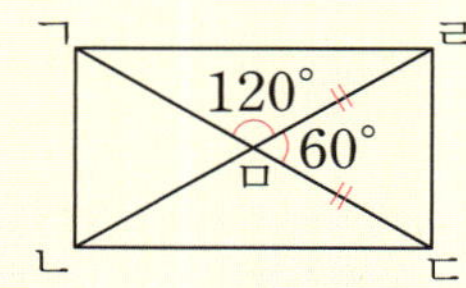

(선분 ㄹㅁ)=(선분 ㅁㄷ)

➡ 삼각형 ㄹㅁㄷ은 이등변삼각형이므로

(각 ㅁㄹㄷ)=(각 ㅁㄷㄹ)=(180°−60°)÷2=60°

대표문제 8

정사각형 ㄱㄴㄷㅂ과 직사각형 ㅂㄷㄹㅁ을 겹치지 않게 이어 붙인 것입니다. 직사각형 ㅂㄷㄹㅁ의 한 대각선이 32 cm일 때 정사각형 ㄱㄴㄷㅂ의 둘레를 구해 보세요.

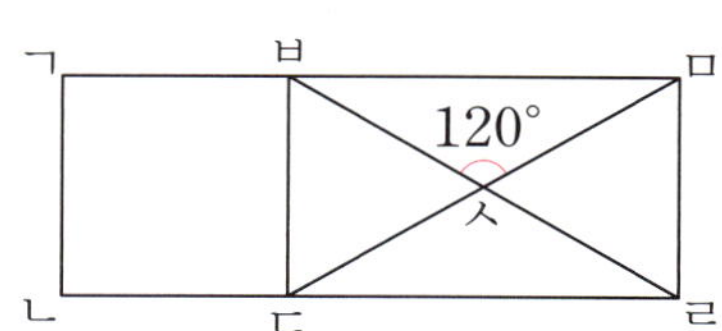

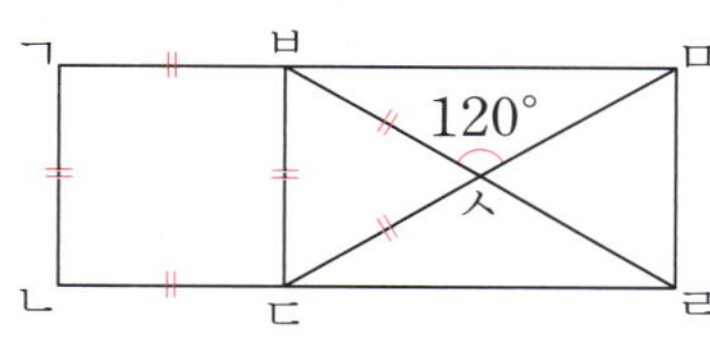

한 직선이 이루는 각의 크기는 180°이므로 (각 ㅂㅅㄷ)=180°−120°= ☐ °입니다.

직사각형은 두 대각선의 길이가 같고 한 대각선이 다른 대각선을 반으로 나누므로

(선분 ㅂㅅ)=(선분 ㄷㅅ)=32÷2= ☐ (cm)이고

(각 ㄷㅂㅅ)=(각 ㅂㄷㅅ)=(180°−60°)÷2= ☐ °입니다.

삼각형 ㅂㄷㅅ은 정삼각형이고 한 변이 ☐ cm이므로

(정사각형 ㄱㄴㄷㅂ의 둘레)= ☐ ×4= ☐ (cm)입니다.

8-1 직사각형 ㄱㄴㄷㅂ과 정사각형 ㅂㄷㄹㅁ을 겹치지 않게 이어 붙인 것입니다. 직사각형 ㄱㄴㄷㅂ의 한 대각선이 24 cm일 때 정사각형 ㅂㄷㄹㅁ의 둘레를 구해 보세요.

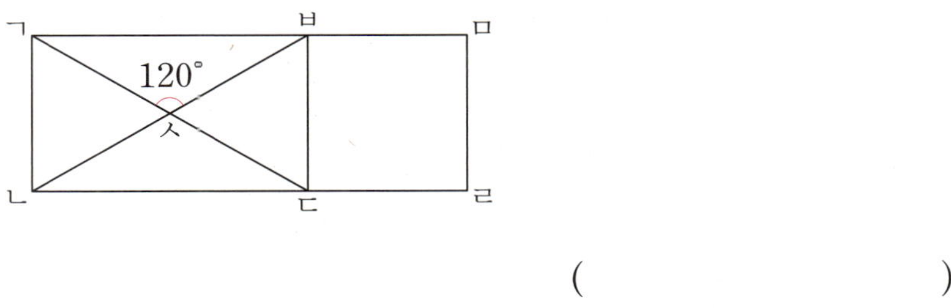

(   )

8-2 직사각형 ㄱㄴㄷㄹ과 정육각형 ㄹㄷㅂㅅㅇㅈ을 겹치지 않게 이어 붙인 것입니다. 직사각형의 한 대각선이 18 cm일 때 정육각형 ㄹㄷㅂㅅㅇㅈ의 둘레를 구해 보세요.

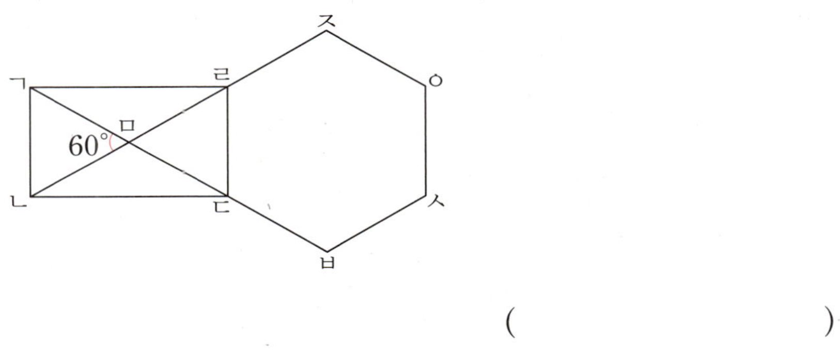

(   )

8-3 직사각형 ㄱㄴㄷㄹ과 정삼각형 ㄹㄷㅂ을 겹치지 않게 이어 붙인 것입니다. 직사각형의 한 대각선이 46 cm일 때 사각형 ㄹㅁㄷㅂ의 둘레를 구해 보세요.

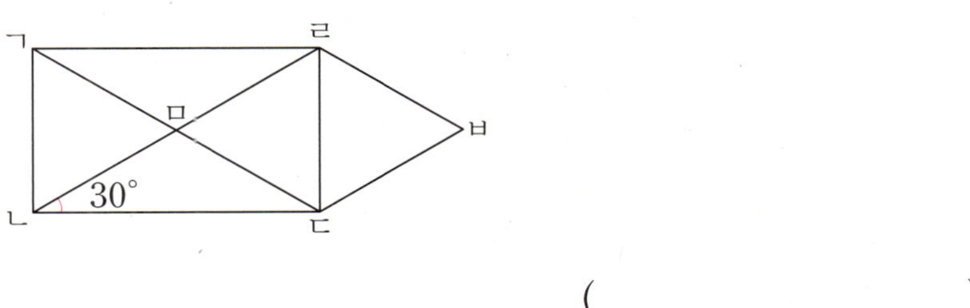

(   )

MATH MASTER

1 오른쪽 그림은 정육각형 ㄱㄴㄷㄹㅁㅂ과 마름모 ㅂㅁㅇㅅ을 겹치지 않게 이어 붙인 것입니다. ㉠의 크기를 구해 보세요.

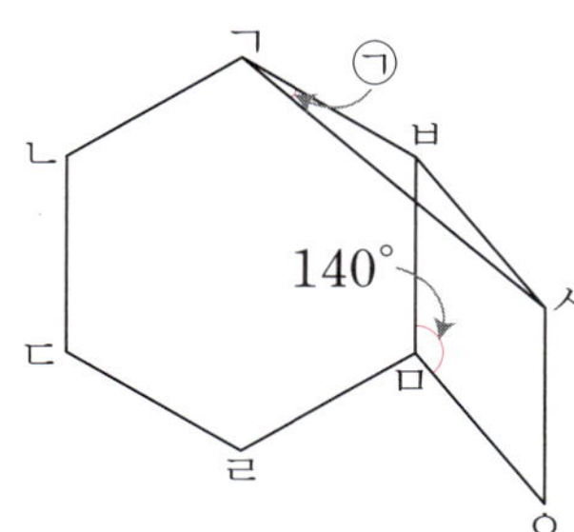

(   )

서술형 **2** 정팔각형의 대각선 수와 정육각형의 대각선 수의 차는 몇 개인지 풀이 과정을 쓰고 답을 구해 보세요.

풀이

답

3 오른쪽 그림에서 ㉠, ㉡, ㉢, ㉣, ㉤, ㉥, ㉦의 합을 구해 보세요.

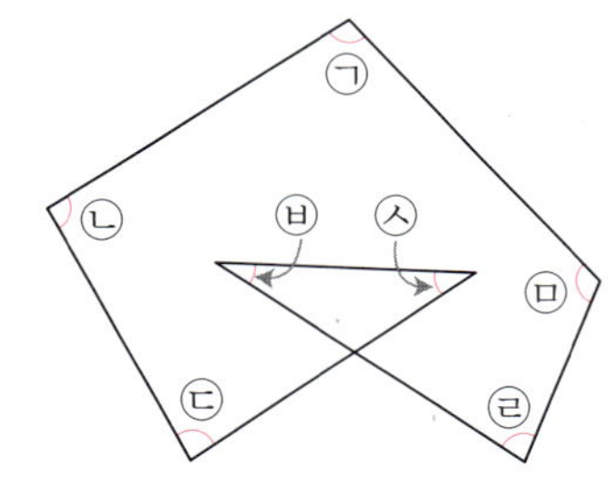

(   )

4 모든 각의 크기의 합이 1800°인 정다각형이 있습니다. 이 정다각형의 대각선은 모두 몇 개일까요?

먼저 생각해 봐요!
정팔각형의 모든 각의 크기의 합은?

(   )

5 오른쪽 그림은 마름모 ㄱㄴㄷㄹ에 대각선을 그은 것입니다.
삼각형 ㄱㄴㄷ의 세 변의 길이의 합은 몇 cm일까요?

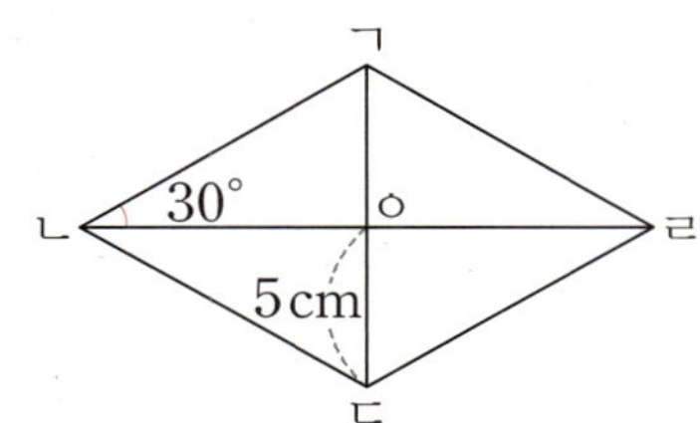

(   )

 6 다음에서 설명하는 다각형의 이름과 둘레를 구하려고 합니다. 풀이 과정을 쓰고 답을 구해
보세요.

> • 정다각형입니다.
> • 한 변이 4 cm입니다.
> • 대각선은 모두 27개입니다.

풀이

답 이름: , 둘레:

7 왼쪽의 모양 조각을 한 번씩만 사용하여 오른쪽 모양을 만들었습니다. 사용하지 않은 조각
을 찾아 기호를 써 보세요.

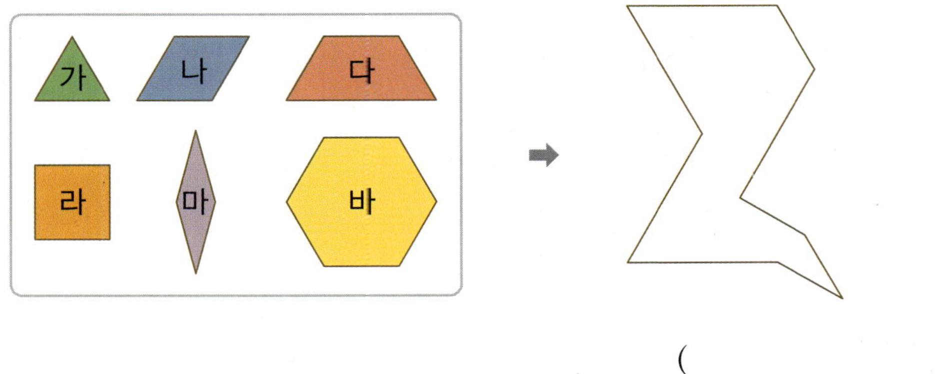

(   )

8 왼쪽 사다리꼴 모양 조각을 겹치지 않게 이어 붙여서 오른쪽 평행사변형을 만들려고 합니다. 필요한 사다리꼴 모양 조각은 모두 몇 개일까요?

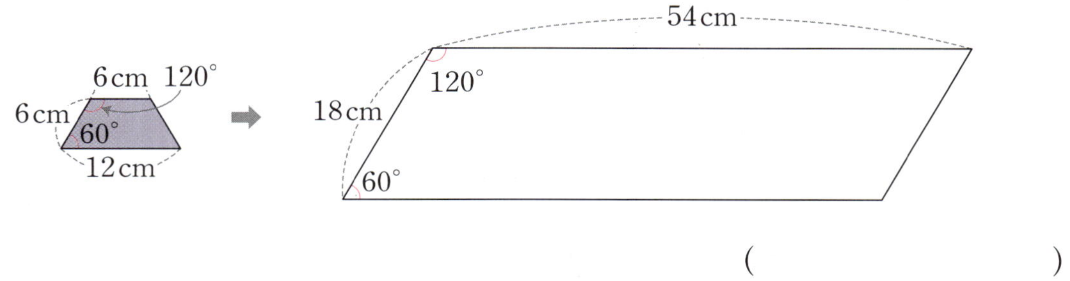

(   )

9 한 변이 10 cm인 정육각형을 규칙에 따라 겹치지 않게 이어 붙인 것입니다. 정육각형 21개를 이어 붙인 도형의 둘레는 몇 cm일까요?

먼저 생각해 봐요!
정육각형이 3개씩 늘어날 때마다 변의 수는 몇 개씩 늘어날까?

...

(   )

10 오른쪽 그림은 어떤 정다각형의 한 꼭짓점에서 두 대각선이 이루는 각의 크기가 가장 크게 되도록 대각선 2개를 그은 것입니다. 두 대각선이 이루는 각의 크기가 120°일 때 이 정다각형의 한 각의 크기를 구해 보세요.

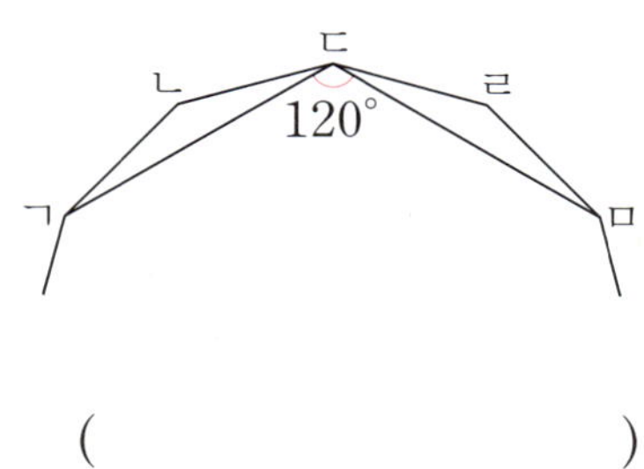

(   )

디딤돌과 함께하는 4가지 방법

 NAVER 카페

http://cafe.naver.com/
didimdolmom

교재 선택부터 맞춤 학습 가이드,
이웃맘과 선배맘들의 경험담과 정보까지
가득한 디딤돌 학부모 대표 커뮤니티

디딤돌 홈페이지

www.didimdol.co.kr

교재 미리 보기와 정답지, 동영상 등
각종 자료들을 만날 수 있는
디딤돌 공식 홈페이지

Instagram

@didimdol_mom

카드 뉴스로 만나는 디딤돌 소식과
손쉽게 참여 가능한 리그램 이벤트가
진행되는 디딤돌 인스타그램

YouTube

검색창에 디딤돌교육 검색

생생한 개념 설명 영상과
문제 풀이 영상으로 학습에 도움을 주는
디딤돌 유튜브 채널

계산이 아닌
개념을 깨우치는
수학을 품은 연산
디딤돌
연산
수학
1~6학년(학기용)
수학 공부의 새로운 패러다임

초등 4·2

최상위 수학 S

복습책

상위권의 기준

최상위 수학 S

복습책

1 분수의 덧셈과 뺄셈

본문 14~29쪽의 유사문제입니다. 한 번 더 풀어 보세요.

S 1 어떤 수에서 $1\frac{7}{9}$ 을 빼야 할 것을 잘못하여 더했더니 $8\frac{5}{9}$ 가 되었습니다. 바르게 계산하면 얼마일까요?

(   )

S 2 진형이는 미술 시간에 철사를 사용하여 세로는 $6\frac{6}{8}$ m이고 가로는 세로보다 $\frac{7}{8}$ m 더 짧은 직사각형 모양을 만들려고 합니다. 직사각형 모양을 만들기 위해 필요한 철사를 문구점에서 살 때 적어도 몇 m를 사야 할까요? (단, 문구점에서는 철사를 1 m 단위로만 팝니다.)

(   )

S 3 서술형

6장의 수 카드를 모두 한 번씩 사용하여 분모가 같은 대분수를 만들려고 합니다. 만들 수 있는 가장 큰 대분수와 가장 작은 대분수의 합은 얼마인지 풀이 과정을 쓰고 답을 구해 보세요.

풀이

답

유형 4 그림을 보고 ㉮에서 ㉯까지의 거리는 몇 km인지 구해 보세요.

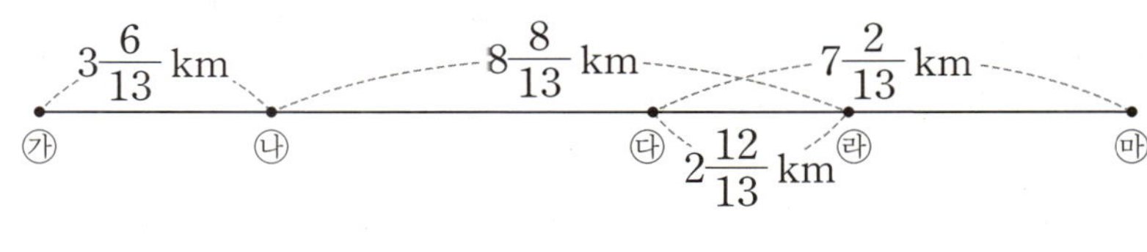

(   )

유형 5 ㉮★㉯＝㉮＋㉯＋㉯로 약속할 때 ㉠에 알맞은 수를 구해 보세요.

$$\text{㉠}\bigstar 2\frac{4}{7}=8\frac{1}{7}$$

(   )

유형 6 어떤 일을 하는 데 하루 동안 승미는 전체의 $\frac{3}{18}$만큼을 하고 유주는 전체의 $\frac{1}{18}$만큼을 합니다. 승미가 혼자서 2일 동안 일을 한 후 나머지는 매일 유주와 함께 한다면 승미가 일을 시작한 지 며칠 만에 끝낼 수 있을까요? (단, 쉬는 날 없이 일을 합니다.)

(   )

7 길이가 $20\frac{7}{15}$ m인 막대로 연못의 깊이를 재었습니다. 막대를 연못의 바닥까지 넣었다가 꺼낸 후 막대를 거꾸로 하여 바닥까지 넣었다가 꺼냈습니다. 막대에서 물에 젖지 않은 부분의 길이가 $5\frac{12}{15}$ m일 때 연못의 깊이는 몇 m일까요? (단, 막대는 항상 수직으로 넣고 연못 바닥은 평평합니다.)

( )

8 규칙에 따라 수를 늘어놓은 것입니다. 늘어놓은 수들의 합을 구해 보세요.

$$15\frac{1}{17},\ 13\frac{3}{17},\ 11\frac{5}{17},\ \ldots,\ 1\frac{15}{17}$$

( )

본문 30~32쪽의 유사문제입니다. 한 번 더 풀어 보세요.

1 분모가 6인 진분수가 2개 있습니다. 두 진분수의 합이 $1\frac{3}{6}$이고 차가 $\frac{1}{6}$일 때 두 진분수를 구해 보세요.

( )

2 수 카드 6, 7, 8, 9 를 모두 한 번씩 사용하여 다음과 같은 대분수의 덧셈식을 만들었습니다. 계산 결과가 가장 클 때의 값을 구해 보세요.

$$\blacklozenge\frac{\blacktriangle}{13}+\blacktriangledown\frac{\bigstar}{13}$$

( )

3 □ 안에 들어갈 수 있는 자연수를 모두 구해 보세요.

$$8\frac{6}{11}-1\frac{3}{11}<\frac{\square}{11}<3\frac{2}{11}+4\frac{5}{11}$$

( )

4 길이가 각각 9 cm인 색 테이프 3장을 그림과 같이 $1\frac{3}{4}$ cm만큼씩 겹쳐서 이어 붙였습니다. 이어 붙인 색 테이프의 전체 길이는 몇 cm일까요?

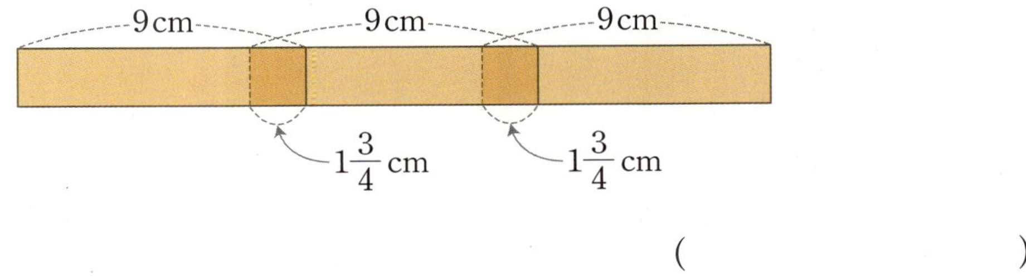

( )

길이가 25 cm인 양초가 있습니다. 이 양초에 불을 붙이고 20분이 지난 후에 양초의 길이를 재었더니 $21\dfrac{5}{11}$ cm였습니다. 길이가 15 cm인 양초에 불을 붙이고 1시간이 지난 후에 남은 양초의 길이는 몇 cm인지 풀이 과정을 쓰고 답을 구해 보세요. (단, 양초는 일정한 빠르기로 타고 두 양초가 타는 빠르기는 같습니다.)

풀이

답

6 하루에 $3\dfrac{6}{60}$ 분씩 빨라지는 시계가 있습니다. 이 시계를 9월 14일 오후 3시 정각에 정확한 시각으로 맞추어 놓았습니다. 같은 달 18일 오후 3시에 이 시계가 가리키는 시각은 몇 시 몇 분 몇 초일까요?

(   )

7 무게가 똑같은 책 5권이 들어 있는 상자의 무게를 재어 보았더니 7 kg이었습니다. 이 상자에서 책 2권을 꺼낸 후 다시 상자의 무게를 재었더니 $4\dfrac{3}{7}$ kg이었다면 책 한 권의 무게는 몇 kg일까요?

(   )

8 성우, 경규, 민호 세 사람의 몸무게를 재었습니다. 성우와 경규의 몸무게의 합은 $64\frac{6}{13}$ kg, 성우와 민호의 몸무게의 합은 $71\frac{11}{13}$ kg, 경규와 민호의 몸무게의 합은 $63\frac{9}{13}$ kg입니다. 세 사람의 몸무게의 합은 몇 kg일까요?

(   )

9 ☐ 안에는 모두 같은 수가 들어갑니다. ☐ 안에 알맞은 수를 구해 보세요.

$$\frac{1}{3}+\frac{2}{3}=1$$

$$\frac{1}{5}+\frac{2}{5}+\frac{3}{5}+\frac{4}{5}=2$$

$$\frac{1}{7}+\frac{2}{7}+\frac{3}{7}+\frac{4}{7}+\frac{5}{7}+\frac{6}{7}=3$$

$$\vdots$$

$$\frac{1}{\square}+\frac{2}{\square}+\frac{3}{\square}+\cdots+\frac{\square-2}{\square}+\frac{\square-1}{\square}=25$$

(   )

10 분모가 9인 세 분수 ㉮, ㉯, ㉰가 있습니다. 세 분수의 합은 $12\frac{6}{9}$이고 ㉯는 ㉮보다 $2\frac{8}{9}$만큼 더 크며 ㉰는 ㉮의 2배입니다. 세 분수 ㉮, ㉯, ㉰를 각각 구해 보세요.

㉮ (   ), ㉯ (   ), ㉰ (   )

본문 38~53쪽의 유사문제입니다. 한 번 더 풀어 보세요.

S 1 오른쪽 그림에서 삼각형 ㄱㄴㄷ은 직각삼각형이고 삼각형 ㄹㄴㄷ은 이등변삼각형입니다. 각 ㄱㄷㄴ의 크기를 구해 보세요.

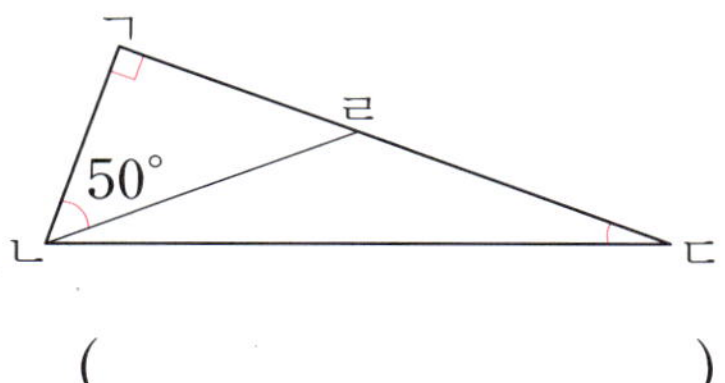

(   )

S 2 오른쪽 그림에서 삼각형 ㄱㄴㄷ은 정삼각형이고 삼각형 ㄹㄴㄷ은 이등변삼각형입니다. ㉠의 크기를 구해 보세요.

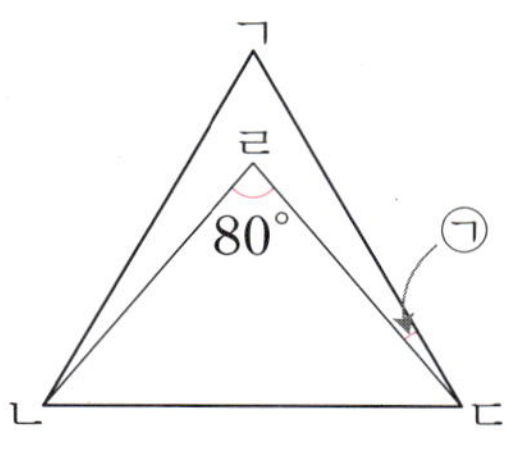

(   )

S 3 그림과 같이 이등변삼각형 모양의 종이를 접었습니다. ㉠의 크기를 구해 보세요.

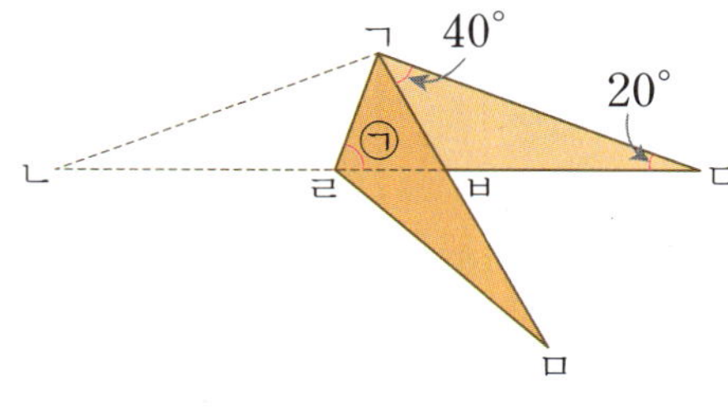

(   )

4 오른쪽 그림과 같이 정삼각형 ㄱㄴㄷ을 점 ㄱ을 중심으로 하여 시계 반대 방향으로 돌려서 삼각형 ㄱㄹㅁ을 만들었습니다. ㉠의 크기를 구해 보세요.

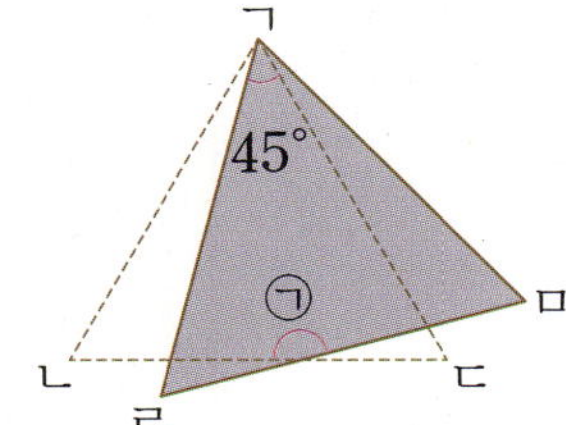

(   )

5 크기가 같은 면봉 33개로 그림과 같은 모양을 만들었습니다. 이 모양에서 찾을 수 있는 크고 작은 정삼각형은 모두 몇 개일까요?

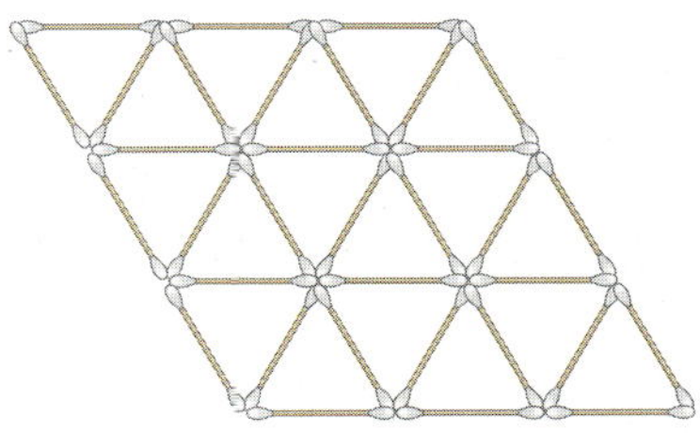

(   )

6 서술형

오른쪽 그림에서 삼각형 ㄱㄴㄷ은 직각삼각형입니다. ㉠과 ㉡의 크기를 각각 구하려고 합니다. 풀이 과정을 쓰고 답을 구해 보세요.
(단, 점 ㅇ은 원의 중심입니다.)

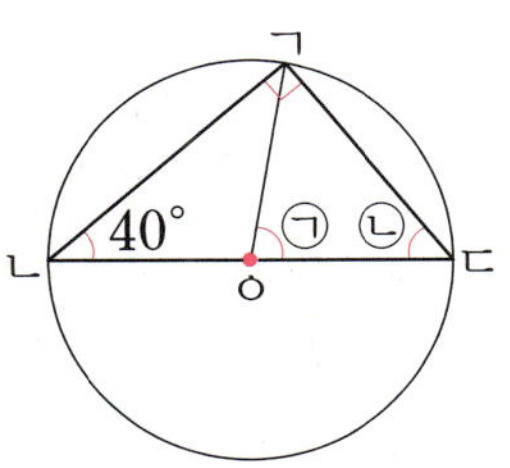

풀이 ....

....

....

....

답 ㉠: .... , ㉡: ....

7 사각형 ㄱㄴㄷㄹ은 정사각형이고 삼각형 ㄹㄷㅁ은 정삼각형입니다. ㉠과 ㉡의 크기를 각각 구해 보세요.

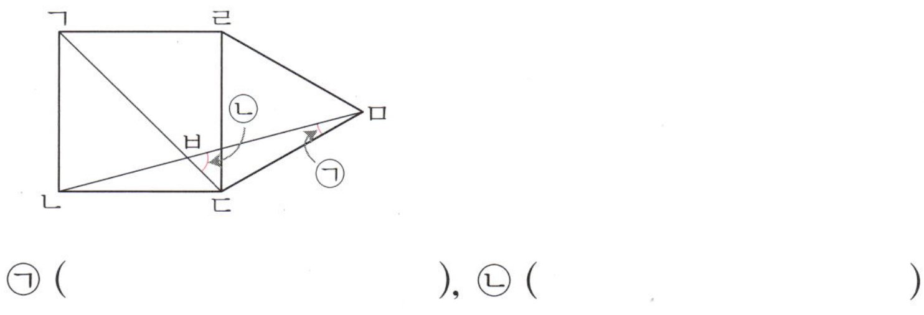

㉠ (   ), ㉡ (   )

8 21개의 점을 정삼각형 모양으로 놓은 것입니다. 이 점들을 꼭짓점으로 하여 만들 수 있는 크기가 다른 정삼각형은 모두 몇 가지일까요?

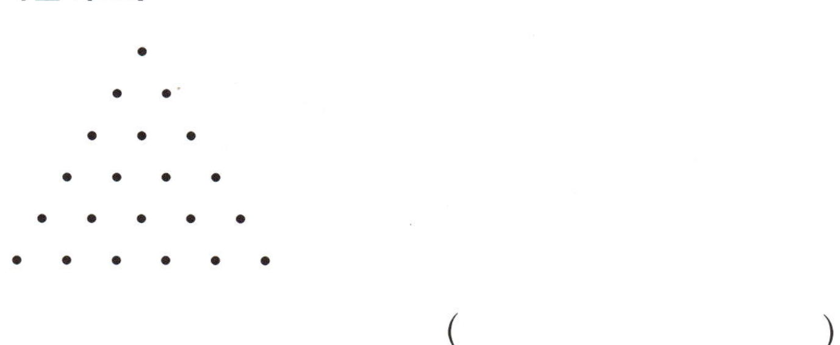

(   )

본문 54~56쪽의 유사문제입니다. 한 번 더 풀어 보세요.

서술형 1

오른쪽 그림은 이등변삼각형 ㄱㄴㄷ, 정삼각형 ㄱㄷㅁ, 정삼각형 ㅁㄷㄹ을 겹치지 않게 이어 붙인 것입니다. 이등변삼각형 ㄱㄴㄷ의 세 변의 길이의 합이 38 cm일 때 이어 붙인 도형의 둘레는 몇 cm인지 풀이 과정을 쓰고 답을 구해 보세요.

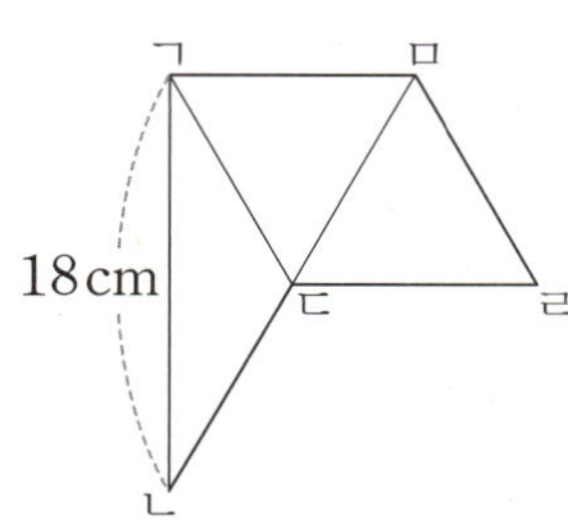

풀이

답

2

오른쪽 그림은 정삼각형 ㄱㄴㄷ의 각 변의 한가운데를 이어 가면서 정삼각형을 만든 것입니다. 정삼각형 ㅅㅇㅈ의 한 변이 3 cm일 때 정삼각형 ㄱㄴㄷ의 세 변의 길이의 합을 구해 보세요.

( )

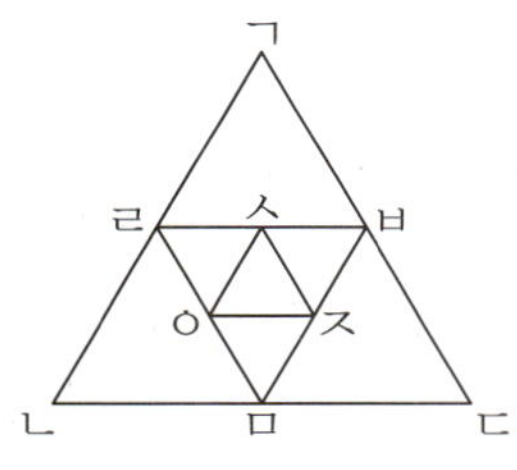

3

그림에서 ㉠의 크기를 구해 보세요.

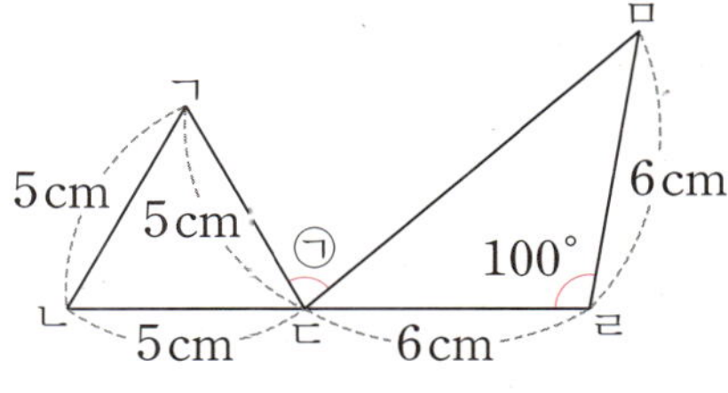

( )

4 오른쪽 그림에서 찾을 수 있는 크고 작은 정삼각형은 모두 몇 개일까요?

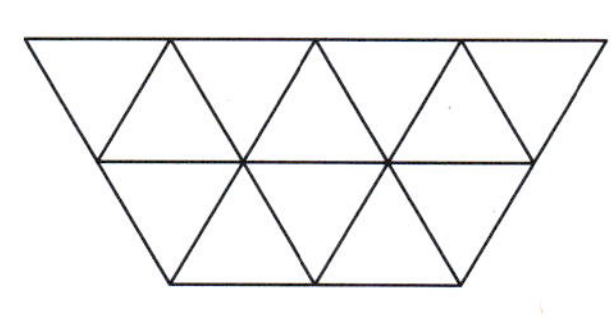

( )

5 오른쪽 그림에서 삼각형 ㄱㄴㄷ과 삼각형 ㄹㄴㄷ은 이등변삼각형일 때 각 ㄹㅁㄷ의 크기를 구해 보세요.

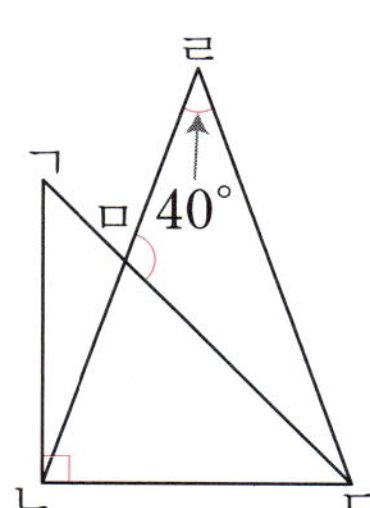

( )

6 오른쪽 그림에서 선분 ㄱㄴ, 선분 ㄴㄹ, 선분 ㄷㄹ, 선분 ㄷㅁ의 길이가 같을 때 각 ㄹㄷㅁ의 크기를 구해 보세요.

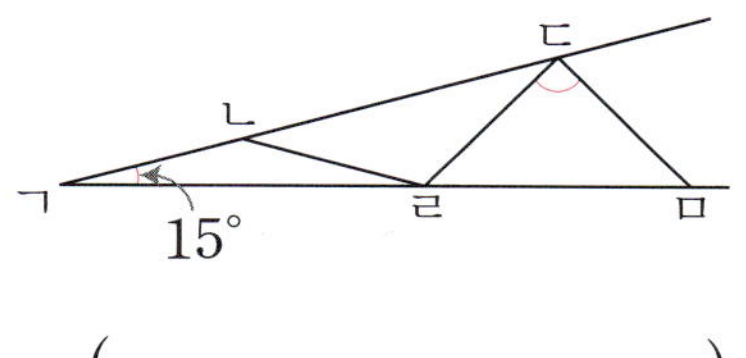

( )

7 오른쪽 그림에서 사각형 ㄱㄴㄷㄹ은 정사각형이고 삼각형 ㅁㄱㄹ은 이등변삼각형입니다. 각 ㄱㅁㅂ의 크기를 구해 보세요.

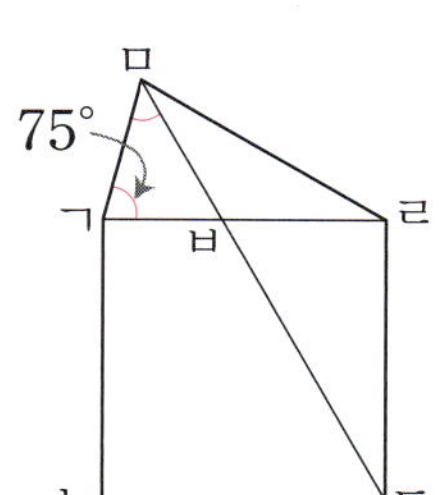

( )

8 크기와 모양이 같은 두 이등변삼각형 ㄱㄴㄹ과 ㄷㄴㅁ을 꼭짓점 ㄴ이 일치하고 변 ㄱㄹ과 변 ㄷㅁ이 일직선이 되도록 겹쳐서 붙인 것입니다. 각 ㄱㄴㄷ의 크기가 140°일 때 각 ㅁㄴㄹ의 크기를 구해 보세요.

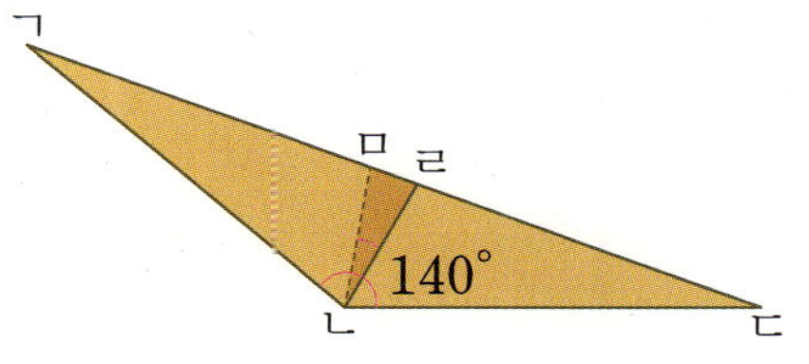

(   )

9 한 변이 3 cm인 정삼각형을 그림과 같이 겹치지 않게 옆으로 이어 붙여 새로운 도형을 만들려고 합니다. 정삼각형 20개를 이어 붙여 만든 도형의 둘레는 몇 cm일까요?

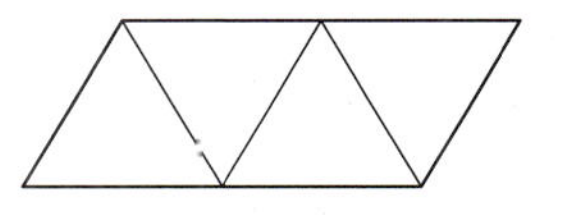

(   )

10 오른쪽 그림에서 삼각형 ㄱㄴㄷ은 정삼각형이고 사각형 ㄹㅁㅂㅅ은 정사각형입니다. ㉠의 크기를 구해 보세요.

(   )

3 소수의 덧셈과 뺄셈

본문 64~81쪽의 유사문제입니다. 한 번 더 풀어 보세요.

S 1 어떤 수의 10배인 수는 34.87보다 0.91만큼 더 작다고 합니다. 어떤 수를 구해 보세요.

(   )

S 2 가로가 1.68 m이고 세로는 가로보다 0.79 m 더 짧은 직사각형 모양의 칠판이 있습니다. 이 칠판의 네 변에 리본을 겹치지 않게 이어 붙였더니 0.86 m의 리본이 남았습니다. 처음에 있던 리본은 몇 m일까요?

(   )

S 3 어떤 수에 8.36을 더해야 할 것을 잘못하여 뺐더니 15.91이 되었습니다. 바르게 계산하면 얼마일까요?

(   )

4 서술형

수 카드 4장을 모두 한 번씩 사용하여 소수 두 자리 수를 만들려고 합니다. 만들 수 있는 소수 두 자리 수 중에서 50에 가장 가까운 수는 얼마인지 풀이 과정을 쓰고 답을 구해 보세요.

5 7 1 4

풀이

답

5 0부터 9까지의 수 중에서 ☐ 안에 알맞은 수를 써넣으세요.

$$63.\boxed{}4 < 63.\boxed{}82 < 63.0\boxed{}1$$

6 ☐ 안에 들어갈 수 있는 수 중에서 가장 큰 소수 세 자리 수를 구해 보세요.

$$3.73 + 4.59 < 10.26 - \boxed{}$$

(   )

7 물이 가득 들어 있는 병의 무게를 재어 보았더니 0.9 kg이었습니다. 이 병에 들어 있는 물의 $\frac{1}{4}$을 마신 후 무게를 다시 재었더니 0.71 kg이었습니다. 빈 병의 무게는 몇 kg일까요?

(   )

8 합이 7.96이고, 차가 2.88인 두 수 중에서 작은 수의 100배인 수를 구해 보세요.

(   )

9 수직선에 일정한 간격으로 소수를 늘어놓았습니다. ⓛ과 ⓒ의 합과 6.2와 ㉠의 합의 차가 0.48일 때 ㉠, ⓛ, ⓒ을 각각 구해 보세요.

㉠ (   ), ⓛ (   ), ⓒ (   )

본문 82~84쪽의 유사문제입니다. 한 번 더 풀어 보세요.

1 수직선에서 □ 안에 알맞은 수를 구해 보세요.

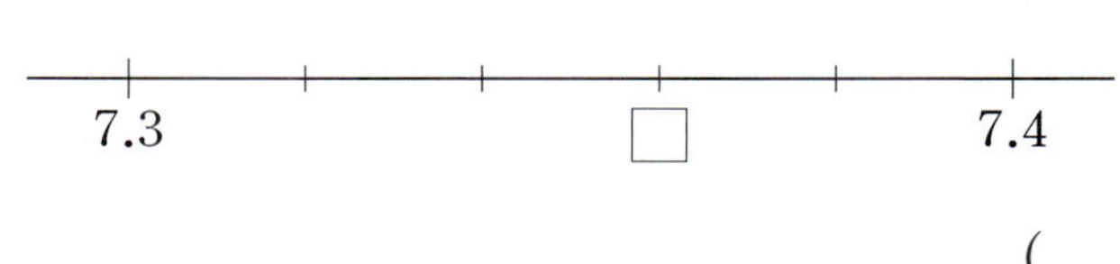

(   )

서술형 2 어떤 수의 $\dfrac{1}{10}$ 인 수가 2.59이면 어떤 수의 100배인 수는 얼마인지 풀이 과정을 쓰고 답을 구해 보세요.

풀이

답

3 0부터 9까지의 수 중에서 □ 안에 들어갈 수 있는 수를 모두 구해 보세요.

$$6.34 + 1.87 > 8.\square 2$$

(   )

4   4, 5, 6, 7, 8, 9를 ☐ 안에 모두 한 번씩 써넣어 다음 뺄셈식을 만들려고 합니다. 차가 가장 크게 되도록 뺄셈식을 만들고 차를 구해 보세요.

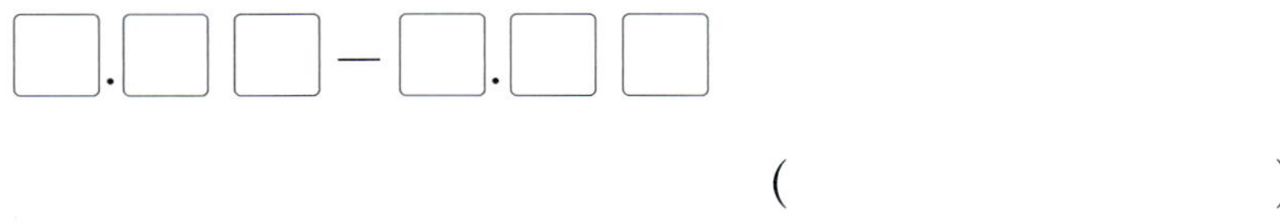

(　　　　　　　　　)

5   놀이터에서 학원까지의 거리는 학교에서 놀이터까지의 거리보다 몇 km 더 멀까요?

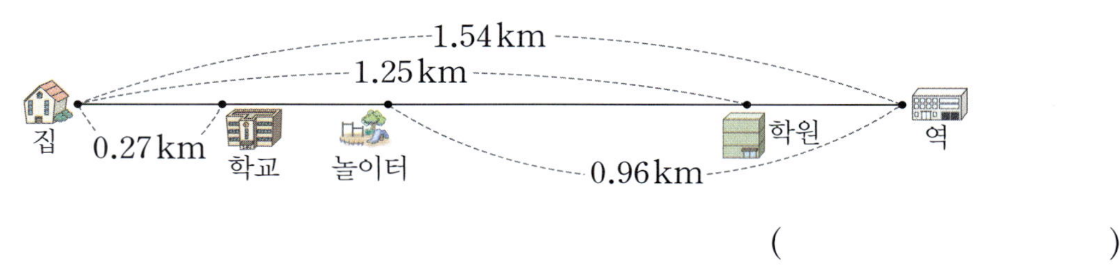

(　　　　　　　　　)

6   지유는 무게가 2.84 kg인 상자를 들고 몸무게를 재어 보았더니 33.71 kg이었습니다. 상자를 내려놓고 가방을 메고 몸무게를 다시 재어 보았더니 32.18 kg이었습니다. 가방의 무게는 몇 kg일까요?

(　　　　　　　　　)

7 다음 조건을 모두 만족시키는 소수 세 자리 수를 구해 보세요.

> ㉠ 5.2보다 크고 5.37보다 작습니다.
> ㉡ 소수 둘째 자리 수는 소수 첫째 자리 수의 4배입니다.
> ㉢ 소수 셋째 자리 수와 어떤 수를 곱하면 항상 어떤 수가 됩니다.

( )

8 떨어진 높이의 $\dfrac{1}{10}$ 만큼 튀어 오르는 공이 있습니다. 이 공을 120 m 높이에서 떨어뜨렸을 때 넷째로 튀어 오른 공의 높이는 몇 m일까요?

( )

9 일정한 빠르기로 윤아는 12분 동안 0.86 km를 가고, 정훈이는 30분 동안 1.98 km를 갑니다. 두 사람이 같은 지점에서 동시에 출발하여 서로 반대 방향으로 직선 거리를 간다면 1시간 후 두 사람 사이의 거리는 몇 km일까요?

( )

10 어떤 소수와 그 소수의 소수점을 빼서 만든 자연수의 차가 3241.26입니다. 어떤 소수는 얼마일까요?

( )

본문 92~109쪽의 유사문제입니다. 한 번 더 풀어 보세요.

S 1 오른쪽 그림은 크기가 다른 정사각형 가, 나, 다를 겹치지 않게 이어 붙인 것입니다. 변 ㄱㄴ과 변 ㄷㄹ 사이의 거리가 56 cm일 때 정사각형 다의 한 변은 몇 cm일까요?

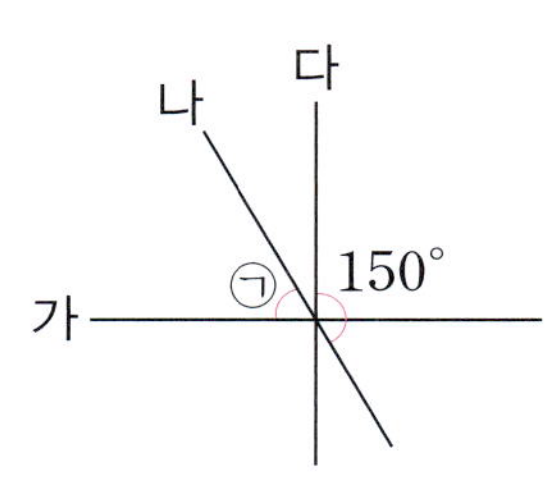

( )

S 2 오른쪽 그림에서 직선 가와 직선 다는 서로 수직입니다. ㉠의 크기를 구해 보세요.

( )

S 3 오른쪽 그림에서 직선 가와 직선 나는 서로 평행합니다. ㉠과 ㉡의 크기의 차가 30°일 때 ㉠과 ㉡의 크기를 각각 구해 보세요.

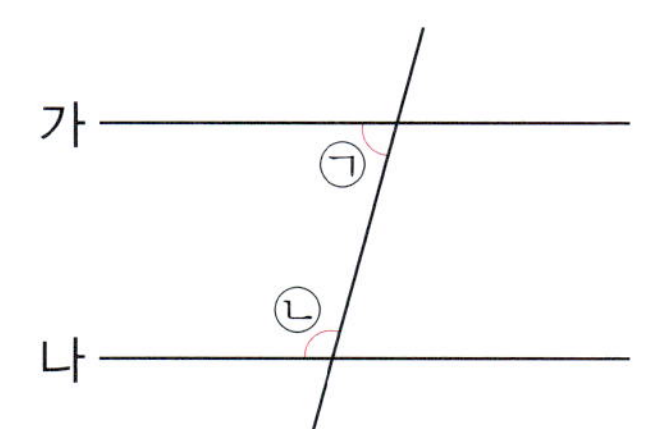

㉠ ( ), ㉡ ( )

4 오른쪽 그림에서 직선 가와 직선 나는 서로 평행합니다. ㉠의 크기를 구해 보세요.

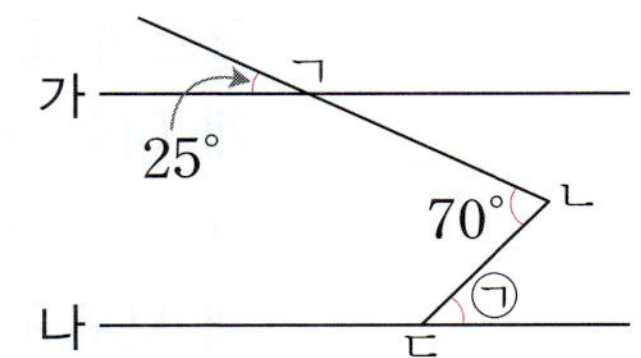

( )

5 오른쪽 그림과 같이 직사각형 모양의 종이를 접었습니다. ㉠과 ㉡의 크기를 각각 구해 보세요.

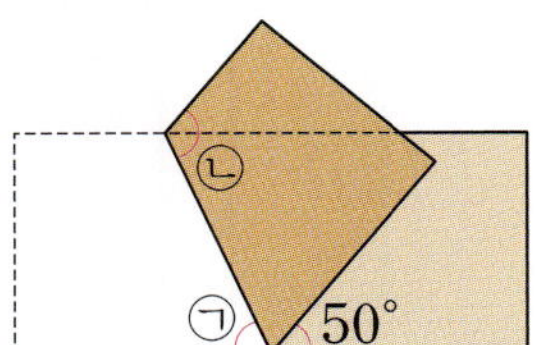

㉠ ( ), ㉡ ( )

6 다음 그림에서 찾을 수 있는 크고 작은 사각형 중에서 ★을 포함하는 사각형은 모두 몇 개일까요?

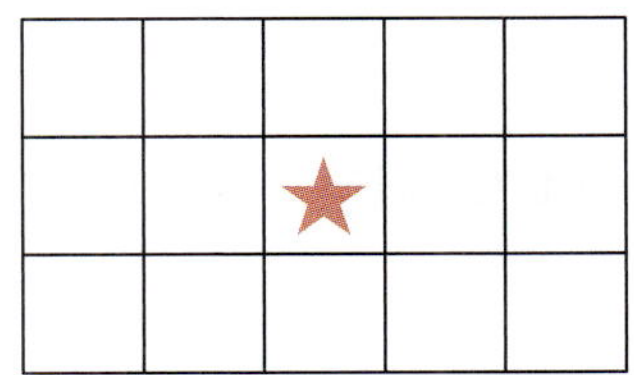

( )

7 서술형

오른쪽 도형은 모양과 크기가 같은 직사각형 4개를 겹치지 않게 이어 붙인 것입니다. 정사각형 ㄱㄴㄷㄹ의 둘레와 정사각형 ㅂㅅㅇㅈ의 둘레의 차는 몇 cm인지 풀이 과정을 쓰고 답을 구해 보세요.

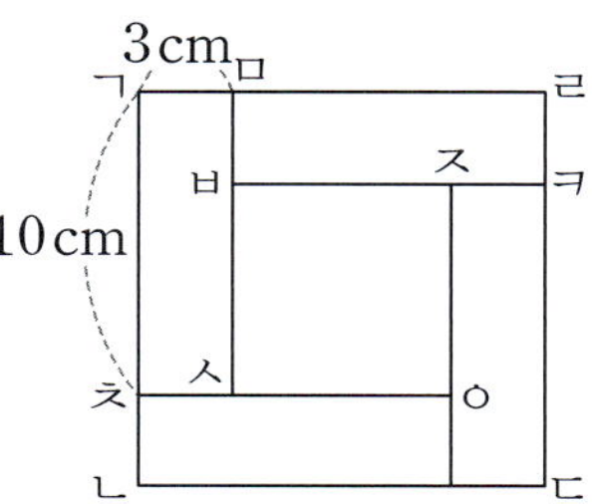

풀이

답

8

사각형 ㄱㄴㄷㄹ은 평행사변형입니다. ㉠의 크기를 구해 보세요.

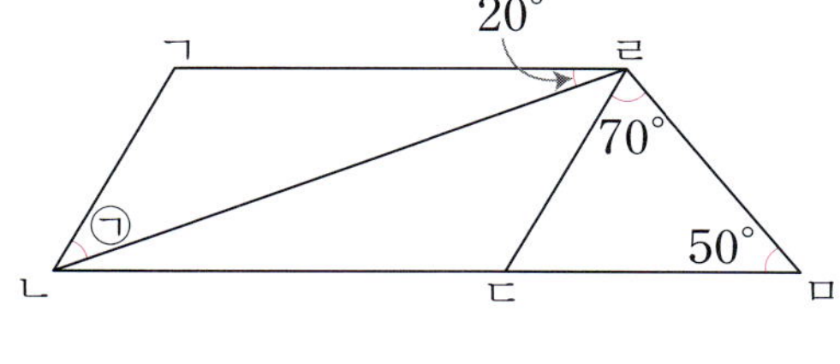

(   )

9

선분 ㄱㄴ과 선분 ㅁㅂ이 서로 평행할 때 ㉠의 크기를 구해 보세요.

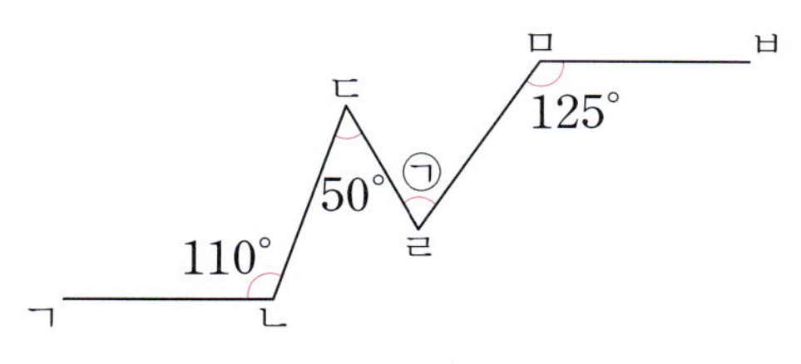

(   )

4 사각형

본문 110~112쪽의 유사문제입니다. 한 번 더 풀어 보세요.

1 오른쪽 그림에서 세 직선 가, 나, 다는 서로 평행합니다. 직선 가와 직선 다 사이의 거리는 몇 cm일까요?

( )

2 오른쪽 그림에서 직선 가와 직선 나는 서로 평행합니다. ㉠의 크기를 구해 보세요.

( )

3 오른쪽 도형은 평행사변형과 마름모를 겹치지 않게 이어 붙인 것입니다. ㉠의 크기를 구해 보세요.

( )

4 오른쪽 그림과 같이 마름모 모양의 종이를 접었습니다. 각 ㄱㄴㅁ의 크기를 구해 보세요.

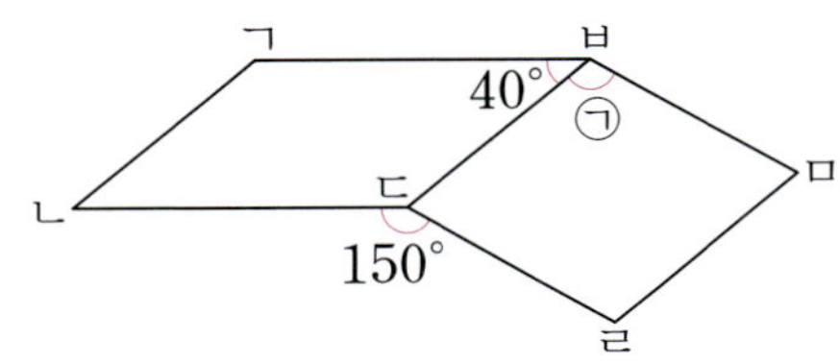

( )

5 사각형 ㄱㄴㄷㄹ은 선분 ㄱㄹ과 선분 ㄴㄷ이 서로 평행한 사각형입니다. 선분 ㄱㄴ, 선분 ㄱㅁ, 선분 ㄱㄹ의 길이가 모두 같을 때 ㉠과 ㉡의 크기를 각각 구해 보세요.

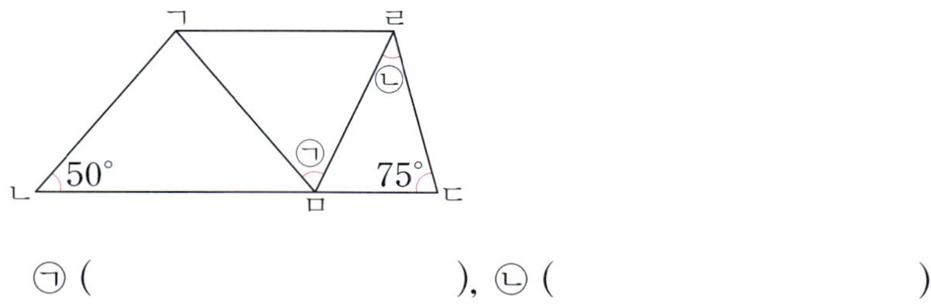

㉠ (   ), ㉡ (   )

6 오른쪽 도형은 평행사변형 ㄱㄴㄷㅁ과 이등변삼각형 ㅁㄷㄹ을 겹치지 않게 이어 붙인 것입니다. 선분 ㄱㅁ의 길이는 몇 cm일까요?

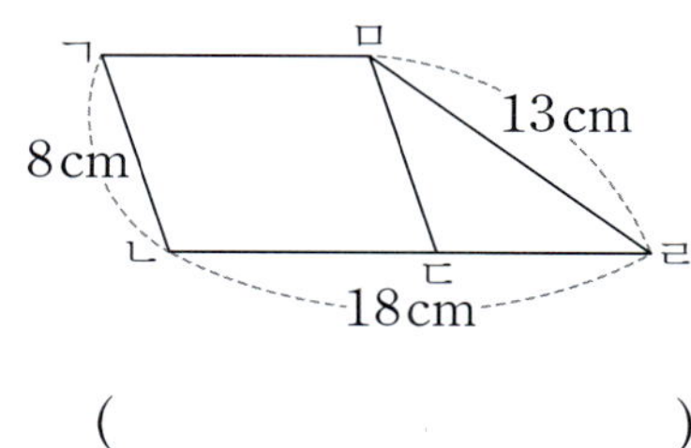

(   )

7 오른쪽 그림에서 직선 가와 직선 나는 서로 평행합니다. ㉠과 ㉡의 크기의 차를 구해 보세요.

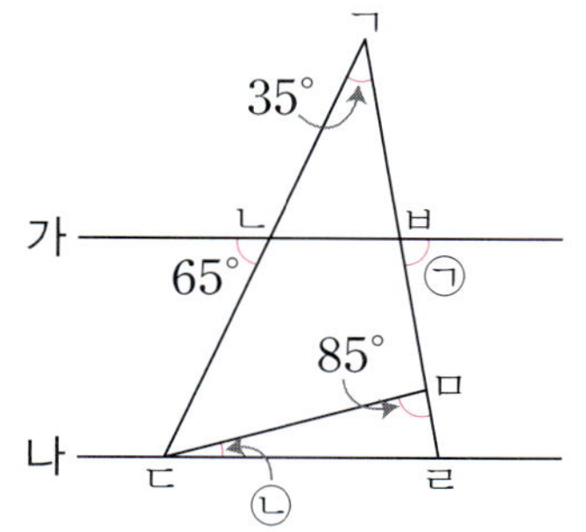

(   )

서술형

8 오른쪽 그림은 평행사변형 ㄱㄴㄷㄹ의 변 ㄱㄴ과 변 ㄱㄹ에 각각 수선을 그은 것입니다. 각 ㄴㅇㅂ의 크기는 몇 도인지 풀이 과정을 쓰고 답을 구해 보세요.

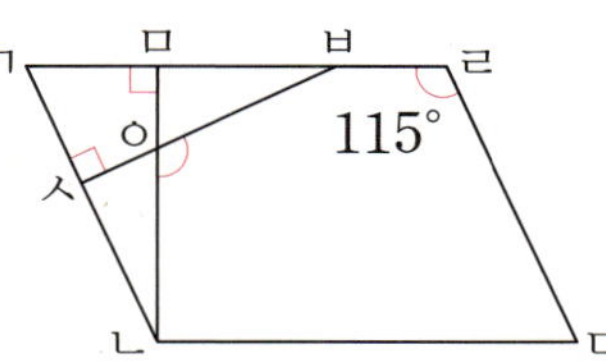

풀이

답

9 오른쪽 그림에서 직선 가와 직선 나는 서로 평행합니다. ㉠의 크기를 구해 보세요.

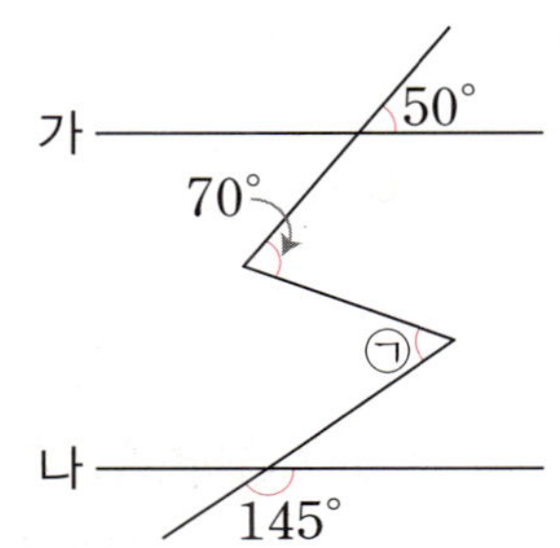

(   )

10 오른쪽 그림은 25개의 점을 같은 간격으로 찍은 것입니다. 이 점들을 꼭짓점으로 하여 만들 수 있는 정사각형은 모두 몇 개일까요? (단, 크기가 같은 정사각형은 같은 것으로 생각합니다.)

(   )

5 꺾은선그래프

본문 120~135쪽의 유사문제입니다. 한 번 더 풀어 보세요.

S 1 어느 공장의 음료수 생산량을 조사하여 나타낸 꺾은선그래프입니다. 음료수 생산량이 가장 많은 때와 가장 적은 때의 차는 몇 병일까요?

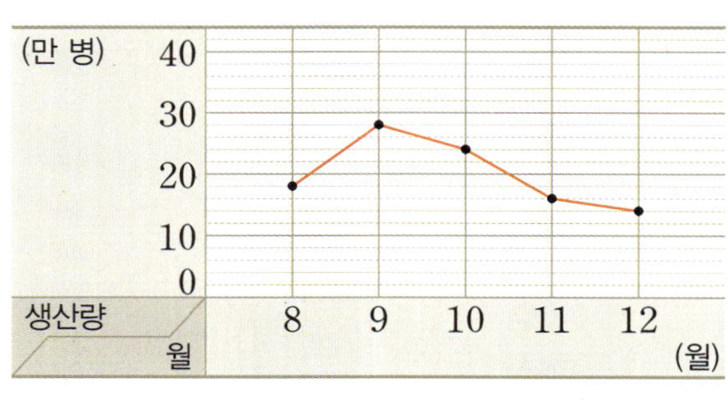

( )

S 2 어느 서점의 책 판매량을 조사하여 나타낸 꺾은선그래프입니다. 책 한 권이 9000원일 때 조사한 기간 동안 책 판매액은 모두 얼마일까요?

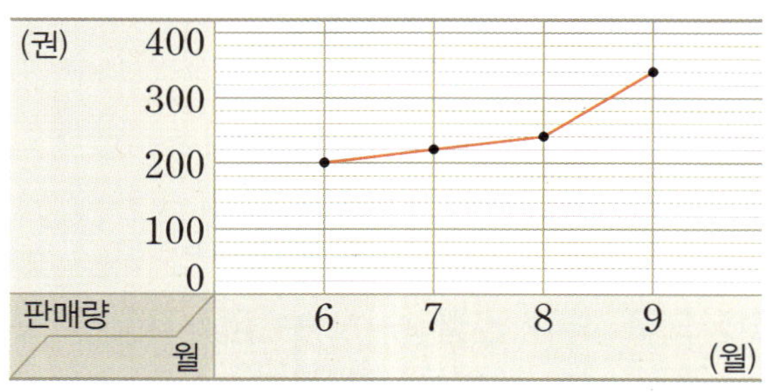

( )

3 미나리의 키를 2일마다 조사하여 나타낸 꺾은선그래프입니다. 17일의 미나리의 키는 10일의 미나리의 키보다 약 몇 cm 더 자랐다고 예상할 수 있을까요?

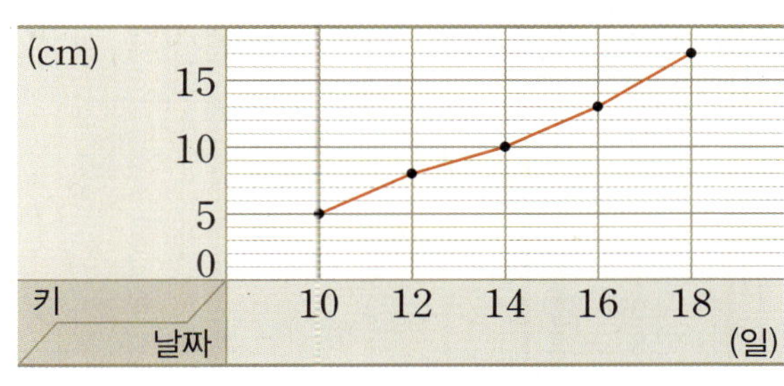

(   )

4 어느 미술관의 입장객 수를 조사하여 나타낸 꺾은선그래프입니다. 8월부터 12월까지의 입장객은 모두 6200명이고, 11월의 입장객은 12월의 입장객보다 500명 더 적습니다. 꺾은선그래프를 완성해 보세요.

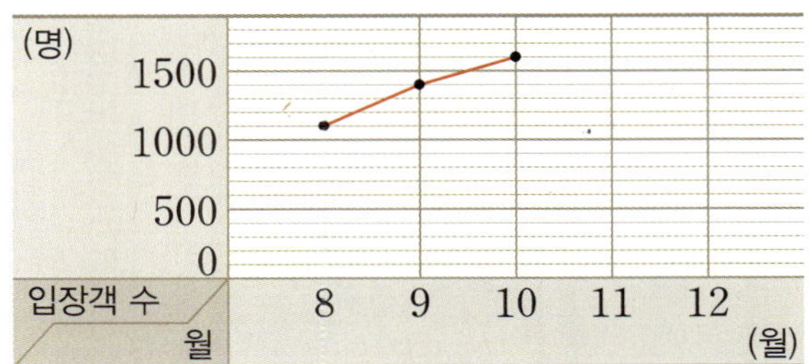

5 어느 회사의 장난감 판매량을 조사하여 나타낸 꺾은선그래프입니다. 세로 눈금 한 칸의 크기를 5개로 하여 꺾은선그래프를 다시 그린다면 장난감 판매량이 가장 많은 때와 가장 적은 때의 세로 눈금은 몇 칸 차이가 날까요?

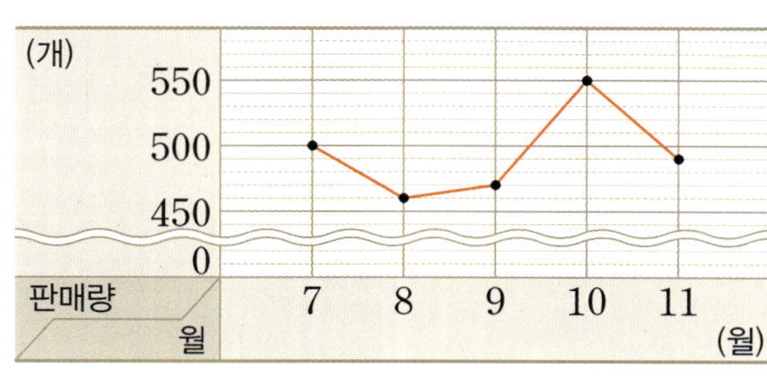

(   )

6 어느 학교의 4학년 남학생 수와 여학생 수를 매년 조사하여 나타낸 꺾은선그래프입니다. 남학생 수와 여학생 수의 차가 가장 큰 때의 4학년 전체 학생 수는 몇 명일까요?

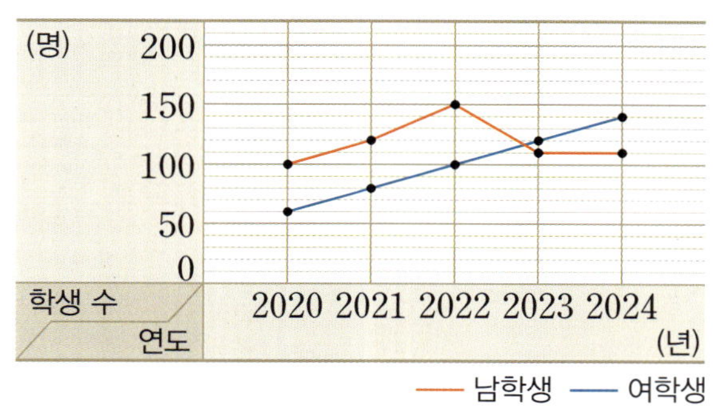

(   )

7 서술형

가 공장과 나 공장의 야구공 생산량을 조사하여 나타낸 꺾은선그래프입니다. 생산량이 가장 많은 때와 가장 적은 때의 생산량의 차가 더 큰 공장은 어느 공장인지 풀이 과정을 쓰고 답을 구해 보세요.

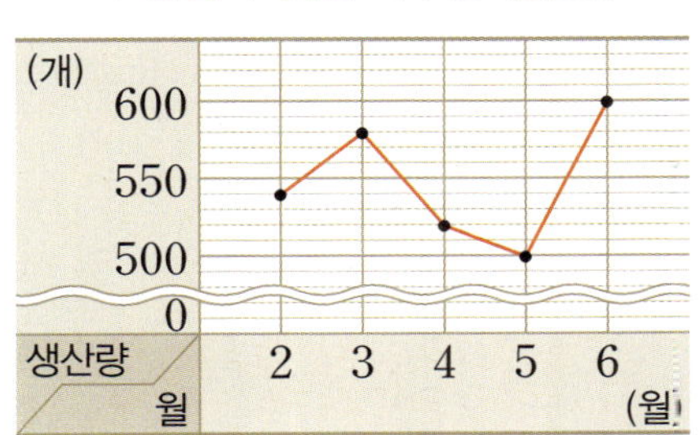

가 공장의 월별 야구공 생산량

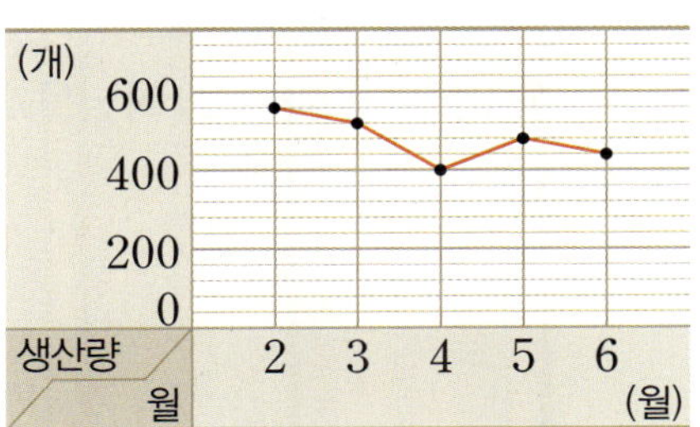

나 공장의 월별 야구공 생산량

풀이

....

....

....

답

8

정민이와 효주가 학교에서 2000 m 떨어진 병원까지 가는 데 걸린 시간과 거리의 관계를 나타낸 꺾은선그래프입니다. 효주와 같은 곳에서 동시에 출발한 정민이는 처음에는 자전거를 타고 가다가 10분 후부터는 걸어서 효주와 동시에 병원에 도착했습니다. 정민이가 처음부터 걸어간다면 효주보다 몇 분 늦게 병원에 도착할까요? (단, 정민이와 효주가 자전거를 타거나 걷는 빠르기는 각각 일정합니다.)

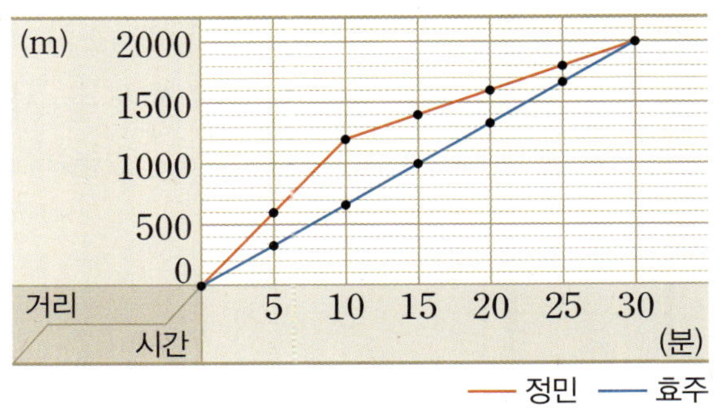

시간별 정민이와 효주가 간 거리

(   )

5 꺾은선그래프

본문 136~139쪽의 유사문제입니다. 한 번 더 풀어 보세요.

1 오른쪽은 어느 공연장에 방문한 관객 수를 조사하여 나타낸 꺾은선그래프입니다. 한 명의 관람료가 9000원일 때 전날과 비교하여 전체 관람료가 늘어난 때는 언제이고, 얼마나 늘어났을까요?

(   ), (   )

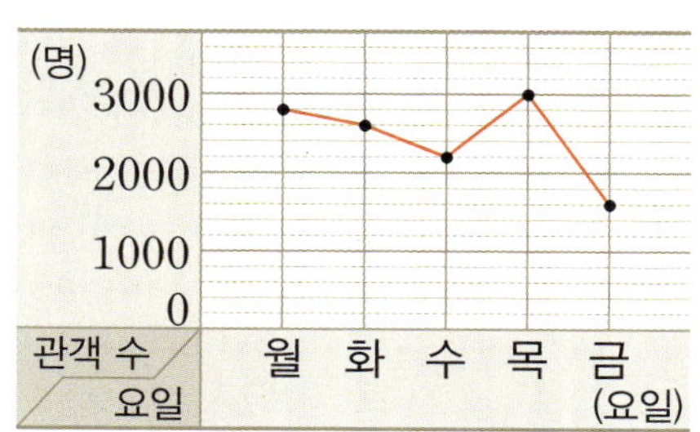

2 오른쪽은 80 L들이의 통에 물을 담을 때, 통에 들어 있는 물의 양을 조사하여 나타낸 꺾은선그래프입니다. 물을 가장 많이 담은 때는 몇 분과 몇 분 사이이고, 이때 담은 물의 양은 몇 L일까요?

(   ), (   )

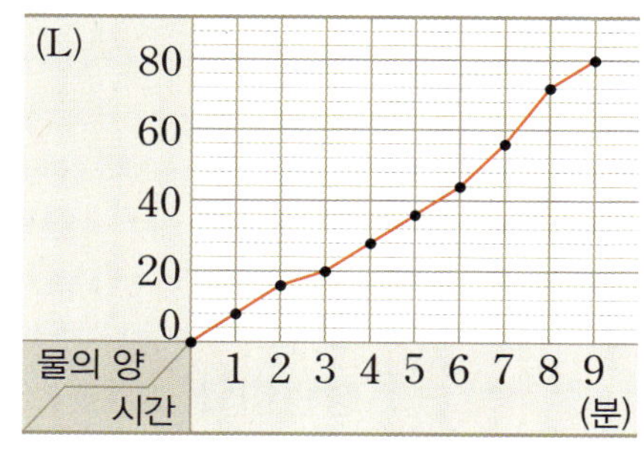

3 오른쪽은 현희와 경은이의 키를 매년 1월에 조사하여 나타낸 꺾은선그래프입니다. 8살인 해 7월에 두 사람의 키의 차는 약 몇 cm이었다고 예상할 수 있을까요?

(   )

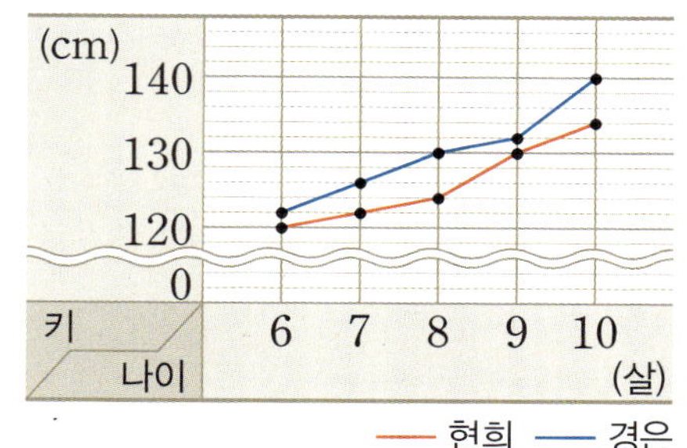

4 오른쪽은 문주의 휴대 전화 데이터 사용량을 매월 마지막 날에 조사하여 나타낸 꺾은선그래프입니다. 1월부터 5월까지 데이터 총 사용량이 800 MB일 때 ㉠+㉡을 구해 보세요.

(   )

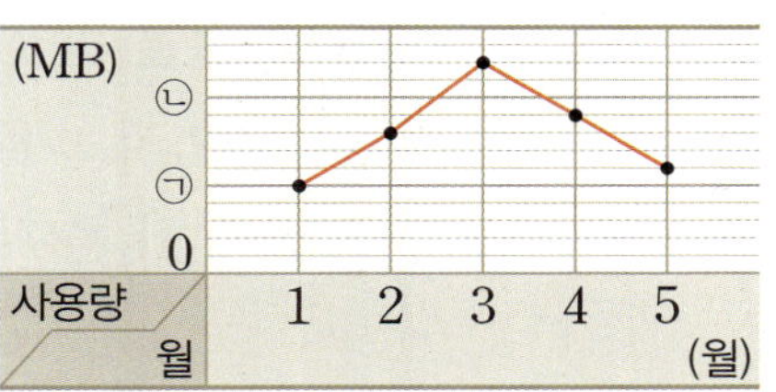

월별 데이터 사용량

5 오른쪽은 다정이와 현미의 몸무게를 조사하여 나타낸 꺾은선그래프입니다. 조사한 기간 동안 몸무게가 더 많이 늘어난 사람은 누구이고, 몇 kg 늘어났을까요?

(   ), (   )

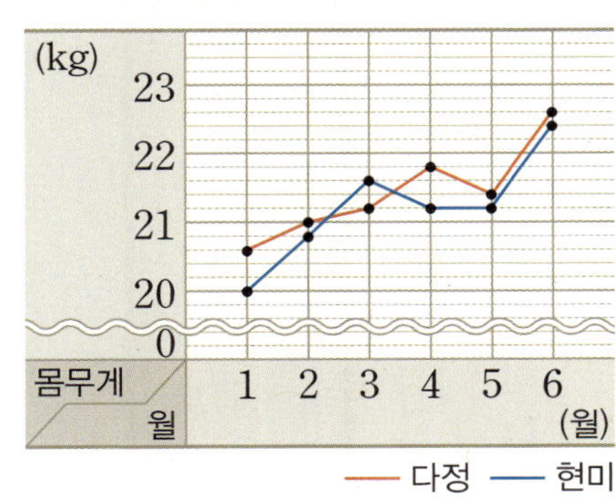

월별 다정이와 현미의 몸무게

6 어느 날 교실과 운동장의 기온을 1시간마다 조사하여 나타낸 꺾은선그래프입니다. 교실의 기온과 운동장의 기온의 차가 0.2℃와 같거나 작은 때는 언제인지 그 시각을 모두 찾아 써 보세요.

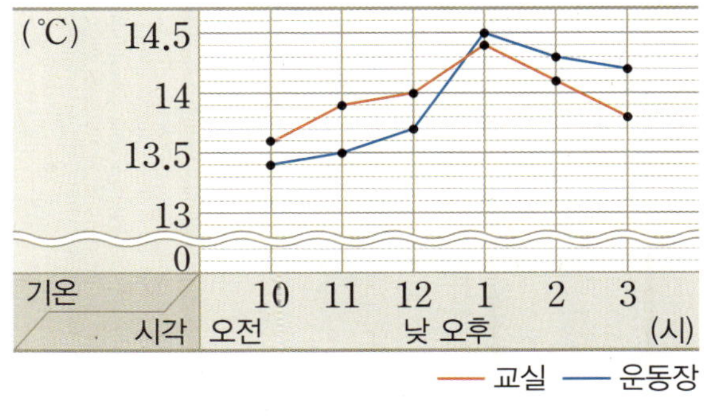

시각별 교실과 운동장의 기온

(   )

7 200 L들이의 물통에 물을 채우는 데 처음에는 1개의 수도로 물을 받다가 도중에 2개의 수도로 물을 받았습니다. 다음은 물통에 담긴 물의 양을 조사하여 나타낸 꺾은선그래프입니다. 이어서 2개의 수도로 물을 계속 받는다면 물통에 물을 가득 채우는 데 몇 분이 걸리는지 구해 보세요. (단, 2개의 수도에서 나오는 물의 양은 같고 일정합니다.)

시간별 물통에 담긴 물의 양

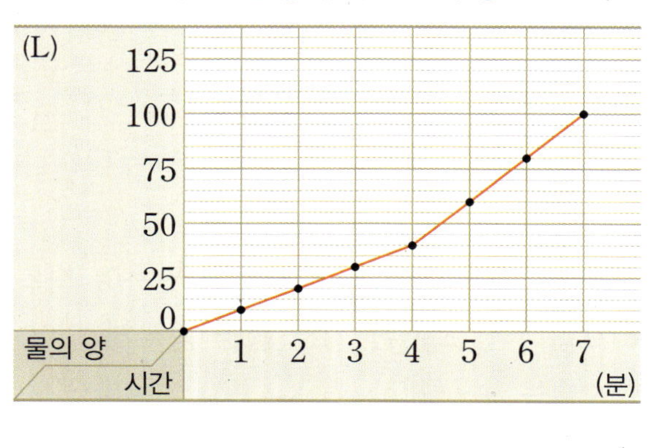

(   )

8 어느 놀이공원에 방문한 사람 수를 조사하여 나타낸 꺾은선그래프입니다. 수요일과 비교하여 목요일에 늘어난 사람 수는 목요일과 비교하여 금요일에 줄어든 사람 수의 4배일 때 꺾은선그래프를 완성해 보세요.

요일별 놀이공원에 방문한 사람 수

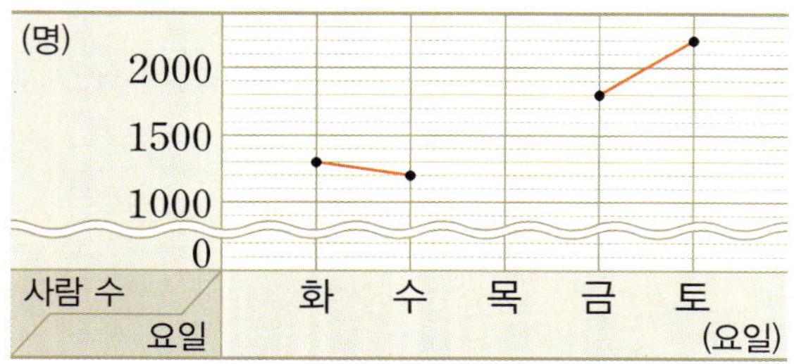

9 지민이의 국어 점수와 수학 점수를 나타낸 꺾은선그래프입니다. 3월부터 7월까지의 수학 점수의 합은 국어 점수의 합보다 28점 더 높다고 합니다. 꺾은선그래프를 완성해 보세요.

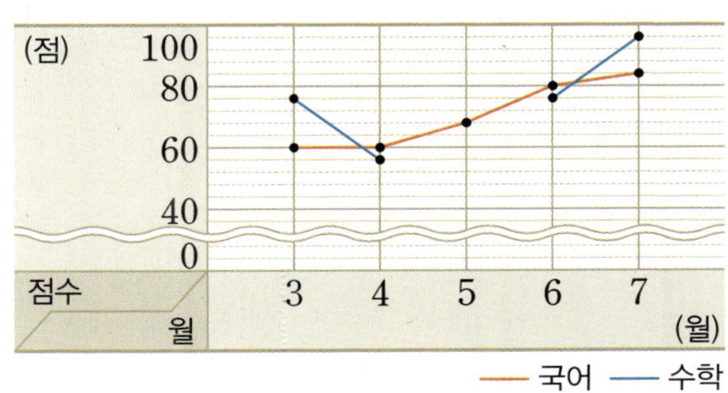

 10 어느 가게에서 4가지 종류의 빵 ㉠, ㉡, ㉢, ㉣을 만듭니다. 왼쪽은 요일별 빵 생산량을 나타낸 꺾은선그래프이고, 오른쪽은 화요일의 종류별 빵 생산량을 나타낸 막대그래프입니다. 빵 ㉣ 한 개의 가격은 1700원일 때 화요일에 생산한 빵 ㉣을 모두 팔았다면 화요일에 빵 ㉣의 판매 금액은 모두 얼마인지 풀이 과정을 쓰고 답을 구해 보세요.

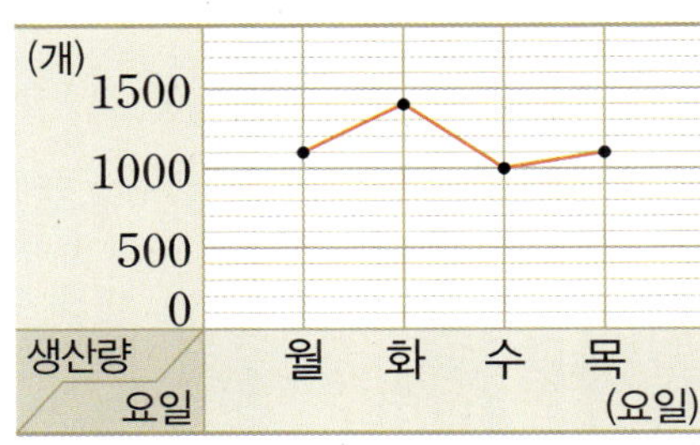

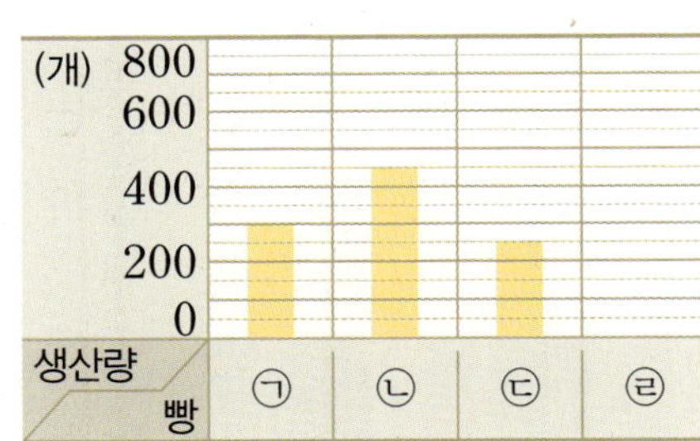

풀이

답

6 다각형

본문 148~163쪽의 유사문제입니다. 한 번 더 풀어 보세요.

S 1 오른쪽 정육각형 모양을 만들었던 철사를 펴서 가장 큰 정십오각형을 만들었습니다. 만든 정십오각형의 한 변의 길이는 정육각형의 한 변의 길이보다 몇 cm 더 짧을까요?

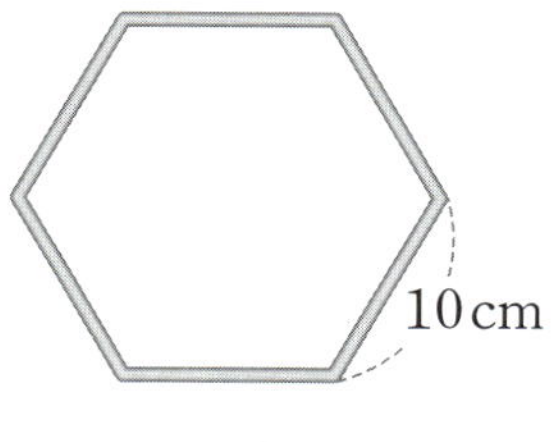

(   )

S 2 오른쪽 마름모 ㄱㄴㄷㄹ의 두 대각선의 길이의 합이 34 cm이고 차가 14 cm일 때 삼각형 ㄱㄴㅁ의 둘레는 몇 cm일까요?

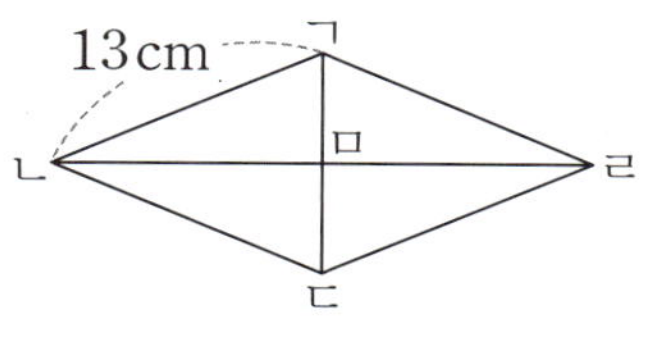

(   )

S 3 오른쪽 그림은 한 변이 26 cm인 정사각형 안에 원을 그리고, 그 원 위의 네 점을 이어 다시 정사각형 ㄱㄴㄷㄹ을 그린 것입니다. 선분 ㄱㅇ의 길이는 몇 cm일까요?

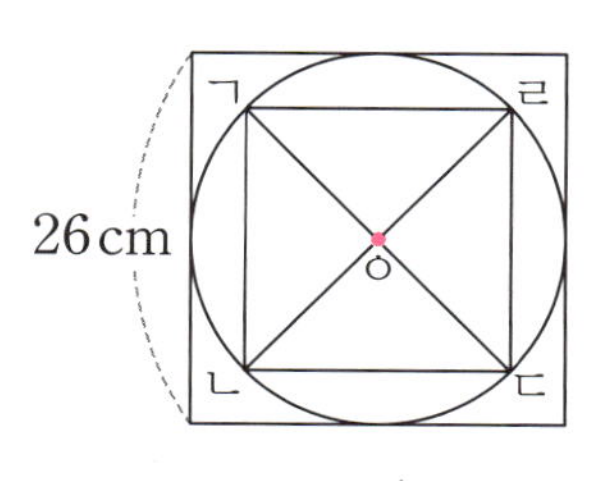

(   )

4 오른쪽 그림은 정오각형에 대각선을 그은 것입니다. ㉠의 크기를 구해 보세요.

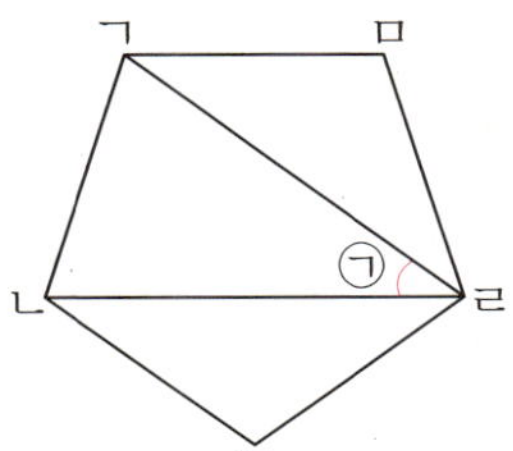

( )

5 오른쪽 그림은 한 변의 길이가 같은 정오각형과 정육각형을 한 변이 맞닿게 이어 붙인 것입니다. ㉠의 크기는 몇 도인지 풀이 과정을 쓰고 답을 구해 보세요.

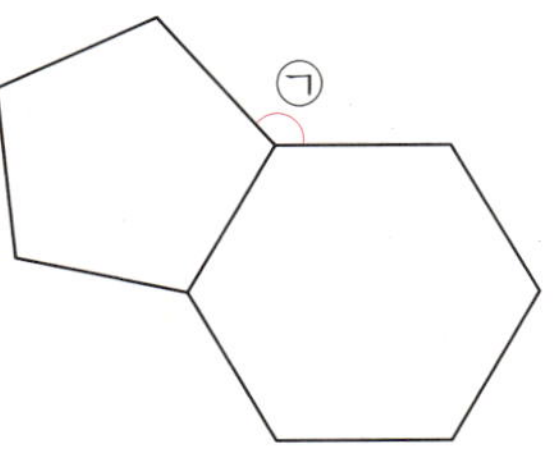

서술형

풀이

답

6 한 변의 길이가 같은 정삼각형 모양 조각 1개와 정사각형 모양 조각 2개를 사용하여 만들 수 있는 모양은 모두 몇 가지일까요? (단, 변끼리 서로 맞닿게 이어 붙여야 하고, 돌리거나 뒤집어서 같은 모양이면 한 가지로 생각합니다.)

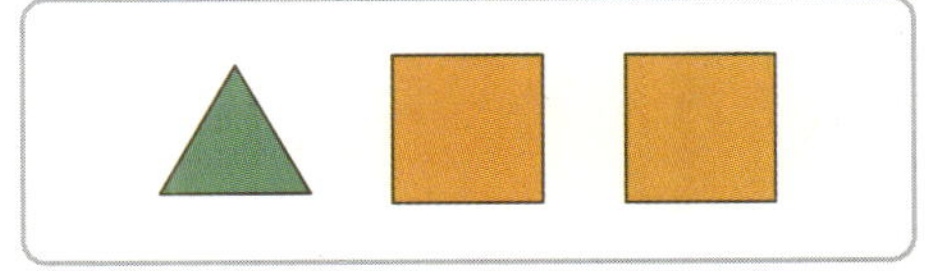

( )

7 왼쪽 모양 조각을 여러 번 사용하여 오른쪽 모양을 만들었습니다. ▲ 모양 조각의 크기가 1이고 ■ 모양 조각의 크기가 약 2라면 오른쪽 모양의 크기는 약 얼마일까요?

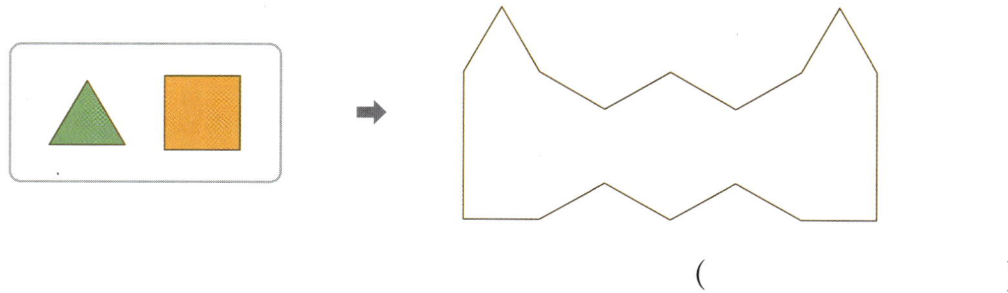

(   )

8 직사각형 ㄱㄴㄷㄹ과 정삼각형 ㄹㄷㅂ을 겹치지 않게 이어 붙인 것입니다. 직사각형의 한 대각선이 36 cm일 때 사각형 ㄹㅁㄷㅂ의 둘레를 구해 보세요.

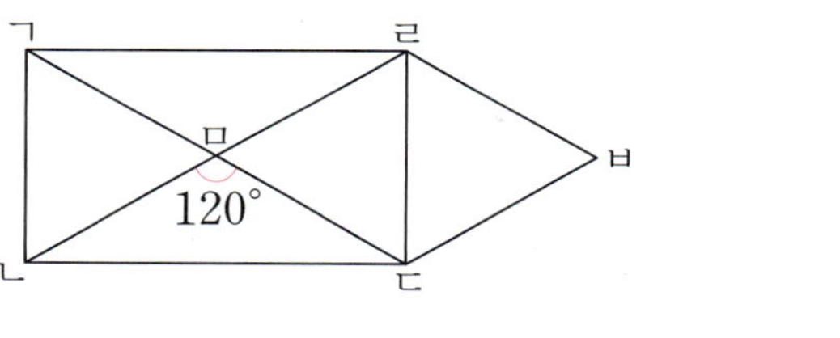

(   )

본문 164~166쪽의 유사문제입니다. 한 번 더 풀어 보세요.

1 오른쪽 그림은 정오각형 ㄱㄴㄷㄹㅁ과 마름모 ㅁㄹㅂㅅ을 겹치지 않게 이어 붙인 것입니다. ㉠의 크기를 구해 보세요.

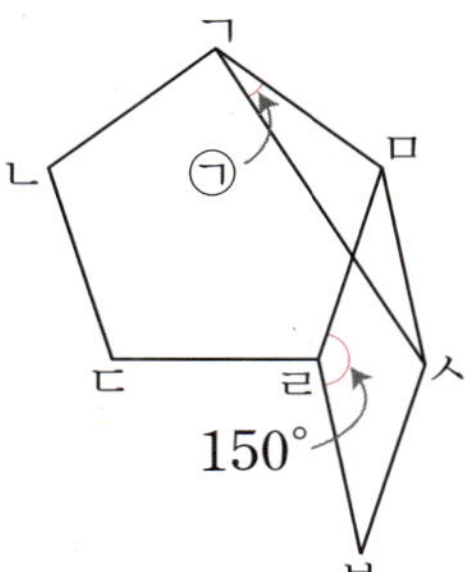

(   )

2 정구각형의 대각선 수와 정칠각형의 대각선 수의 합은 모두 몇 개일까요?

(   )

3 오른쪽 그림에서 ㉠, ㉡, ㉢, ㉣, ㉤의 합을 구해 보세요.

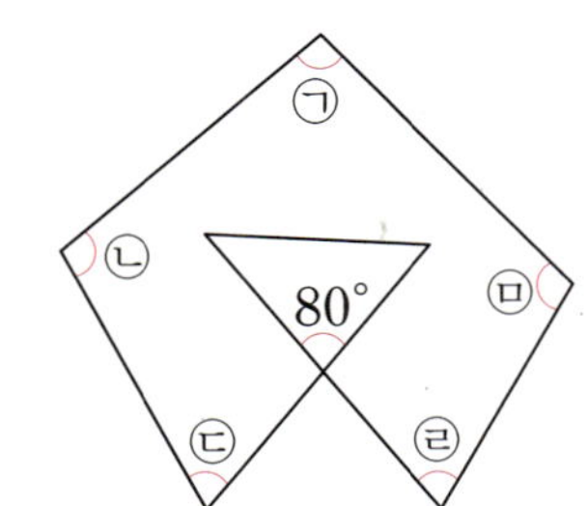

(   )

모든 각의 크기의 합이 $1440°$인 다각형이 있습니다. 이 다각형의 대각선은 모두 몇 개인지 풀이 과정을 쓰고 답을 구해 보세요.

풀이

답

5 오른쪽 그림은 마름모 ㄱㄴㄷㄹ에 대각선을 그은 것입니다. 삼각형 ㄱㄴㄷ의 세 변의 길이의 합은 몇 cm일까요?

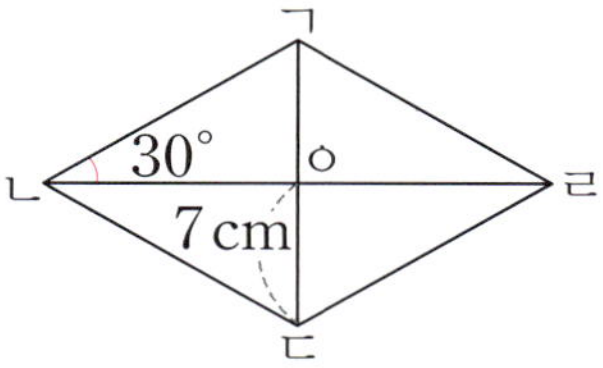

( )

6 다음에서 설명하는 다각형의 이름과 둘레를 구해 보세요.

> • 정다각형입니다.
> • 한 변이 6 cm입니다.
> • 대각선은 모두 44개입니다.

이름 ( ), 둘레 ( )

7 왼쪽의 모양 조각을 한 번씩만 사용하여 오른쪽 모양을 만들었습니다. 사용하지 않은 조각을 찾아 기호를 써 보세요.

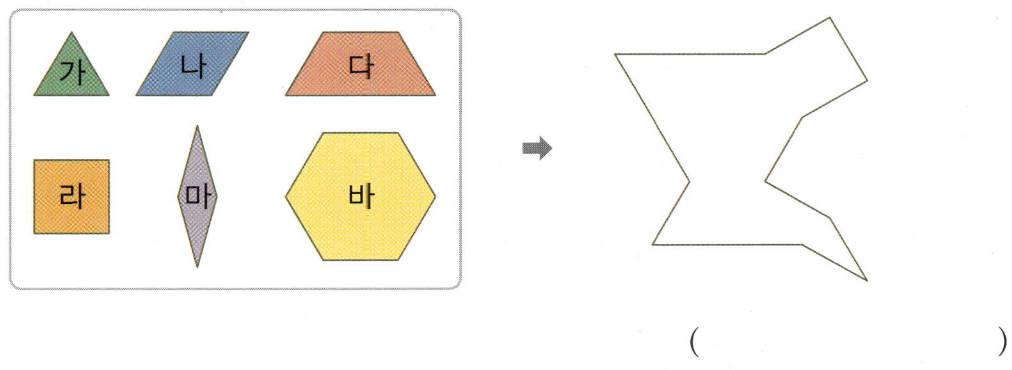

(   )

8 왼쪽 사다리꼴 모양 조각을 겹치지 않게 이어 붙여서 오른쪽 정육각형을 만들려고 합니다. 필요한 사다리꼴 모양 조각은 모두 몇 개일까요?

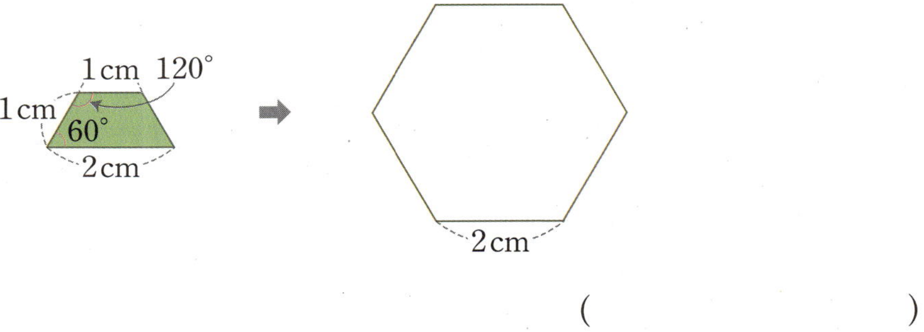

(   )

9 한 변이 10 cm인 정육각형을 규칙에 따라 겹치지 않게 이어 붙인 것입니다. 정육각형을 이어 붙인 도형의 둘레가 440 cm일 때 이어 붙인 정육각형은 모두 몇 개일까요?

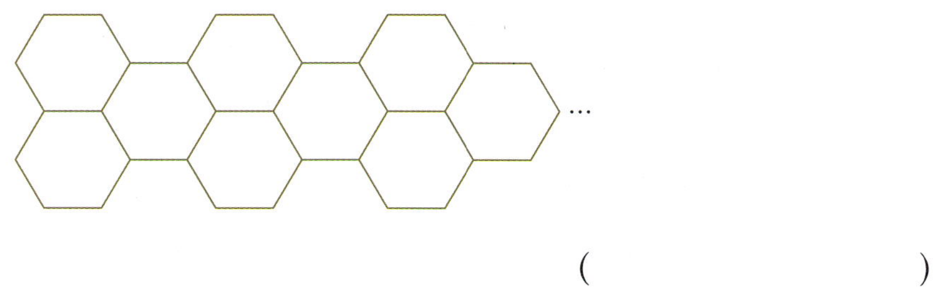

(   )

10 오른쪽 그림은 어떤 정다각형의 한 꼭짓점에서 두 대각선이 이루는 각의 크기가 가장 크게 되도록 대각선 2개를 그은 것입니다. 두 대각선이 이루는 각의 크기가 108°일 때 이 정다각형의 한 각의 크기를 구해 보세요.

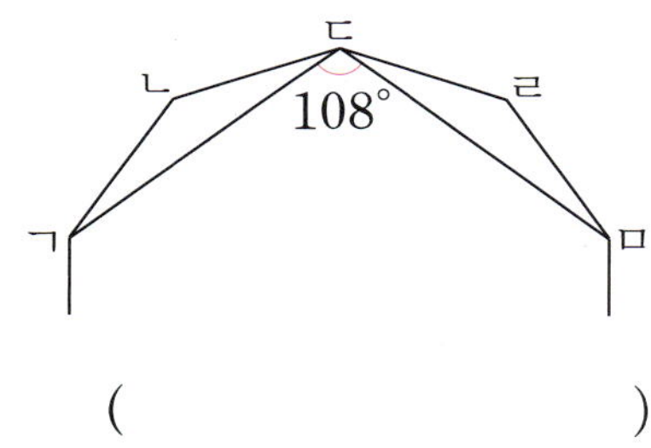

(   )

상위권을 위한 사고력
생각하는 방법도 최상위!

최상위 사고력

상위권의 기준

수학 좀 하나봐!

수능까지 연결되는 독해 로드맵

디딤돌 독해력은 수능까지 연결되는 체계적인 라인업을 통하여

수능에서 요구하는 핵심 독해 원리에 대한 이해는 물론,

단계 별로 심화되며 연결되는 학습의 과정을 통해

깊이 있고 종합적인 독해 사고의 능력까지 기를 수 있도록 도와줍니다.

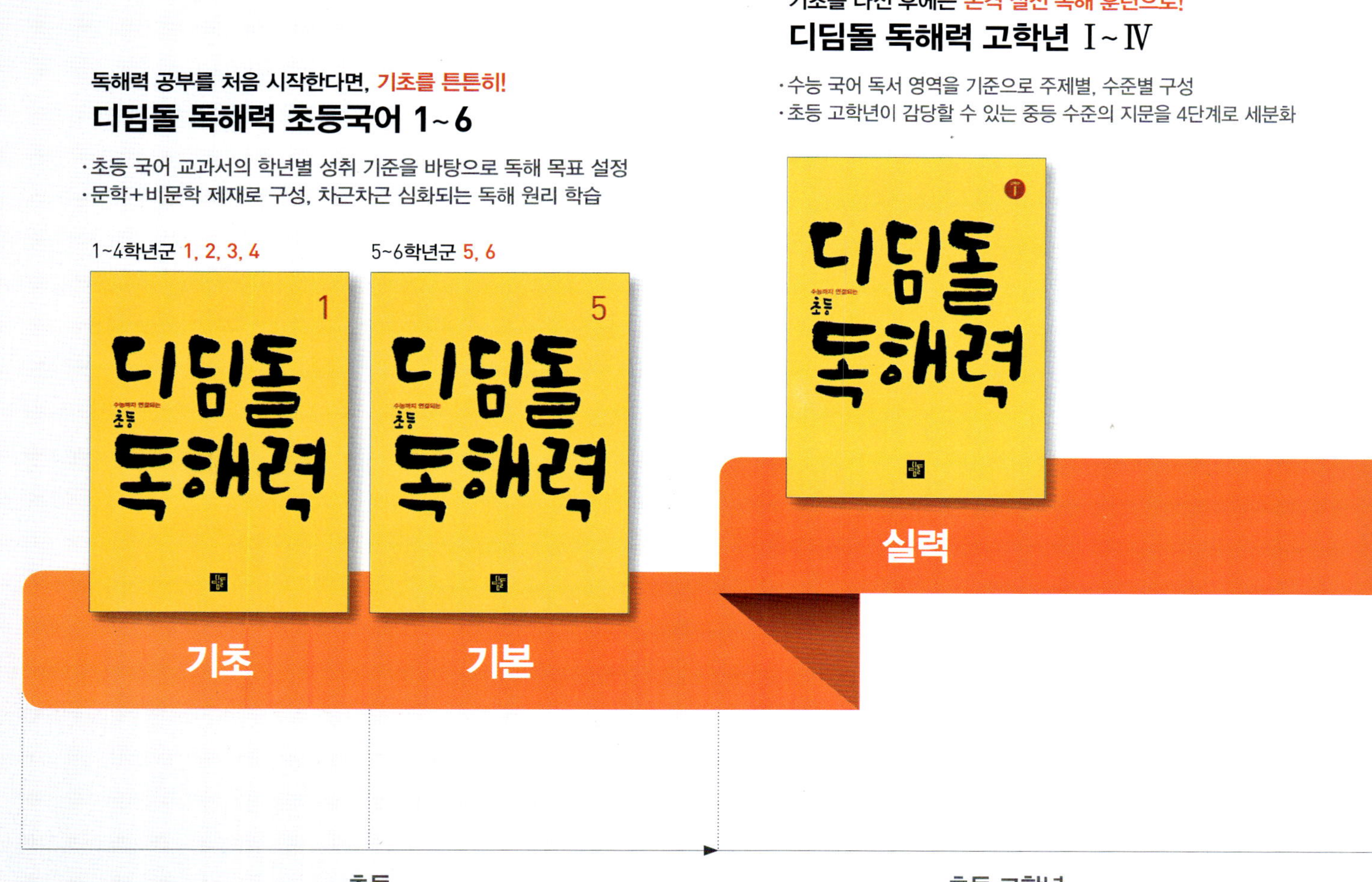

상위권의 기준

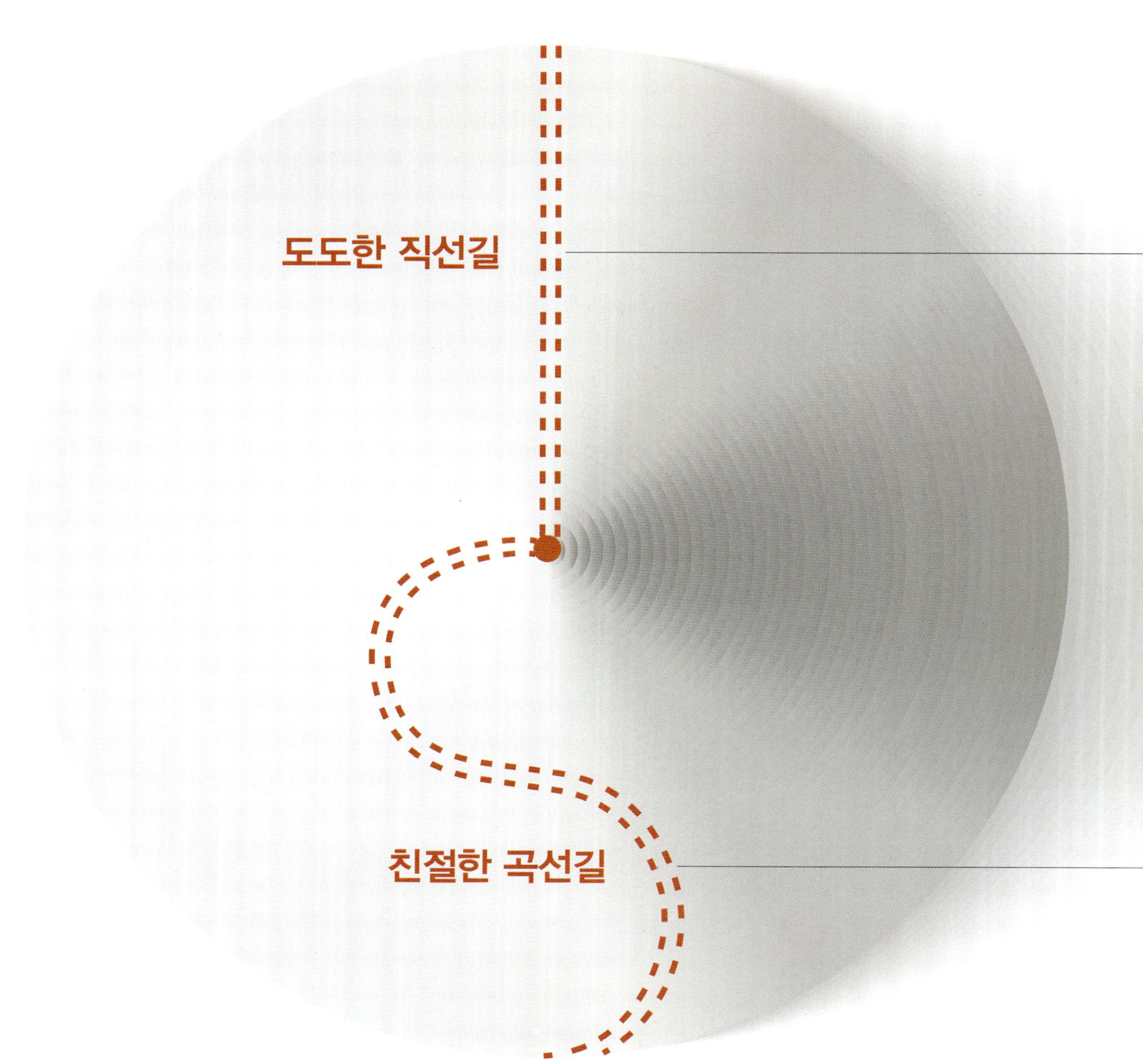

상위권의 기준

최상위 수학 S

정답과 풀이

SPEED 정답 체크

1 분수의 덧셈과 뺄셈

BASIC CONCEPT 8~13쪽

1 분모가 같은 분수의 덧셈

1 ㉡, ㉢, ㉠ **2** $1\frac{2}{5}$ L

3

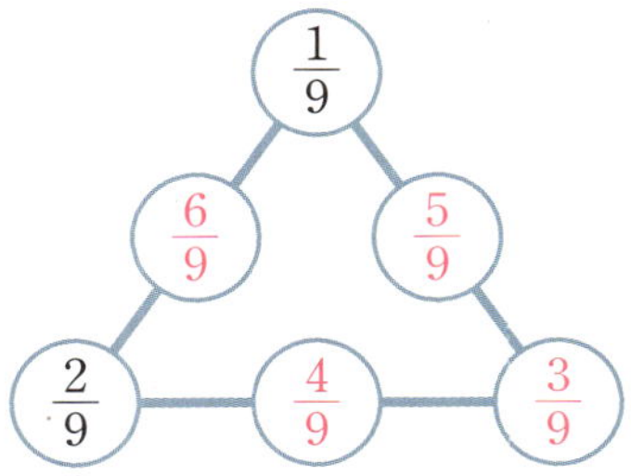

4 9 **5** 6 **6** $9\frac{5}{12}$ kg

2 분모가 같은 분수의 뺄셈(1)

1 $\frac{5}{11}$ **2** (1) $>$ (2) $>$

3 $\frac{8}{10}$ m **4** $4\frac{7}{9}$, $2\frac{4}{9}$, $2\frac{3}{9}$

5 6, 7, 8, 9 **6** 호진, $1\frac{3}{11}$ kg

3 분모가 같은 분수의 뺄셈(2)

1 예 $4-1\frac{2}{3}=3\frac{3}{3}-1\frac{2}{3}=2\frac{1}{3}$ **2** $1\frac{6}{15}$ L

3 ㉢ **4** $>$ **5** 세호, $1\frac{3}{8}$초 **6** 5

최상위 S 14~29쪽

1 $\frac{4}{11}$, $\frac{6}{11}$ / $\frac{6}{11}$, $\frac{2}{11}$

1-1 $\frac{12}{13}$ **1-2** $\frac{1}{7}$ **1-3** $6\frac{2}{5}$ **1-4** $12\frac{7}{8}$

2 +, 16, $5\frac{1}{15}$ / $5\frac{1}{15}$, $5\frac{1}{15}$, 16, 12

2-1 $11\frac{10}{12}$ cm **2-2** $15\frac{6}{8}$ cm

2-3 지희, $\frac{1}{5}$ m **2-4** 32 m

3 6 / 4, 4, 5 / 6, 4, 5, 11, $13\frac{4}{7}$

3-1 $6\frac{2}{9}$ **3-2** $7\frac{3}{8}$ **3-3** 13 **3-4** $9\frac{1}{13}$

4 11, 1 / $11\frac{1}{5}$, 11, $\frac{1}{5}$ / 34, 8, $35\frac{3}{5}$

4-1 $7\frac{13}{15}$ km **4-2** $9\frac{5}{7}$ km **4-3** 17 km

4-4 $1\frac{5}{9}$ km

5 3, 11, $2\frac{1}{5}$ / 9, 4, 13, $2\frac{3}{5}$ / $<$ / $2\frac{3}{5}$, $2\frac{1}{5}$, $\frac{2}{5}$

5-1 $4\frac{4}{11}$ **5-2** $2\frac{2}{5}$ **5-3** $5\frac{3}{7}$ **5-4** $1\frac{8}{9}$

6 5 / $\frac{5}{20}$, $\frac{5}{20}$, $\frac{5}{20}$, $\frac{5}{20}$ / 4

6-1 3일 **6-2** 5일 **6-3** 7일

7 1 / 1, 5

7-1 $7\frac{4}{5}$ m **7-2** $1\frac{4}{11}$ m **7-3** $2\frac{3}{8}$ m

7-4 $6\frac{10}{13}$ m

8 2, 2 / 7, 8, 9, 10 / 7, 9, 10, 12 / 36, 42, $39\frac{3}{13}$

8-1 38 **8-2** 40 **8-3** $114\frac{2}{7}$ **8-4** $112\frac{15}{20}$

MATH MASTER 30~32쪽

1 $\frac{6}{8}$, $\frac{5}{8}$ **2** $15\frac{11}{15}$ **3** 2개

4 $26\frac{4}{5}$ cm **5** $6\frac{2}{9}$ cm

6 오후 12시 6분 30초 **7** $1\frac{5}{13}$ kg

8 $94\frac{2}{20}$ kg **9** 37

10 $2\frac{4}{11}$, $5\frac{8}{11}$, $4\frac{8}{11}$

2 삼각형

1 삼각형을 변의 길이에 따라 분류하기

1 ⑴ 9 ⑵ 8, 8　　　　**2** 11

3 ⑴ 25 ⑵ 70　　　　**4** 80°

5 ⑴ 60, 60 ⑵ 120　　　　**6** 45 cm

2 삼각형을 각의 크기에 따라 분류하기

1 가, 다 / 바 / 나, 라, 마

2 나, 마, 바, 사 / 다, 라　　　**3** ㉡

4 (위에서부터) 가, 다 / 바 / 사 / 마 / 라 / 나

5 이등변삼각형, 정삼각형, 예각삼각형에 ○표

6 예

1 35 / 110 / 110, 70 / 70 / 40

1-1 120°　**1-2** 50°　**1-3** 25°　**1-4** 85°

2 21 / 21, 57 / 3, 19

2-1 9 cm　**2-2** 3개　**2-3** 70°　**2-4** 90°

3 40 / 100 / 60 / 20 / 80

3-1 85°　**3-2** 65°　**3-3** 70°　**3-4** 50°

4 90 / 45 / 60 / 75

4-1 85°　**4-2** 70°　**4-3** 30°　**4-4** 30°

5 9 / 3 / 1 / 9, 3, 1, 13

5-1 16개　**5-2** 20개　**5-3** 18개　**5-4** 23개

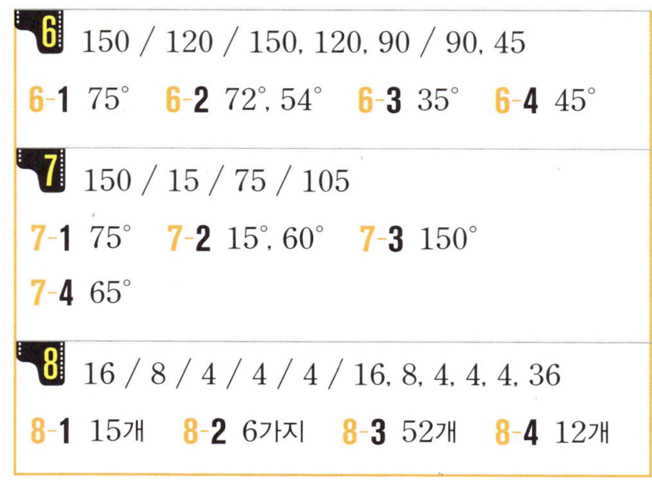

6 150 / 120 / 150, 120, 90 / 90, 45

6-1 75°　**6-2** 72°, 54°　**6-3** 35°　**6-4** 45°

7 150 / 15 / 75 / 105

7-1 75°　**7-2** 15°, 60°　**7-3** 150°

7-4 65°

8 16 / 8 / 4 / 4 / 4 / 16, 8, 4, 4, 4, 36

8-1 15개　**8-2** 6가지　**8-3** 52개　**8-4** 12개

1 17 cm　　**2** 12 cm　　**3** 85°

4 28개　　**5** 20°　　**6** 60°

7 45°　　**8** 30°　　**9** 48 cm

10 45°

3 소수의 덧셈과 뺄셈

1 소수 두 자리 수, 소수 세 자리 수

1 6.33, 6.47　　**2** ㉢　　**3** 0.1, 5

2 소수 사이의 관계, 소수의 크기 비교

1 0.35, 3.5　　**2** 1000배　　**3** ㉡, ㉢, ㉠

3 소수의 덧셈

1 ⑴ 7.1 ⑵ 9.34 ⑶ 8　　**2** 16.5

3 ⑴ 1.84 m ⑵ 4 m

4 ⑴ < ⑵ <　　**5** 1.7 kg　　**6** 6.22 km

7 ⑴ 2.5 ⑵ 5.87 ⑶ B

4 소수의 뺄셈

1 (1) 4.8 (2) 6.97

2 (위에서부터) 0.08, 2.67, 2.75

3 8, 2, 9

4

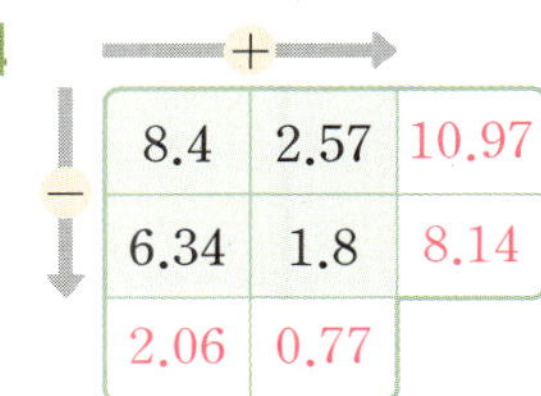

8.4	2.57	10.97
6.34	1.8	8.14
2.06	0.77	

5 ⑩ 소수점의 자리를 잘못 맞추어 계산했습니다. /

$$\begin{array}{r} \overset{2\ \ 10}{3.4\!\!\!/\,2} \\ -\ 1.6 \\ \hline 1.8\,2 \end{array}$$

6 137.63 cm   **7** 0.65 L

---

6 7.74 / 7.74, 3.57 / 3.57 / 3.56

6-1 12.37   **6-2** 8.26   **6-3** 0.149   **6-4** 5개

7 0.15 / 0.15, 0.15, 0.15, 0.15, 0.15, 0.75 / 0.75, 0.14

7-1 0.45 kg   **7-2** 0.28 kg   **7-3** 0.16 kg

7-4 0.3 kg

8 18.14 / 18.14, 9.07, 9.07 / 9.07, 9.07, 3.39

8-1 5.04, 2.41   **8-2** 0.04   **8-3** 141

8-4 0.65, 3.58, 4.77

9 2 / 6 / 6, 2, 4 / 2.34, 234

9-1 0.567   **9-2** 0.09   **9-3** 214

9-4 2.61, 2.72, 2.83

최상위 S

64~81쪽

1 65.33 / 100, 65.33 / 65.33, 65.33 / 6533

1-1 55.7   **1-2** 3662   **1-3** 2.893

1-4 100배

2 0.58 / 1.74 / 1.74, 2.26

2-1 23.9 m   **2-2** 0.84 m   **2-3** 0.21 m

2-4 7 m

3 8.59 / 8.59, 1.89

3-1 0.12   **3-2** 39.31   **3-3** 25.61

3-4 15.4

4 7, 4, 3 / 2, 4, 7 / > / 32.47

4-1 63.45   **4-2** 0.951   **4-3** 4.965

4-4 39.9

5 ⓒ / > / ⓒ, ⓛ, ⊙ / ⓒ, ⓛ, ⊙

5-1 ⓒ, ⊙, ⓛ   **5-2** ⓔ, ⓛ, ⊙, ⓒ

5-3 0, 9, 9   **5-4** 0, 0, 9, 9

MATH MASTER

82~84쪽

1 3.44   **2** 72900   **3** 0, 1, 2

4 7, 6, 5, 3, 4 / 4.25   **5** 99.76 km

6 2.36 kg   **7** 6.261, 6.391

8 0.073 m   **9** 14.92 km   **10** 41.57

---

4 사각형

BASIC CONCEPT

86~91쪽

1 수직과 평행

1 가, 라   **2** 변 ㄱㄹ, 변 ㄴㄷ

3 7 cm   **4** 40, 40

2 사다리꼴, 평행사변형, 마름모

1 2개   **2** (위에서부터) 75, 105   **3** ②

4 가, 다   **5** (위에서부터) (1) 9, 120 (2) 130, 7

6 18 cm

5 꺾은선그래프

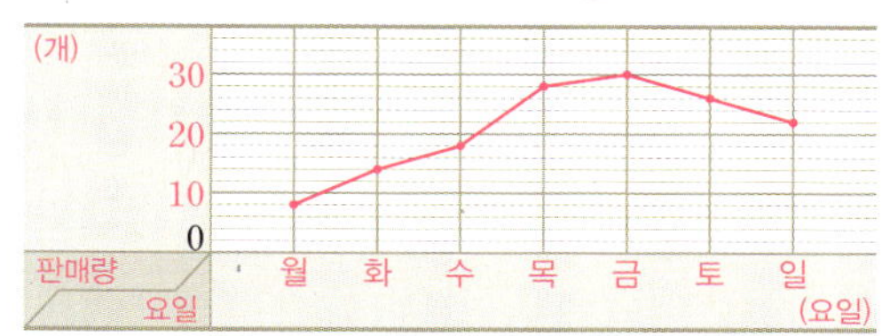

4 예 월, 예 강수량   **5** 예 0 mm, 예 150 mm

6 예

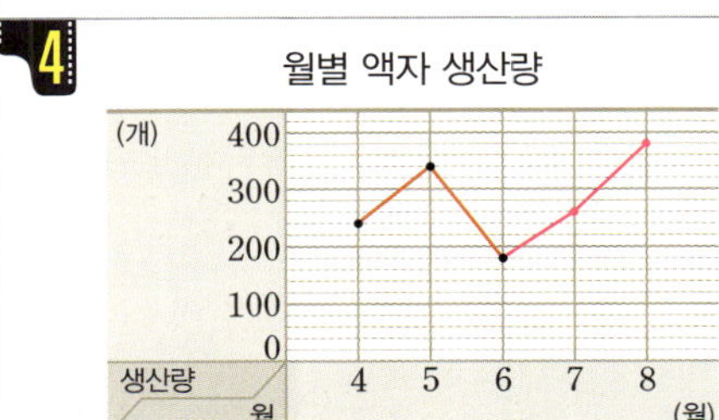

    120~135쪽

1 100 / 100, 20 / 목, 740 / 월, 520 / 740, 520, 220

1-1 480만 대   **1-2** 2023년, 480대

2 20 / 20, 4 / 32, 16, 28 / 52, 36 / 32, 16, 28, 52, 36, 164

2-1 456회   **2-2** 756000원

3 5 / 5, 1 / 11, 15 / 11, 15 / 11, 15, 26, 13

3-1 예 약 32 kg   **3-2** 예 약 10 cm

4

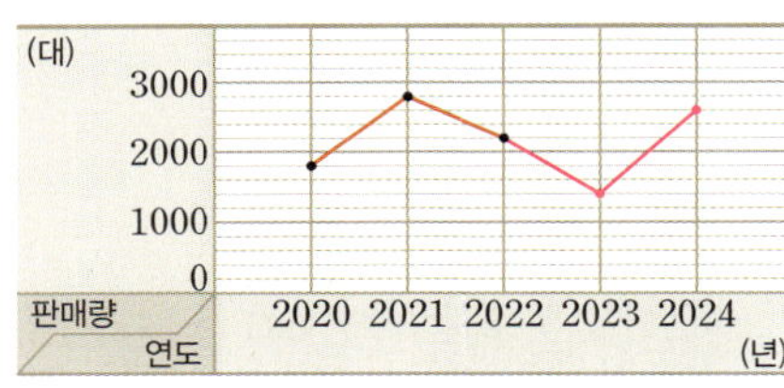

100 / 100, 20 / 180 / 180, 80, 260 / 640, 260, 380

4-1

4-2

5 5 / 5, 1 / 45, 49 / 49, 45, 4 / 4, 2

5-1 10칸   **5-2** 5만 명

6 5 / 5, 1 / 좁은에 ○표, 9 / 27, 25 / 27, 25, 2

6-1 14회   **6-2** 4℃

7 100, 20 / 50, 10 / 220, 100, 120 / 230, 150, 80 / 초코

7-1 나 공장   **7-2** ㉯ 과수원

8 15 / 3 / 15, 15, 15, 45

8-1 45분   **8-2** 15분

    136~139쪽

1 목요일, 800000원

2 4분과 5분 사이, 16 L

3 예 약 2 kg   **4** 300   **5** 다현, 2.4 cm

6 11000원   **7** 11분

8

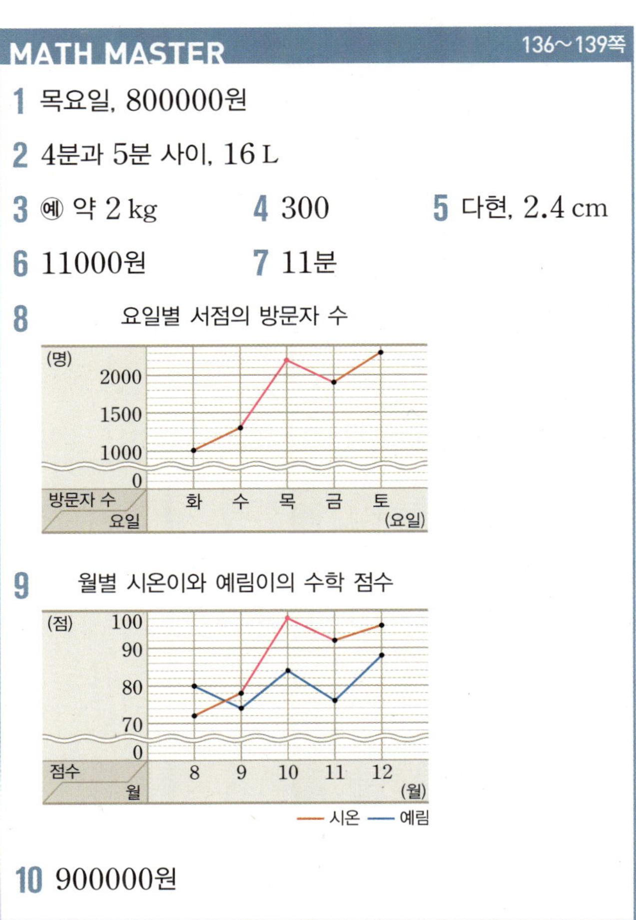

9

10 900000원

6 다각형

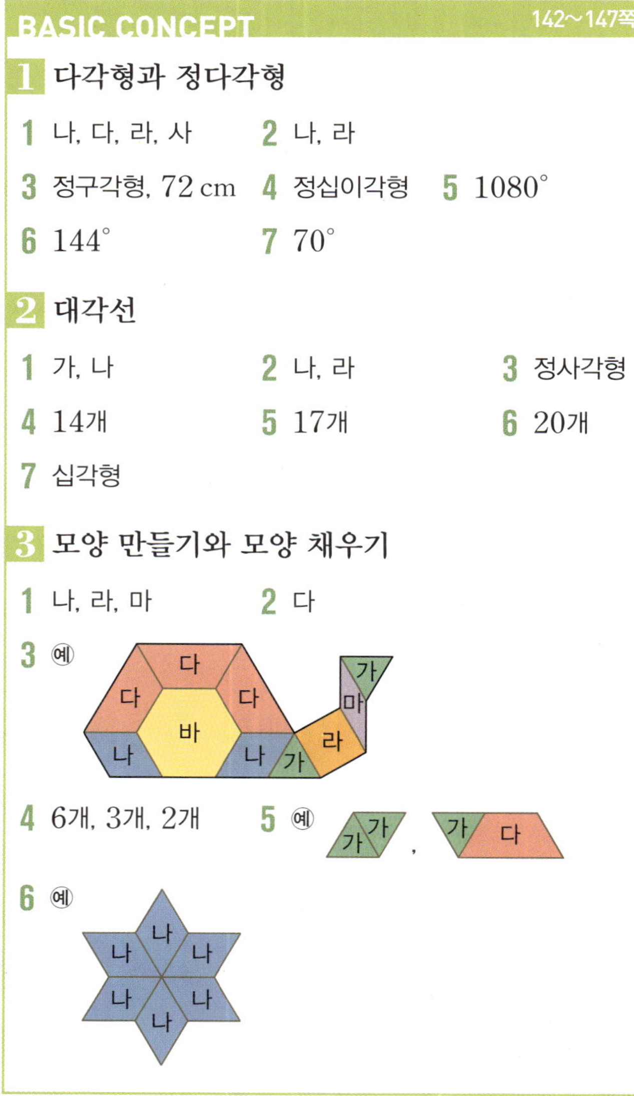

4 1260 / 1260, 140 / 140, 20

4-1 15°　4-2 120°　4-3 180°

5 720 / 720, 120 / 120, 60 / 60 / 60, 360

5-1 36°　5-2 360°　5-3 12°　5-4 126°

6 6 / 3 / 6, 3, 9

6-1 3가지　6-2 5가지　6-3 3가지

7 7, 4 / 7, 4, 15

7-1 6　7-2 약 16　7-3 약 32

8 60 / 16 / 60 / 16 / 16, 64

8-1 48 cm　8-2 54 cm　8-3 92 cm

MATH MASTER　164~166쪽

1 10°　　2 11개　　3 540°

4 54개　　5 30 cm　　6 정구각형, 36 cm

7 라　　8 18개　　9 600 cm

10 150°

1 분수의 덧셈과 뺄셈

다시푸는 최상위 S　2~4쪽

1 5	**2** 26 m	**3** $11\dfrac{2}{9}$
4 $16\dfrac{4}{13}$ km	**5** 3	**6** 5일
7 $7\dfrac{5}{15}$ m	**8** $67\dfrac{13}{17}$	

다시푸는 MATH MASTER　5~7쪽

1 $\dfrac{5}{6}$, $\dfrac{4}{6}$	**2** 18	**3** 81, 82, 83
4 $23\dfrac{2}{4}$ cm	**5** $4\dfrac{4}{11}$ cm	
6 오후 3시 12분 24초		**7** $1\dfrac{2}{7}$ kg
8 100 kg	**9** 51	
10 $2\dfrac{4}{9}$, $5\dfrac{3}{9}$, $4\dfrac{8}{9}$		

2 삼각형

다시푸는 최상위 S　8~10쪽

1 20°	**2** 10°	**3** 70°
4 165°	**5** 28개	**6** 80°, 50°
7 15°, 60°	**8** 8가지	

다시푸는 MATH MASTER　11~13쪽

1 58 cm	**2** 36 cm	**3** 80°
4 16개	**5** 115°	**6** 90°
7 45°	**8** 20°	**9** 66 cm
10 30°		

3 소수의 덧셈과 뺄셈

다시푸는 최상위 S　14~16쪽

1 3.396	**2** 6 m	**3** 32.63
4 51.47	**5** 0, 0, 9	**6** 1.939
7 0.14 kg	**8** 254	
9 6.32, 6.44, 6.56		

다시푸는 MATH MASTER　17~19쪽

1 7.36	**2** 2590	**3** 0, 1
4 9, 8, 7, 4, 5, 6 / 5.31		**5** 0.36 km
6 1.31 kg	**7** 5.281	**8** 0.012 m
9 8.26 km	**10** 32.74	

4 사각형

다시푸는 최상위 S　20~22쪽

1 14 cm	**2** 60°	**3** 75°, 105°
4 45°	**5** 65°, 115°	**6** 36개
7 24 cm	**8** 40°	**9** 65°

다시푸는 MATH MASTER　23~25쪽

1 31 cm	**2** 125°	**3** 110°
4 20°	**5** 65°, 40°	**6** 10 cm
7 65°	**8** 115°	**9** 55°
10 8개		

5 꺾은선그래프

1 14만 병   2 9000000원   3 ㉎ 약 10 cm

4
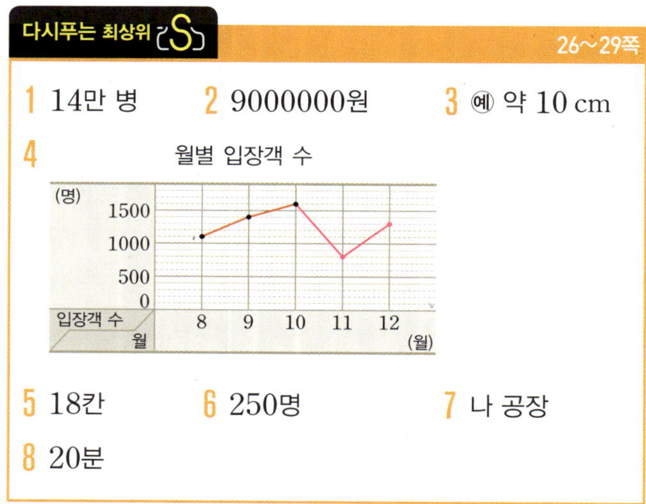

5 18칸   6 250명   7 나 공장

8 20분

1 목요일, 7200000원

2 7분과 8분 사이, 16 L

3 ㉎ 약 4 cm   4 300   5 현미, 2.4 kg

6 오전 10시, 오후 1시, 오후 2시

7 12분

8
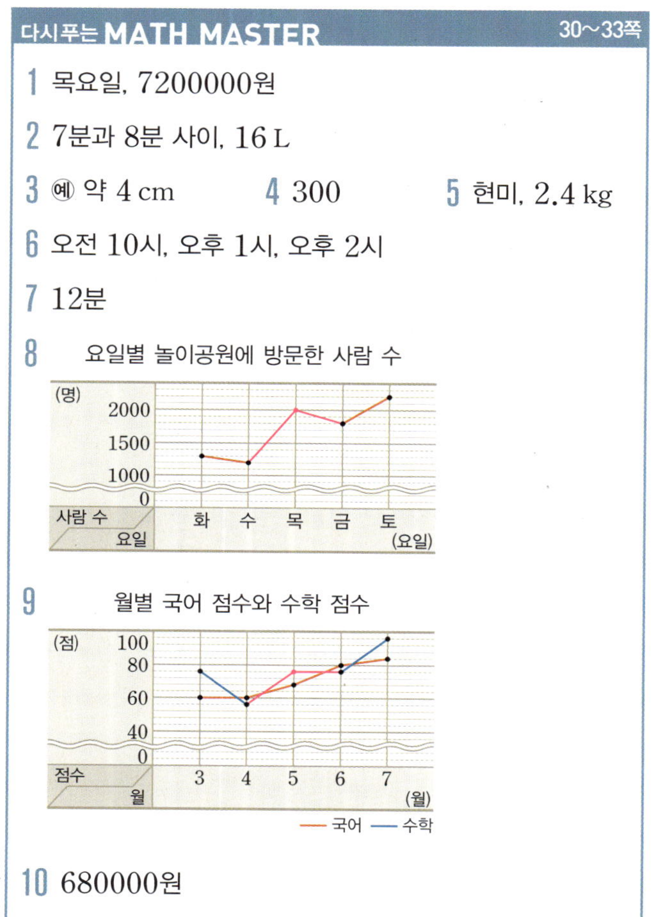

10 680000원

6 다각형

1 6 cm   2 30 cm   3 13 cm

4 36°   5 132°   6 3가지

7 약 22   8 72 cm

1 21°   2 41개   3 440°

4 35개   5 42 cm   6 정십일각형, 66 cm

7 나   8 8개   9 15개

10 144°

1 분수의 덧셈과 뺄셈

1 분모가 같은 분수의 덧셈 8~9쪽

1 ㉡, ㉢, ㉠

㉠ $\dfrac{4}{9}+\dfrac{4}{9}=\dfrac{4+4}{9}=\dfrac{8}{9}$　㉡ $\dfrac{5}{9}+\dfrac{6}{9}=\dfrac{5+6}{9}=\dfrac{11}{9}$　㉢ $\dfrac{3}{9}+\dfrac{7}{9}=\dfrac{3+7}{9}=\dfrac{10}{9}$

$\dfrac{11}{9}>\dfrac{10}{9}>\dfrac{8}{9}$ 이므로 계산 결과가 큰 것부터 차례로 기호를 쓰면 ㉡, ㉢, ㉠입니다.

다른 풀이

분모가 같은 분수는 분자가 클수록 크므로 분자끼리의 합을 비교합니다.

㉠ $4+4=8$　㉡ $5+6=11$　㉢ $3+7=10$

$11>10>8$이므로 계산 결과가 큰 것부터 차례로 기호를 쓰면 ㉡, ㉢, ㉠입니다.

2 $1\dfrac{2}{5}$ L

(소라가 어제와 오늘 마신 우유의 양)

$=$(어제 마신 우유의 양)$+$(오늘 마신 우유의 양)$=\dfrac{4}{5}+\dfrac{3}{5}=\dfrac{7}{5}=1\dfrac{2}{5}$(L)

3 풀이 참조

각 줄에 놓인 수의 합이 1이 되려면 분자끼리의 합이 각각 9가 되어야 합니다.

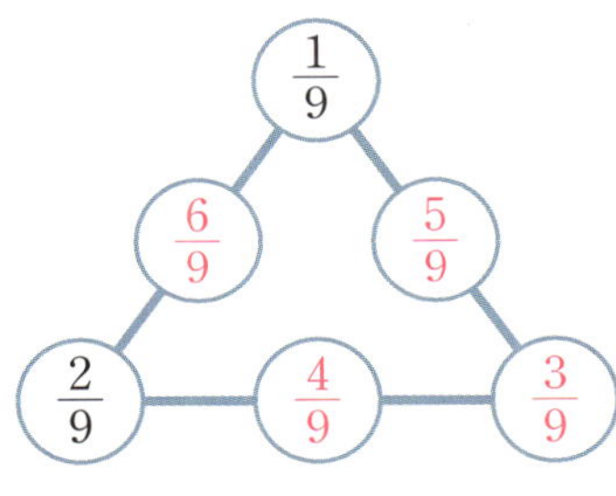

1부터 6까지의 수에서 세 수의 합이 9가 되는 경우는 $(1,\ 2,\ 6)$, $(1,\ 3,\ 5)$, $(2,\ 3,\ 4)$이므로

$\dfrac{1}{9}$, $\dfrac{2}{9}$, $\dfrac{3}{9}$은 각 줄의 양끝에 써넣고 $\dfrac{1}{9}$과 $\dfrac{2}{9}$ 사이에 $\dfrac{6}{9}$을, $\dfrac{1}{9}$과 $\dfrac{3}{9}$ 사이에 $\dfrac{5}{9}$를, $\dfrac{2}{9}$와 $\dfrac{3}{9}$ 사이에 $\dfrac{4}{9}$를 써넣습니다.

4 9

$5\dfrac{3}{4}>5\dfrac{2}{4}>3\dfrac{1}{4}$ 이므로 가장 큰 분수는 $5\dfrac{3}{4}$이고 가장 작은 분수는 $3\dfrac{1}{4}$입니다.

➡ $5\dfrac{3}{4}+3\dfrac{1}{4}=(5+3)+\left(\dfrac{3}{4}+\dfrac{1}{4}\right)=8+\dfrac{4}{4}=8+1=9$

5 6

$2\dfrac{5}{8}+1\dfrac{\square}{8}=4\dfrac{3}{8}$ 을 가분수로 바꾸면 $\dfrac{21}{8}+\dfrac{8+\square}{8}=\dfrac{35}{8}$입니다.

➡ $21+8+\square=35$, $29+\square=35$, $\square=6$

6 $9\dfrac{5}{12}$ kg

(지후와 은석이가 딴 사과의 무게)

$=$(지후가 딴 사과의 무게)$+$(은석이가 딴 사과의 무게)

$=3\dfrac{7}{12}+5\dfrac{10}{12}=8+\dfrac{17}{12}=8+1\dfrac{5}{12}=9\dfrac{5}{12}$(kg)

2 분모가 같은 분수의 뺄셈(1)

10~11쪽

1 $\frac{5}{11}$

수직선에서 0부터 1까지를 작은 눈금 11칸으로 똑같이 나누었으므로 작은 눈금 한 칸의 크기는 $\frac{1}{11}$입니다.

㉠이 나타내는 수는 $\frac{3}{11}$이고 ㉡이 나타내는 수는 $\frac{8}{11}$입니다.

➡ $\frac{8}{11}-\frac{3}{11}=\frac{8-3}{11}=\frac{5}{11}$

2 (1) > (2) >

(1) $\frac{7}{9}-\frac{3}{9}=\frac{7-3}{9}=\frac{4}{9}$, $\frac{5}{9}-\frac{2}{9}=\frac{5-2}{9}=\frac{3}{9}$ ➡ $\frac{4}{9}>\frac{3}{9}$

(2) $1-\frac{3}{6}=\frac{6}{6}-\frac{3}{6}=\frac{6-3}{6}=\frac{3}{6}$, $\frac{5}{6}-\frac{3}{6}=\frac{5-3}{6}=\frac{2}{6}$ ➡ $\frac{3}{6}>\frac{2}{6}$

3 $\frac{8}{10}$ m

(빨간색 테이프의 길이)−(노란색 테이프의 길이)

$=1-\frac{2}{10}=\frac{10}{10}-\frac{2}{10}=\frac{10-2}{10}=\frac{8}{10}$(m)

4 $4\frac{7}{9}$, $2\frac{4}{9}$, $2\frac{3}{9}$

차가 가장 큰 뺄셈식을 만들려면 가장 큰 수에서 가장 작은 수를 뺍니다.

$4\frac{7}{9}>3\frac{7}{9}>2\frac{8}{9}>2\frac{4}{9}$이므로 가장 큰 수는 $4\frac{7}{9}$이고 가장 작은 수는 $2\frac{4}{9}$입니다.

➡ $4\frac{7}{9}-2\frac{4}{9}=(4-2)+\left(\frac{7}{9}-\frac{4}{9}\right)=2+\frac{3}{9}=2\frac{3}{9}$

5 6, 7, 8, 9

$6\frac{9}{10}-2\frac{4}{10}=4\frac{5}{10}$이므로 $4\frac{5}{10}<4\frac{\square}{10}$입니다.

□ 안에 들어갈 수 있는 자연수는 5보다 크고 10보다 작아야 하므로 6, 7, 8, 9입니다.

6 호진, $1\frac{3}{11}$ kg

(보영이가 사용하고 남은 찰흙의 무게)$=3\frac{9}{11}-2\frac{5}{11}=1\frac{4}{11}$(kg)

(호진이가 사용하고 남은 찰흙의 무게)$=3\frac{9}{11}-1\frac{2}{11}=2\frac{7}{11}$(kg)

따라서 호진이의 찰흙이 $2\frac{7}{11}-1\frac{4}{11}=1\frac{3}{11}$(kg) 더 많이 남았습니다.

3 분모가 같은 분수의 뺄셈(2)

12~13쪽

1 풀이 참조

$4-1\frac{2}{3}$는 4에서 1을 빼고 $\frac{2}{3}$를 더 빼야 하는데 4에서 1만큼만 빼서 잘못 계산했습니다. 자연수에서 1만큼을 빼는 분수와 분모가 같은 가분수로 바꾸어 뺍니다.

예 $4-1\frac{2}{3}=3\frac{3}{3}-1\frac{2}{3}=2\frac{1}{3}$

2 $1\dfrac{6}{15}$ L

(사용하고 남은 식용유의 양)
＝(어머니께서 사 오신 식용유의 양)－(사용한 식용유의 양)
$=2-\dfrac{9}{15}=1\dfrac{15}{15}-\dfrac{9}{15}=1\dfrac{6}{15}$ (L)

3 ㉢

㉠ $4-\dfrac{5}{8}=3\dfrac{8}{8}-\dfrac{5}{8}=3\dfrac{3}{8}$ ㉡ $6-2\dfrac{1}{8}=5\dfrac{8}{8}-2\dfrac{1}{8}=3\dfrac{7}{8}$

㉢ $5-1\dfrac{7}{8}=4\dfrac{8}{8}-1\dfrac{7}{8}=3\dfrac{1}{8}$

$3\dfrac{3}{8}$, $3\dfrac{7}{8}$, $3\dfrac{1}{8}$ 은 모두 3보다 크므로 분수 부분의 크기가 가장 작은 ㉢이 3에 가장 가깝습니다.

4 ＞

$3\dfrac{4}{10}-1\dfrac{7}{10}=2\dfrac{14}{10}-1\dfrac{7}{10}=1\dfrac{7}{10}$, $6\dfrac{5}{10}-4\dfrac{9}{10}=5\dfrac{15}{10}-4\dfrac{9}{10}=1\dfrac{6}{10}$

➡ $1\dfrac{7}{10}>1\dfrac{6}{10}$

5 세호, $1\dfrac{3}{8}$ 초

(지선이가 달린 시간)－(세호가 달린 시간)$=16\dfrac{1}{8}-14\dfrac{6}{8}=15\dfrac{9}{8}-14\dfrac{6}{8}=1\dfrac{3}{8}$ (초)

따라서 세호가 $1\dfrac{3}{8}$ 초 더 빨리 달렸습니다.

6 5

＜를 ＝로 놓고 계산하면 $7\dfrac{3}{6}-2\dfrac{\square}{6}=4\dfrac{5}{6}$, $2\dfrac{\square}{6}=7\dfrac{3}{6}-4\dfrac{5}{6}=6\dfrac{9}{6}-4\dfrac{5}{6}=2\dfrac{4}{6}$
입니다. ➡ $\square=4$
따라서 $\square$ 안에 들어갈 수 있는 자연수는 4보다 큰 수이어야 하므로 5입니다.

주의
대분수는 자연수와 진분수의 합이므로 $2\dfrac{\square}{6}$ 에서 $\square$ 는 6보다 작습니다.

어떤 수를 ■라 하면 잘못 계산한 식에서 $■+\dfrac{4}{11}=\dfrac{10}{11}$ 입니다.

덧셈과 뺄셈의 관계를 이용하면

$■=\dfrac{10}{11}-\dfrac{4}{11}=\dfrac{6}{11}$ 입니다.

따라서 바르게 계산하면 $\dfrac{6}{11}-\dfrac{4}{11}=\dfrac{2}{11}$ 입니다.

1-1 $\dfrac{12}{13}$

어떤 수를 □라 하면 잘못 계산한 식에서 $□-\dfrac{5}{13}=\dfrac{2}{13}$입니다.

➡ $□=\dfrac{2}{13}+\dfrac{5}{13}=\dfrac{7}{13}$

따라서 바르게 계산하면 $\dfrac{7}{13}+\dfrac{5}{13}=\dfrac{12}{13}$입니다.

1-2 $\dfrac{1}{7}$

어떤 수를 □라 하면 잘못 계산한 식에서 $□+\dfrac{3}{7}=1$입니다.

➡ $□=1-\dfrac{3}{7}=\dfrac{7}{7}-\dfrac{3}{7}=\dfrac{4}{7}$

따라서 바르게 계산하면 $\dfrac{4}{7}-\dfrac{3}{7}=\dfrac{1}{7}$입니다.

 1-3 $6\dfrac{2}{5}$

㉾ 어떤 수를 □라 하면 잘못 계산한 식에서 $□-1\dfrac{3}{5}=3\dfrac{1}{5}$입니다.

➡ $□=3\dfrac{1}{5}+1\dfrac{3}{5}=4\dfrac{4}{5}$

따라서 바르게 계산하면 $4\dfrac{4}{5}+1\dfrac{3}{5}=5+\dfrac{7}{5}=6\dfrac{2}{5}$입니다.

채점 기준	배점
잘못 계산한 식을 이용하여 어떤 수를 구했나요?	3점
바르게 계산한 값을 구했나요?	2점

1-4 $12\dfrac{7}{8}$

어떤 수를 □라 하면 잘못 계산한 식에서 $□-3\dfrac{7}{8}+2\dfrac{5}{8}=10\dfrac{3}{8}$입니다.

➡ $□=10\dfrac{3}{8}-2\dfrac{5}{8}+3\dfrac{7}{8}=9\dfrac{11}{8}-2\dfrac{5}{8}+3\dfrac{7}{8}=7\dfrac{6}{8}+3\dfrac{7}{8}$

$\quad\ =10+\dfrac{13}{8}=11\dfrac{5}{8}$

따라서 바르게 계산하면 $11\dfrac{5}{8}+3\dfrac{7}{8}-2\dfrac{5}{8}=14\dfrac{12}{8}-2\dfrac{5}{8}=12\dfrac{7}{8}$입니다.

16~17쪽

직사각형의 세로는 가로보다 $1\dfrac{11}{15}$ cm 더 길므로

(직사각형의 세로)$=3\dfrac{5}{15}+1\dfrac{11}{15}=4+\dfrac{16}{15}=5\dfrac{1}{15}$ (cm)입니다.

(직사각형의 네 변의 길이의 합)

$=$(가로)$+$(세로)$+$(가로)$+$(세로)

$=3\dfrac{5}{15}+5\dfrac{1}{15}+3\dfrac{5}{15}+5\dfrac{1}{15}=16\dfrac{12}{15}$ (cm)

2-1 $11\dfrac{10}{12}$ cm

(직사각형의 세로)$=4\dfrac{3}{12}-2\dfrac{7}{12}=3\dfrac{15}{12}-2\dfrac{7}{12}=1\dfrac{8}{12}$(cm)

(직사각형의 네 변의 길이의 합)

$=4\dfrac{3}{12}+1\dfrac{8}{12}+4\dfrac{3}{12}+1\dfrac{8}{12}=10+\dfrac{22}{12}=11\dfrac{10}{12}$(cm)

2-2 $15\dfrac{6}{8}$ cm

(직사각형의 가로)$=5\dfrac{1}{8}-2\dfrac{3}{8}=4\dfrac{9}{8}-2\dfrac{3}{8}=2\dfrac{6}{8}$(cm)

(직사각형의 네 변의 길이의 합)

$=2\dfrac{6}{8}+5\dfrac{1}{8}+2\dfrac{6}{8}+5\dfrac{1}{8}=14+\dfrac{14}{8}=15\dfrac{6}{8}$(cm)

2-3 지희, $\dfrac{1}{5}$ m

(지희가 만든 정사각형의 네 변의 길이의 합)

$=3\dfrac{2}{5}+3\dfrac{2}{5}+3\dfrac{2}{5}+3\dfrac{2}{5}=12+\dfrac{8}{5}=13\dfrac{3}{5}$(m)

(지희가 사용하고 남은 철사의 길이)$=20-13\dfrac{3}{5}=19\dfrac{5}{5}-13\dfrac{3}{5}=6\dfrac{2}{5}$(m)

(현우가 만든 정사각형의 네 변의 길이의 합)$=2\dfrac{1}{5}+2\dfrac{1}{5}+2\dfrac{1}{5}+2\dfrac{1}{5}=8\dfrac{4}{5}$(m)

(현우가 사용하고 남은 철사의 길이)$=15-8\dfrac{4}{5}=14\dfrac{5}{5}-8\dfrac{4}{5}=6\dfrac{1}{5}$(m)

따라서 지희가 사용하고 남은 철사가 $6\dfrac{2}{5}-6\dfrac{1}{5}=\dfrac{1}{5}$(m) 더 깁니다.

2-4 32 m

(직사각형의 가로)$=8\dfrac{7}{9}-1\dfrac{8}{9}=7\dfrac{16}{9}-1\dfrac{8}{9}=6\dfrac{8}{9}$(m)

(직사각형의 네 변의 길이의 합)$=6\dfrac{8}{9}+8\dfrac{7}{9}+6\dfrac{8}{9}+8\dfrac{7}{9}=28+\dfrac{30}{9}=31\dfrac{3}{9}$(m)

따라서 직사각형 모양을 만드는 데 리본이 $31\dfrac{3}{9}$ m 필요하므로 리본을 적어도 32 m 사야 합니다.

분모가 같은 대분수는 자연수 부분이 클수록, 자연수 부분이 같으면 분자가 클수록 큰 수입니다.

수 카드의 수의 크기를 비교하면 $8>6>5>4$이므로

가장 큰 수 8을 자연수 부분에 놓고 가장 큰 대분수를 만들면 $8\dfrac{6}{7}$이고

가장 작은 수 4를 자연수 부분에 놓고 가장 작은 대분수를 만들면 $4\dfrac{5}{7}$입니다.

따라서 만들 수 있는 가장 큰 대분수와 가장 작은 대분수의 합은

$8\dfrac{6}{7}+4\dfrac{5}{7}=12+\dfrac{11}{7}=13\dfrac{4}{7}$입니다.

3-1 $6\dfrac{2}{9}$

수 카드의 수의 크기를 비교하면 $7>5>3>1$이므로

가장 큰 수 7을 자연수 부분에 놓고 가장 큰 대분수를 만들면 $7\dfrac{5}{9}$이고

가장 작은 수 1을 자연수 부분에 놓고 가장 작은 대분수를 만들면 $1\dfrac{3}{9}$입니다.

따라서 만들 수 있는 가장 큰 대분수와 가장 작은 대분수의 차는

$7\dfrac{5}{9}-1\dfrac{3}{9}=6\dfrac{2}{9}$입니다.

3-2 $7\dfrac{3}{8}$

두 대분수의 분모가 같아야 하므로 분모에는 수 카드가 2장인 8을 놓아야 합니다.
남은 수 카드의 수의 크기를 비교하면 $9>7>4>2$이므로

만들 수 있는 가장 큰 대분수는 $9\dfrac{7}{8}$이고 가장 작은 대분수는 $2\dfrac{4}{8}$입니다.

➡ $9\dfrac{7}{8}-2\dfrac{4}{8}=7\dfrac{3}{8}$

3-3 13

두 대분수의 분모가 같아야 하므로 분모에는 수 카드가 2장인 11을 놓아야 합니다.
남은 수 카드의 수의 크기를 비교하면 $10>7>4>2$이므로

만들 수 있는 가장 큰 대분수는 $10\dfrac{7}{11}$이고 가장 작은 대분수는 $2\dfrac{4}{11}$입니다.

➡ $10\dfrac{7}{11}+2\dfrac{4}{11}=12+\dfrac{11}{11}=13$

3-4 $9\dfrac{1}{13}$

두 대분수의 분모가 같아야 하므로 분모에는 수 카드가 2장인 13을 놓아야 합니다.
남은 수 카드의 수의 크기를 비교하면 $8>6>5>3$이므로 합이 가장 작게 되려면 자연수 부분에 가장 작은 수 3과 둘째로 작은 수 5를 놓아야 합니다.

만들 수 있는 두 대분수는 $3\dfrac{6}{13}$, $5\dfrac{8}{13}\left(또는 3\dfrac{8}{13},\ 5\dfrac{6}{13}\right)$이므로 두 대분수의 합은

$3\dfrac{6}{13}+5\dfrac{8}{13}=8+\dfrac{14}{13}=9\dfrac{1}{13}\left(또는 3\dfrac{8}{13}+5\dfrac{6}{13}=8+\dfrac{14}{13}=9\dfrac{1}{13}\right)$입니다.

(㉮에서 ㉲까지의 거리)
$=$(㉮에서 ㉯까지의 거리)$-$(㉲에서 ㉯까지의 거리)
$=17\dfrac{2}{5}-6\dfrac{1}{5}=11\dfrac{1}{5}$ (km)
(㉮에서 ㉺까지의 거리)
$=$(㉮에서 ㉲까지의 거리)$+$(㉲에서 ㉴까지의 거리)$+$(㉴에서 ㉺까지의 거리)
$=11\dfrac{1}{5}+19\dfrac{4}{5}+4\dfrac{3}{5}=(11+19+4)+\left(\dfrac{1}{5}+\dfrac{4}{5}+\dfrac{3}{5}\right)$
$=34+\dfrac{8}{5}=35\dfrac{3}{5}$ (km)

4-1 $7\dfrac{13}{15}$ km

(㉮에서 ㉯까지의 거리)=(㉮~㉰)-(㉯~㉰)
$$=4\dfrac{2}{15}-1\dfrac{12}{15}=3\dfrac{17}{15}-1\dfrac{12}{15}=2\dfrac{5}{15}\,(km)$$

(㉮에서 ㉱까지의 거리)=(㉮~㉯)+(㉯~㉱)$=2\dfrac{5}{15}+5\dfrac{8}{15}=7\dfrac{13}{15}\,(km)$

4-2 $9\dfrac{5}{7}$ km

(㉯에서 ㉰까지의 거리)=(㉯~㉱)-(㉰~㉱)$=3\dfrac{5}{7}-2\dfrac{3}{7}=1\dfrac{2}{7}\,(km)$

(㉮에서 ㉲까지의 거리)=(㉮~㉯)+(㉯~㉰)+(㉰~㉲)
$$=2\dfrac{4}{7}+1\dfrac{2}{7}+5\dfrac{6}{7}=(2+1+5)+\left(\dfrac{4}{7}+\dfrac{2}{7}+\dfrac{6}{7}\right)$$
$$=8+\dfrac{12}{7}=9\dfrac{5}{7}\,(km)$$

4-3 17 km

(㉱에서 ㉲까지의 거리)=(㉰~㉲)-(㉰~㉱)
$$=7\dfrac{1}{12}-2\dfrac{5}{12}=6\dfrac{13}{12}-2\dfrac{5}{12}=4\dfrac{8}{12}\,(km)$$

(㉮에서 ㉲까지의 거리)=(㉮~㉯)+(㉯~㉱)+(㉱~㉲)
$$=3\dfrac{7}{12}+8\dfrac{9}{12}+4\dfrac{8}{12}=(3+8+4)+\left(\dfrac{7}{12}+\dfrac{9}{12}+\dfrac{8}{12}\right)$$
$$=15+\dfrac{24}{12}=17\,(km)$$

4-4 $1\dfrac{5}{9}$ km

(㉱에서 ㉲까지의 거리)=(㉮~㉲)-(㉮~㉱)$=10\dfrac{7}{9}-6\dfrac{4}{9}=4\dfrac{3}{9}\,(km)$

(㉰에서 ㉱까지의 거리)=(㉰~㉲)-(㉰~㉱)-(㉱~㉲)
$$=7\dfrac{1}{9}-1\dfrac{2}{9}-4\dfrac{3}{9}=6\dfrac{10}{9}-1\dfrac{2}{9}-4\dfrac{3}{9}$$
$$=5\dfrac{8}{9}-4\dfrac{3}{9}=1\dfrac{5}{9}\,(km)$$

$$8\,\circledcirc\,3=\dfrac{8+3}{8-3}=\dfrac{11}{5}=2\dfrac{1}{5}$$

$$9\,\circledcirc\,4=\dfrac{9+4}{9-4}=\dfrac{13}{5}=2\dfrac{3}{5}$$

따라서 $2\dfrac{1}{5}<2\dfrac{3}{5}$이므로 $8\circledcirc3$과 $9\circledcirc4$의 차는

$2\dfrac{3}{5}-2\dfrac{1}{5}=\dfrac{2}{5}$ 입니다.

5-1 $4\dfrac{4}{11}$

$$2\,\triangle\,9=\dfrac{2\times9}{2+9}=\dfrac{18}{11}=1\dfrac{7}{11},\ \ 5\,\triangle\,6=\dfrac{5\times6}{5+6}=\dfrac{30}{11}=2\dfrac{8}{11}$$

따라서 $2\triangle9$와 $5\triangle6$의 합은 $1\dfrac{7}{11}+2\dfrac{8}{11}=3+\dfrac{15}{11}=4\dfrac{4}{11}$입니다.

5-2 $2\dfrac{2}{5}$

$$30 \diamondsuit 6 = \frac{30-6}{30\div 6} = \frac{24}{5} = 4\frac{4}{5}, \quad 15 \diamondsuit 3 = \frac{15-3}{15\div 3} = \frac{12}{5} = 2\frac{2}{5}$$

따라서 $4\dfrac{4}{5} > 2\dfrac{2}{5}$이므로 $30\diamondsuit 6$과 $15\diamondsuit 3$의 차는 $4\dfrac{4}{5} - 2\dfrac{2}{5} = 2\dfrac{2}{5}$입니다.

5-3 $5\dfrac{3}{7}$

$$\frac{3}{7} \bullet 8 = 8 - \frac{3}{7} - \frac{3}{7} = 7\frac{7}{7} - \frac{3}{7} - \frac{3}{7} = 7\frac{4}{7} - \frac{3}{7} = 7\frac{1}{7}$$

$$\Rightarrow \frac{3}{7} \bullet 8 \diamondsuit \frac{6}{7} = 7\frac{1}{7} \diamondsuit \frac{6}{7} = 7\frac{1}{7} - \frac{6}{7} - \frac{6}{7} = 6\frac{8}{7} - \frac{6}{7} - \frac{6}{7}$$

$$= 6\frac{2}{7} - \frac{6}{7} = 5\frac{9}{7} - \frac{6}{7} = 5\frac{3}{7}$$

5-4 $1\dfrac{8}{9}$

$$3\frac{4}{9} \star \bigcirc = 3\frac{4}{9} + 3\frac{4}{9} + \bigcirc = 6\frac{8}{9} + \bigcirc = 8\frac{7}{9}$$

$$\Rightarrow \bigcirc = 8\frac{7}{9} - 6\frac{8}{9} = 7\frac{16}{9} - 6\frac{8}{9} = 1\frac{8}{9}$$

대표문제 6

전체 일의 양을 1이라 하면 아버지와 어머니가 함께 하루 동안 하시는 모내기의 양은

$$\frac{3}{20} + \frac{2}{20} = \frac{5}{20}$$입니다.

$$1 - \frac{5}{20} - \frac{5}{20} - \frac{5}{20} - \frac{5}{20} = 0$$이므로

모내기를 모두 끝내는 데 4일이 걸립니다.

6-1 3일

전체 일의 양을 1이라 하면 민재와 지혜가 함께 하루 동안 따는 오이의 양은

$$\frac{3}{15} + \frac{2}{15} = \frac{5}{15}$$입니다.

$$1 - \frac{5}{15} - \frac{5}{15} - \frac{5}{15} = 0$$이므로 오이를 모두 따는 데 3일이 걸립니다.

서술형 6-2 5일

㉠ 전체 일의 양을 1이라 하면 승호가 2일 동안 하는 일의 양은 $\dfrac{2}{19} + \dfrac{2}{19} = \dfrac{4}{19}$이고

남은 일의 양은 $1 - \dfrac{4}{19} = \dfrac{15}{19}$입니다.

승호와 은주가 함께 하루 동안 하는 일의 양은 $\dfrac{2}{19} + \dfrac{3}{19} = \dfrac{5}{19}$입니다.

$\dfrac{15}{19} - \dfrac{5}{19} - \dfrac{5}{19} - \dfrac{5}{19} = 0$이므로 승호가 일을 시작한 지 $2+3=5$(일) 만에 끝낼 수 있습니다.

채점 기준	배점
승호가 2일 동안 하는 일의 양과 남은 일의 양을 구했나요?	2점
승호와 은주가 함께 하루 동안 하는 일의 양을 구했나요?	2점
일을 끝낼 수 있는 날수를 구했나요?	1점

6-3 7일

전체 일의 양을 1이라 하면

(은혜, 경태, 한나가 함께 하루 동안 하는 일의 양)$=\dfrac{1}{36}+\dfrac{3}{36}+\dfrac{4}{36}=\dfrac{8}{36}$,

(은혜, 경태, 한나가 함께 2일 동안 하는 일의 양)$=\dfrac{8}{36}+\dfrac{8}{36}=\dfrac{16}{36}$이고

(은혜와 경태가 함께 하루 동안 하는 일의 양)$=\dfrac{1}{36}+\dfrac{3}{36}=\dfrac{4}{36}$,

(은혜와 경태가 함께 3일 동안 하는 일의 양)$=\dfrac{4}{36}+\dfrac{4}{36}+\dfrac{4}{36}=\dfrac{12}{36}$입니다.

한나가 혼자 해야 하는 일의 양은

$1-\dfrac{16}{36}-\dfrac{12}{36}=\dfrac{36}{36}-\dfrac{16}{36}-\dfrac{12}{36}=\dfrac{20}{36}-\dfrac{12}{36}=\dfrac{8}{36}$입니다.

$\dfrac{8}{36}-\dfrac{4}{36}-\dfrac{4}{36}=0$이므로 남은 일은 한나가 혼자 2일 동안 하면 끝낼 수 있습니다.

따라서 일을 시작한 지 $2+3+2=7$(일) 만에 끝낼 수 있습니다.

대표문제 7

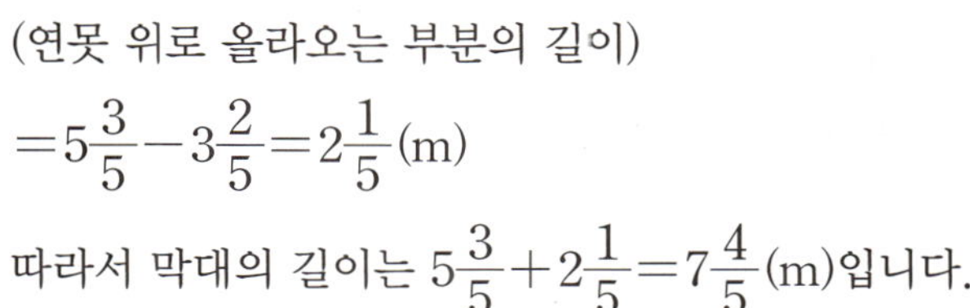

막대를 연못에 넣었을 때 연못 위로 올라오는 부분의 길이는

$\dfrac{4}{7}-\dfrac{3}{7}=\dfrac{1}{7}$(m)입니다.

따라서 막대의 길이는 $\dfrac{4}{7}+\dfrac{1}{7}=\dfrac{5}{7}$(m)입니다.

7-1 $7\dfrac{4}{5}$ m

(연못 위로 올라오는 부분의 길이)

$=5\dfrac{3}{5}-3\dfrac{2}{5}=2\dfrac{1}{5}$(m)

따라서 막대의 길이는 $5\dfrac{3}{5}+2\dfrac{1}{5}=7\dfrac{4}{5}$(m)입니다.

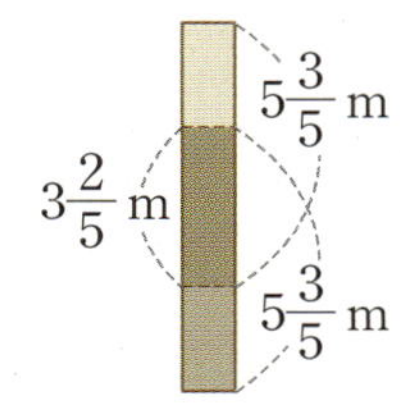

7-2 $1\dfrac{4}{11}$ m

(막대의 길이)=(연못의 깊이)+(연못의 깊이)−(두 번 젖은 부분의 길이)이므로

두 번 젖은 부분의 길이를 □ m라 하면 오른쪽과 같습니다.

➡ $5\dfrac{10}{11}=3\dfrac{7}{11}+3\dfrac{7}{11}-□$, $5\dfrac{10}{11}=6\dfrac{14}{11}-□$,

$□=6\dfrac{14}{11}-5\dfrac{10}{11}$, $□=1\dfrac{4}{11}$

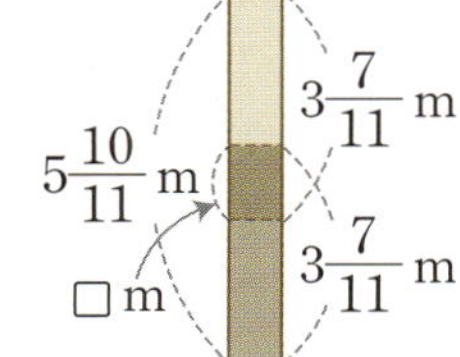

따라서 막대에서 두 번 젖은 부분의 길이는 $1\dfrac{4}{11}$ m입니다.

7-3 $2\dfrac{3}{8}$ m

(연못의 깊이의 2배)
=(막대의 길이)-(물에 젖지 않은 부분의 길이)
$=7\dfrac{3}{8}-2\dfrac{5}{8}=6\dfrac{11}{8}-2\dfrac{5}{8}=4\dfrac{6}{8}$ (m)

따라서 $4\dfrac{6}{8}=2\dfrac{3}{8}+2\dfrac{3}{8}$ 이므로 연못의 깊이는 $2\dfrac{3}{8}$ m입니다.

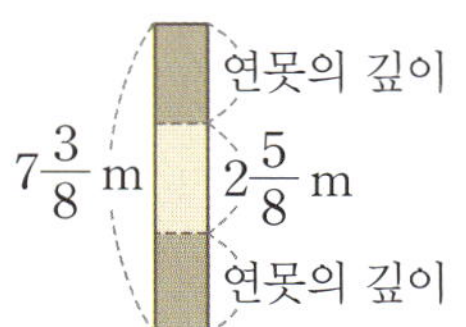

7-4 $6\dfrac{10}{13}$ m

(연못의 깊이의 2배)
=(막대의 길이)-(물에 젖지 않은 부분의 길이)
$=18\dfrac{6}{13}-4\dfrac{12}{13}=17\dfrac{19}{13}-4\dfrac{12}{13}=13\dfrac{7}{13}$ (m)

따라서 $13\dfrac{7}{13}=12\dfrac{20}{13}=6\dfrac{10}{13}+6\dfrac{10}{13}$ 이므로 연못의 깊이는 $6\dfrac{10}{13}$ m입니다.

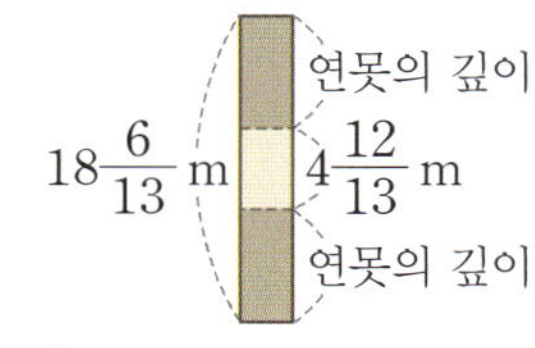

8

자연수 부분은 1부터 2씩 커지고, 분수 부분의 분자는 2부터 2씩 커지는 규칙입니다.

$$1\dfrac{2}{13}+3\dfrac{4}{13}+5\dfrac{6}{13}+7\dfrac{8}{13}+9\dfrac{10}{13}+11\dfrac{12}{13}$$

$$=(1+3+5+7+9+11)+\left(\dfrac{2}{13}+\dfrac{4}{13}+\dfrac{6}{13}+\dfrac{8}{13}+\dfrac{10}{13}+\dfrac{12}{13}\right)$$

$$=36+\dfrac{42}{13}=39\dfrac{3}{13}$$

8-1 38

분자가 19부터 1씩 작아지는 규칙입니다.
가장 큰 분수와 가장 작은 분수의 순서로 두 수씩 짝을 지어 합을 구해 봅니다.

$$\dfrac{19}{5}+\dfrac{18}{5}+\dfrac{17}{5}+\cdots+\dfrac{1}{5}$$

$$=\left(\dfrac{19}{5}+\dfrac{1}{5}\right)+\left(\dfrac{18}{5}+\dfrac{2}{5}\right)+\left(\dfrac{17}{5}+\dfrac{3}{5}\right)+\cdots+\left(\dfrac{11}{5}+\dfrac{9}{5}\right)+\dfrac{10}{5}$$

$$=\underbrace{\dfrac{20}{5}+\dfrac{20}{5}+\dfrac{20}{5}+\cdots+\dfrac{20}{5}}_{9개}+\dfrac{10}{5}$$

$$=\underbrace{4+4+4+\cdots+4}_{9개}+2=4\times9+2=36+2=38$$

8-2 40

자연수 부분과 분수 부분의 분자가 1부터 1씩 커지는 규칙입니다.

$$1\dfrac{1}{9}+2\dfrac{2}{9}+3\dfrac{3}{9}+\cdots+8\dfrac{8}{9}$$

$$=(1+2+3+\cdots+7+8)+\left(\dfrac{1}{9}+\dfrac{2}{9}+\dfrac{3}{9}+\cdots+\dfrac{7}{9}+\dfrac{8}{9}\right)$$

$$=36+\dfrac{36}{9}=40$$

8-3 $114\dfrac{2}{7}$

자연수 부분은 19부터 2씩 작아지고, 분수 부분의 분자는 1부터 2씩 커지는 규칙입니다.

$$19\dfrac{1}{7}+17\dfrac{3}{7}+15\dfrac{5}{7}+\cdots+1\dfrac{19}{7}$$

$$=(19+17+15+\cdots+3+1)+\left(\dfrac{1}{7}+\dfrac{3}{7}+\dfrac{5}{7}+\cdots+\dfrac{17}{7}+\dfrac{19}{7}\right)$$

$$=100+\dfrac{100}{7}=114\dfrac{2}{7}$$

보충 개념

$$1+3+5+7+9+11+13+15+17+19=20\times5=100$$

8-4 $112\dfrac{15}{20}$

자연수 부분은 2부터 2씩 커지고, 분수 부분의 분자는 1부터 1씩 커지는 규칙이므로 열째 분수는 $20\dfrac{10}{20}$입니다.

$$2\dfrac{1}{20}+4\dfrac{2}{20}+6\dfrac{3}{20}+\cdots+16\dfrac{8}{20}+18\dfrac{9}{20}+20\dfrac{10}{20}$$

$$=(2+4+6+\cdots+16+18+20)+\left(\dfrac{1}{20}+\dfrac{2}{20}+\dfrac{3}{20}+\cdots+\dfrac{8}{20}+\dfrac{9}{20}+\dfrac{10}{20}\right)$$

$$=110+\dfrac{55}{20}=112\dfrac{15}{20}$$

보충 개념

$$2+4+6+8+10+12+14+16+18+20=22\times5=110$$

MATH MASTER

1 $\dfrac{6}{8},\ \dfrac{5}{8}$

두 진분수 중 큰 진분수를 $\dfrac{\blacksquare}{8}$, 작은 진분수를 $\dfrac{\blacktriangle}{8}$ 라 하면

$\dfrac{\blacksquare}{8}+\dfrac{\blacktriangle}{8}=1\dfrac{3}{8}=\dfrac{11}{8}$, $\dfrac{\blacksquare}{8}-\dfrac{\blacktriangle}{8}=\dfrac{1}{8}$이므로 $\blacksquare+\blacktriangle=11$, $\blacksquare-\blacktriangle=1$입니다.

두 식을 더하면 $\blacksquare+\blacktriangle+\blacksquare-\blacktriangle=12$, $\blacksquare+\blacksquare=12$이므로 $\blacksquare=6$입니다.

$\blacksquare+\blacktriangle=11$에서 $6+\blacktriangle=11$, $\blacktriangle=5$입니다.

따라서 두 진분수의 분자는 6, 5이므로 두 진분수는 $\dfrac{6}{8}$, $\dfrac{5}{8}$입니다.

2 $15\dfrac{11}{15}$

계산 결과가 가장 크려면 ◆와 ♥의 합이 가장 커야 하므로 ◆와 ♥에 가장 큰 수와 둘째로 큰 수인 8과 7을 놓아야 합니다.

$$8\dfrac{6}{15}+7\dfrac{5}{15}=15\dfrac{11}{15},\ 7\dfrac{6}{15}+8\dfrac{5}{15}=15\dfrac{11}{15}$$

$$\left(\text{또는 } 8\dfrac{5}{15}+7\dfrac{6}{15}=15\dfrac{11}{15},\ 7\dfrac{5}{15}+8\dfrac{6}{15}=15\dfrac{11}{15}\right)$$

따라서 계산 결과가 가장 클 때의 값은 $15\dfrac{11}{15}$ 입니다.

3 2개

@ $2\dfrac{2}{10}+3\dfrac{7}{10}=5\dfrac{9}{10}$, $7\dfrac{5}{10}-1\dfrac{3}{10}=6\dfrac{2}{10}$

$5\dfrac{9}{10}<\dfrac{\square}{10}<6\dfrac{2}{10}$에서 $\dfrac{59}{10}<\dfrac{\square}{10}<\dfrac{62}{10}$이므로 $59<\square<62$입니다.

따라서 $\square$ 안에 들어갈 수 있는 자연수는 60, 61이므로 모두 2개입니다.

채점 기준	배점
$\square$ 안에 들어갈 수 있는 자연수의 범위를 구했나요?	3점
$\square$ 안에 들어갈 수 있는 자연수는 모두 몇 개인지 구했나요?	2점

4 $26\dfrac{4}{5}$ cm

색 테이프 3장의 길이의 합은 $10\times3=30$(cm)이고,

겹쳐진 부분의 길이의 합은 $1\dfrac{3}{5}+1\dfrac{3}{5}=2+\dfrac{6}{5}=3\dfrac{1}{5}$(cm)입니다.

따라서 이어 붙인 색 테이프의 전체 길이는 $30-3\dfrac{1}{5}=29\dfrac{5}{5}-3\dfrac{1}{5}=26\dfrac{4}{5}$(cm)입니다.

5 $6\dfrac{2}{9}$ cm

(15분 동안 탄 양초의 길이)$=20-16\dfrac{5}{9}=19\dfrac{9}{9}-16\dfrac{5}{9}=3\dfrac{4}{9}$(cm)

1시간은 15분의 4배이므로 1시간 동안 타는 양초의 길이는

$3\dfrac{4}{9}+3\dfrac{4}{9}+3\dfrac{4}{9}+3\dfrac{4}{9}=12+\dfrac{16}{9}=13\dfrac{7}{9}$(cm)입니다.

따라서 1시간이 지난 후에 남은 양초의 길이는

$20-13\dfrac{7}{9}=19\dfrac{9}{9}-13\dfrac{7}{9}=6\dfrac{2}{9}$(cm)입니다.

6 오후 12시 6분 30초

8월 10일 낮 12시부터 8월 13일 낮 12시까지는 3일이므로 3일 동안 빨라지는 시간은

$2\dfrac{10}{60}+2\dfrac{10}{60}+2\dfrac{10}{60}=6\dfrac{30}{60}$(분)입니다.

$6\dfrac{30}{60}$분은 6분 30초이므로 8월 13일 낮 12시에 이 시계가 가리키는 시각은

낮 12시$+6$분 30초$=$오후 12시 6분 30초입니다.

7 $1\dfrac{5}{13}$ kg

@ (책 5권의 무게)$+$(상자의 무게)$=8$(kg), (책 3권의 무게)$+$(상자의 무게)$=5\dfrac{3}{13}$(kg)

이므로 책 2권의 무게는 $8-5\dfrac{3}{13}=7\dfrac{13}{13}-5\dfrac{3}{13}=2\dfrac{10}{13}$(kg)입니다.

따라서 $2\dfrac{10}{13}=1\dfrac{5}{13}+1\dfrac{5}{13}$이므로 책 한 권의 무게는 $1\dfrac{5}{13}$ kg입니다.

채점 기준	배점
책 2권의 무게를 구했나요?	3점
책 1권의 무게를 구했나요?	2점

8 $94\dfrac{2}{20}$ kg

(미나의 몸무게)$+$(수지의 몸무게)$=59\dfrac{7}{20}$(kg),

(미나의 몸무게)$+$(효민이의 몸무게)$=67\dfrac{5}{20}$(kg),

(수지의 몸무게)＋(효민이의 몸무게)＝$61\frac{12}{20}$(kg)이므로 3개의 식을 모두 더하면

(미나의 몸무게)×2＋(수지의 몸무게)×2＋(효민이의 몸무게)×2

＝$59\frac{7}{20}+67\frac{5}{20}+61\frac{12}{20}=187+\frac{24}{20}=188\frac{4}{20}$(kg)입니다.

따라서 $188\frac{4}{20}=94\frac{2}{20}+94\frac{2}{20}$이므로 세 사람의 몸무게의 합은 $94\frac{2}{20}$ kg입니다.

9 37

더하는 분수의 수와 계산 결과의 관계를 알아봅니다.

$$\frac{1}{3}+\frac{2}{3}=1 \qquad \frac{1}{5}+\frac{2}{5}+\frac{3}{5}+\frac{4}{5}=2 \qquad \frac{1}{7}+\frac{2}{7}+\frac{3}{7}+\frac{4}{7}+\frac{5}{7}+\frac{6}{7}=3$$

2개 2÷2 4개 4÷2 6개 6÷2

➡ 분모가 홀수인 분모가 같은 진분수를 모두 더하면 계산 결과는 더한 분수의 수의 절반과 같습니다.

계산 결과가 18이므로 더한 분수는 $18\times2=36$(개)입니다.

따라서 □－1＝36, □＝37입니다.

10 $2\frac{4}{11}$, $5\frac{8}{11}$, $4\frac{8}{11}$

㉮＋㉯＋㉰＝$12\frac{9}{11}$, ㉯＝㉮＋$3\frac{4}{11}$, ㉰＝㉮×2이므로

㉮＋㉯＋㉰＝㉮＋$\left(㉮+3\frac{4}{11}\right)$＋(㉮×2)＝㉮×4＋$3\frac{4}{11}=12\frac{9}{11}$입니다.

㉮×4＝$12\frac{9}{11}-3\frac{4}{11}=9\frac{5}{11}=\frac{104}{11}$이고 $\frac{104}{11}=\frac{26}{11}+\frac{26}{11}+\frac{26}{11}+\frac{26}{11}$이므로

㉮＝$\frac{26}{11}=2\frac{4}{11}$, ㉯＝㉮＋$3\frac{4}{11}=2\frac{4}{11}+3\frac{4}{11}=5\frac{8}{11}$,

㉰＝㉮×2＝㉮＋㉮＝$2\frac{4}{11}+2\frac{4}{11}=4\frac{8}{11}$입니다.

2 삼각형

1 삼각형을 변의 길이에 따라 분류하기 34~35쪽

1 (1) 9 (2) 8, 8

(1) 이등변삼각형은 두 변의 길이가 같습니다.
(2) 정삼각형은 세 변의 길이가 같습니다.

2 11

□＋□＋8＝30 ➡ □＋□＝22, □＝11

3 (1) 25 (2) 70

(1) 이등변삼각형은 두 각의 크기가 같습니다.
(2) 이등변삼각형은 길이가 같은 두 변에 있는 두 각의 크기가 같습니다.
　　$40°+□°+□°=180° ➡ □°+□°=140°, □°=70°$

21 정답과 풀이

4 80°

(각 ㄱㄷㄴ)=180°−130°=50°, (각 ㄱㄴㄷ)=(각 ㄱㄷㄴ)=50°입니다.
➡ (각 ㄴㄱㄷ)=180°−50°−50°=80°

5 (1) 60, 60 (2) 120

(1) 정삼각형의 한 각의 크기는 60°입니다.
(2) 정삼각형의 한 각의 크기는 60°이므로 (각 ㄱㄷㄴ)=60°입니다.
➡ □°=180°−60°=120°

6 45 cm

(나머지 한 각)=180°−60°−60°=60°
세 각의 크기가 모두 60°이므로 정삼각형입니다.
정삼각형은 세 변의 길이가 같으므로
(세 변의 길이의 합)=15+15+15=45(cm)입니다.

2 삼각형을 각의 크기에 따라 분류하기

1 가, 다 / 바 / 나, 라, 마

예각삼각형은 세 각이 모두 예각인 삼각형이므로 가, 다입니다.
직각삼각형은 한 각이 직각인 삼각형이므로 바입니다.
둔각삼각형은 한 각이 둔각인 삼각형이므로 나, 라, 마입니다.

2 나, 마, 바, 사 / 다, 라

가, 아는 직각삼각형이므로 예각삼각형도 둔각삼각형도 아닙니다.

3 ㉡

㉠ (나머지 한 각)=180°−30°−70°=80° ➡ 30°, 70°, 80°: 예각삼각형
㉡ (나머지 한 각)=180°−40°−35°=105° ➡ 40°, 35°, 105°: 둔각삼각형
㉢ (나머지 한 각)=180°−50°−40°=90° ➡ 50°, 40°, 90°: 직각삼각형

4 (위에서부터)
가, 다 / 바 / 사 /
마 / 라 / 나

다는 세 변의 길이가 같은 정삼각형이므로 이등변삼각형입니다.

5 이등변삼각형, 정삼각형, 예각삼각형에 ○표

세 각의 크기가 모두 같으므로 정삼각형이고, 이등변삼각형입니다.
세 각이 모두 예각이므로 예각삼각형입니다.

6 풀이 참조

두 변의 길이가 같고 한 각이 직각인 삼각형을 그립니다.

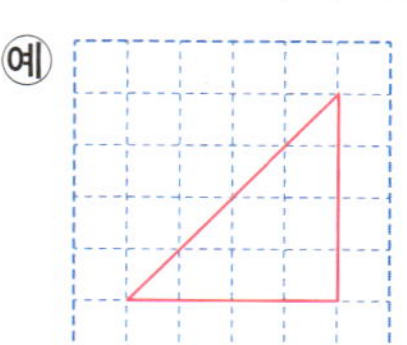

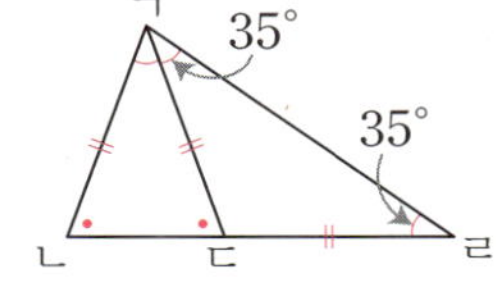

대표문제 1

삼각형 ㄱㄷㄹ은 이등변삼각형이므로
(각 ㄷㄱㄹ)=(각 ㄷㄹㄱ)=35°이고
(각 ㄱㄷㄹ)=180°−35°−35°=110°입니다.
(각 ㄱㄷㄴ)=180°−(각 ㄱㄷㄹ)=180°−110°=70°
삼각형 ㄱㄴㄷ은 이등변삼각형이므로 (각 ㄱㄴㄷ)=(각 ㄱㄷㄴ)=70°입니다.
➡ (각 ㄴㄱㄷ)=180°−70°−70°=40°

1-1 120°

삼각형 ㄱㄴㄷ은 이등변삼각형이므로 (각 ㄴㄱㄷ)=(각 ㄴㄷㄱ)=20°이고
(각 ㄱㄴㄷ)=180°−20°−20°=140°입니다.
삼각형 ㄹㄴㄷ은 이등변삼각형이므로 (각 ㄹㄴㄷ)=(각 ㄹㄷㄴ)=20°입니다.
➡ (각 ㄱㄴㄹ)=140°−20°=120°

1-2 50°

(각 ㄱㄷㄹ)=180°−115°=65°이고,
삼각형 ㄱㄷㄹ은 이등변삼각형이므로 (각 ㄱㄹㄷ)=(각 ㄱㄷㄹ)=65°입니다.
삼각형 ㄱㄴㄹ은 이등변삼각형이므로 (각 ㄴㄱㄹ)=(각 ㄴㄹㄱ)=65°입니다.
➡ (각 ㄱㄴㄷ)=180°−65°−65°=50°

1-3 25°

삼각형 ㄱㄴㄹ에서 (각 ㄱㄹㄴ)=180°−90°−40°=50°이므로
(각 ㄴㄹㄷ)=180°−50°=130°입니다.
삼각형 ㄹㄴㄷ은 이등변삼각형이므로 각 ㄹㄴㄷ과 각 ㄹㄷㄴ의 크기가 같습니다.
(각 ㄹㄴㄷ)=(각 ㄹㄷㄴ)=(180°−130°)÷2=25°
➡ (각 ㄱㄷㄴ)=25°

1-4 85°

삼각형 ㄱㄷㄴ에서 (각 ㄱㄷㄴ)=180°−50°−70°=60°입니다.
삼각형 ㅁㄷㄹ에서 (각 ㅁㄷㄹ)=(각 ㄷㅁㄹ)=(180°−110°)÷2=35°입니다.
➡ (각 ㄱㄷㅁ)=180°−60°−35°=85°

대표문제 2

이등변삼각형은 두 변의 길이가 같으므로 나머지 한 변은 21 cm입니다.
(이등변삼각형의 세 변의 길이의 합)=21+21+15=57(cm)
정삼각형은 세 변의 길이가 같으므로
정삼각형의 한 변은 57÷3=19(cm)로 해야 합니다.

2-1 9 cm

이등변삼각형은 두 변의 길이가 같으므로 나머지 한 변은 8 cm입니다.
(이등변삼각형의 세 변의 길이의 합)=8+11+8=27(cm)
➡ (정삼각형의 한 변)=27÷3=9(cm)

㉎ 한 변이 9 cm인 정삼각형 한 개를 만드는 데 필요한 철사의 길이는
$9 \times 3 = 27$ (cm)입니다.
$1\,m = 100\,cm$이고 $100 \div 27 = 3 \cdots 19$이므로 정삼각형을 3개까지 만들 수 있습니다.

채점 기준	배점
한 변이 9 cm인 정삼각형 한 개를 만드는 데 필요한 철사의 길이를 구했나요?	2점
길이가 1 m인 철사로 만들 수 있는 정삼각형의 수를 구했나요?	3점

2-3 70°

정삼각형은 세 각의 크기가 모두 같으므로
(각 ㄴㄱㄷ) = (각 ㄱㄴㄷ) = (각 ㄱㄷㄴ) = 60°입니다.
(각 ㅁㄱㄹ) = 60° − 20° = 40°이므로
삼각형 ㄱㅁㄹ에서 (각 ㄱㄹㅁ) = 180° − 40° − 30° = 110°입니다.
➡ (각 ㅁㄹㄷ) = 180° − 110° = 70°

2-4 90°

정삼각형은 세 각의 크기가 모두 같으므로
(각 ㄴㄱㄷ) = (각 ㄱㄴㄷ) = (각 ㄱㄷㄴ) = 60°입니다.
(각 ㄹㄷㄴ) = 60° − 15° = 45°이고 삼각형 ㄹㄴㄷ은 이등변삼각형이므로
(각 ㄹㄴㄷ) = (각 ㄹㄷㄴ) = 45°입니다.
➡ ㉠ = 180° − 45° − 45° = 90°

대표문제 3

삼각형 ㄹㄴㅁ은 이등변삼각형이므로 (각 ㄴㄹㅁ) = (각 ㄹㄴㅁ) = 40°이고
(각 ㄴㅁㄹ) = 180° − 40° − 40° = 100°입니다.
(각 ㄹㅁㅂ) = (각 ㄴㄱㄷ) = 180° − 40° − 80° = 60°
(각 ㅂㅁㄷ) = 180° − 100° − 60° = 20°
따라서 삼각형 ㅂㅁㄷ에서 (각 ㅁㅂㄷ) = 180° − 20° − 80° = 80°입니다.

3-1 85°

삼각형 ㄹㅁㅂ에서 (각 ㅁㄹㅂ) = 180° − 70° − 35° = 75°이고
접은 각과 접힌 각의 크기는 같으므로 (각 ㄴㄹㅁ) = (각 ㅁㄹㅂ) = 75°입니다.
(각 ㄱㄹㅂ) = 180° − 75° − 75° = 30°
따라서 삼각형 ㄱㄹㅂ에서 (각 ㄱㅂㄹ) = 180° − 65° − 30° = 85°입니다.

3-2 65°

삼각형 ㄱㄴㄷ은 정삼각형이므로 ㉡ = (각 ㄱㄴㄷ) = 60°입니다.
접은 각과 접힌 각의 크기는 같으므로
㉢ = ㉣ = (180° − 70°) ÷ 2 = 55°입니다.
➡ ㉠ = 180° − 60° − 55° = 65°

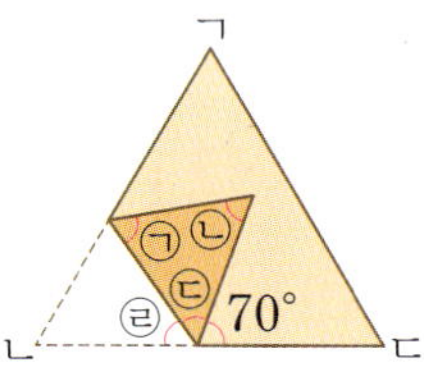

3-3 70°

삼각형 ㄱㄴㄷ은 이등변삼각형이므로
ⓛ=(각 ㄱㄷㄴ)=40°입니다.
삼각형 ㄱㄴㄷ에서 ⓒ+ⓔ+40°=180°-40°-40°,
ⓒ+ⓔ+40°=100°, ⓒ+ⓔ=60°입니다.
접은 각과 접힌 각의 크기는 같으므로 ⓒ=ⓔ=30°입니다.
따라서 삼각형 ㄱㄹㄷ에서 ㉠=180°-30°-40°-40°=70°입니다.

3-4 50°

접은 각과 접힌 각의 크기는 같으므로
(각 ㄴㅁㅂ)=(각 ㅂㅁㅅ)=60°, (각 ㄱㄹㅇ)=㉠입니다.
(각 ㄹㅁㅅ)=180°-60°-60°=60°
삼각형 ㄹㅁㅅ에서 (각 ㅁㄹㅅ)=180°-60°-40°=80°입니다.
㉠+(각 ㄱㄹㅇ)=180°-80°=100°이고 ㉠과 각 ㄱㄹㅇ의 크기는 같으므로 ㉠의 크기는 50°입니다.

대표문제 4

삼각형 ㄱㄴㄷ을 시계 방향으로 90°만큼 돌렸으므로
(각 ㄷㄱㅁ)=(각 ㄴㄱㄹ)=90°입니다.
삼각형 ㄱㄹㄴ에서 선분 ㄱㄹ과 선분 ㄱㄴ의 길이가 같으므로
(각 ㄱㄹㄴ)=(각 ㄱㄴㄹ)=(180°-90°)÷2=45°입니다.
삼각형 ㄱㄹㅁ은 정삼각형이므로 (각 ㄹㄱㅁ)=60°입니다.
따라서 삼각형 ㄱㄹㅂ에서 ㉠=180°-45°-60°=75°입니다.

4-1 85°

삼각형 ㄱㄴㄷ을 시계 반대 방향으로 90°만큼 돌렸으므로
(각 ㄴㄱㄹ)=(각 ㄷㄱㅁ)=90°입니다.
삼각형 ㄱㄷㅁ에서 선분 ㄱㄷ과 선분 ㄱㅁ의 길이가 같으므로
(각 ㄱㄷㅁ)=(각 ㄱㅁㄷ)=(180°-90°)÷2=45°입니다.
(각 ㄴㄱㄷ)=(각 ㄹㄱㅁ)=40°이므로
삼각형 ㄱㅂㅁ에서 (각 ㄱㅂㅁ)=180°-40°-45°=95°입니다.
➡ ㉠=180°-95°=85°

4-2 70°

점 ㄱ을 중심으로 하여 시계 방향으로 30°만큼 돌렸으므로 (각 ㄷㄱㅂ)=30°이고,
(각 ㄱㄷㄴ)=(각 ㄱㅁㄹ)=180°-90°-50°=40°입니다.
삼각형 ㄱㅂㄷ에서 (각 ㄱㅂㄷ)=180°-30°-40°=110°입니다.
➡ ㉠=180°-110°=70°

4-3 30°

(각 ㅁㄹㄷ)=(각 ㄱㄴㄷ)=50°입니다.
점 ㄷ을 중심으로 하여 시계 방향으로 20°만큼 돌렸으므로
(각 ㄴㄷㄹ)=(각 ㄱㄷㅁ)=20°입니다.

선분 ㄱㄷ과 선분 ㅁㄷ의 길이가 같으므로 삼각형 ㄱㄷㅁ은 이등변삼각형이고
(각 ㄱㅁㄷ)=(각 ㄷㄱㅁ)=(180°-20°)÷2=80°입니다.
따라서 삼각형 ㅁㄹㄷ에서 ㉠=180°-80°-50°-20°=30°입니다.

4-4 30°

삼각형 ㄹㄴㅁ은 이등변삼각형이므로
(각 ㄴㅁㄹ)=(180°-100°)÷2=40°입니다.
㉠=180°-70°=110°이고 ㉡=(각 ㄴㅁㄹ)=40°이므로
㉢=180°-110°-40°=30°입니다.
따라서 삼각형 ㄱㄴㄷ을 ㉢만큼 돌린 것이므로 시계 반대 방향으로 30°만큼 돌린 것입니다.

대표문제 5

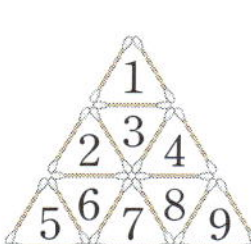

한 변이 면봉 1개인 정삼각형은 9개입니다.

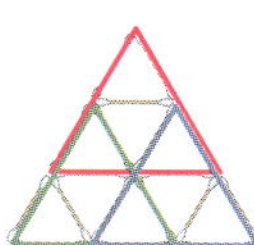

한 변이 면봉 2개인 정삼각형은 3개입니다.

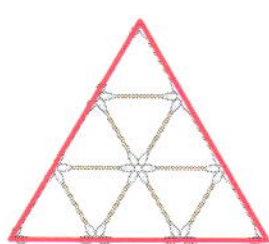

한 변이 면봉 3개인 정삼각형은 1개입니다.

따라서 크고 작은 정삼각형은 모두 9+3+1=13(개)입니다.

5-1 16개

한 변이 면봉 1개인 정삼각형: 12개
한 변이 면봉 2개인 정삼각형: 4개
➡ (크고 작은 정삼각형의 수)=12+4=16(개)

서술형 5-2 20개

㉐ 그림에서 찾을 수 있는 정삼각형의 종류는 삼각형 1개, 4개, 9개로 된 정삼각형입니다.
삼각형 1개로 된 정삼각형: 12개, 삼각형 4개로 된 정삼각형: 6개,
삼각형 9개로 된 정삼각형: 2개
따라서 크고 작은 정삼각형은 모두 12+6+2=20(개)입니다.

채점 기준	배점
그림에서 찾을 수 있는 정삼각형의 종류를 설명했나요?	2점
크고 작은 정삼각형의 수를 구했나요?	3점

5-3 18개

삼각형 1개로 된 이등변삼각형: 8개
삼각형 2개로 된 이등변삼각형: 8개
삼각형 4개로 된 이등변삼각형: 2개
➡ (크고 작은 이등변삼각형의 수)=8+8+2=18(개)

5-4 23개

삼각형 1개로 된 삼각형: 7개
삼각형 2개로 된 삼각형: ㉠＋㉡, ㉠＋㉣, ㉡＋㉢, ㉡＋㉤,
　　　　　　　　　　 ㉢＋㉥, ㉤＋㉥, ㉥＋㉦, ㉧＋㉦
　　　　　　　　　 → 8개
삼각형 3개로 된 삼각형: ㉠＋㉡＋㉢, ㉡＋㉤＋㉧, ㉢＋㉥＋㉦, ㉣＋㉤＋㉥,
　　　　　　　　　　 ㉣＋㉤＋㉧ → 5개
삼각형 4개로 된 삼각형: ㉡＋㉢＋㉤＋㉥ → 1개
삼각형 5개로 된 삼각형: ㉠＋㉡＋㉣＋㉤＋㉧, ㉣＋㉤＋㉥＋㉧＋㉦ → 2개
➡ (크고 작은 삼각형의 수)＝7＋8＋5＋1＋2＝23(개)

6

한 원에서 반지름의 길이는 모두 같으므로
선분 ㄱㅇ, 선분 ㄴㅇ, 선분 ㄷㅇ의 길이는 모두 같습니다.
삼각형 ㄱㄴㅇ은 이등변삼각형이므로 (각 ㅇㄱㄴ)＝(각 ㅇㄴㄱ)＝15°이고,
(각 ㄱㅇㄴ)＝180°－15°－15°＝150°입니다.
삼각형 ㅇㄷㄷ은 이등변삼각형이므로 (각 ㅇㄴㄷ)＝(각 ㅇㄷㄴ)＝30°이고,
(각 ㄴㅇㄷ)＝180°－30°－30°＝120°입니다.
(각 ㄱㅇㄷ)＝360°－(각 ㄱㅇㄴ)－(각 ㄴㅇㄷ)＝360°－150°－120°＝90°
따라서 삼각형 ㄱㅇㄷ은 이등변삼각형이므로 ㉠＝(180°－90°)÷2＝45°입니다.

6-1 75°

선분 ㄱㅇ, 선분 ㄴㅇ, 선분 ㄷㅇ은 원의 반지름이므로 길이가 모두 같습니다.
삼각형 ㄱㄴㅇ은 이등변삼각형이므로 (각 ㄴㄱㅇ)＝(각 ㄱㄴㅇ)＝50°입니다.
삼각형 ㄱㅇㄷ은 이등변삼각형이므로 (각 ㅇㄱㄷ)＝(각 ㅇㄷㄱ)＝25°입니다.
➡ ㉠＝50°＋25°＝75°

6-2 72°, 54°

선분 ㄱㅇ, 선분 ㄴㅇ, 선분 ㄷㅇ은 원의 반지름이므로 길이가 모두 같습니다.
삼각형 ㄱㄴㅇ은 이등변삼각형이므로 (각 ㄴㄱㅇ)＝(각 ㄱㄴㅇ)＝36°입니다.
(각 ㅇㄱㄷ)＝90°－36°＝54°이고 삼각형 ㄱㅇㄷ은 이등변삼각형이므로
㉡＝(각 ㅇㄱㄷ)＝54°입니다.
따라서 삼각형 ㄱㅇㄷ에서 ㉠＝180°－54°－54°＝72°입니다.

6-3 35°

선분 ㄱㅇ, 선분 ㄴㅇ, 선분 ㄷㅇ은 원의 반지름이므로 길이가 모두 같습니다.
삼각형 ㄱㄴㅇ은 이등변삼각형이므로 (각 ㄱㄴㅇ)＝(각 ㄴㄱㅇ)＝35°이고,
(각 ㄱㅇㄴ)＝180°－35°－35°＝110°입니다.
삼각형 ㅇㄴㄷ은 이등변삼각형이므로 (각 ㅇㄷㄴ)＝(각 ㅇㄴㄷ)＝20°이고,
(각 ㄴㅇㄷ)＝180°－20°－20°＝140°입니다.
(각 ㄱㅇㄷ)＝360°－(각 ㄱㅇㄴ)－(각 ㄴㅇㄷ)＝360°－110°－140°＝110°
따라서 삼각형 ㄱㅇㄷ은 이등변삼각형이므로 ㉠＝(180°－110°)÷2＝35°입니다.

6-4 $45°$

선분 ㄹㅇ, 선분 ㄱㅇ, 선분 ㄷㅇ은 원의 반지름이므로 길이가 모두 같습니다.
(선분 ㄴㄹ)=(선분 ㄷㅇ)=(선분 ㄹㅇ)=(선분 ㄱㅇ)이므로
삼각형 ㄹㄴㅇ과 삼각형 ㄹㅇㄱ은 이등변삼각형입니다.
(각 ㄴㄹㅇ)=$180°-15°-15°=150°$, (각 ㅇㄹㄱ)=(각 ㅇㄱㄹ)=$180°-150°=30°$,
(각 ㄹㅇㄱ)=$180°-30°-30°=120°$입니다.
➡ ㉠=$180°-15°-120°=45°$

7

(선분 ㄴㄷ)=(선분 ㄹㄷ)이고 (선분 ㄹㄷ)=(선분 ㄷㅁ)
이므로 (선분 ㄴㄷ)=(선분 ㄷㅁ)입니다.
➡ 삼각형 ㄴㄷㅁ은 이등변삼각형입니다.
삼각형 ㄴㄷㅁ에서 ㉡=$90°+60°=150°$이므로
㉢=㉣=$(180°-150°)÷2=15°$입니다.
삼각형 ㅂㄴㄷ에서 ㉤=$180°-15°-90°=75°$입니다.
➡ ㉠=$180°-75°=105°$

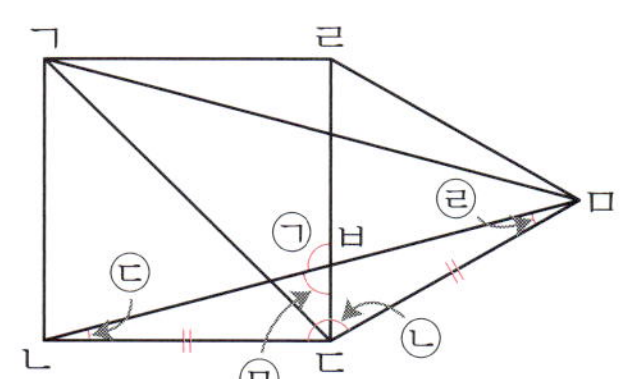

7-1 $75°$

선분 ㄱㄹ과 선분 ㄹㅁ의 길이가 같으므로 삼각형 ㄱㄹㅁ은 이등변삼각형입니다.
(각 ㄱㄹㅁ)=$90°+60°=150°$이고 (각 ㄹㅁㄱ)=$(180°-150°)÷2=15°$입니다.
(각 ㅂㅁㄷ)=$60°-15°=45°$이므로
삼각형 ㅂㄷㅁ에서 (각 ㄷㅂㅁ)=$180°-60°-45°=75°$입니다.

7-2 $15°, 60°$

삼각형 ㄴㄷㅁ은 이등변삼각형이고 (각 ㄴㄷㅁ)=$90°+60°=150°$이므로
㉠=(각 ㅁㄴㄷ)=$(180°-150°)÷2=15°$입니다.
삼각형 ㄱㄴㄷ은 이등변삼각형이므로
(각 ㄴㄱㄷ)=(각 ㄴㄷㄱ)=$(180°-90°)÷2=45°$이고,
삼각형 ㄴㄷㅂ에서 (각 ㄴㅂㄷ)=$180°-15°-45°=120°$이므로
㉡=$180°-120°=60°$입니다.

7-3 $150°$

삼각형 ㄱㅁㄹ은 이등변삼각형이고 (각 ㅁㄹㄱ)=$90°-60°=30°$이므로
(각 ㄱㅁㄹ)=(각 ㄱㄹㅁ)=$(180°-30°)÷2=75°$입니다.
삼각형 ㅁㄴㄷ은 이등변삼각형이고 (각 ㅁㄴㄷ)=$90°-60°=30°$이므로
(각 ㄴㅁㄷ)=(각 ㄴㄷㅁ)=$(180°-30°)÷2=75°$입니다.
➡ (각 ㄹㅁㄷ)=$360°-75°-60°-75°=150°$

7-4 $65°$

삼각형 ㄴㄷㅂ은 이등변삼각형이고 (각 ㄴㄷㅂ)=$90°+40°=130°$이므로
(각 ㄷㄴㅂ)=(각 ㄷㅂㄴ)=$(180°-130°)÷2=25°$입니다.
삼각형 ㅅㄷㅂ에서 (각 ㄷㅅㅂ)=$180°-40°-25°=115°$입니다.
➡ ㉠=$180°-115°=65°$

모양의 이등변삼각형은 16개입니다.

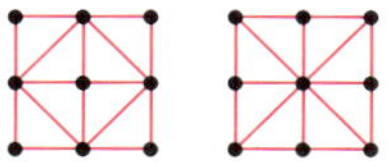

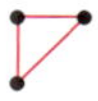

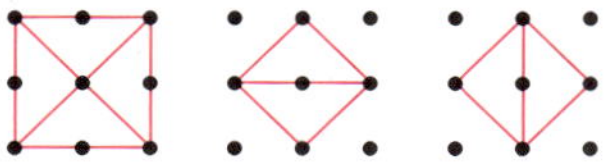

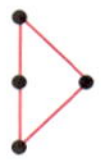

모양의 이등변삼각형은 8개입니다.

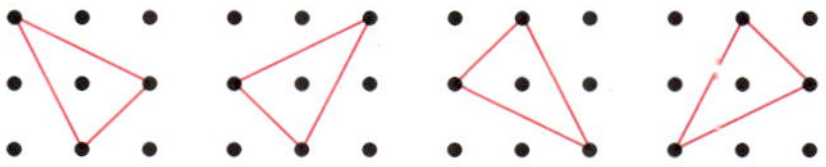

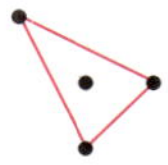

모양의 이등변삼각형은 4개입니다.

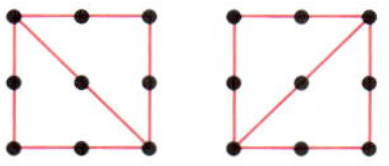

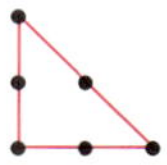

모양의 이등변삼각형은 4개입니다.

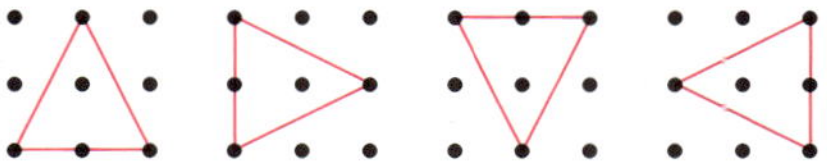

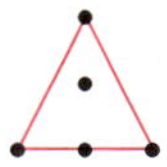

모양의 이등변삼각형은 4개입니다.

따라서 만들 수 있는 이등변삼각형은 모두
$16+8+4+4+4=36$(개)입니다.

8-1 15개

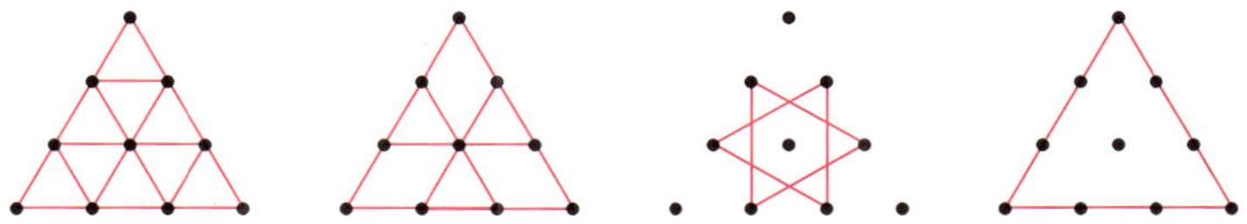

9개   3개   2개   1개

➡ $9+3+2+1=15$(개)

8-2 6가지

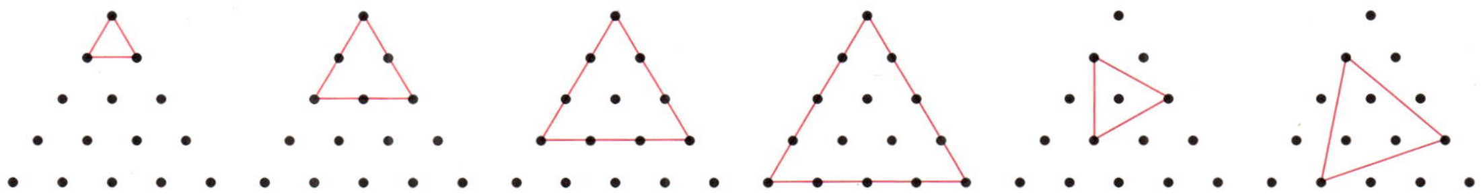

➡ 6가지

8-3 52개

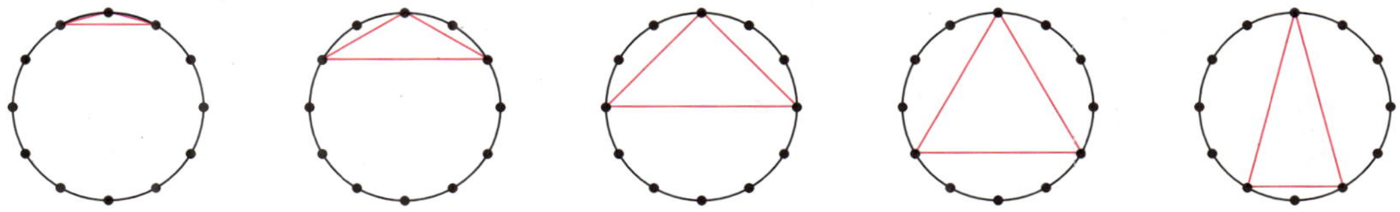

12개   12개   12개   4개   12개

➡ $12+12+12+4+12=52$(개)

8-4 12개

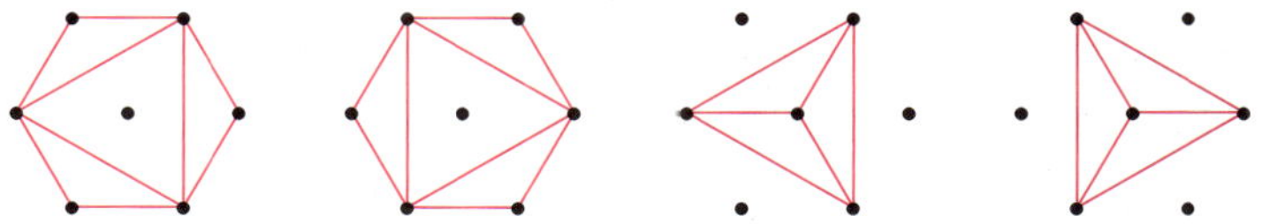

3개   3개   3개   3개

➡ $3+3+3+3=12$(개)

1 17 cm

이등변삼각형의 세 변의 길이의 합이 47 cm이므로
(선분 ㄷㄹ)＋(선분 ㄷㅁ)＝47－13＝34(cm)입니다.
이등변삼각형은 두 변의 길이가 같으므로
(선분 ㄷㄹ)＝(선분 ㄷㅁ)＝34÷2＝17(cm)입니다.
따라서 정사각형의 한 변은 17 cm입니다.

2 12 cm

정삼각형 ㄹㅁㅂ의 한 변의 길이는 16÷2＝8(cm)이고,
정삼각형 ㅅㅇㅈ의 한 변의 길이는 8÷2＝4(cm)입니다.
따라서 정삼각형 ㅅㅇㅈ의 세 변의 길이의 합은 4＋4＋4＝12(cm)입니다.

3 85°

삼각형 ㄱㄴㄷ은 이등변삼각형이므로 (각 ㄴㄷㄱ)＝(180°－110°)÷2＝35°입니다.
삼각형 ㅁㄷㄹ은 정삼각형이므로 (각 ㅁㄷㄹ)＝60°입니다.
➡ ㉠＝180°－35°－60°＝85°

4 28개

삼각형 1개로 된 정삼각형: 18개
삼각형 4개로 된 정삼각형: 8개
삼각형 9개로 된 정삼각형: 2개
➡ (크고 작은 정삼각형의 수)＝18＋8＋2＝28(개)

5 20°

㉞ 삼각형 ㄱㄴㄷ은 이등변삼각형이고 (각 ㄱㄴㄷ)＝90°이므로
(각 ㄴㄱㄷ)＝(각 ㄴㄷㄱ)＝(180°－90°)÷2＝45°입니다.
삼각형 ㄹㄴㄷ은 이등변삼각형이고 (각 ㄴㄹㄷ)＝50°이므로
(각 ㄹㄴㄷ)＝(각 ㄹㄷㄴ)＝(180°－50°)÷2＝65°입니다.
➡ (각 ㄱㄷㄹ)＝65°－45°＝20°

채점 기준	배점
각 ㄴㄷㄱ과 각 ㄹㄷㄴ의 크기를 각각 구했나요?	3점
각 ㄱㄷㄹ의 크기를 구했나요?	2점

6 60°

삼각형 ㄴㄱㄹ은 이등변삼각형이므로
(각 ㄴㄹㄱ)＝(각 ㄴㄱㄹ)＝20°이고
(각 ㄱㄴㄹ)＝180°－20°－20°＝140°입니다.
삼각형 ㄴㄹㄷ은 이등변삼각형이므로
(각 ㄹㄴㄷ)＝(각 ㄹㄷㄴ)＝180°－140°＝40°이고
(각 ㄴㄹㄷ)＝180°－40°－40°＝100°입니다.
삼각형 ㄷㄹㅁ은 이등변삼각형이므로
(각 ㄷㄹㅁ)＝(각 ㄷㅁㄹ)＝180°－20°－100°＝60°이고
(각 ㄹㄷㅁ)＝180°－60°－60°＝60°입니다.

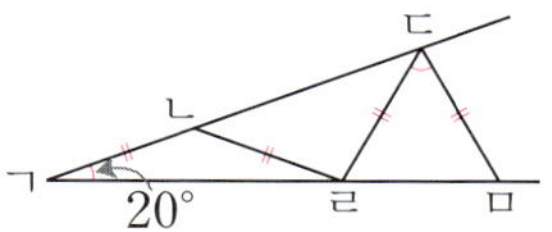

7 45°

삼각형 ㅁㄱㄹ은 이등변삼각형이므로
(각 ㄱㅁㄹ)＝(각 ㅁㄱㄹ)＝70°이고
(각 ㄱㄹㅁ)＝180°－70°－70°＝40°입니다.
(각 ㅁㄹㄷ)＝40°＋90°＝130°이고
삼각형 ㄹㅁㄷ은 이등변삼각형이므로
(각 ㄹㅁㄷ)＝(각 ㄹㄷㅁ)＝(180°－130°)÷2＝25°입니다.
➡ (각 ㄱㅁㅂ)＝70°－25°＝45°

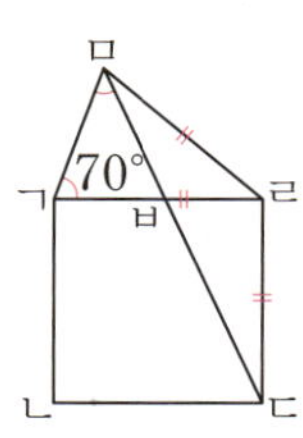

8 30°

삼각형 ㅅㄴㅈ은 이등변삼각형이고 (각 ㄴㅅㅈ)＝(각 ㄴㄱㄷ)＝110°이므로
(각 ㅅㄴㅈ)＝(각 ㅅㅈㄴ)＝(180°－110°)÷2＝35°입니다.
삼각형 ㅇㄴㅈ에서 (각 ㄴㅇㅈ)＝180°－65°＝115°이므로
(각 ㅇㄴㅈ)＝180°－35°－115°＝30°입니다.

9 48 cm

예 도형의 둘레는 정삼각형이 1개일 때 4×3＝12(cm),
정삼각형이 2개일 때 4×4＝16(cm), 정삼각형이 3개일 때 4×5＝20(cm),
정삼각형이 4개일 때 4×6＝24(cm)입니다.
따라서 정삼각형 10개를 이어 붙여 만든 도형의 둘레는 4×12＝48(cm)입니다.

채점 기준	배점
정삼각형을 1개, 2개, 3개, 4개 이어 붙여 만든 도형의 둘레를 각각 구했나요?	3점
정삼각형을 10개 이어 붙여 만든 도형의 둘레를 구했나요?	2점

10 45°

삼각형 ㄹㄴㅁ에서 (각 ㄴㄹㅁ)＝180°－60°－90°＝30°이고,
삼각형 ㅅㅂㄷ에서 (각 ㅂㅅㄷ)＝180°－60°－90°＝30°입니다.
(각 ㄱㄹㅅ)＝(각 ㄱㅅㄹ)＝180°－30°－90°＝60°,
(각 ㄹㄱㅅ)＝60°이므로 삼각형 ㄱㄹㅅ은 정삼각형입니다.
(선분 ㄱㄹ)＝(선분 ㄹㅅ)＝(선분 ㄹㅁ)이므로 삼각형 ㄱㄹㅁ은 이등변삼각형입니다.
(각 ㄱㄹㅁ)＝60°＋90°＝150°이므로
(각 ㄹㄱㅁ)＝(180°－150°)÷2＝15°입니다.
➡ ㉠＝60°－15°＝45°

3 소수의 덧셈과 뺄셈

1 소수 두 자리 수, 소수 세 자리 수

1 6.33, 6.47

6.3과 6.4 사이 0.1을 작은 눈금 10칸으로 똑같이 나누었으므로 작은 눈금 한 칸의 크기는 0.01입니다.

2 ㉢

㉠ 2.0<u>8</u>3 → 0.08 ㉡ 1.<u>8</u>93 → 0.8 ㉢ 4.72<u>8</u> → 0.008 ㉣ <u>8</u>.561 → 8

다른 풀이
숫자 8이 소수 셋째 자리에 있는 수를 찾습니다.

3 0.1, 5

일의 자리		소수 첫째 자리	소수 둘째 자리	소수 셋째 자리
3	.			
0	.	2		
0	.	0	0	
0	.	0	0	5

2 소수 사이의 관계, 소수의 크기 비교

1 0.35, 3.5

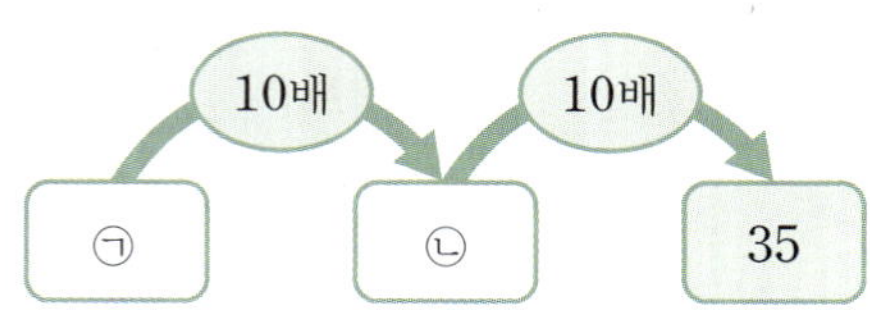

㉡의 10배가 35이므로 ㉡은 35의 $\frac{1}{10}$인 3.5입니다.

㉠의 10배가 3.5이므로 ㉠은 3.5의 $\frac{1}{10}$인 0.35입니다.

2 1000배

㉠이 나타내는 수는 5이고 ㉡이 나타내는 수는 0.005이므로 ㉠이 나타내는 수는 ㉡이 나타내는 수의 1000배입니다.

3 ㉡, ㉢, ㉠

자연수 부분, 소수 첫째 자리, 소수 둘째 자리, 소수 셋째 자리 순서로 비교합니다.
➡ 4.302 > 4.043 > 4.032

1 (1) 7.1 (2) 9.34 (3) 8

(1)
$$\begin{array}{r} 1 \\ 5.3 \\ +\ 1.8 \\ \hline 7.1 \end{array}$$

(2)
$$\begin{array}{r} 1 \\ 7.25 \\ +\ 2.09 \\ \hline 9.34 \end{array}$$

(3)
$$\begin{array}{r} 1\ 1 \\ 4.56 \\ +\ 3.44 \\ \hline 8 \end{array}$$

참고
소수점 아래 오른쪽 끝자리의 0은 생략하여 나타낼 수 있습니다.

$$\begin{array}{r} 1\ 1 \\ 4.56 \\ +\ 3.44 \\ \hline 8.00 \end{array} \Rightarrow 8$$

2 16.5

㉠ 0.89의 10배인 수는 8.9입니다.
㉡ 0.1이 76개인 수는 7.6입니다.
➡ 8.9＋7.6＝16.5

3 (1) 1.84 m (2) 4 m

(1) 1 cm＝0.01 m이므로 56 cm＝0.56 m, 1 m 28 cm＝128 cm＝1.28 m입니다.
➡ 0.56 m＋1.28 m＝1.84 m
(2) 3 m 9 cm＝309 cm＝3.09 m, 91 cm＝0.91 m입니다.
➡ 3.09 m＋0.91 m＝4 m

4 (1) ＜ (2) ＜

(1) 0.3＋2.8＝3.1, 1.5＋1.7＝3.2 ➡ 3.1＜3.2
(2) 5.74＋1.63＝7.37, 3.56＋4.25＝7.81 ➡ 7.37＜7.81

5 1.7 kg

(아버지께서 사 오신 사과와 배의 무게)
＝(사과의 무게)＋(배의 무게)
＝0.8＋0.9＝1.7(kg)

6 6.22 km

(집에서 서점을 지나 학교까지의 거리)
＝(집에서 서점까지의 거리)＋(서점에서 학교까지의 거리)
＝1.95＋4.27＝6.22(km)

7 (1) 2.5 (2) 5.87
(3) B

(1) 2.5＋0.7＝3.2, 0.7＋2.5＝3.2
(2) 6.49＋5.87＝12.36, 5.87＋6.49＝12.36

다른 풀이
덧셈에서는 두 수를 바꾸어 더해도 결과는 같습니다.

1 ⑴ 4.8 ⑵ 6.97

$$
(1)\quad \begin{array}{r} {\scriptstyle 4\ \ 10} \\ \not{5}.6 \\ -\ 0.8 \\ \hline 4.8 \end{array}
\qquad
(2)\quad \begin{array}{r} {\scriptstyle 8\ 16\ 10} \\ \not{9}.\not{7}\,2 \\ -\ 2.7\,5 \\ \hline 6.9\,7 \end{array}
$$

2 (위에서부터) 0.08, 2.67, 2.75

2.6과 2.7 사이 0.1을 작은 눈금 10칸으로 똑같이 나누었으므로 작은 눈금 한 칸의 크기는 0.01입니다.

2.7에서 왼쪽으로 작은 눈금 3칸 간 곳은 2.67이고, 2.7에서 오른쪽으로 작은 눈금 5칸 간 곳은 2.75입니다.

두 수 사이의 거리는 $2.75-2.67=0.08$입니다.

3 8, 2, 9

- 소수 둘째 자리: $10+3-4=$ ㉢, ㉢ $=9$
- 소수 첫째 자리: $8-1-$ ㉡ $=5$, $7-$ ㉡ $=5$, ㉡ $=2$
- 일의 자리: ㉠ $-6=2$, ㉠ $=8$

4 풀이 참조

$+$		
8.4	2.57	10.97
6.34	1.8	8.14
2.06	0.77	

$8.4+2.57=10.97$, $6.34+1.8=8.14$

$8.4-6.34=2.06$, $2.57-1.8=0.77$

5 ⑩ 소수점의 자리를 잘못 맞추어 계산했습니다. / 풀이 참조

$$
\begin{array}{r} {\scriptstyle 2\ \ 10} \\ \not{3}.4\,2 \\ -\ 1.6 \\ \hline 1.8\,2 \end{array}
$$

소수 두 자리 수와 소수 한 자리 수의 계산은 소수점끼리 맞추어 쓰고 같은 자리 수끼리 계산합니다.

6 137.63 cm

(예지의 키)=(훈호의 키)-12.8
$$=150.43-12.8=137.63\text{(cm)}$$

7 0.65 L

(물병에 남은 물의 양)=(물병에 들어 있던 물의 양)$-$(마신 물의 양)
$$=1.5-0.85=0.65\text{(L)}$$

65.4보다 0.07만큼 더 작은 수는 65.4−0.07=65.33입니다.

$$\text{어떤 수} \xrightarrow[100배]{\frac{1}{100}} 65.33$$

어떤 수의 $\frac{1}{100}$인 수가 65.33이므로 어떤 수는 65.33의 100배인 수입니다.

따라서 어떤 수는 6533입니다.

1-1 55.7

$$
\begin{array}{r}
0.1이\ \ \ 3개이면\ 0.3 \\
0.01이\ \ 24개이면\ 0.24 \\
\underline{0.001이\ 17개이면\ 0.017} \\
0.557
\end{array}
$$

어떤 수의 $\frac{1}{100}$인 수가 0.557이므로 어떤 수는 0.557의 100배인 수입니다.

따라서 어떤 수는 55.7입니다.

1-2 3662

36.54보다 0.08만큼 더 큰 수는 36.54+0.08=36.62입니다.

어떤 수의 $\frac{1}{100}$인 수가 36.62이므로 어떤 수는 36.62의 100배인 수입니다.

따라서 어떤 수는 3662입니다.

1-3 2.893

29.54보다 0.61만큼 더 작은 수는 29.54−0.61=28.93입니다.

어떤 수의 10배인 수가 28.93이므로 어떤 수는 28.93의 $\frac{1}{10}$인 수입니다.

따라서 어떤 수는 2.893입니다.

1-4 100배

• 6.7보다 0.23만큼 더 작은 수는 6.7−0.23=6.47입니다.

㉠의 $\frac{1}{10}$인 수가 6.47이므로 ㉠은 6.47의 10배인 수입니다. ➡ ㉠=64.7

• 5.98보다 0.49만큼 더 큰 수는 5.98+0.49=6.47입니다.

㉡의 10배인 수가 6.47이므로 ㉡은 6.47의 $\frac{1}{10}$인 수입니다. ➡ ㉡=0.647

따라서 64.7은 0.647의 100배이므로 ㉠은 ㉡의 100배입니다.

정삼각형은 세 변의 길이가 모두 같으므로 세 변의 길이는 0.58 m로 같습니다.

(사용한 철사의 길이)=(정삼각형의 둘레)이므로

(정삼각형의 둘레)=0.58+0.58+0.58=1.74(m)

➡ (사용하고 남은 철사의 길이)=4−1.74=2.26(m)

2-1 23.9 m

사용한 철사의 길이는 직사각형의 둘레와 같습니다.

➡ (사용한 철사의 길이)$=4.83+7.12+4.83+7.12=23.9$(m)

2-2 0.84 m

이등변삼각형의 나머지 한 변은 0.9 m입니다.

(사용한 끈의 길이)$=0.9+0.9+0.36=2.16$(m)

➡ (사용하고 남은 끈의 길이)$=3-2.16=0.84$(m)

 2-3 0.21 m

㉎ 정사각형은 네 변의 길이가 모두 같으므로 네 변의 길이는 0.16 m로 같습니다.

사용한 색 테이프의 길이는 $0.16+0.16+0.16+0.16=0.64$(m)이고,

85 cm는 0.85 m이므로 남은 색 테이프의 길이는 $0.85-0.64=0.21$(m)입니다.

채점 기준	배점
사용한 색 테이프의 길이를 구했나요?	2점
남은 색 테이프의 길이를 구했나요?	3점

2-4 7 m

(칠판의 세로)$=1.97-0.83=1.14$(m)

(칠판의 둘레)$=1.97+1.14+1.97+1.14=6.22$(m)

➡ (처음에 있던 리본의 길이)$=$(칠판의 둘레)$+$(남은 리본의 길이)

$$=6.22+0.78=7\text{(m)}$$

대표문제 3

어떤 수를 ■라 하면 잘못 계산한 식에서 $■+6.7=15.29$입니다.

덧셈과 뺄셈의 관계를 이용하면

$■=15.29-6.7=8.59$입니다.

따라서 바르게 계산하면 $8.59-6.7=1.89$입니다.

3-1 0.12

어떤 수를 □라 하면 잘못 계산한 식에서 $□+0.6=1.32$입니다.

➡ $□=1.32-0.6=0.72$

따라서 바르게 계산하면 $0.72-0.6=0.12$입니다.

3-2 39.31

어떤 수를 □라 하면 잘못 계산한 식에서 $□-5.84=27.63$입니다.

➡ $□=27.63+5.84=33.47$

따라서 바르게 계산하면 $33.47+5.84=39.31$입니다.

 3-3 25.61

㉎ 어떤 수를 □라 하면 잘못 계산한 식에서 $□-16.3=10.94$입니다.

➡ $□=10.94+16.3=27.24$

따라서 바르게 계산하면 $27.24-1.63=25.61$입니다.

채점 기준	배점
잘못 계산한 식을 이용하여 어떤 수를 구했나요?	3점
바르게 계산한 값을 구했나요?	2점

3-4 15.4

어떤 수를 □라 하면 잘못 계산한 식에서 □$-8.5+3.75=5.9$입니다.

➡ □$=5.9-3.75+8.5=10.65$

따라서 바르게 계산하면 $10.65+8.5-3.75=15.4$입니다.

- 30보다 작으면서 30에 가장 가까운 소수 두 자리 수를 만들려면 십의 자리에 2를 놓고 가장 큰 수를 만들어야 합니다.
  - ➡ 십의 자리에 2를 놓으면 남은 수 카드의 수는 $7>4>3$이므로 가장 큰 수를 만들면 27.43입니다.
- 30보다 크면서 30에 가장 가까운 소수 두 자리 수를 만들려면 십의 자리에 3을 놓고 가장 작은 수를 만들어야 합니다.
  - ➡ 십의 자리에 3을 놓으면 남은 수 카드의 수는 $2<4<7$이므로 가장 작은 수를 만들면 32.47입니다.

$30-27.43>32.47-30$이므로

만들 수 있는 소수 두 자리 수 중에서 30에 가장 가까운 수는 32.47입니다.

4-1 63.45

60보다 작으면서 60에 가장 가까운 소수 두 자리 수는 56.43이고,

60보다 크면서 60에 가장 가까운 소수 두 자리 수는 63.45입니다.

$60-56.43=3.57$, $63.45-60=3.45$이므로 $3.57>3.45$입니다.

따라서 만들 수 있는 소수 두 자리 수 중에서 60에 가장 가까운 수는 63.45입니다.

4-2 0.951

1보다 작으면서 1에 가장 가까운 소수 세 자리 수는 0.951이고,

1보다 크면서 1에 가장 가까운 소수 세 자리 수는 1.059입니다.

$1-0.951=0.049$, $1.059-1=0.059$이므로 $0.049<0.059$입니다.

따라서 만들 수 있는 소수 세 자리 수 중에서 1에 가장 가까운 수는 0.951입니다.

4-3 4.965

5보다 작으면서 5에 가장 가까운 소수 세 자리 수는 4.965이고,

5보다 크면서 5에 가장 가까운 소수 세 자리 수는 5.046입니다.

$5-4.965=0.035$, $5.046-5=0.046$이므로 $0.035<0.046$입니다.

따라서 만들 수 있는 소수 세 자리 수 중에서 5에 가장 가까운 수는 4.965입니다.

4-4 39.9

20보다 작으면서 20에 가장 가까운 소수 두 자리 수는 18.42이고, 둘째로 가까운 수는 18.24입니다.

20보다 크면서 20에 가장 가까운 소수 두 자리 수는 21.48이고, 둘째로 가까운 수는 21.84입니다.

$20-18.42=1.58$, $20-18.24=1.76$, $21.48-20=1.48$, $21.84-20=1.84$이고, $1.48<1.58<1.76<1.84$이므로 만들 수 있는 소수 두 자리 수 중에서 20에 가장 가까운 수는 21.48이고 둘째로 가까운 수는 18.42입니다.
따라서 20에 가장 가까운 수와 둘째로 가까운 수의 합은 $21.48+18.42=39.9$입니다.

□ 안에 가장 작은 수인 0이나 가장 큰 수인 9를 넣어 수의 크기를 비교해 봅니다.
㉠과 ㉡의 □ 안에 0을, ㉢의 □ 안에 9를 넣으면
㉠ 79.098, ㉡ 70.096, ㉢ 70.092이므로 가장 작은 수는 ㉢입니다.
㉠의 □ 안에 0을, ㉡의 □ 안에 9를 넣으면
㉠ 79.098, ㉡ 79.096이므로 ㉠>㉡입니다.
따라서 □ 안에 어떤 수를 넣어도 ㉢<㉡<㉠이므로
작은 수부터 차례로 기호를 쓰면 ㉢, ㉡, ㉠입니다.

5-1 ㉢, ㉠, ㉡

㉠과 ㉡의 □ 안에 9를, ㉢의 □ 안에 0을 넣으면
㉠ 69.095, ㉡ 60.093, ㉢ 69.110이므로 ㉢이 가장 큽니다.
㉠의 □ 안에 0을, ㉡의 □ 안에 9를 넣으면
㉠ 60.095, ㉡ 60.093이므로 ㉠>㉡입니다.
따라서 □ 안에 어떤 수를 넣어도 ㉢>㉠>㉡이므로 큰 수부터 차례로 기호를 쓰면
㉢, ㉠, ㉡입니다.

5-2 ㉣, ㉡, ㉠, ㉢

㉠과 ㉢의 □ 안에 9를, ㉡과 ㉣의 □ 안에 0을 넣으면
㉠ 49.96, ㉡ 50.830, ㉢ 49.027, ㉣ 50.891이므로 ㉡과 ㉣이 ㉠과 ㉢보다 큽니다.
㉡의 □ 안에 9를, ㉣의 □ 안에 0을 넣으면
㉡ 50.839, ㉣ 50.891이므로 ㉡<㉣입니다.
㉠의 □ 안에 0을, ㉢의 □ 안에 9를 넣으면
㉠ 49.06, ㉢ 49.027이므로 ㉠>㉢입니다.
따라서 □ 안에 어떤 수를 넣어도 ㉣>㉡>㉠>㉢이므로 큰 수부터 차례로 기호를 쓰면 ㉣, ㉡, ㉠, ㉢입니다.

5-3 0, 9, 9

$18.3㉠8<18.30㉡<1㉢.052$라 하면
$18.3㉠8<18.30㉡$에서 ㉠=0이고 ㉡은 8보다 커야 하므로 ㉡=9입니다.
$18.309<1㉢.052$에서 ㉢은 8보다 커야 하므로 ㉢=9입니다.

5-4 0, 0, 9, 9

$28.㉠7<28.㉡93<28.0㉢5<2㉣.031$이라 하면
$28.0㉢5$의 소수 첫째 자리 수가 0이므로 ㉠=0, ㉡=0입니다.
$28.093<28.0㉢5$에서 ㉢=9입니다.
$28.095<2㉣.031$에서 ㉣은 8보다 커야 하므로 ㉣=9입니다.

74~75쪽

대표문제 6

<를 =로 놓고 계산했을 때 ■에 들어갈 수 있는 수는
■+4.17=10.45−2.71, ■+4.17=7.74
➡ ■=7.74−4.17=3.57입니다.
■에 들어갈 수 있는 수는 3.57보다 작은 수입니다.
따라서 ■에 들어갈 수 있는 가장 큰 소수 두 자리 수는 3.56입니다.

6-1 12.37

<를 =로 놓고 계산하면 □−8.32=4.06 ➡ □=4.06+8.32=12.38입니다.
□ 안에 들어갈 수 있는 수는 12.38보다 작은 수입니다.
따라서 □ 안에 들어갈 수 있는 가장 큰 소수 두 자리 수는 12.37입니다.

6-2 8.26

>를 =로 놓고 계산하면 3.57+□=15.8−3.98, 3.57+□=11.82
➡ □=11.82−3.57=8.25입니다.
□ 안에 들어갈 수 있는 수는 8.25보다 큰 수입니다.
따라서 □ 안에 들어갈 수 있는 가장 작은 소수 두 자리 수는 8.26입니다.

6-3 0.149

<를 =로 놓고 계산하면 6.82+2.34=9.31−□, 9.16=9.31−□
➡ □=9.31−9.16=0.15입니다.
□ 안에 들어갈 수 있는 수는 0.15보다 작은 수입니다.
따라서 □ 안에 들어갈 수 있는 가장 큰 소수 세 자리 수는 0.149입니다.

6-4 5개

- 10−7.52>□에서 10−7.52=2.48이므로 2.48>□입니다.
  □ 안에 들어갈 수 있는 수는 2.48보다 작은 수입니다.
- □+4.73>6.45+0.7에서 >를 =로 놓고 계산하면
  □+4.73=6.45+0.7, □+4.73=7.15 ➡ □=7.15−4.73=2.42입니다.
  □ 안에 들어갈 수 있는 수는 2.42보다 큰 수입니다.

따라서 □ 안에 공통으로 들어갈 수 있는 수는 2.42보다 크고 2.48보다 작은 소수 두 자리 수이므로 2.43, 2.44, 2.45, 2.46, 2.47로 모두 5개입니다.

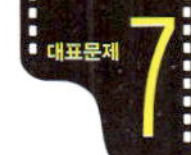

76~77쪽

대표문제 7

(음료수 1병의 무게)
=(음료수 5병이 들어 있는 상자의 무게)−(음료수 1병을 꺼낸 후 상자의 무게)
=0.89−0.74=0.15(kg)
(음료수 5병의 무게)=0.15+0.15+0.15+0.15+0.15=0.75(kg)
➡ (빈 상자의 무게)=(음료수 5병이 들어 있는 상자의 무게)−(음료수 5병의 무게)
=0.89−0.75=0.14(kg)

7-1 0.45 kg

(사과 1개의 무게)
＝(사과 1개를 더 넣은 후 바구니의 무게)－(사과 10개가 들어 있는 바구니의 무게)
＝4.63－4.25＝0.38(kg)
사과 10개의 무게는 사과 1개의 무게의 10배이므로 3.8 kg입니다.
(빈 바구니의 무게)＝(사과 10개가 들어 있는 바구니의 무게)－(사과 10개의 무게)
＝4.25－3.8＝0.45(kg)

7-2 0.28 kg

⑩ 책 1권의 무게는 (책 10권이 들어 있는 상자의 무게)－(책 1권을 꺼낸 후 상자의 무게)
＝9.48－8.56＝0.92(kg)입니다.
책 10권의 무게는 책 1권의 무게의 10배이므로 9.2 kg입니다.
따라서 빈 상자의 무게는 (책 10권이 들어 있는 상자의 무게)－(책 10권의 무게)
＝9.48－9.2＝0.28(kg)입니다.

채점 기준	배점
책 1권의 무게를 구했나요?	2점
책 10권의 무게를 구했나요?	1점
빈 상자의 무게를 구했나요?	2점

7-3 0.16 kg

(물 $\frac{1}{3}$ 만큼의 무게)＝(물이 가득 들어 있는 병의 무게)－(물을 $\frac{1}{3}$ 만큼 마신 후 병의 무게)
＝1－0.72＝0.28(kg)
(물 전체의 무게)＝0.28＋0.28＋0.28＝0.84(kg)
➡ (빈 병의 무게)＝(물이 가득 들어 있는 병의 무게)－(물 전체의 무게)
＝1－0.84＝0.16(kg)

7-4 0.3 kg

(식용유 600 mL의 무게)
＝(식용유 1 L가 들어 있는 병의 무게)－(식용유를 600 mL 사용한 후 병의 무게)
＝1.2－0.66＝0.54(kg)
0.54 kg은 540 g이므로 (식용유 100 mL의 무게)＝540÷6＝90(g)입니다.
1 L＝1000 mL이므로 식용유 1 L의 무게는 100 mL의 무게 90 g의 10배인 900 g이고 900 g＝0.9 kg입니다.
➡ (빈 병의 무게)＝(식용유 1 L가 들어 있는 병의 무게)－(식용유 1 L의 무게)
＝1.2－0.9＝0.3(kg)

78~79쪽

대표문제 8

두 수 중에서 큰 수를 ㉠, 작은 수를 ㉡이라 하면
㉠＋㉡＝12.46, ㉠－㉡＝5.68입니다.
두 식을 더하면
(㉠＋㉡)＋(㉠－㉡)＝12.46＋5.68
㉠＋㉠＝18.14입니다.

$18.14=9.07+9.07$이므로 ㉠=9.07입니다.
㉠+㉡=12.46에서 $9.07+$㉡$=12.46$, ㉡$=12.46-9.07=3.39$입니다.

8-1 5.04, 2.41

두 식을 더하면 (㉠+㉡)+(㉠-㉡)=$7.45+2.63$, ㉠+㉠=10.08입니다.
$10.08=5.04+5.04$이므로 ㉠=5.04입니다.
㉠+㉡=7.45에서 $5.04+$㉡$=7.45$, ㉡$=7.45-5.04=2.41$입니다.

8-2 0.04

두 수 중에서 큰 수를 ㉠, 작은 수를 ㉡이라 하면
㉠+㉡=6.42, ㉠-㉡=1.58입니다.
두 식을 더하면 (㉠+㉡)+(㉠-㉡)=$6.42+1.58$, ㉠+㉠=8, ㉠=4입니다.
따라서 큰 수는 4이므로 4의 $\dfrac{1}{100}$인 수는 0.04입니다.

8-3 141

두 수 중에서 큰 수를 ㉠, 작은 수를 ㉡이라 하면
㉠+㉡=4.72, ㉠-㉡=1.9입니다.
두 식을 더하면 (㉠+㉡)+(㉠-㉡)=$4.72+1.9$, ㉠+㉠=6.62입니다.
$6.62=3.31+3.31$이므로 ㉠=3.31입니다.
㉠+㉡=4.72에서 $3.31+$㉡$=4.72$, ㉡$=4.72-3.31=1.41$입니다.
따라서 작은 수는 1.41이므로 1.41의 100배인 수는 141입니다.

8-4 0.65, 3.58, 4.77

㉠+㉡=4.23, ㉡+㉢=8.35, ㉠+㉢=5.42에서 세 식을 모두 더합니다.
(㉠+㉡)+(㉡+㉢)+(㉠+㉢)=$4.23+8.35+5.42$이므로
(㉠+㉡+㉢)+(㉠+㉡+㉢)=18, ㉠+㉡+㉢=9입니다.
➡ ㉠=$9-$(㉡+㉢)=$9-8.35=0.65$
　㉡=$9-$(㉠+㉢)=$9-5.42=3.58$
　㉢=$9-$(㉠+㉡)=$9-4.23=4.77$

80~81쪽

㉠, ㉡, ㉢, ㉣, ㉤은 연속하는 자연수이므로 ㉢=㉠+2입니다.
㉠.㉡㉢과 ㉢.㉣㉤의 합이 6보다 크고 7보다 작으므로
일의 자리 수끼리의 합인 ㉠+㉢은 5 또는 6입니다.
㉠+㉢=5가 되는 자연수 ㉠과 ㉢은 없습니다.
㉠+㉢=6일 때 ㉠=2, ㉢=4입니다.
따라서 ㉠.㉡㉢은 2.34이므로 ㉠.㉡㉢의 100배인 수는 234입니다.

9-1 0.567

㉠, ㉡, ㉢, ㉣, ㉤은 연속하는 자연수이므로 ㉢=㉠+2입니다.
㉠.㉡㉢과 ㉢.㉣㉤의 합이 9보다 크고 10보다 작으므로 ㉠+㉢은 8 또는 9입니다.

ⓒ+ⓓ=8일 때 ⓒ=3, ⓓ=5입니다.

ⓒ+ⓓ=9가 되는 자연수 ⓒ과 ⓓ은 없습니다.

따라서 ⓒ.ⓓⓔ은 5.67이므로 5.67의 $\dfrac{1}{10}$인 수는 0.567입니다.

9-2 0.09

ⓐ, ⓑ, ⓒ, ⓓ, ⓔ, ⓕ은 연속하는 자연수이므로 ⓓ=ⓐ+3입니다.

ⓐ.ⓑⓒ과 ⓓ.ⓔⓕ의 합이 12보다 크고 13보다 작으므로 ⓐ+ⓓ은 11 또는 12입니다.

ⓐ+ⓓ=11일 때 ⓐ=4, ⓓ=7입니다.

ⓐ+ⓓ=12가 되는 자연수 ⓐ과 ⓓ은 없습니다.

따라서 ⓕ=ⓐ+5=4+5=9이므로 9의 $\dfrac{1}{100}$인 수는 0.09입니다.

9-3 214

바로 앞의 수와의 차가 0.01씩인 소수 두 자리 수이고 ⓐ<ⓑ<ⓒ이므로

ⓑ=ⓐ+0.01, ⓒ=ⓐ+0.02입니다.

ⓐ+ⓑ+ⓒ=ⓐ+(ⓐ+0.01)+(ⓐ+0.02)=6.39,

ⓐ+ⓐ+ⓐ+0.03=6.39, ⓐ+ⓐ+ⓐ=6.36이고

6.36=2.12+2.12+2.12이므로 ⓐ=2.12입니다.

따라서 ⓒ=ⓐ+0.02=2.12+0.02=2.14이므로 2.14의 100배인 수는 214입니다.

9-4 2.61, 2.72, 2.83

눈금 한 칸의 크기를 ■라 하면 ⓐ=2.5+■, ⓑ=2.5+■+■,

ⓒ=2.5+■+■+■입니다.

ⓑ+ⓒ이 2.5+ⓐ보다 0.44만큼 더 크므로 ⓑ+ⓒ=2.5+ⓐ+0.44에서

(2.5+■+■)+(2.5+■+■+■)=2.5+(2.5+■)+0.44,

■+■+■+■=0.44입니다.

0.44=0.11+0.11+0.11+0.11이므로 ■=0.11입니다.

따라서 ⓐ=2.5+0.11=2.61, ⓑ=ⓐ+0.11=2.61+0.11=2.72,

ⓒ=ⓑ+0.11=2.72+0.11=2.83입니다.

1 3.44

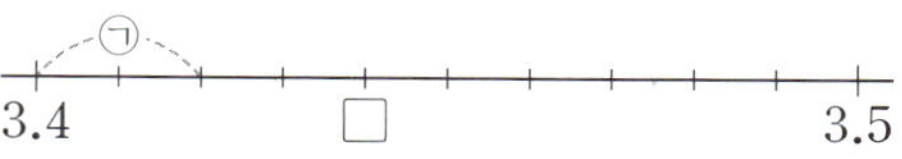

ⓐ은 3.4와 3.5 사이를 10등분 한 것 중 2칸이므로 0.02입니다.

□ 안에 알맞은 수는 3.4에서 0.02씩 2번 뛰어서 센 수입니다.

3.4 ─ 3.42 ─ 3.44

따라서 □ 안에 알맞은 수는 3.44입니다.

2 72900

어떤 수의 $\frac{1}{100}$인 수가 0.729이므로 어떤 수는 0.729의 100배인 72.9입니다.

따라서 72.9의 1000배인 수는 72900입니다.

3 0, 1, 2

$5.47+2.79=8.26$이므로 $8.26>8.\square3$입니다.

일의 자리 수가 같고 소수 둘째 자리 수가 $6>3$이므로 $\square$ 안에는 2와 같거나 2보다 작은 수가 들어갈 수 있습니다.

따라서 $\square$ 안에 들어갈 수 있는 수는 0, 1, 2입니다.

4 7, 6, 5, 3, 4 / 4.25

차가 가장 큰 뺄셈식을 만들려면 빼지는 수는 가장 크게, 빼는 수는 가장 작게 만들어야 합니다.

만들 수 있는 가장 큰 소수 두 자리 수는 7.65이고 가장 작은 소수 한 자리 수는 3.4입니다.

따라서 차가 가장 큰 뺄셈식은 $7.65-3.4$입니다.

➡ $7.65-3.4=4.25$

5 99.76 km

(대전에서 대구까지의 거리)=(서울~부산)-(서울~대전)-(대구~부산)

$\qquad\qquad\qquad\qquad=414.6-161.61-116.5=136.49(km)$

(청주에서 대전까지의 거리)=(청주~부산)-(대전~대구)-(대구~부산)

$\qquad\qquad\qquad\qquad=289.72-136.49-116.5=36.73(km)$

따라서 대전에서 대구까지의 거리는 청주에서 대전까지의 거리보다

$136.49-36.73=99.76(km)$ 더 멉니다.

다른 풀이

(청주에서 대전까지의 거리)=(서울~대전)+(청주~부산)-(서울~부산)

$\qquad\qquad\qquad\qquad=161.61+289.72-414.6=36.73(km)$

(대전에서 대구까지의 거리)=(청주~부산)-(청주~대전)-(대구~부산)

$\qquad\qquad\qquad\qquad=289.72-36.73-116.5=136.49(km)$

따라서 대전에서 대구까지의 거리는 청주에서 대전까지의 거리보다

$136.49-36.73=99.76(km)$ 더 멉니다.

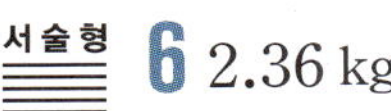

6 2.36 kg

예 상자의 무게가 3.97 kg이므로 지호의 몸무게는 $36.51-3.97=32.54(kg)$입니다.

지호의 몸무게가 32.54 kg이므로 가방의 무게는 $34.9-32.54=2.36(kg)$입니다.

채점 기준	배점
지호의 몸무게를 구했나요?	2점
가방의 무게를 구했나요?	3점

7 6.261, 6.391

㉠에서 일의 자리 수는 6이고, 소수 첫째 자리 수는 2, 3, 4가 될 수 있습니다.

➡ $6.\square\square\square$

㉡에서 (소수 둘째 자리 수)=(소수 첫째 자리 수)×3이므로

소수 첫째 자리 수는 2 또는 3이고,

소수 둘째 자리 수는 $2 \times 3 = 6$ 또는 $3 \times 3 = 9$입니다. ➡ 6.26☐ 또는 6.39☐

ⓒ에서 소수 셋째 자리 수는 1입니다. ➡ 6.261 또는 6.391

8 0.073 m

첫째로 튀어 오른 공의 높이는 73 m의 $\dfrac{1}{10}$인 7.3 m입니다.

둘째로 튀어 오른 공의 높이는 7.3 m의 $\dfrac{1}{10}$인 0.73 m입니다.

셋째로 튀어 오른 공의 높이는 0.73 m의 $\dfrac{1}{10}$인 0.073 m입니다.

9 14.92 km

㉠ 20분＋20분＋20분＝60분＝1시간이므로

소라가 1시간 동안 가는 거리는 $2.36 + 2.36 + 2.36 = 7.08$(km)입니다.

30분＋30분＝60분＝1시간이므로

민석이가 1시간 동안 가는 거리는 $3.92 + 3.92 = 7.84$(km)입니다.

따라서 1시간 후 두 사람 사이의 거리는 $7.08 + 7.84 = 14.92$(km)입니다.

채점 기준	배점
소라와 민석이가 1시간 동안 가는 거리를 각각 구했나요?	3점
1시간 후 소라와 민석이 사이의 거리를 구했나요?	2점

10 41.57

차가 소수 두 자리 수이므로 어떤 소수는 소수 두 자리 수이고 차의 자연수 부분이 네 자리 수이므로 어떤 소수의 자연수 부분은 두 자리 수입니다.

어떤 소수를 ㉠㉡.㉢㉣이라 하면 자연수는 ㉠㉡㉢㉣입니다.

$$
\begin{array}{r}
㉠\ ㉡\ ㉢\ ㉣ \\
-\qquad ㉠\ ㉡.㉢\ ㉣ \\
\hline
4\ 1\ 1\ 5.4\ 3
\end{array}
$$

$10 - ㉣ = 3$에서 ㉣＝7

$10 - 1 - ㉢ = 4$에서 ㉢＝5

$7 - 1 - ㉡ = 5$에서 ㉡＝1

$5 - ㉠ = 1$에서 ㉠＝4

따라서 어떤 소수는 41.57입니다.

4 사각형

1 가, 라

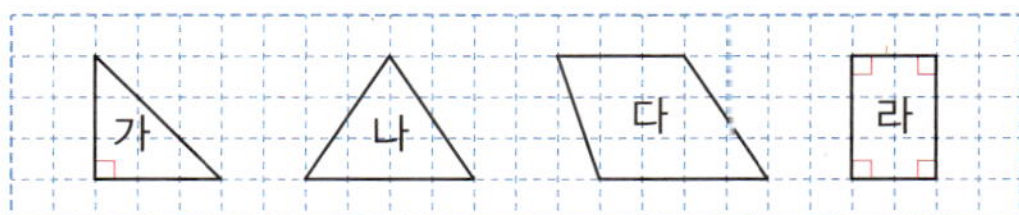

두 변이 서로 직각을 이루고 있는 도형은 가, 라입니다.

2 변 ㄱㄹ, 변 ㄴㄷ

직선 가와 만나서 이루는 각이 직각인 변은 변 ㄱㄹ과 변 ㄴㄷ입니다.

3 7 cm

평행선 사이의 선분 중에서 수선의 길이가 평행선 사이의 거리이므로 7 cm입니다.

4 40, 40

㉠은 40°와 동위각이고 ㉡은 40°와 엇각이므로 각의 크기가 같습니다.

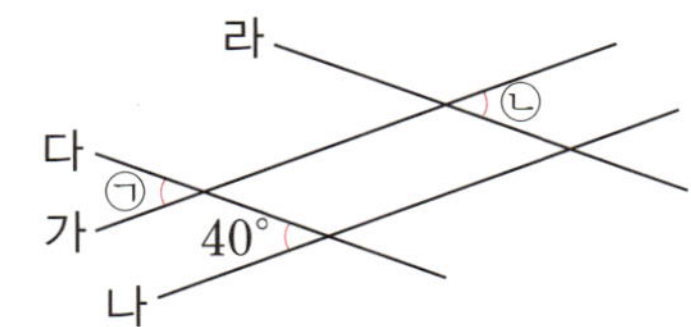

1 2개

사다리꼴은 평행한 변이 있는 사각형입니다.

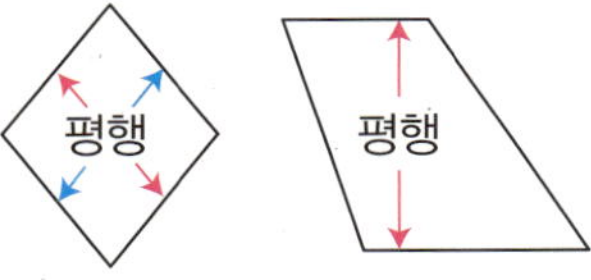

2 (위에서부터) 75, 105

평행사변형은 마주 보는 두 각의 크기가 같으므로 ㉡＝105°이고 이웃하는 두 각의 크기의 합이 180°이므로 ㉠＝180°－105°＝75°입니다.

3 ②

마주 보는 두 쌍의 변이 서로 평행하도록 자를 수 있는 선은 ②입니다.

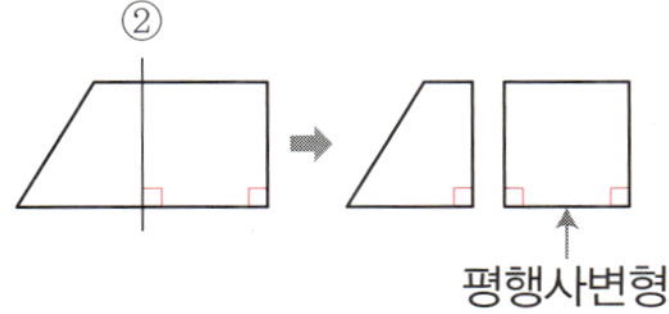

4 가, 다

네 변의 길이가 모두 같은 사각형을 찾으면 가와 다입니다.

5 (위에서부터)
(1) 9, 120 (2) 130, 7

(1) 마름모는 네 변의 길이가 같으므로 ㉠=9 cm이고,
   마주 보는 두 각의 크기가 같으므로 ㉡=120°입니다.

(2) 마름모는 네 변의 길이가 같으므로 ㉠=7 cm이고,
   이웃하는 두 각의 크기의 합이 180°이므로
   ㉡=180°−50°=130°입니다.

6 18 cm

마름모는 네 변의 길이가 모두 같으므로 마름모 모양을 만드는 데 사용한 철사의 길이는
8+8+8+8=32(cm)입니다.
따라서 남은 철사의 길이는 50−32=18(cm)입니다.

3 여러 가지 사각형

1 (1) (위에서부터) 8, 90
   (2) 10

(1) 직사각형이므로 네 각이 모두 직각이고 마주 보는 두 변의 길이가 같습니다.
(2) 정사각형이므로 네 변의 길이가 모두 같습니다.

2 ②

정사각형은 두 쌍의 마주 보는 변이 서로 평행하므로 평행사변형이라고 할 수 있습니다.

3 없습니다에 ○표 /
   풀이 참조

㉮ 네 각의 크기가 모두 같지만 네 변의 길이가 모두 같지는 않으므로 정사각형이라고
할 수 없습니다.

4 (1) 가, 다, 라 (2) 가, 라

(1) 직사각형, 마름모, 정사각형은 평행사변형이라고 할 수 있습니다.
(2) 정사각형은 직사각형이라고 할 수 있습니다.

5 마름모, 정사각형

• 두 쌍의 마주 보는 변이 서로 평행한 사각형: 평행사변형, 마름모, 직사각형, 정사각형
• 네 변의 길이가 모두 같은 사각형: 마름모, 정사각형
따라서 조건을 모두 만족시키는 사각형은 마름모와 정사각형입니다.

6 ㉡, ㉢

주어진 사각형은 네 변의 길이가 모두 같으므로 마름모입니다.
마름모는 평행사변형, 사다리꼴이라고 할 수 있습니다.

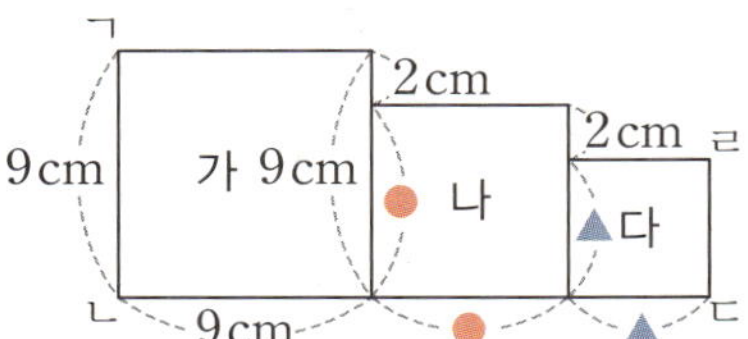

(나의 한 변의 길이)$=9-2=7$(cm)

(다의 한 변의 길이)$=7-2=5$(cm)

따라서 변 ㄱㄴ과 변 ㄹㄷ 사이의 거리는 $9+7+5=21$(cm)입니다.

1-1 30 cm

(나의 한 변의 길이)$=7+3=10$(cm)

(다의 한 변의 길이)$=10+3=13$(cm)

➡ (변 ㄱㄴ과 변 ㄹㄷ 사이의 거리)$=7+10+13=30$(cm)

1-2 39 cm

도형에서 가장 먼 평행선 사이의 거리는 변 ㄱㅇ과 변 ㄷㄹ 사이의 거리와 같습니다.

(나의 한 변의 길이)$=24-9=15$(cm)

➡ (변 ㄱㅇ과 변 ㄷㄹ 사이의 거리)$=24+15=39$(cm)

서술형 **1-3** 36 cm

예 직사각형에서 짧은 변의 길이가 8 cm이고, 긴 변과 짧은 변의 길이의 차가 2 cm이므로 직사각형의 긴 변의 길이는 $8+2=10$(cm)입니다.

따라서 변 ㄱㄴ과 변 ㄹㄷ 사이의 거리는 $10+8+10+8=36$(cm)입니다.

채점 기준	배점
직사각형의 긴 변의 길이를 구했나요?	2점
변 ㄱㄴ과 변 ㄹㄷ 사이의 거리를 구했나요?	3점

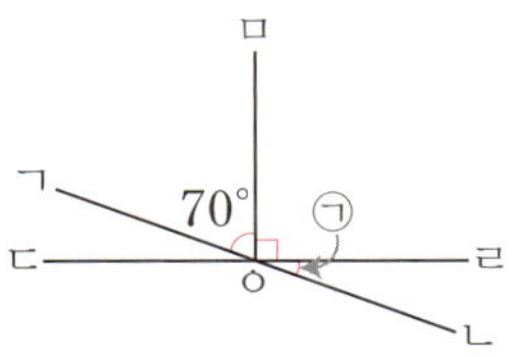

선분 ㄷㅇ과 선분 ㅁㅇ이 서로 수직이므로 (각 ㅁㅇㄹ)$=$(각 ㅁㅇㄷ)$=90$°입니다.

한 직선이 이루는 각의 크기는 180°이므로

㉠$=180$°$-$(각 ㄱㅇㅁ)$-$(각 ㅁㅇㄹ)

$\quad=180$°-70°-90°$=20$°입니다.

2-1 10°

선분 ㄷㅇ과 선분 ㄹㅇ이 서로 수직이므로 (각 ㄷㅇㄹ)=90°입니다.

한 직선이 이루는 각의 크기는 180°이므로 ㉠=180°-55°-90°-25°=10°입니다.

2-2 55°

⑩ 직선 ㄷㄹ과 직선 ㅁㅂ이 서로 수직이므로 (각 ㄷㅇㅂ)=90°입니다.

한 직선이 이루는 각의 크기는 180°이므로 ㉠=180°-90°-35°=55°입니다.

채점 기준	배점
각 ㄷㅇㅂ의 크기를 구했나요?	2점
㉠의 크기를 구했나요?	3점

2-3 50°, 40°

선분 ㄷㅇ과 선분 ㅁㅇ이 서로 수직이므로 (각 ㅁㅇㄹ)=90°이고

㉠=90°-40°=50°입니다.

한 직선이 이루는 각의 크기는 180°이므로 ㉡=180°-90°-50°=40°입니다.

2-4 35°

선분 ㄱㅁ과 선분 ㄷㅁ이 서로 수직이므로 (각 ㄱㅁㄷ)=90°이고

선분 ㄴㅁ과 선분 ㄹㅁ이 서로 수직이므로 (각 ㄴㅁㄹ)=90°입니다.

(각 ㄱㅁㄴ)=(각 ㄱㅁㄹ)-(각 ㄴㅁㄹ)=145°-90°=55°이므로

㉠=(각 ㄱㅁㄷ)-(각 ㄱㅁㄴ)=90°-55°=35°입니다.

다른 풀이

선분 ㄱㅁ과 선분 ㄷㅁ이 서로 수직이므로 (각 ㄱㅁㄷ)=90°이고

선분 ㄴㅁ과 선분 ㄹㅁ이 서로 수직이므로 (각 ㄴㅁㄹ)=90°입니다.

㉠=(각 ㄱㅁㄷ)+(각 ㄴㅁㄹ)-(각 ㄱㅁㄹ)=90°+90°-145°=35°

대표문제 3

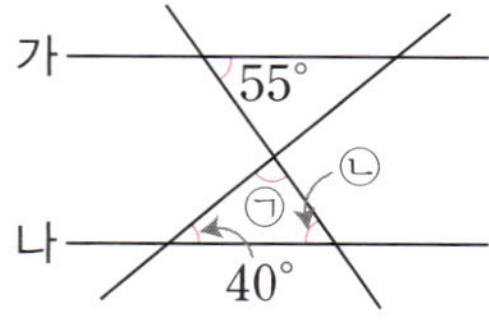

평행선과 한 직선이 만날 때 생기는 엇갈린 위치에 있는 각의 크기는 같습니다.

㉡은 55°의 엇갈린 위치에 있는 각이므로 ㉡=55°입니다.

삼각형의 세 각의 크기의 합은 180°이므로

㉠=180°-40°-55°=85°입니다.

3-1 115°

한 직선이 이루는 각의 크기는 180°이므로

㉡=180°-160°=20°입니다.

평행선과 한 직선이 만날 때 생기는 엇갈린 위치에 있는 각의 크기는 같으므로 ㉢=45°입니다.

삼각형의 세 각의 크기의 합은 180°이므로 ㉠=180°-20°-45°=115°입니다.

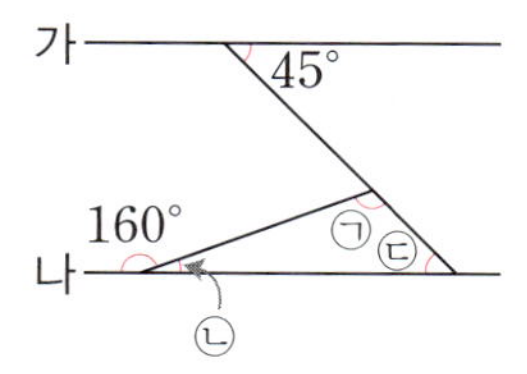

3-2 70°

평행선과 한 직선이 만날 때 생기는 엇갈린 위치에 있는 각의 크기는 같으므로 ⓒ=120°입니다.

평행선과 한 직선이 만날 때 생기는 같은 위치에 있는 각의 크기는 같으므로 ⓒ=50입니다.

➡ ㉠=ⓒ－ⓒ=120°－50°=70°

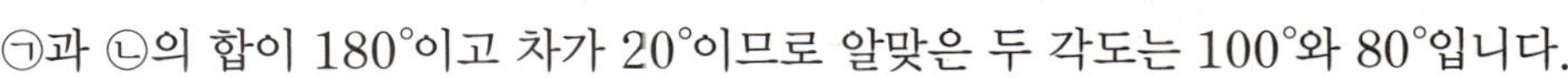

3-3 80°, 100°

평행선과 한 직선이 만날 때 생기는 엇갈린 위치에 있는 각의 크기는 같으므로 ⓒ=㉠입니다.

한 직선이 이루는 각의 크기는 180°이므로

ⓒ+ⓒ=180° → ⓒ+㉠=180°입니다.

㉠과 ⓒ의 합이 180°이고 차가 20°이므로 알맞은 두 각도는 100°와 80°입니다.

따라서 ㉠<ⓒ이므로 ㉠=80°, ⓒ=100°입니다.

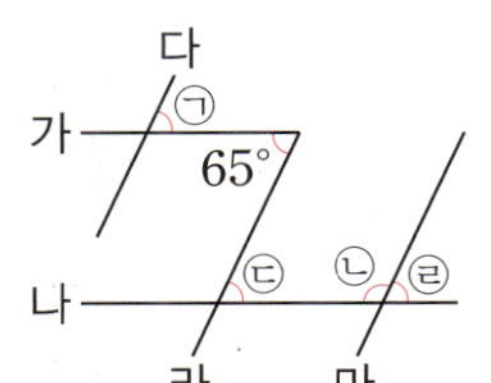

3-4 65°, 115°

평행선과 한 직선이 만날 때 생기는 엇갈린 위치에 있는 각의 크기는 같으므로 ㉠=65°, ⓒ=65°입니다.

평행선과 한 직선이 만날 때 생기는 같은 위치에 있는 각의 크기는 같으므로 ⓒ=㉣=65°입니다.

한 직선이 이루는 각의 크기는 180°이므로

ⓒ=180°－65°=115°입니다.

대표문제 4

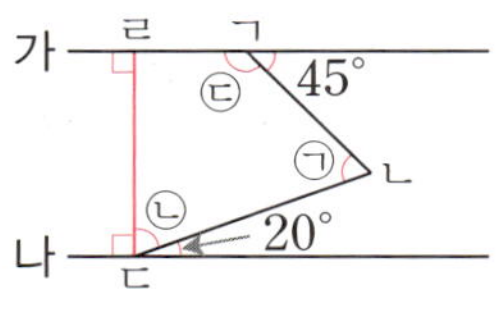

점 ㄷ에서 직선 가에 수선을 그어 만나는 점을 점 ㄹ이라 하면

ⓒ=90°－20°=70°입니다.

한 직선이 이루는 각의 크기는 180°이므로 ⓒ=180°－45°=135°입니다.

사각형 ㄹㄷㄴㄱ의 네 각의 크기의 합은 360°이므로

90°+ⓒ+㉠+ⓒ=360°, 90°+70°+㉠+135°=360°,

㉠=360°－90°－70°－135°=65°입니다.

4-1 110°

점 ㄱ에서 직선 나에 수선을 그어 만나는 점을 점 ㄹ이라 하면

ⓒ=90°－35°=55°입니다.

한 직선이 이루는 각의 크기는 180°이므로

ⓒ=180°－75°=105°입니다.

사각형 ㄱㄴㄷㄹ의 네 각의 크기의 합은 360°이므로

㉠=360°－55°－105°－90°=110°입니다.

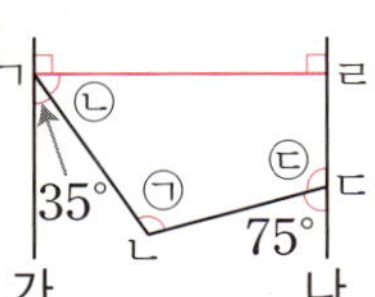

4-2 50°

점 ㄱ에서 직선 나에 수선을 그어 만나는 점을 점 ㄹ이라 합니다.
한 직선이 이루는 각의 크기는 180°이므로
ⓛ＝180°－30°－90°＝60°입니다.
사각형 ㄱㄹㄷㄴ의 네 각의 크기의 합은 360°이므로
ⓒ＝360°－60°－90°－80°＝130°입니다.
한 직선이 이루는 각의 크기는 180°이므로 ⓐ＝180°－130°＝50°입니다.

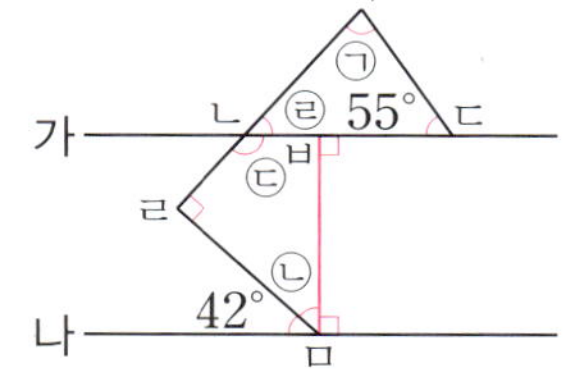

4-3 77°

점 ㅁ에서 직선 가에 수선을 그어 만나는 점을 점 ㅂ이라 하면
ⓛ＝90°－42°＝48°입니다.
사각형 ㄴㄹㅁㅂ의 네 각의 크기의 합은 360°이므로
ⓒ＝360°－90°－48°－90°＝132°입니다.
한 직선이 이루는 각의 크기는 180°이므로
ⓔ＝180°－132°＝48°입니다.
삼각형 ㄱㄴㄷ의 세 각의 크기의 합은 180°이므로 ⓐ＝180°－48°－55°＝77°입니다.

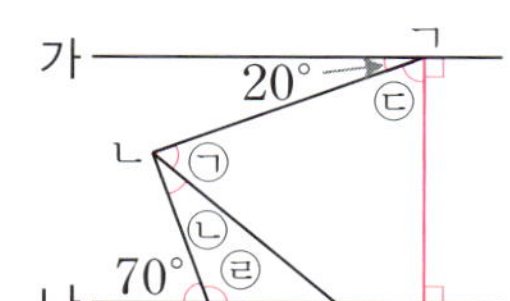

4-4 60°, 30°

점 ㄱ에서 직선 나에 수선을 그어 만나는 점을 점 ㅁ이라 하면
ⓒ＝90°－20°＝70°입니다.
한 직선이 이루는 각의 크기는 180°이므로
ⓔ＝180°－70°＝110°입니다.
사각형 ㄱㄴㄷㅁ의 네 각의 크기의 합은 360°이므로
ⓐ＋ⓛ＝360°－110°－90°－70°＝90°입니다.
ⓐ＋ⓛ＝90°이고 ⓐ＝ⓛ×2이므로 ⓛ×2＋ⓛ＝90°, ⓛ×3＝90°, ⓛ＝30°이고,
ⓐ＝30°×2＝60°입니다.

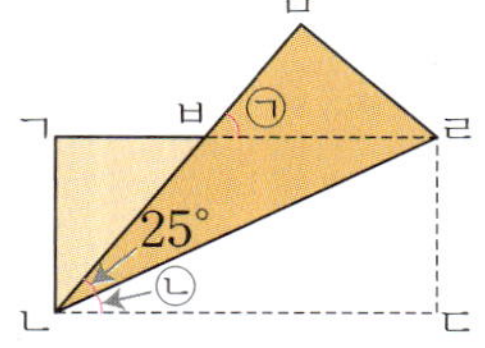

직사각형 모양의 종이를 접었을 때 생기는 접은 각과 접힌 각의 크기는 같으므로
ⓛ＝(각 ㅁㄴㄹ)＝25°입니다.
(각 ㅁㄴㄷ)＝25°＋25°＝50°
평행선과 한 직선이 만날 때 생기는 같은 위치에 있는 각의 크기는 같으므로
ⓐ＝(각 ㅁㄴㄷ)＝50°입니다.

5-1 70°, 110°

한 직선이 이루는 각의 크기는 180°이므로 (각 ㄴㅈㅇ)=180°−40°=140°입니다.

직사각형 모양의 종이를 접었을 때 생기는 접은 각과 접힌 각의 크기는 같으므로

㉠=(각 ㅂㅈㅇ)이고 ㉠+㉠=140°, ㉠=70°입니다.

사각형 ㅁㅂㅈㅇ의 네 각의 크기의 합은 360°이므로

㉡=360°−90°−70°−90°=110°입니다.

5-2 150°

직사각형 모양의 종이를 접었을 때 생기는 접은 각과 접힌 각의 크기는 같으므로

(각 ㅁㅈㅇ)=(각 ㅇㅈㄷ)=30°입니다.

삼각형 ㅁㅈㅇ의 세 각의 크기의 합은 180°이므로

(각 ㅈㅇㅁ)=180°−90°−30°=60°입니다.

평행선과 한 직선이 만날 때 생기는 엇갈린 위치에 있는 각의 크기는 같으므로

(각 ㅅㅂㅈ)=(각 ㅂㅈㄴ)=180°−30°−30°=120°입니다.

사각형 ㅂㅈㅇㅅ의 네 각의 크기의 합은 360°이므로

㉠=360°−120°−30°−60°=150°입니다.

다른 풀이

직사각형 모양의 종이를 접었을 때 생기는 접은 각과 접힌 각의 크기는 같으므로
(각 ㅁㅈㅇ)=(각 ㅇㅈㄷ)=30°입니다.
평행선과 한 직선이 만날 때 생기는 같은 위치에 있는 각의 크기는 같으므로
(각 ㅁㅂㅅ)=(각 ㅁㅈㄷ)=30°+30°=60°입니다.
삼각형 ㅁㅂㅅ의 세 각의 크기의 합은 180°이므로 (각 ㅁㅅㅂ)=180°−90°−60°=30°입니다.
한 직선이 이루는 각의 크기는 180°이므로 ㉠=180°−30°=150°입니다.

5-3 50°, 80°

한 직선이 이루는 각의 크기는 180°이므로

㉢=180°−130°=50°입니다.

평행선과 한 직선이 만날 때 생기는 엇갈린 위치에 있는 각의 크기
는 같으므로 ㉠=㉢=50°이고,

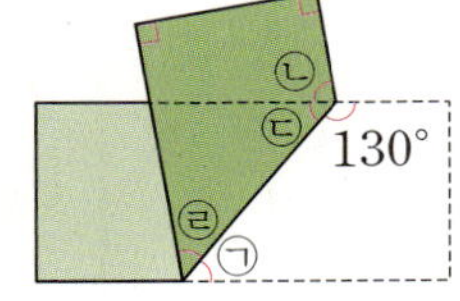

직사각형 모양의 종이를 접었을 때 생기는 접은 각과 접힌 각의 크기는 같으므로

㉣=㉠=50°입니다.

사각형의 네 각의 크기의 합은 360°이므로

㉡=360°−90°−50°−50°−90°=80°입니다.

5-4 60°

평행선과 한 직선이 만날 때 생기는 엇갈린 위치에 있는
각의 크기는 같으므로 ㉡=110°입니다.

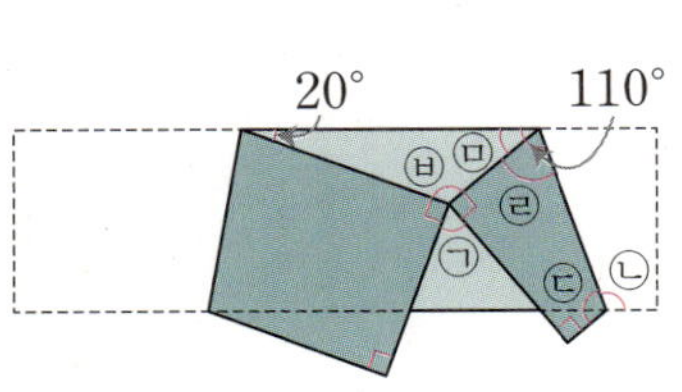

직사각형 모양의 종이를 접었을 때 생기는 접은 각과 접
힌 각의 크기는 같으므로 ㉢=㉡=110°입니다.

사각형의 네 각의 크기의 합은 360°이므로

㉣=360°−90°−90°−110°=70°입니다.

㉤=110°−㉣=110°−70°=40°이고

삼각형의 세 각의 크기의 합은 180°이므로 ㉥=180°−20°−40°=120°입니다.

➡ ㉠=360°−120°−90°−90°=60°

정삼각형 2개, 8개로 이루어진 마름모를 각각 찾아봅니다.

정삼각형 2개로 이루어진 마름모:

$6+6+4=16$(개)

정삼각형 8개로 이루어진 마름모:

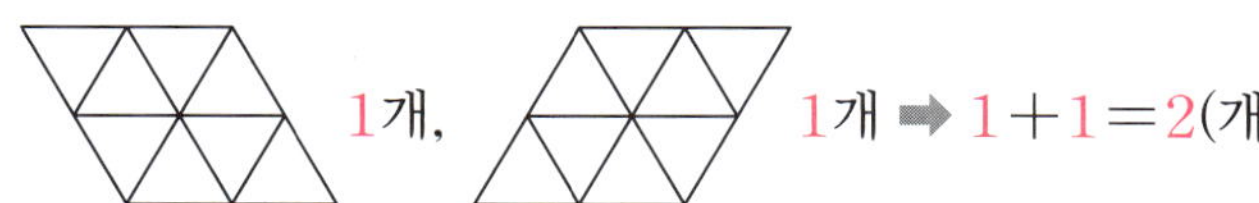

$1+1=2$(개)

따라서 그림에서 찾을 수 있는 크고 작은 마름모는 모두 $16+2=18$(개)입니다.

6-1 12개

도형 1개로 이루어진 사다리꼴: ②, ④, ⑥ ➡ 3개

도형 2개로 이루어진 사다리꼴: ①+②, ②+③, ④+⑤, ⑤+⑥
➡ 4개

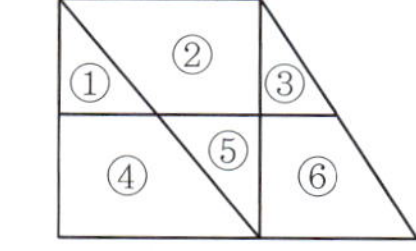

도형 3개로 이루어진 사다리꼴: ①+②+③, ④+⑤+⑥ ➡ 2개

도형 4개로 이루어진 사다리꼴: ①+②+④+⑤, ②+③+⑤+⑥ ➡ 2개

도형 6개로 이루어진 사다리꼴: ①+②+③+④+⑤+⑥ ➡ 1개

그림에서 찾을 수 있는 크고 작은 사다리꼴은 모두 $3+4+2+2+1=12$(개)입니다.

6-2 39개

정삼각형 2개로 이루어진 마름모:

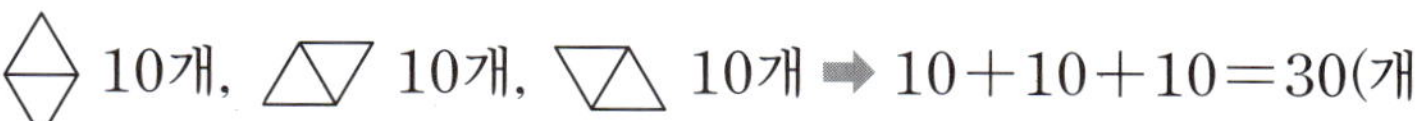

$10+10+10=30$(개)

정삼각형 8개로 이루어진 마름모:

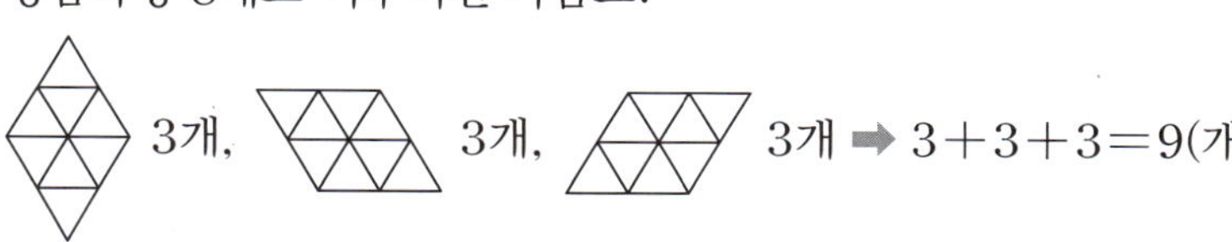

$3+3+3=9$(개)

따라서 그림에서 찾을 수 있는 크고 작은 마름모는 모두 $30+9=39$(개)입니다.

6-3 26개

삼각형 2개로 이루어진 평행사변형: 2개, 2개 ➡ $2+2=4$(개)

삼각형 4개로 이루어진 평행사변형:

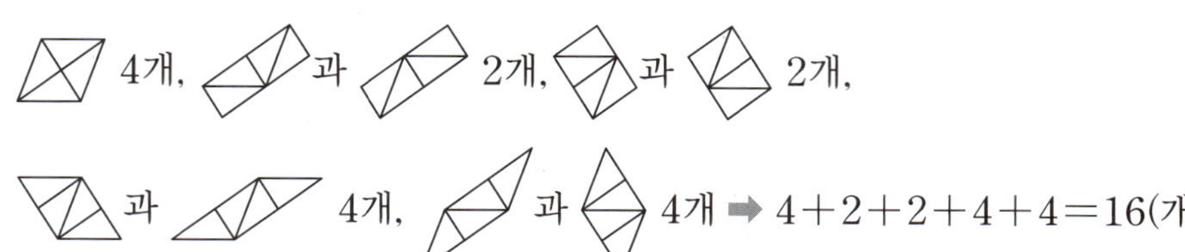

4개, 과 2개, 과 2개,

과 4개, 과 4개 ➡ $4+2+2+4+4=16$(개)

삼각형 8개로 이루어진 평행사변형:

과 4개, 1개 ➡ $4+1=5$(개)

삼각형 16개로 이루어진 평행사변형: 1개

따라서 그림에서 찾을 수 있는 크고 작은 평행사변형은 모두 $4+16+5+1=26$(개)입니다.

6-4 24개

사각형 1개짜리: 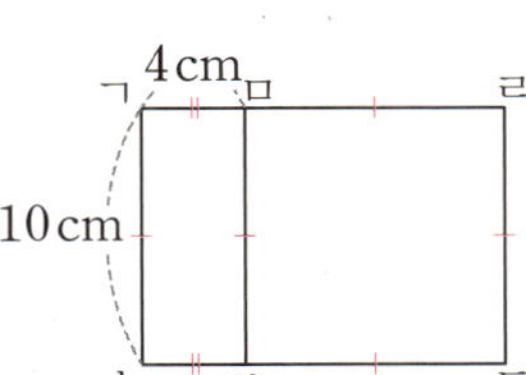 ➡ 1개

사각형 2개짜리: ➡ 4개

사각형 3개짜리: ➡ 3개

사각형 4개짜리: ➡ 5개

사각형 6개짜리: ➡ 6개

사각형 8개짜리: ➡ 2개

사각형 9개짜리: ➡ 2개

사각형 12개짜리: ➡ 1개

따라서 ★을 포함하는 사각형은 모두 $1+4+3+5+6+2+2+1=24$(개)입니다.

직사각형 ㄱㄴㅂㅁ에서 (선분 ㅁㅂ)=(선분 ㄱㄴ)=10 cm이고
정사각형 ㅁㅂㄷㄹ에서 (선분 ㅁㄹ)=(선분 ㅁㅂ)=10 cm입니다.
(선분 ㄱㄹ)=(선분 ㄱㅁ)+(선분 ㅁㄹ)=$4+10=14$(cm)
따라서 직사각형 ㄱㄴㄷㄹ의 네 변의 길이의 합은
$14+10+14+10=48$(cm)입니다.

7-1 58 cm

정사각형은 네 변의 길이가 모두 같으므로
(선분 ㄱㄹ)=(선분 ㄱㅅ)+(선분 ㅅㄹ)=$8+8=16$(cm)입니다.
(선분 ㄱㄴ)=(선분 ㄱㅁ)+(선분 ㅁㄴ)=$8+5=13$(cm)
따라서 직사각형 ㄱㄴㄷㄹ의 네 변의 길이의 합은 $16+13+16+13=58$(cm)입니다.

7-2 42 cm

작은 직사각형의 긴 변의 길이는 짧은 변의 길이의 3배이므로
(선분 ㄱㄴ)＝3×3＝9(cm)입니다.
(선분 ㄱㄹ)＝(선분 ㄱㅁ)＋(선분 ㅁㄹ)＝(선분 ㄱㅁ)＋(선분 ㄱㄴ)＝3＋9＝12(cm)
따라서 직사각형 ㄱㄴㄷㄹ의 네 변의 길이의 합은 12＋9＋12＋9＝42(cm)입니다.

7-3 16 cm

(선분 ㄱㄹ)＝2＋6＝8(cm)이므로
정사각형 ㄱㄴㄷㄹ의 둘레는 8＋8＋8＋8＝32(cm)입니다.
(선분 ㅂㅈ)＝6－2＝4(cm)이므로
정사각형 ㅂㅅㅇㅈ의 둘레는 4＋4＋4＋4＝16(cm)입니다.
따라서 정사각형 ㄱㄴㄷㄹ의 둘레와 정사각형 ㅂㅅㅇㅈ의 둘레의 차는
32－16＝16(cm)입니다.

7-4 40 cm

가부터 차례로 가로와 세로의 길이를 구해 봅니다.
가의 가로: 48 cm, 가의 세로: 64÷2＝32(cm)
나의 가로: 48÷2＝24(cm), 나의 세로: 32 cm
다의 가로: 24 cm, 다의 세로: 32÷2＝16(cm)
라의 가로: 24÷2＝12(cm), 라의 세로: 16 cm
마의 가로: 12 cm, 마의 세로: 16÷2＝8(cm)
따라서 직사각형 마의 네 변의 길이의 합은 12＋8＋12＋8＝40(cm)입니다.

대표문제 8

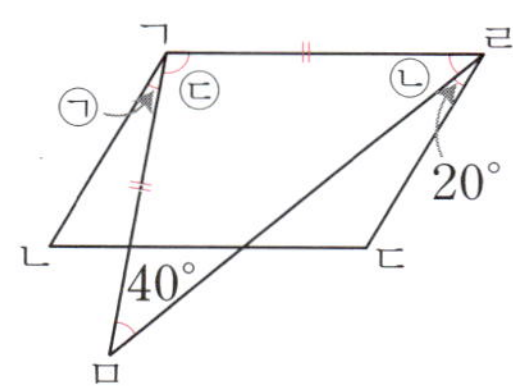

(선분 ㄱㅁ)＝(선분 ㄱㄹ)이므로 삼각형 ㄱㅁㄹ은 이등변삼각형입니다.
ⓛ＝(각 ㄱㅁㄹ)＝40°이므로 ⓒ＝180°－40°－40°＝100°입니다.
(각 ㄱㄹㄷ)＝ⓛ＋20°＝40°＋20°＝60°
평행사변형에서 이웃하는 두 각의 크기의 합은 180°이므로
(각 ㄴㄱㄹ)＝180°－(각 ㄱㄹㄷ)＝180°－60°＝120°입니다.
➡ ㉠＝(각 ㄴㄱㄹ)－ⓒ＝120°－100°＝20°

8-1 70°

평행사변형에서 이웃하는 두 각의 크기의 합은 180°이므로
(각 ㄱㅁㄷ)＝180°－70°＝110°입니다.
한 직선이 이루는 각의 크기는 180°이므로 ㉠＝180°－110°＝70°입니다.

8-2 25°

삼각형 ㄹㄷㅁ의 세 각의 크기의 합은 180°이므로
(각 ㄹㄷㅁ)＝180°－80°－45°＝55°입니다.

한 직선이 이루는 각의 크기는 $180°$이므로 (각 ㄴㄷㄹ)$=180°-55°=125°$입니다.
평행사변형에서 마주 보는 두 각의 크기는 같으므로
(각 ㄴㄱㄹ)$=$(각 ㄴㄷㄹ)$=125°$입니다.
삼각형 ㄱㄴㄹ의 세 각의 크기의 합은 $180°$이므로 ㉠$=180°-125°-30°=25°$입니다.

8-3 $30°$

(선분 ㄱㅁ)$=$(선분 ㅁㄹ)$=18÷2=9$(cm)이고,
㉡$=60°$입니다.
(선분 ㄱㄴ)$=$(선분 ㄹㄷ)$=9$ cm이므로
(선분 ㄱㄴ)$=$(선분 ㄱㅁ)입니다.

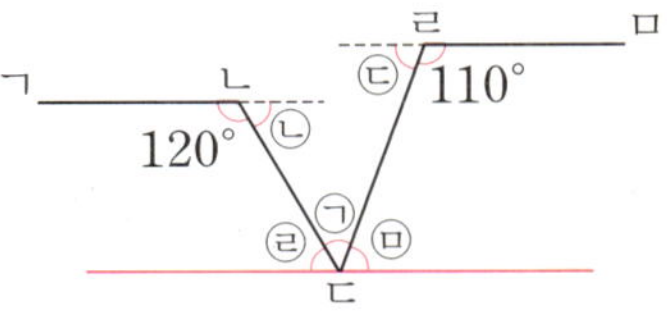

삼각형 ㄱㄴㅁ에서 ㉢$=$㉣$=(180°-60°)÷2=60°$이므로 삼각형 ㄱㄴㅁ은 정삼각형
입니다.
㉤$=180°-$㉣$=180°-60°=120°$이고 삼각형 ㅁㄴㄹ은 이등변삼각형이므로
㉥$=(180°-120°)÷2=30°$입니다.
평행사변형에서 이웃하는 두 각의 크기의 합은 $180°$이므로
(각 ㄱㄴㄷ)$=180°-60°=120°$입니다.
➡ ㉠$=120°-$㉢$-$㉥$=120°-60°-30°=30°$

8-4 $105°$, $15°$, $75°$

삼각형 ㅁㄴㄷ은 이등변삼각형이므로
(각 ㅁㄴㄷ)$=$(각 ㅁㄷㄴ)$=(180°-90°)÷2=45°$입니다.
삼각형 ㅁㄴㄹ은 정삼각형이므로 (각 ㅁㄴㄹ)$=60°$입니다. ➡ ㉠$=45°+60°=105°$
평행사변형에서 이웃하는 두 각의 크기의 합은 $180°$이므로
(각 ㄱㄴㄹ)$=180°-105°=75°$입니다. ➡ ㉡$=75°-60°=15°$
평행사변형에서 마주 보는 두 각의 크기는 같으므로 (각 ㄱㄴㄷ)$=$(각 ㄱㄹㄷ)$=75°$이
고 (각 ㅁㄴㄷ)$=45°$이므로 (각 ㄱㄴㅁ)$=75°-45°=30°$입니다.
(선분 ㅁㄷ)$=$(선분 ㄹㄷ)$=$(선분 ㄱㄴ)이므로 삼각형 ㄱㄴㅁ은
(선분 ㅁㄴ)$=$(선분 ㄱㄴ)인 이등변삼각형입니다. ➡ ㉢$=(180°-30°)÷2=75°$

한 직선이 이루는 각의 크기는 $180°$이므로
㉡$=180°-120°=60°$, ㉢$=180°-110°=70°$입니다.
선분 ㄱㄴ에 평행하고 점 ㄷ을 지나는 직선을 그어 봅니다.
평행선과 한 직선이 만날 때 생기는 엇갈린 위치에 있는 각의 크기는 같으므로
㉣$=$㉡$=60°$, ㉤$=$㉢$=70°$입니다.
➡ ㉠$=180°-60°-70°=50°$

9-1 155°

선분 ㄹㅁ에 평행하고 점 ㄷ을 지나는 직선을 그어 봅니다.
평행선과 한 직선이 만날 때 생기는 엇갈린 위치에 있는
각의 크기는 같으므로 $45°+$ⓒ$=70°$, ⓒ$=25°$이고
ⓒ$=$ⓒ$=25°$입니다.
한 직선이 이루는 각의 크기는 $180°$이므로 ㉠$=180°-25°=155°$입니다.

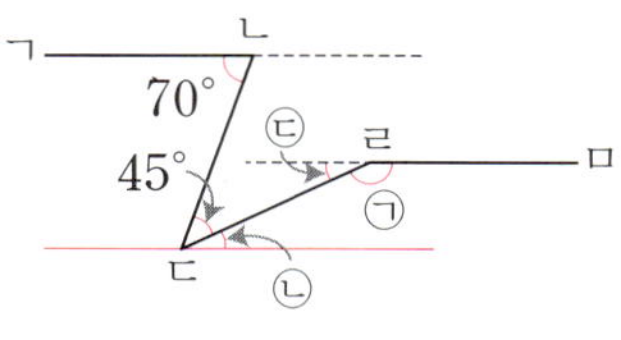

9-2 75°

선분 ㄱㄴ에 평행하고 각각 점 ㄷ과 점 ㄹ을 지
나는 직선을 그어 봅니다.
평행선과 한 직선이 만날 때 생기는 엇갈린 위치
에 있는 각의 크기는 같으므로
$60°+$ⓒ$=115°$, ⓒ$=55°$이고 ⓒ$=$ⓒ$=55°$입니다.
따라서 ㉠$+$ⓒ$=130°$, ㉠$+55°=130°$, ㉠$=75°$입니다.

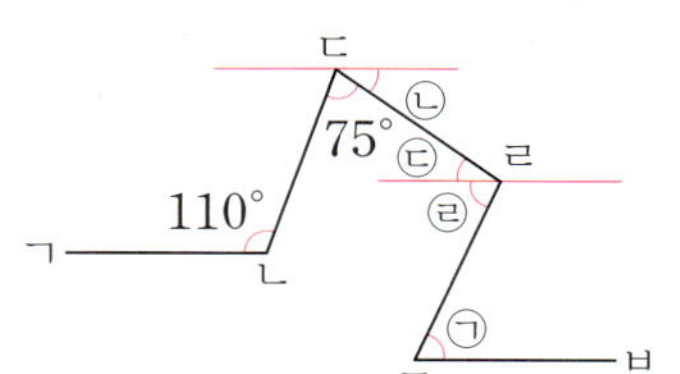

9-3 65°

선분 ㄱㄴ에 평행하고 각각 점 ㄷ과 점 ㄹ을 지나는 직선
을 그어 봅니다.
평행선과 한 직선이 만날 때 생기는 엇갈린 위치에 있는
각의 크기는 같으므로 $75°+$ⓒ$=110°$, ⓒ$=35°$이고,
ⓒ$=$ⓒ$=35°$입니다.
ⓒ$+$ⓔ$=100°$이므로 $35°+$ⓔ$=100°$, ⓔ$=65°$입니다.
따라서 ㉠$=$ⓔ$=65°$입니다.

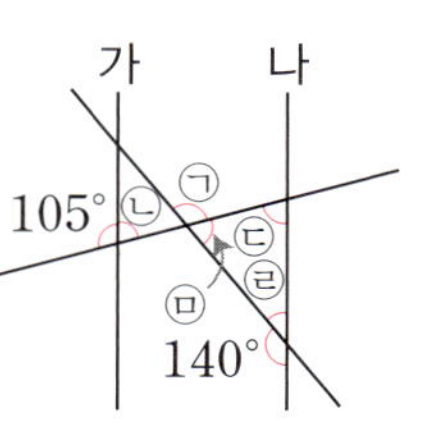

MATH MASTER

1 36 cm

(직선 가와 직선 나 사이의 거리)$=16$ cm
(직선 나와 직선 다 사이의 거리)$=20$ cm
➡ (직선 가와 직선 다 사이의 거리)$=16+20=36$(cm)

2 115°

한 직선이 이루는 각의 크기는 $180°$이므로
ⓒ$=180°-105°=75°$, ⓔ$=180°-140°=40°$입니다.
평행선과 한 직선이 만날 때 생기는 엇갈린 위치에 있는 각의 크기
는 같으므로 ⓒ$=$ⓒ$=75°$입니다.
삼각형 세 각의 크기의 합은 $180°$이므로
ⓜ$=180°-40°-75°=65°$입니다.
➡ ㉠$=180°-65°=115°$

3 50°

㉠ 마름모 ㅂㄷㄹㅁ에서 이웃하는 두 각의 크기의 합은 180°이므로
(각 ㅂㄷㄹ)=180°−100°=80°입니다.
(각 ㄴㄷㅂ)=360°−150°−80°=130°
평행사변형 ㄱㄴㄷㅂ에서 이웃하는 두 각의 크기의 합은 180°이므로
㉠=180°−130°=50°입니다.

채점 기준	배점
각 ㅂㄷㄹ의 크기를 구했나요?	1점
각 ㄴㄷㅂ의 크기를 구했나요?	2점
㉠의 크기를 구했나요?	2점

4 20°

마름모에서 이웃하는 두 각의 크기의 합은 180°이므로
(각 ㄴㅁㅂ)=(각 ㄴㄷㅂ)=180°−110°=70°입니다.
삼각형 ㅁㄴㅂ의 세 각의 크기의 합은 180°이므로
(각 ㅁㄴㅂ)=180°−70°−65°=45°입니다.
마름모에서 마주 보는 두 각의 크기는 같고 종이를 접었을 때 생기는 접은 각과 접힌 각의 크기는 같으므로 (각 ㄷㄴㅂ)=(각 ㅁㄴㅂ)=45°입니다.
➡ (각 ㄱㄴㅁ)=110°−45°−45°=20°

5 63°, 47°

삼각형 ㄱㄴㅁ은 이등변삼각형이므로 (각 ㄱㅁㄴ)=(각 ㄱㄴㅁ)=54°입니다.
평행선과 한 직선이 만날 때 생기는 엇갈린 위치에 있는 각의 크기는 같으므로
(각 ㅁㄱㄹ)=(각 ㄱㅁㄴ)=54°이고
삼각형 ㄱㅁㄹ은 이등변삼각형이므로 ㉠=(180°−54°)÷2=63°입니다.
한 직선이 이루는 각의 크기는 180°이므로 (각 ㄹㅁㄷ)=180°−54°−63°=63°입니다.
삼각형 ㄹㅁㄷ의 세 각의 크기의 합은 180°이므로 ㉡=180°−63°−70°=47°입니다.

6 7 cm

㉠ 평행사변형에서 마주 보는 두 변의 길이는 같으므로
(선분 ㄴㄷ)=(선분 ㄱㅁ)=6 cm이고, (선분 ㄷㄹ)=13−6=7(cm)입니다.
삼각형 ㅁㄷㄹ은 이등변삼각형이므로 (선분 ㅁㄷ)=(선분 ㄷㄹ)=7 cm입니다.
따라서 (선분 ㄱㄴ)=(선분 ㅁㄷ)=7 cm입니다.

채점 기준	배점
선분 ㄷㄹ의 길이를 구했나요?	3점
선분 ㄱㄴ의 길이를 구했나요?	2점

7 60°

평행선과 한 직선이 만날 때 생기는 엇갈린 위치에 있는 각의 크기는 같으므로
(각 ㄱㄴㄷ)=70°, ㉠=(각 ㄱㄷㄴ)입니다.
삼각형 ㄱㄴㄷ의 세 각의 크기의 합은 180°이므로
(각 ㄱㄷㄴ)=180°−40°−70°=70°이고 ㉠=(각 ㄱㄷㄴ)=70°입니다.
삼각형 ㄴㄷㄹ의 세 각의 크기의 합은 180°이므로
㉡=180°−100°−70°=10°입니다.
따라서 ㉠과 ㉡의 크기의 차는 70°−10°=60°입니다.

8 $110°$

평행사변형에서 마주 보는 두 각의 크기는 같으므로
(각 ㄴㄱㄹ)=(각 ㄴㄷㄹ)=70°입니다.
삼각형 ㄱㄴㅁ에서 (각 ㄱㄴㅁ)=180°−70°−90°=20°입니다.
삼각형 ㅅㄴㅇ에서 (각 ㅅㅇㄴ)=180°−90°−20°=70°입니다.
따라서 한 직선이 이루는 각의 크기는 180°이므로 (각 ㄴㅇㅂ)=180°−70°=110°입
니다.

9 $65°$

직선 가와 직선 나에 평행한 직선들을 그어 봅니다.
평행선과 한 직선이 만날 때 생기는 같은 위치에 있는 각의 크기는
같으므로 ⓛ=55°입니다.
ⓒ=80°−ⓛ=80°−55°=25°
한 직선이 이루는 각의 크기는 180°이므로
ⓗ=180°−140°=40°입니다.
평행선과 한 직선이 만날 때 생기는 엇갈린 위치에 있는 각의 크기는 같으므로
ⓔ=ⓒ=25°, ⓜ=ⓗ=40°입니다.
➡ ㉠=ⓔ+ⓜ=25°+40°=65°

10 4개

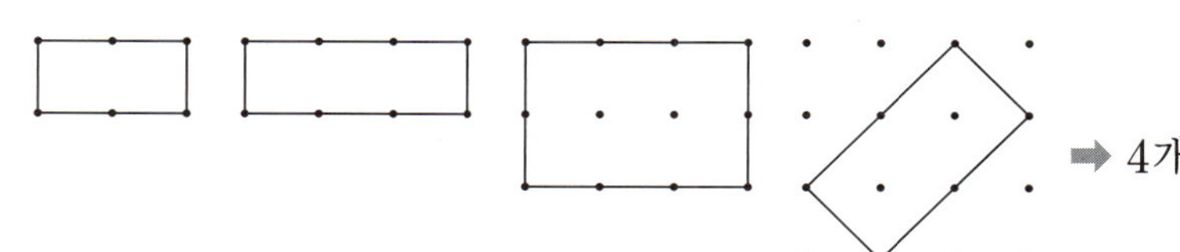

5 꺾은선그래프

1 꺾은선그래프 알아보기

1 꺾은선그래프

연속적으로 변화하는 양을 점으로 표시하고, 그 점들을 선분으로 이어 그린 그래프를 꺾은선그래프라고 합니다.

2 시각, 기온

가로는 시각을, 세로는 기온을 나타냅니다.

3 2℃, 1℃

㈎ 그래프는 세로 눈금 5칸이 10℃를 나타내므로 세로 눈금 한 칸은 $10 \div 5 = 2$(℃)를 나타내고, ㈏ 그래프는 세로 눈금 5칸이 5℃를 나타내므로 세로 눈금 한 칸은 1℃를 나타냅니다.

4 ㈏

물결선을 사용하면 필요 없는 부분을 줄여서 나타낼 수 있으므로 변화하는 모습이 더 잘 나타납니다.

5 꺾은선그래프

꺾은선그래프는 점들을 선분으로 이어 그린 그래프이므로 꺾은선의 기울어진 정도를 보면 몸무게의 변화를 한눈에 알아보기 쉽습니다.

보충 개념

시간에 따른 연속적인 변화를 알아보기 쉬운 것은 꺾은선그래프입니다.

---

6 풀이 참조

예 막대그래프는 막대로, 꺾은선그래프는 선분으로 나타냈습니다.

7 ㉡

꺾은선그래프는 시간에 따라 변화하는 정도를 쉽게 알 수 있으므로 ㉡을 꺾은선그래프로 나타내는 것이 좋습니다.

2 꺾은선그래프의 내용 알아보기

1 9일

그래프에서 점이 가장 위쪽에 찍혀 있는 때를 찾으면 9일입니다.

2 6 mm

세로 눈금 5칸의 크기가 5 mm이므로 세로 눈금 한 칸은 $5 \div 5 = 1$(mm)를 나타냅니다. 따라서 5일에 감자 싹의 키는 6 mm입니다.

3 6 mm

9일에 감자 싹의 키는 16 mm이고, 7일에 감자 싹의 키는 10 mm이므로 9일의 감자 싹의 키는 7일의 감자 싹의 키보다 $16 - 10 = 6$(mm) 더 큽니다.

다른 풀이
9일은 7일보다 세로 눈금 6칸 더 높으므로 6 mm 더 큽니다.

4 ㉠ 9일의 감자 싹의 키보다 더 커질 것입니다.

감자 싹의 키가 계속 커지고 있으므로 11일에도 커질 것으로 예상할 수 있습니다.

5 7월

꺾은선이 오른쪽 아래로 기울어진 곳을 찾으면 7월입니다.

6 7월과 8월 사이

꺾은선이 가장 많이 기울어진 곳을 찾으면 7월과 8월 사이입니다.

7 24점

세로 눈금 5칸의 크기가 10점이므로 세로 눈금 한 칸은 $10 \div 5 = 2$(점)을 나타냅니다.
점수가 가장 높은 때는 10월로 98점이고 점수가 가장 낮은 때는 7월로 74점입니다.
➡ (점수의 차)$= 98 - 74 = 24$(점)

3 꺾은선그래프로 나타내기

118~119쪽

1 판매량

가로에 요일을 나타낸다면 세로에는 조사한 멜론 판매량을 나타냅니다.

2 9칸

세로 눈금 한 칸이 멜론 2개를 나타내므로 수요일의 멜론 판매량인 18개는 세로 눈금 $18 \div 2 = 9$(칸)인 곳에 점을 찍어야 합니다.

3 풀이 참조

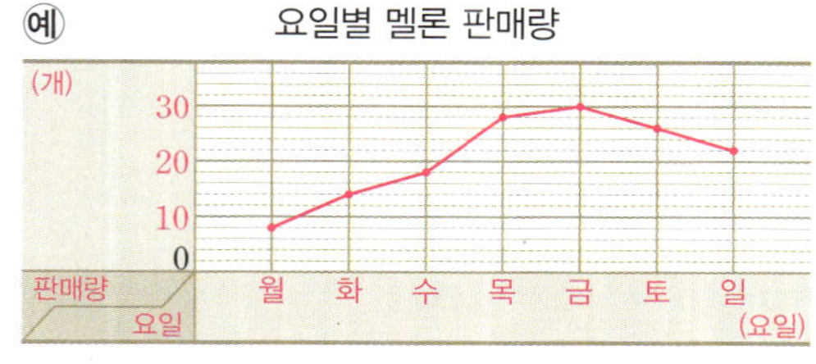

가로와 세로에 무엇을 나타낼지 정하고, 세로 눈금 한 칸의 크기를 정한 다음, 가로 눈금과 세로 눈금이 만나는 자리에 점을 표시하고 점들을 선분으로 잇습니다.

4 ㉠ 월, ㉠ 강수량

꺾은선그래프를 그릴 때 가로 눈금에는 시간의 흐름을, 세로 눈금에는 변화하는 양을 나타내는 것이 좋습니다.

5 ㉠ 0 mm, ㉠ 150 mm

0 mm와 150 mm 사이에는 자료의 값이 없으므로 물결선을 0 mm와 150 mm 사이에 넣으면 좋을 것 같습니다.

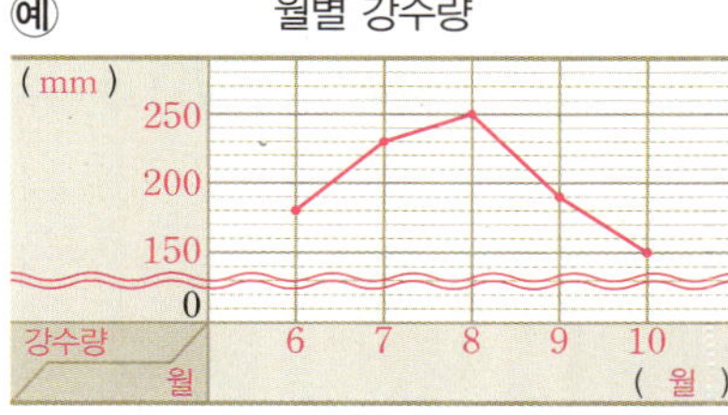

0 mm와 150 mm 사이에 물결선을 넣고 세로 눈금 한 칸의 크기를 정한 다음, 월별 강수량에 맞게 점을 표시하고 점들을 선분으로 잇습니다.

120~121쪽

세로 눈금 5칸의 크기가 100개이므로
세로 눈금 한 칸은 $100 \div 5 = 20$(개)를 나타냅니다.
아이스크림 판매량이 가장 많은 대는 목요일로 740개이고,
가장 적은 때는 월요일로 520개입니다.
➡ (아이스크림 판매량의 차)$= 740 - 520 = 220$(개)

1-1 480만 대

세로 눈금 5칸의 크기가 200만 대이므로 세로 눈금 한 칸은 $200 \div 5 = 40$(만 대)를 나타냅니다. 자동차 생산량이 가장 많은 때는 2021년으로 840만 대이고 가장 적은 때는 2023년으로 360만 대입니다.
➡ (자동차 생산량의 차)$= 840 - 360 = 480$(만 대)

1-2 2023년, 480대

꺾은선이 오른쪽 위로 가장 많이 기울어진 때는 2022년과 2023년 사이이므로 전년과 비교하여 컴퓨터 판매량이 가장 많이 늘어난 때는 2023년입니다.
세로 눈금 5칸의 크기가 400대이므로 세로 눈금 한 칸은 $400 \div 5 = 80$(대)를 나타냅니다.
2022년의 컴퓨터 판매량은 6560대이고 2023년의 컴퓨터 판매량은 7040대이므로
$7040 - 6560 = 480$(대) 늘어났습니다.

다른 풀이

전년과 비교하여 컴퓨터 판매량이 가장 많이 늘어난 때는 꺾은선이 오른쪽 위로 가장 많이 기울어진 2022년과 2023년 사이입니다. 세로 눈금 5칸의 크기가 400대이므로 세로 눈금 한 칸은
$400 \div 5 = 80$(대)를 나타냅니다. 2022년과 2023년은 세로 눈금 6칸 차이이므로 컴퓨터 판매량은
$80 \times 6 = 480$(대) 늘어났습니다.

122~123쪽

세로 눈금 5칸의 크기가 20개이므로
세로 눈금 한 칸은 $20 \div 5 = 4$(개)를 나타냅니다.
지우개 판매량은 5일에 32개, 6일에 16개, 7일에 28개,
8일에 52개, 9일에 36개입니다.
➡ (5일 동안 지우개 판매량)
$= 32 + 16 + 28 + 52 + 36 = 164$(개)

2-1 456회

세로 눈금 5칸의 크기가 20회이므로 세로 눈금 한 칸은 $20 \div 5 = 4$(회)를 나타냅니다.
줄넘기를 한 횟수는 월요일에 96회, 화요일에 104회, 수요일에 88회, 목요일에 76회,
금요일에 92회입니다.
➡ (5일 동안 줄넘기를 한 횟수)$= 96 + 104 + 88 + 76 + 92 = 456$(회)

2-2 756000원

㉸ 세로 눈금 5칸의 크기가 10개이므로 세로 눈금 한 칸은 $10 \div 5 = 2$(개)를 나타냅니다.
햄버거 판매량은 1일에 44개, 2일에 50개, 3일에 54개, 4일에 46개, 5일에 58개입
니다.
(조사한 기간 동안 햄버거 판매량)$= 44 + 50 + 54 + 46 + 58 = 252$(개)
➡ (조사한 기간 동안 햄버거 판매액)$= 3000 \times 252 = 756000$(원)

채점 기준	배점
세로 눈금 한 칸의 크기를 구했나요?	1점
요일별 햄버거 판매량을 각각 구했나요?	2점
조사한 기간 동안 햄버거 판매액을 구했나요?	2점

124~125쪽

대표문제 3

세로 눈금 5칸의 크기가 $5\,℃$이므로
세로 눈금 한 칸은 $5 \div 5 = 1$(℃)를 나타냅니다.
낮 12시의 기온은 $11\,℃$이고, 오후 2시의 기온은 $15\,℃$입니다.
따라서 오후 1시의 기온은 $11\,℃$와 $15\,℃$의 중간값인
약 $(11 + 15) \div 2 = 26 \div 2 = 13$(℃)였을 것입니다.

3-1 약 32 kg

㉸ 세로 눈금 5칸의 크기가 10 kg이므로 세로 눈금 한 칸은 $10 \div 5 = 2$(kg)을 나타냅
니다.
주아가 10살인 해 1월의 몸무게는 28 kg이고, 11살인 해 1월의 몸무게는 36 kg입니다.
따라서 주아가 10살인 해 7월의 몸무게는 28 kg과 36 kg의 중간값인
약 $(28 + 36) \div 2 = 64 \div 2 = 32$(kg)이었을 것입니다.

채점 기준	배점
세로 눈금 한 칸의 크기를 구했나요?	1점
10살인 해 1월의 몸무게와 11살인 해 1월의 몸무게를 각각 구했나요?	2점
10살인 해 7월의 몸무게를 구했나요?	2점

3-2 약 10 cm

세로 눈금 5칸의 크기가 5 cm이므로 세로 눈금 한 칸은 $5 \div 5 = 1$(cm)를 나타냅니다.
14일의 봉숭아 싹의 키는 4 cm입니다.
26일의 봉숭아 싹의 키는 12 cm, 30일의 봉숭아 싹의 키는 16 cm이므로
28일의 봉숭아 싹의 키는 12 cm와 16 cm의 중간값인
약 $(12 + 16) \div 2 = 28 \div 2 = 14$(cm)였을 것입니다.
따라서 28일의 봉숭아 싹의 키는 14일의 봉숭아 싹의 키보다 약 $14 - 4 = 10$(cm) 더
자랐다고 예상할 수 있습니다.

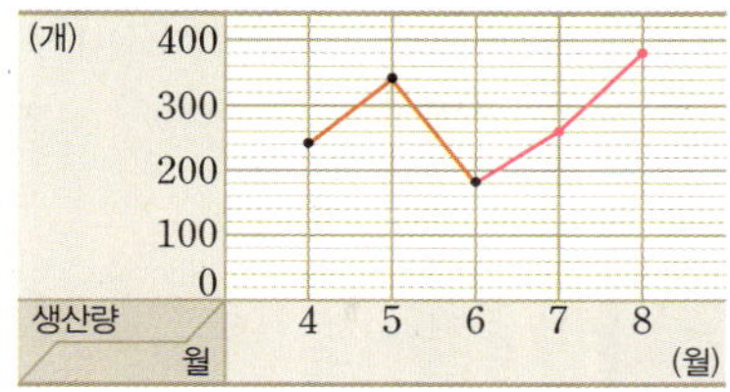

세로 눈금 5칸의 크기가 100개이므로

세로 눈금 한 칸은 $100 \div 5 = 20$(개)를 나타냅니다.

6월의 액자 생산량이 180개이므로

(7월의 액자 생산량) $= 180 + 80 = 260$(개)입니다.

7월과 8월의 액자 생산량은 모두 640개이므로

(8월의 액자 생산량) $= 640 - 260 = 380$(개)입니다.

7월과 8월의 액자 생산량에 맞게 각각 점을 표시하고, 점들을 선분으로 이어 꺾은선그래프를 완성합니다.

4-1 풀이 참조

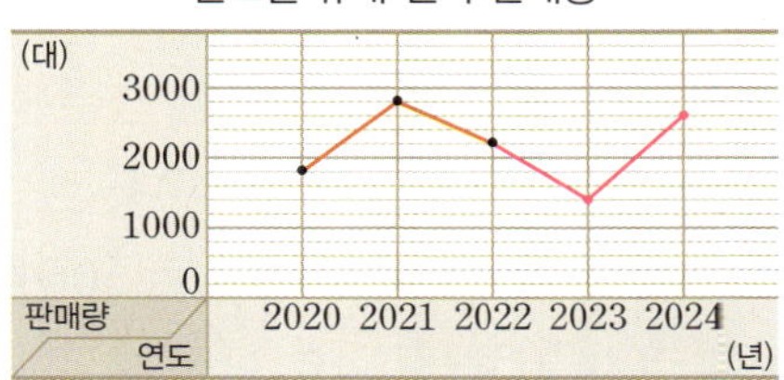

세로 눈금 5칸의 크기가 1000대이므로 세로 눈금 한 칸은 $1000 \div 5 = 200$(대)를 나타냅니다.

2022년의 휴대 전화 판매량이 2200대이므로

(2023년의 휴대 전화 판매량) $= 2200 - 800 = 1400$(대)입니다.

2023년과 2024년의 휴대 전화 판매량은 모두 4000대이므로

(2024년의 휴대 전화 판매량) $= 4000 - 1400 = 2600$(대)입니다.

2023년과 2024년의 휴대 전화 판매량에 맞게 점을 표시하고, 점들을 선분으로 이어 꺾은선그래프를 완성합니다.

4-2 풀이 참조

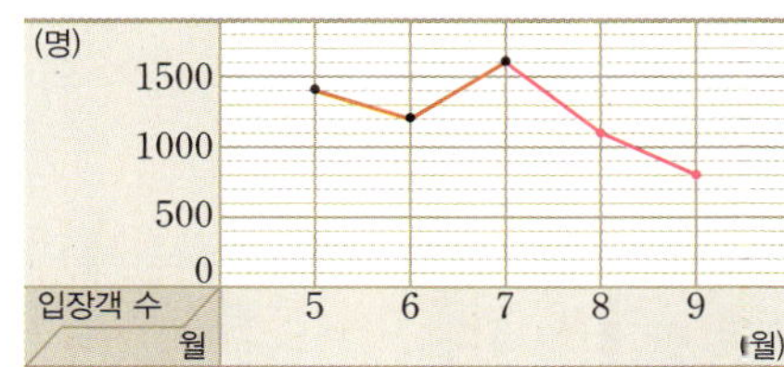

세로 눈금 5칸의 크기가 500명이므로 세로 눈금 한 칸은 $500 \div 5 = 100$(명)을 나타냅니다.

5월의 입장객 수: 1400명, 6월의 입장객 수: 1200명, 7월의 입장객 수: 1600명

5월부터 9월까지의 입장객은 모두 6100명이므로

(8월과 9월의 입장객 수) $= 6100 - 1400 - 1200 - 1600 = 1900$(명)입니다.

8월의 입장객 수를 □명이라 하면 9월의 입장객 수는 (□−300)명이므로
□+(□−300)=1900, □+□=2200, □=1100입니다.
8월의 입장객은 1100명, 9월의 입장객은 1100−300=800(명)입니다.
8월과 9월의 입장객 수에 맞게 각각 점을 표시하고, 점들을 선분으로 이어 꺾은선그래프를 완성합니다.

세로 눈금 5칸의 크기가 5 cm이므로
세로 눈금 한 칸은 5÷5=1(cm)를 나타냅니다.
해바라기의 키는 12일에 45 cm, 16일에 49 cm입니다.
(12일과 16일의 해바라기 키의 차)=49−45=4(cm)
따라서 세로 눈금 한 칸의 크기를 2 cm로 하면
세로 눈금은 4÷2=2(칸) 차이가 납니다.

5-1 10칸

세로 눈금 5칸의 크기가 50개이므로 세로 눈금 한 칸은 50÷5=10(개)를 나타냅니다.
인형 판매량은 10월에 310개, 11월에 360개입니다.
(10월과 11월의 인형 판매량의 차)=360−310=50(개)
따라서 세로 눈금 한 칸의 크기를 5개로 하여 다시 그린다면
세로 눈금은 50÷5=10(칸) 차이가 납니다.

다른 풀이
세로 눈금 5칸의 크기가 50개이므로 세로 눈금 한 칸은 50÷5=10(개)를 나타냅니다. 이때 10월과 11월의 세로 눈금은 5칸 차이가 납니다.
따라서 세로 눈금 한 칸의 크기를 5개로 하면 세로 눈금은 5×2=10(칸) 차이가 납니다.

5-2 5만 명

세로 눈금 5칸의 크기가 100만 명이므로 세로 눈금 한 칸은 100÷5=20(만 명)을 나타냅니다.
초등학생 수가 가장 많은 때는 2021년으로 420만 명이고, 가장 적은 때는 2024년으로 240만 명입니다.
(초등학생 수가 가장 많은 때와 가장 적은 때의 학생 수의 차)
=420−240=180(만 명)
다시 그린 그래프는 36칸이 180만 명을 나타내므로 세로 눈금 한 칸의 크기를
180÷36=5(만 명)으로 한 것입니다.

다른 풀이
세로 눈금 5칸의 크기가 100만 명이므로 세로 눈금 한 칸은 100÷5=20(만 명)을 나타냅니다. 이때 초등학생 수가 가장 많은 때인 2021년과 가장 적은 때인 2024년의 세로 눈금은 9칸 차이가 납니다.
다시 그린 그래프에서 세로 눈금이 36칸 차이가 나므로 세로 눈금 한 칸의 크기를 20÷4=5(만 명)으로 한 것입니다.

세로 눈금 5칸의 크기가 5 kg이므로
세로 눈금 한 칸은 5÷5＝1(kg)을 나타냅니다.
두 사람의 몸무게의 차가 가장 작은 때는
두 꺾은선 사이의 간격이 가장 좁은 9살 때입니다.
이때 민선이의 몸무게는 27 kg이고 윤민이의 몸무게는 25 kg이므로
(두 사람의 몸무게의 차)＝27－25＝2(kg)입니다.

6-1 14회

예 세로 눈금 5칸의 크기가 10회이므로 세로 눈금 한 칸은 10÷5＝2(회)를 나타냅니다.
두 사람의 기록의 차가 가장 큰 때는 두 꺾은선 사이의 간격이 가장 넓은 수요일입니다.
이때 근호의 팔 굽혀 펴기 횟수는 28회이고 연수의 팔 굽혀 펴기 횟수는 14회이므로 두 사람의 기록의 차는 28－14＝14(회)입니다.

채점 기준	배점
두 사람의 기록의 차가 가장 큰 때의 기록을 각각 구했나요?	3점
두 사람의 기록의 차를 구했나요?	2점

6-2 4℃

세로 눈금 5칸의 크기가 5℃이므르 세로 눈금 한 칸은 5÷5＝1(℃)를 나타냅니다.
가 도시의 기온이 나 도시의 기온브다 더 높은 때는 빨간색 꺾은선이 파란색 꺾은선보다 위에 있을 때이므로 오후 3시 이후입니다.
오후 3시 이후 기온의 차가 가장 큰 때는 두 꺾은선 사이의 간격이 가장 넓은 오후 6시입니다.
오후 6시에 가 도시의 기온은 11℃이고, 나 도시의 기온은 7℃이므로
(두 도시의 기온의 차)＝11－7＝4(℃)입니다.

왼쪽 꺾은선그래프의 세로 눈금 한 칸은 100÷5＝20(개)를 나타내고,
오른쪽 꺾은선그래프의 세로 눈금 한 칸은 50÷5＝10(개)를 나타냅니다.
판매량이 가장 많은 날과 가장 적은 날의 판매량의 차를 각각 구하면
초코 쿠키: 220－100＝120(개),
딸기 쿠키: 230－150＝80(개)이므로
판매량의 차가 더 큰 쿠키는 초코 쿠키입니다.

7-1 나 공장

왼쪽 꺾은선그래프의 세로 눈금 한 칸은 100÷5＝20(자루)를 나타내고,
오른쪽 꺾은선그래프의 세로 눈금 한 칸은 200÷5＝40(자루)를 나타냅니다.
생산량이 가장 많은 때와 가장 적은 때의 생산량의 차를 각각 구하면
가 공장: 750－570＝180(자루), 나 공장: 480－240＝240(자루)이므로
생산량의 차가 더 큰 공장은 나 공장입니다.

7-2 ㉲ 과수원

왼쪽 꺾은선그래프의 세로 눈금 한 칸은 $1000 \div 5 = 200$(개)를 나타내고,
오른쪽 꺾은선그래프의 세로 눈금 한 칸은 $1500 \div 5 = 300$(개)를 나타냅니다.
수확량이 가장 많은 때와 가장 적은 때의 수확량의 차를 각각 구하면
㉮ 과수원: $3600 - 2000 = 1600$(개), ㉯ 과수원: $4000 - 2000 = 2000$(개),
㉰ 과수원: $4800 - 2700 = 2100$(개), ㉱ 과수원: $3600 - 2400 = 1200$(개)이므로
수확량의 차가 가장 큰 과수원은 ㉰ 과수원입니다.

8

가로 눈금 4칸의 크기가 1시간$=60$분이므로
가로 눈금 한 칸의 크기는 15분입니다.
꺾은선그래프에서 제현이가 움직인 구간은 꺾은선이 기울어진 구간으로 3부분입니다.
따라서 제현이가 자전거를 타고 움직인 시간은
15분$+$15분$+$15분$=$45분입니다.

8-1 45분

꺾은선그래프에서 우진이는 집에서 출발하여 5분 동안 뛰어서 500 m를 가고 출발한
지 25분 만에 900 m를 갔습니다.
우진이는 $25 - 5 = 20$(분) 동안 $900 - 500 = 400$(m)를 걸었으므로
(우진이가 1분 동안 걸은 거리)$=400 \div 20 = 20$(m)입니다.
따라서 우진이가 처음부터 걸어간다면 마트까지 가는 데 $900 \div 20 = 45$(분)이 걸립니다.

8-2 15분

꺾은선그래프에서 윤혁이는 집에서 출발하여 10분 동안 뛰어서 1000 m를 가고 출발한
지 30분 만에 1800 m를 갔습니다.
윤혁이는 $30 - 10 = 20$(분) 동안 $1800 - 1000 = 800$(m)를 걸었으므로
(윤혁이가 1분 동안 걸은 거리)$=800 \div 20 = 40$(m)입니다.
따라서 윤혁이가 처음부터 걸어간다면 공원까지 가는 데 $1800 \div 40 = 45$(분)이 걸리므
로 형보다 $45 - 30 = 15$(분) 늦게 도착합니다.

MATH MASTER

1 목요일, 800000원

전체 입장료가 줄어든 때는 관람객 수가 줄어든 날입니다.
관람객 수가 줄어든 날은 꺾은선이 오른쪽 아래로 기울어진 때이므로 목요일입니다.
관람객 수는 수요일에 320명, 목요일에 240명이므로 $320 - 240 = 80$(명) 줄어들었습
니다.
따라서 전체 입장료는 $10000 \times 80 = 800000$(원) 줄어들었습니다.

2 4분과 5분 사이, 16 L

물이 가장 많이 흘러나온 때는 꺾은선이 가장 많이 기울어진 때이므로 4분과 5분 사이입니다.

통에 남아 있는 물의 양은 4분에 52 L, 5분에 36 L이므로 흘러나온 물의 양은
$52-36=16(L)$입니다.

3 ㉡ 약 2 kg

9살인 해 7월에

진아의 몸무게는 24 kg과 28 kg의 중간값인 약 $(24+28)\div2=26(kg)$이었을 것이고, 정민이의 몸무게는 23 kg과 25 kg의 중간값인 약 $(23+25)\div2=24(kg)$이었을 것입니다.

따라서 두 사람의 몸무게의 차는 약 $26-24=2(kg)$이었다고 예상할 수 있습니다.

4 300

㉡ 세로 눈금 $3+6+7+11+8=35$(칸)이 700 MB를 나타내므로 세로 눈금 한 칸은
$700\div35=20(MB)$를 나타냅니다.

따라서 ㉠$=20\times5=100$, ㉡$=20\times10=200$이므로 ㉠$+$㉡$=100+200=300$입니다.

채점 기준	배점
세로 눈금 한 칸의 크기를 구했나요?	2점
㉠과 ㉡은 각각 얼마인지 구했나요?	2점
㉠과 ㉡의 합을 구했나요?	1점

5 다현, 2.4 cm

세로 눈금 5칸의 크기가 $1\,cm=10\,mm$이므로 세로 눈금 한 칸은 $10\div5=2(mm)$,
즉 0.2 cm를 나타냅니다.

조사한 기간 동안 다현이는 $132.4-130=2.4(cm)$ 자랐고,

진우는 $132.6-130.6=2(cm)$ 자랐습니다.

따라서 키가 더 많이 자란 사람은 다현입니다.

6 11000원

빨간색 꺾은선이 파란색 꺾은선보다 위에 있으면 저금한 금액이 더 많은 것이므로 차이 나는 금액만큼 더하고, 빨간색 꺾은선이 파란색 꺾은선보다 아래에 있으면 찾은 금액이 더 많은 것이므로 차이 나는 금액만큼 뺍니다.

➡ (12월 31일에 통장에 남아 있는 돈)
$=4000+11000-6000+5000-3000=11000(원)$

다른 풀이

(5개월 동안 저금한 금액)$=23000+26000+17000+24000+21000=111000(원)$

(5개월 동안 찾은 금액)$=19000+15000+23000+19000+24000=100000(원)$

➡ (12월 31일에 통장에 남아 있는 돈)$=111000-100000=11000(원)$

7 11분

㉡ 물을 채우기 시작하여 4분까지는 1분에 15 L씩 물이 차고 4분 후부터는 1분에 30 L씩 물이 찹니다. 4분까지 채운 물의 양은 60 L이므로 4분 후부터는
$270-60=210(L)$의 물을 채워야 하고 $210\div30=7$(분)이 걸립니다.

따라서 통에 물을 가득 채우는 데 걸리는 시간은 $4+7=11$(분)입니다.

채점 기준	배점
2개의 수도로 물을 받으면 1분에 몇 L씩 물이 차는지 구했나요?	2점
통에 물을 가득 채우는 데 걸리는 시간을 구했나요?	3점

8 풀이 참조

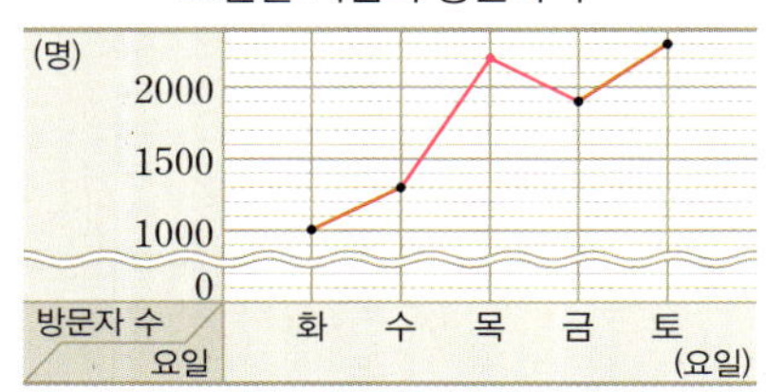

목요일과 비교하여 금요일에 줄어든 방문자 수를 □명이라 하면

수요일과 비교하여 목요일에 늘어난 방문자 수는 (□×3)명입니다.

(□×3)−□=1900−1300, □×2=600, □=300

➡ (목요일에 서점의 방문자 수)=1300+(300×3)=1300+900=2200(명)

9 풀이 참조

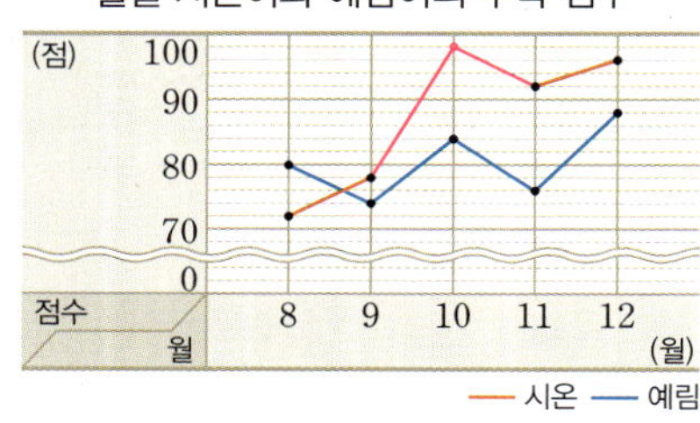

(예림이의 수학 점수의 합)=80+74+84+76+88=402(점)

(시온이의 수학 점수의 합)=402+34=436(점)

➡ (10월에 시온이의 수학 점수)=436−72−78−92−96=98(점)

10 900000원

왼쪽 꺾은선그래프에서 수요일의 도넛 생산량은 1700개입니다.

오른쪽 막대그래프에서 수요일의 종류별 도넛 생산량은

도넛 ㉠: 350개, 도넛 ㉡: 600개, 도넛 ㉣: 300개이므로

(수요일에 생산한 도넛 ㉢의 수)=1700−350−600−300=450(개)입니다.

따라서 수요일에 생산한 도넛 ㉢의 판매 금액은 모두 2000×450=900000(원)입니다.

Brain👍

6	5	2	4	3	1
4	3	1	2	5	6
5	1	3	6	4	2
2	4	6	5	1	3
3	2	5	1	6	4
1	6	4	3	2	5

6 다각형

1 나, 다, 라, 사

2 나, 라

변의 길이가 모두 같고 각의 크기가 모두 같은 다각형은 나, 라입니다.

3 정구각형, 72 cm

변이 9개인 정다각형은 정구각형입니다.
(정구각형의 둘레)$=8\times9=72$(cm)

4 정십이각형

정다각형은 변의 길이가 모두 같으므로 (변의 수)$=24\div2=12$(개)입니다.
따라서 변이 12개인 정다각형은 정십이각형입니다.

5 1080°

정팔각형은 삼각형 $8-2=6$(개)로 나눌 수 있습니다.
(정팔각형의 모든 각의 크기의 합)$=180°\times6=1080°$

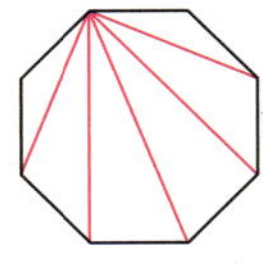

6 144°

정십각형은 삼각형 $10-2=8$(개)로 나눌 수 있습니다.
(정십각형의 모든 각의 크기의 합)$=180°\times8=1440°$
➡ (정십각형의 한 각의 크기)$=1440°\div10=144°$

7 70°

다각형에서 내각과 외각의 크기의 합은 180°이므로 ㉠$=180°-110°=70°$입니다.

1 가, 나

두 대각선이 서로 수직으로 만나는 사각형은 마름모, 정사각형입니다.

2 나, 라

두 대각선의 길이가 같은 사각형은 정사각형, 직사각형입니다.

3 정사각형

네 각의 크기가 모두 같은 사각형은 직사각형, 정사각형이고 이 중에서 두 대각선이 서로 수직으로 만나는 사각형은 정사각형입니다.

4 14개

주어진 다각형은 변이 7개이므로 칠각형입니다.
칠각형의 한 꼭짓점에서 그을 수 있는 대각선은 $7-3=4$(개)입니다.
따라서 칠각형에 그을 수 있는 대각선은 모두 $4\times7\div2=14$(개)입니다.

5 17개

구각형의 한 꼭짓점에서 그을 수 있는 대각선은 $9-3=6$(개)이므로
구각형에 그을 수 있는 대각선은 모두 $6\times9\div2=27$(개)입니다.
십일각형의 한 꼭짓점에서 그을 수 있는 대각선은 $11-3=8$(개)이므로
십일각형에 그을 수 있는 대각선은 모두 $8\times11\div2=44$(개)입니다.
➡ (대각선 수의 차)$=44-27=17$(개)

6 20개

다각형의 꼭짓점의 수를 □개라 하면 한 꼭짓점에서 그을 수 있는 대각선은 (□-3)개
이므로 □$-3=5$, □$=8$입니다.
따라서 이 다각형은 팔각형이고, 팔각형에 그을 수 있는 대각선은 모두
$5\times8\div2=20$(개)입니다.

7 십각형

□각형에 그을 수 있는 대각선의 수는 (□-3)$\times$□$\div2$입니다.
(□-3)$\times$□$\div2=35$, (□-3)$\times$□$=70$, □$=10$
따라서 지윤이가 그린 다각형은 십각형입니다.

3 모양 만들기와 모양 채우기

146~147쪽

1 나, 라, 마

네 변의 길이가 모두 같은 사각형은 나, 라, 마입니다.

2 다

가 모양 조각 3개를 이어 붙여서 만들 수 있는 모양 조각은 다입니다. 

3 풀이 참조

(예) 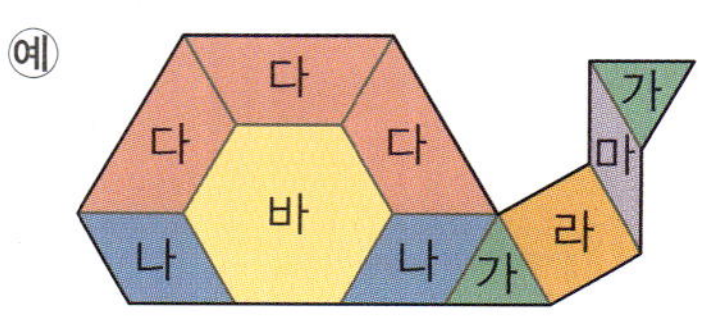

4 6개, 3개, 2개

바 모양 조각은 가, 나, 다 모양 조각으로 다음과 같이 채울 수 있습니다.

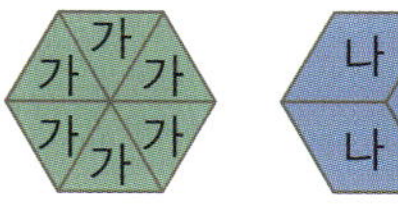 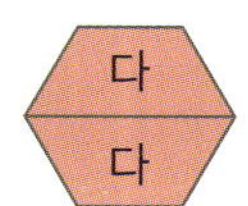

5 풀이 참조

(예) 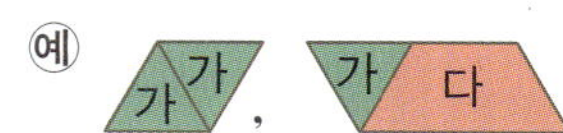

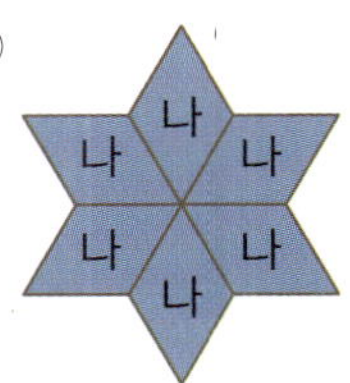

6 예

가 모양 조각 3개, 다 모양 조각 3개로 채우는 방법도 있습니다.

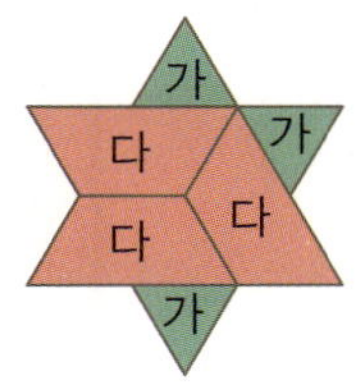

S1 대표문제

(정다각형을 만드는 데 사용한 철사의 길이)
=(처음에 있던 철사의 길이)-(남은 철사의 길이)
=120-24=96(cm)
(정다각형의 변의 수)
=(정다각형을 만드는 데 사용한 철사의 길이)÷(한 변의 길이)
=96÷8=12(개)
따라서 만든 정다각형의 이름은 정십이각형입니다.

1-1 정십오각형

(정다각형을 만드는 데 사용한 철사의 길이)=200-20=180(cm)
(정다각형의 변의 수)=180÷12=15(개)
따라서 만든 정다각형은 정십오각형입니다.

1-2 정십각형

(정육각형을 만드는 데 사용한 색 테이프의 길이)=5×6=30(cm)
(한 변의 길이가 6 cm인 정다각형을 만드는 데 사용한 색 테이프의 길이)
=90-30=60(cm)
(한 변의 길이가 6 cm인 정다각형의 변의 수)=60÷6=10(개)
따라서 한 변의 길이가 6 cm인 정다각형의 이름은 정십각형입니다.

서술형 **1-3** 정구각형

예 정팔각형을 만드는 데 사용한 끈의 길이는 4×8=32(cm)이므로 한 변이 7 cm인
정다각형을 만드는 데 사용한 끈의 길이는 100-32-5=63(cm)입니다.
따라서 한 변이 7 cm인 정다각형의 변의 수는 63÷7=9(개)이므로 정구각형입니다.

채점 기준	배점
정팔각형을 만드는 데 사용한 끈의 길이를 구했나요?	1점
한 변이 7 cm인 정다각형을 만드는 데 사용한 끈의 길이를 구했나요?	2점
한 변이 7 cm인 정다각형의 이름을 구했나요?	2점

1-4 8 cm

(정오각형의 둘레)=13×5=65(cm)
(정십삼각형의 한 변의 길이)=65÷13=5(cm)
따라서 한 변의 길이는 13-5=8(cm) 더 짧습니다.

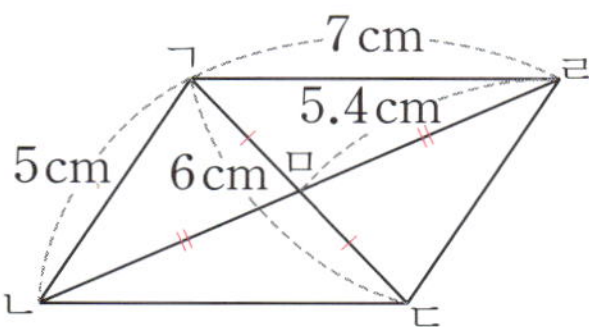

평행사변형의 한 대각선은 다른 대각선을 반으로 나누므로
(선분 ㄴㅁ)=(선분 ㄹㅁ)=5.4 cm, (선분 ㄷㅁ)=6÷2=3(cm)입니다.
평행사변형에서 마주 보는 변의 길이는 같으므로
(선분 ㄴㄷ)=(선분 ㄱㄹ)=7 cm입니다.
➡ (삼각형 ㅁㄴㄷ의 둘레)=5.4+7+3=15.4(cm)

2-1 36 cm

평행사변형의 한 대각선은 다른 대각선을 반으로 나누므로
(선분 ㄴㅁ)=24÷2=12(cm), (선분 ㄱㅁ)=30÷2=15(cm)입니다.
➡ (삼각형 ㄱㄴㅁ의 둘레)=9+12+15=36(cm)

2-2 18 cm

직사각형의 두 대각선은 길이가 같고 한 대각선이 다른 대각선을 반으로 나누므로
(선분 ㄴㅁ)=(선분 ㅁㄷ)=10÷2=5(cm)입니다.
직사각형은 마주 보는 변의 길이가 같으므로 (선분 ㄴㄷ)=(선분 ㄱㄹ)=8 cm입니다.
➡ (삼각형 ㅁㄴㄷ의 둘레)=5+8+5=18(cm)

2-3 10 cm

마름모는 네 변의 길이가 같으므로 (선분 ㄱㄴ)=(선분 ㄱㄹ)=20 cm입니다.
삼각형 ㄱㄴㄹ에서 두 변의 길이가 같으므로
(각 ㄱㄴㄹ)=(각 ㄱㄹㄴ)=(180°−60°)÷2=60°입니다.
삼각형 ㄱㄴㄹ은 정삼각형이므로 (선분 ㄴㄹ)=20 cm입니다.
마름모의 한 대각선은 다른 대각선을 반으로 나누므로
(선분 ㄴㅁ)=20÷2=10(cm)입니다.

2-4 12 cm

합이 14이고 차가 2인 두 수를 알아봅니다.

두 수	13	12	11	10	9	8	7
	1	2	3	4	5	6	7
차	12	10	8	6	4	2	0

합이 14이고 차가 2인 두 수는 8과 6이므로
(선분 ㄴㄹ)=8 cm, (선분 ㄱㄷ)=6 cm입니다.
마름모의 한 대각선은 다른 대각선을 반으로 나누므로
(선분 ㄴㅁ)=8÷2=4(cm), (선분 ㄱㅁ)=6÷2=3(cm)입니다.
➡ (삼각형 ㄱㄴㅁ의 둘레)=5+4+3=12(cm)

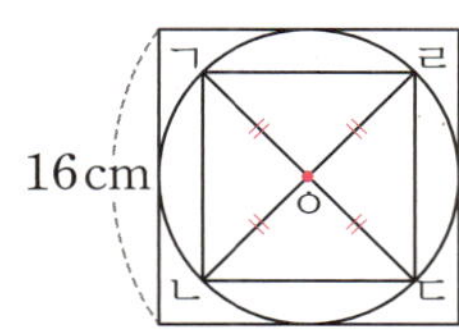

(원의 지름)=(큰 정사각형의 한 변의 길이)=16 cm

원의 지름과 선분 ㄴㄹ의 길이가 같고 선분 ㄴㄹ은 정사각형 ㄱㄴㄷㄹ의 대각선입니다.

정사각형은 한 대각선이 다른 대각선을 반으로 나누므로

(선분 ㄴㅇ)=(선분 ㄴㄹ)÷2=16÷2=8(cm)입니다.

3-1 80 cm

원의 반지름이 20 cm이므로 원의 지름은 20×2=40(cm)입니다.

직사각형 ㄱㄴㄷㄹ의 한 대각선의 길이는 원의 지름과 같고 직사각형은 두 대각선의 길이가 같으므로 두 대각선의 길이의 합은 40+40=80(cm)입니다.

3-2 48 cm

원의 반지름이 12 cm이므로 원의 지름은 12×2=24(cm)입니다.

정사각형 ㄱㄴㄷㄹ의 한 대각선의 길이는 원의 지름과 같고 정사각형은 두 대각선의 길이가 같으므로 두 대각선의 길이의 합은 24+24=48(cm)입니다.

3-3 15 cm

(원의 지름)=(큰 정사각형의 한 변의 길이)=30 cm

원의 지름과 선분 ㄱㄷ의 길이가 같고 선분 ㄱㄷ은 정사각형 ㄱㄴㄷㄹ의 대각선입니다.

정사각형은 한 대각선이 다른 대각선을 반으로 나누므로

(선분 ㄱㅇ)=(선분 ㄱㄷ)÷2=30÷2=15(cm)입니다.

3-4 52 cm

(원의 지름)=(큰 정사각형의 한 변의 길이)=26 cm

원의 지름과 선분 ㄱㄷ, 선분 ㄴㄹ의 길이가 같고 선분 ㄱㄷ과 선분 ㄴㄹ은 정사각형 ㄱㄴㄷㄹ의 대각선입니다.

따라서 정사각형 ㄱㄴㄷㄹ의 두 대각선의 길이의 합은 26+26=52(cm)입니다.

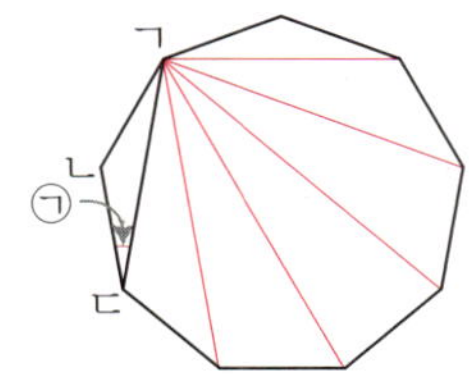

정구각형은 삼각형 7개로 나눌 수 있으므로

(정구각형의 모든 각의 크기의 합)=180°×7=1260°입니다.

정구각형은 모든 각의 크기가 같으므로

(정구각형의 한 각의 크기)=1260°÷9=140°입니다.

(변 ㄱㄴ)=(변 ㄴㄷ)이므로 삼각형 ㄱㄴㄷ은 이등변삼각형입니다.

➡ ㉠=(180°−140°)÷2=20°

4-1 15°

정십이각형은 사각형 5개로 나눌 수 있으므로
(정십이각형의 모든 각의 크기의 합)$=360°\times5=1800°$입니다.
정십이각형은 모든 각의 크기가 같으므로
(정십이각형의 한 각의 크기)$=1800°\div12=150°$입니다.
(변 ㄱㄴ)$=$(변 ㄴㄷ)이므로 삼각형 ㄱㄷㄴ은 이등변삼각형입니다.
➡ ㉠$=(180°-150°)\div2=15°$

4-2 120°

㈎ 정육각형은 삼각형 4개로 나눌 수 있으므로
(정육각형의 모든 각의 크기의 합)$=180°\times4=720°$이고,
(정육각형의 한 각의 크기)$=720°\div6=120°$입니다.
(변 ㄱㄴ)$=$(변 ㄴㄷ)$=$(변 ㄷㄹ)이므로 삼각형 ㄱㄴㄷ과 삼각형 ㄴㄷㄹ은 이등변삼각형입니다.
(각 ㄴㄷㄱ)$=(180°-120°)\div2=30°$, (각 ㄷㄴㄹ)$=(180°-120°)\div2=30°$이므로
삼각형 ㄴㄷㅅ에서 ㉠$=180°-30°-30°=120°$입니다.

채점 기준	배점
정육각형의 한 각의 크기를 구했나요?	2점
각 ㄴㄷㄱ과 각 ㄷㄴㄹ의 크기를 각각 구했나요?	2점
㉠의 크기를 구했나요?	1점

4-3 180°

정오각형은 삼각형 3개로 나눌 수 있으므로
(정오각형의 모든 각의 크기의 합)$=180°\times3=540°$입니다.
정오각형은 모든 각의 크기가 같으므로
(정오각형의 한 각의 크기)$=540°\div5=108°$입니다.
정오각형은 모든 변의 길이가 같으므로 삼각형 ㄱㄴㄷ과 삼각형 ㄱㄹㅁ은 이등변삼각형입니다.
(각 ㄴㄱㄷ)$=$(각 ㄹㄱㅁ)$=(180°-108°)\div2=36°$입니다.
➡ ㉠$=108°-36°-36°=36°$
같은 방법으로 구해 보면 ㉠$=$㉡$=$㉢$=$㉣$=$㉤$=36°$이므로
㉠$+$㉡$+$㉢$+$㉣$+$㉤$=36°\times5=180°$입니다.

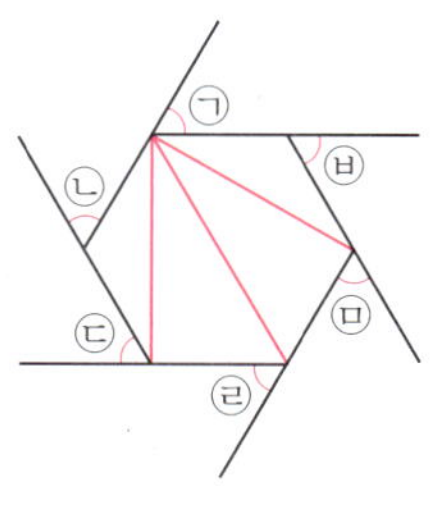

정육각형은 삼각형 4개로 나눌 수 있으므로
(정육각형의 모든 각의 크기의 합)$=180°\times4=720°$입니다.
정육각형은 모든 각의 크기가 같으므로
(정육각형의 한 각의 크기)$=720°\div6=120°$입니다.
㉠$=180°-120°=60°$이고 같은 방법으로
㉡$=$㉢$=$㉣$=$㉤$=$㉥$=60°$입니다.
➡ ㉠$+$㉡$+$㉢$+$㉣$+$㉤$+$㉥$=60°\times6=360°$

5-1 36°

정십각형은 삼각형 8개로 나눌 수 있으므로
(정십각형의 모든 각의 크기의 합)$=180°\times8=1440°$입니다.
정십각형은 모든 각의 크기가 같으므로
(정십각형의 한 각의 크기)$=1440°\div10=144°$입니다.
➡ ㉠$=180°-144°=36°$

5-2 360°

정오각형은 삼각형 3개로 나눌 수 있으므로
(정오각형의 모든 각의 크기의 합)$=180°\times3=540°$입니다.
정오각형은 모든 각의 크기가 같으므로
(정오각형의 한 각의 크기)$=540°\div5=108°$입니다.
㉠$=$㉡$=$㉢$=$㉣$=$㉤$=180°-108°=72°$
➡ ㉠$+$㉡$+$㉢$+$㉣$+$㉤$=72°\times5=360°$

5-3 12°

정육각형의 한 각의 크기는 $(180°\times4)\div6=120°$이고,
정오각형의 한 각의 크기는 $(180°\times3)\div5=108°$입니다.
한 바퀴가 이루는 각의 크기는 $360°$이므로
㉠$=360°-120°-120°-108°=12°$입니다.

5-4 126°

정오각형의 한 각의 크기는 $(180°\times3)\div5=108°$이고,
정팔각형의 한 각의 크기는 $(180°\times6)\div8=135°$입니다.
㉡$=180°-108°=72°$, ㉢$=180°-135°=45°$,
㉣$=360°-108°-135°=117°$
사각형의 네 각의 크기의 합은 $360°$이므로 ㉠$=360°-72°-45°-117°=126°$입니다.

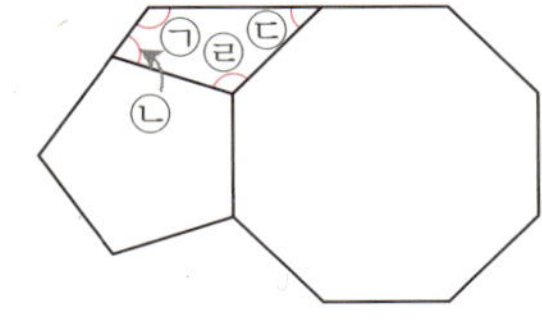

평행사변형 모양 조각 2개로 만들 수 있는 모양은 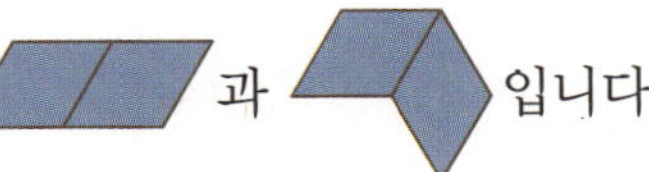 과 ▱ 입니다.

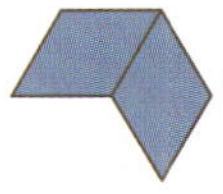 에 평행사변형 모양 조각 1개를 더 붙여 만들 수 있는 모양:

➡ 6가지

▱ 에 평행사변형 모양 조각 1개를 더 붙여 만들 수 있는 모양:

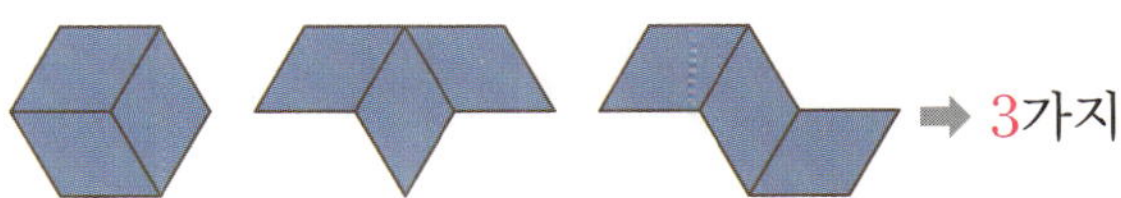 ➡ 3가지

따라서 평행사변형 모양 조각 3개를 사용하여 만들 수 있는 모양은 모두
$6+3=9$(가지)입니다.

6-1 3가지

정삼각형 모양 조각 3개로 만들 수 있는 모양은 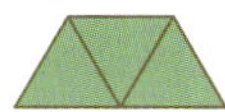 입니다.

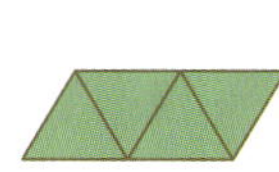 에 남은 모양 조각 1개를 더 붙여 만들 수 있는 모양:

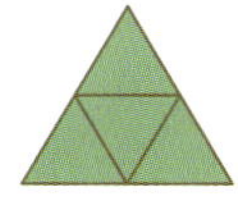 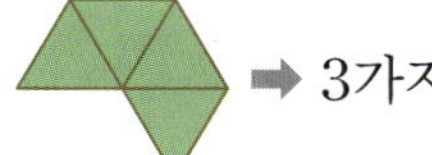 ➡ 3가지

따라서 정삼각형 모양 조각 4개를 사용하여 만들 수 있는 모양은 모두 3가지입니다.

6-2 5가지

정사각형 모양 조각 3개로 만들 수 있는 모양은 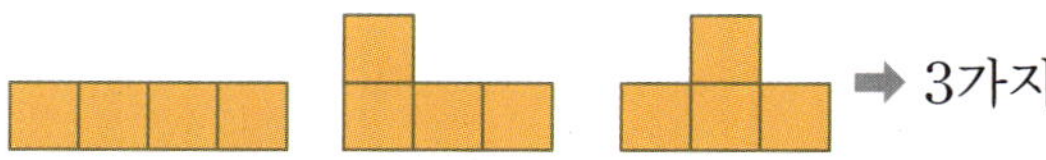 과 입니다.

에 정사각형 모양 조각 1개를 더 붙여 만들 수 있는 모양:

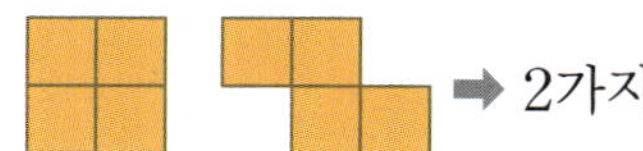 ➡ 3가지

에 정사각형 모양 조각 1개를 더 붙여 만들 수 있는 모양

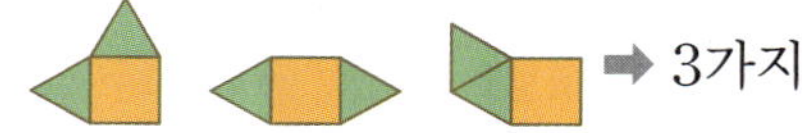 ➡ 2가지

따라서 정사각형 모양 조각 4개로 만들 수 있는 모양은 모두 $3+2=5$(가지)입니다.

6-3 3가지

정삼각형 모양 조각 1개와 정사각형 모양 조각 1개를 사용하여 만들 수 있는 모양은 입니다.

에 정삼각형 모양 조각 1개를 더 붙여 만들 수 있는 모양:

➡ 3가지

 **7**

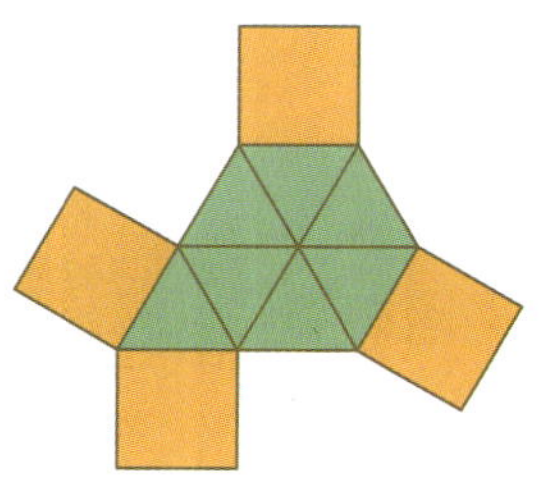

오른쪽 모양은 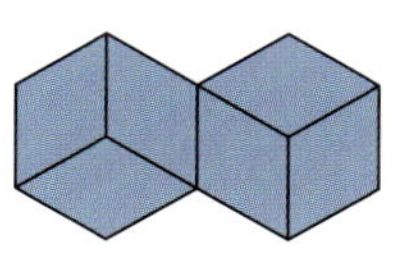 모양 조각 7개, 모양 조각 4개로 만든 모양이므로

오른쪽 모양의 크기는 약 $1\times7+2\times4=15$입니다.

7-1 6

오른쪽 모양은 모양 조각 6개로 만든 모양이므로 크기는 6입니다.

7-2 약 16

오른쪽 모양은 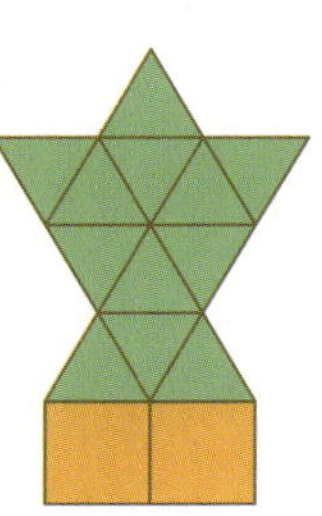 모양 조각 12개, ▧ 모양 조각 2개로 만든 모양
이므로 오른쪽 모양의 크기는 약 $1\times12+2\times2=16$입니다.

7-3 약 32

나 모양 조각의 크기: ▱ ➡ 2

다 모양 조각의 크기: ▱ ➡ 3

마 모양 조각의 크기: 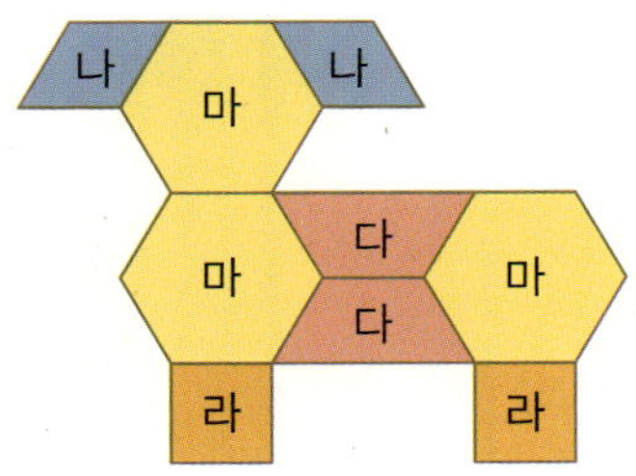 ➡ 6

오른쪽 모양은 나 모양 조각 2개, 다 모양 조각 2개,
라 모양 조각 2개, 마 모양 조각 3개로 만든 모양이므로
오른쪽 모양의 크기는 약
$2\times2+3\times2+2\times2+6\times3=32$입니다.

162~163쪽

대표문제 8

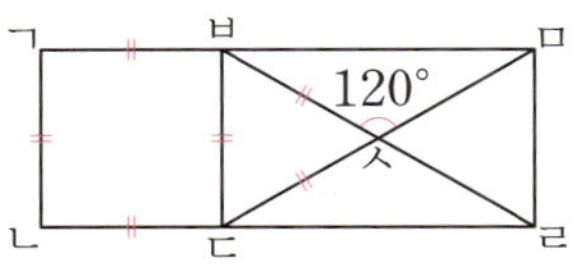

한 직선이 이루는 각의 크기는 $180°$이므로 (각 ㅂㅅㄷ)$=180°-120°=60°$입니다.
직사각형은 두 대각선의 길이가 같고 한 대각선이 다른 대각선을 반으로 나누므로
(선분 ㅂㅅ)$=$(선분 ㄷㅅ)$=32\div2=16$(cm)이고
(각 ㄷㅂㅅ)$=$(각 ㅂㄷㅅ)$=(180°-60°)\div2=60°$입니다.
삼각형 ㅂㄷㅅ은 정삼각형이고 한 변이 16 cm이므로
(정사각형 ㄱㄴㄷㅂ의 둘레)$=16\times4=64$(cm)입니다.

8-1 48 cm

한 직선이 이루는 각의 크기는 $180°$이므로 (각 ㅂㅅㄷ)$=180°-120°=60°$입니다.
직사각형은 두 대각선의 길이가 같고 한 대각선이 다른 대각선을 반으로 나누므로
(선분 ㅂㅅ)$=$(선분 ㄷㅅ)$=24\div2=12$(cm)이고
(각 ㅅㅂㄷ)$=$(각 ㅅㄷㅂ)$=(180°-60°)\div2=60°$입니다.
삼각형 ㅂㅅㄷ은 정삼각형이고 한 변이 12 cm이므로
(정사각형 ㅂㄷㄹㅁ의 둘레)$=12\times4=48$(cm)입니다.

8-2 54 cm

두 직선이 한 점에서 만날 때 서로 마주 보는 각의 크기는 같으므로 (각 ㄹㅁㄷ)=60°입니다.

직사각형은 두 대각선의 길이가 같고 한 대각선이 다른 대각선을 반으로 나누므로

(선분 ㄹㅁ)=(선분 ㄷㅁ)=18÷2=9(cm)이고

(각 ㅁㄹㄷ)=(각 ㅁㄷㄹ)=(180°−60°)÷2=60°입니다.

삼각형 ㄹㅁㄷ은 정삼각형이고 한 변이 9 cm이므로

(정육각형 ㄹㄷㅂㅅㅇㅈ의 둘레)=9×6=54(cm)입니다.

보충 개념

두 직선이 한 점에서 만날 때 서로 마주 보는 각의 크기는 같습니다.

8-3 92 cm

삼각형 ㄹㄴㄷ에서 (각 ㄴㄹㄷ)=180°−30°−90°=60°입니다.

직사각형은 두 대각선의 길이가 같고 한 대각선이 다른 대각선을 반으로 나누므로

(선분 ㄹㅁ)=(선분 ㄷㅁ)=46÷2=23(cm)이고

(각 ㅁㄹㄷ)=(각 ㅁㄷㄹ)=60°, (각 ㄹㅁㄷ)=180°−60°−60°=60°입니다.

삼각형 ㄹㅁㄷ은 정삼각형이고 삼각형 ㄹㄷㅂ도 정삼각형이므로

(선분 ㄹㅁ)=(선분 ㅁㄷ)=(선분 ㄷㅂ)=(선분 ㅂㄹ)=23 cm입니다.

➡ (사각형 ㄹㅁㄷㅂ의 둘레)=23×4=92(cm)

MATH MASTER

1 10°

마름모에서 이웃하는 두 각의 크기의 합은 180°이므로

(각 ㅁㅂㅅ)=180°−140°=40°입니다.

정육각형의 한 각의 크기는 (180°×4)÷6=120°이므로 (각 ㄱㅂㅁ)=120°이고,

(각 ㄱㅂㅅ)=120°+40°=160°입니다.

(변 ㄱㅂ)=(변 ㅂㅅ)이므로 삼각형 ㄱㅅㅂ은 이등변삼각형입니다.

➡ ㉠=(180°−160°)÷2=10°

서술형 **2** 11개

⑩ 정팔각형에 그을 수 있는 대각선은 모두 (8−3)×8÷2=20(개)이고, 정육각형에 그을 수 있는 대각선은 모두 (6−3)×6÷2=9(개)입니다.

따라서 대각선 수의 차는 20−9=11(개)입니다.

채점 기준	배점
정팔각형에 그을 수 있는 대각선의 수를 구했나요?	2점
정육각형에 그을 수 있는 대각선의 수를 구했나요?	2점
대각선 수의 차를 구했나요?	1점

3 540°

선분을 그어 오각형을 만들어 봅니다.
ⓑ＋ⓞ＋ⓢ＝180°, ⓩ＋ⓩ＋ⓚ＝180°이고 ⓞ＝ⓩ이므로
ⓑ＋ⓢ＝ⓩ＋ⓚ입니다.
ⓒ, ⓛ, ⓒ, ⓡ, ⓜ, ⓑ, ⓢ의 합은 ⓒ, ⓛ, ⓒ, ⓡ, ⓜ, ⓩ, ⓚ의
합과 같으므로 오각형의 모든 각의 크기의 합과 같습니다.
오각형은 삼각형 3개로 나눌 수 있으므로 ⓒ, ⓛ, ⓒ, ⓡ, ⓜ, ⓑ, ⓢ의 합은
$180° \times 3 = 540°$입니다.

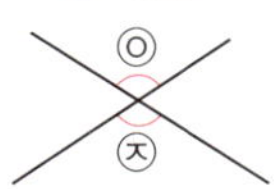

보충 개념

ⓞ과 ⓩ은 두 직선이 한 점에서 만날 때 서로 마주 보는 각이므로 크기가 같습니다.
➡ ⓞ＝ⓩ

---

4 54개

정다각형의 변의 수를 □개라 하면
이 정다각형은 (□－2)개의 삼각형으로 나눌 수 있습니다.
$(□－2) \times 180° ＝ 1800°$, □－2＝10, □＝12
따라서 정십이각형이므로 대각선은 모두 $(12－3) \times 12 \div 2 ＝ 54$(개)입니다.

5 30 cm

마름모의 두 대각선은 서로 수직으로 만나므로
삼각형 ㄱㄴㅇ에서 (각 ㄴㄱㅇ)＝$180°－30°－90°＝60°$입니다.
마름모는 네 변의 길이가 모두 같으므로
삼각형 ㄱㄴㄷ에서 (각 ㄴㄷㅇ)＝(각 ㄴㄱㅇ)＝$60°$입니다.
(각 ㄱㄴㄷ)＝$180°－60°－60°＝60°$이므로 삼각형 ㄱㄴㄷ은 정삼각형입니다.
마름모의 한 대각선은 다른 대각선을 반으로 나누므로
(선분 ㄱㄷ)＝5＋5＝10(cm)입니다.
따라서 삼각형 ㄱㄴㄷ은 한 변의 길이가 10 cm인 정삼각형이므로 세 변의 길이의 합은
10＋10＋10＝30(cm)입니다.

서술형

6 정구각형, 36 cm

⑳ 다각형의 꼭짓점의 수를 □가 하면 대각선이 모두 27개이므로
$(□－3) \times □ \div 2 ＝ 27$, $(□－3) \times □ ＝ 54$입니다.
차가 3이고 곱이 54인 두 수를 찾으면 9－6＝3, 6×9＝54이므로 □＝9입니다.
따라서 구하는 다각형은 정구각형이고 둘레는 4×9＝36(cm)입니다.

채점 기준	배점
다각형의 꼭짓점 수와 대각선 수의 관계를 이용하여 식을 만들었나요?	1점
다각형의 이름을 알았나요?	2점
다각형의 둘레를 구했나요?	2점

7 라

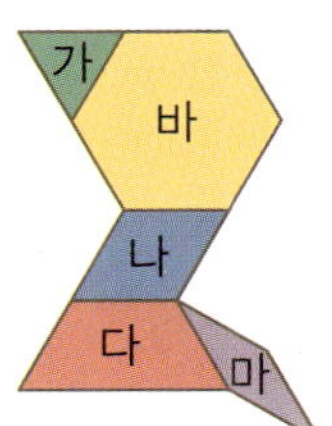

8 18개

사다리꼴 모양 조각 2개로 오른쪽과 같은 평행사변형을 만들 수
있습니다.

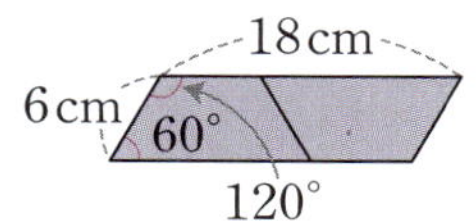

만든 평행사변형은 짧은 변에 $18 \div 6 = 3$(개),

긴 변에 $54 \div 18 = 3$(개)를 놓을 수 있으므로 모두 $3 \times 3 = 9$(개) 필요합니다.

만든 평행사변형은 사다리꼴 모양 조각 2개로 이루어져 있으므로 필요한 사다리꼴 모양

조각은 모두 $2 \times 9 = 18$(개)입니다.

9 600 cm

이어 붙인 정육각형을 3개씩 묶어 둘레에 있는 변의 수의 규칙을 알아봅니다.

 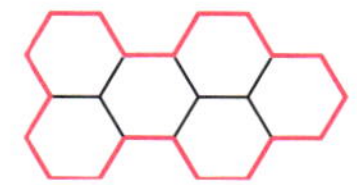 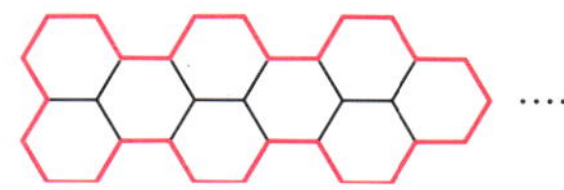

12개　　　$12 + 8 = 20$(개)　　　$12 + 8 + 8 = 28$(개)

정육각형 21개를 이어 붙인 도형의 둘레의 변의 수는

$$12 + \underbrace{8 + 8 + \cdots + 8}_{6개} = 12 + 8 \times 6 = 60(개)$$입니다.

따라서 정육각형 21개를 이어 붙인 도형의 둘레는 $10 \times 60 = 600$(cm)입니다.

10 150°

정다각형이므로 (변 ㄱㄴ)=(변 ㄴㄷ)=(변 ㄷㄹ)=(변 ㄹㅁ)이고

(각 ㄱㄴㄷ)=(각 ㄴㄷㄹ)=(각 ㄷㄹㅁ)입니다.

삼각형 ㄴㄱㄷ과 삼각형 ㄹㄷㅁ은 모양과 크기가 같은 이등변삼각형이므로

(각 ㄴㄱㄷ)=(각 ㄴㄷㄱ)=(각 ㄹㄷㅁ)=(각 ㄹㅁㄷ)입니다.

각 ㄴㄷㄱ의 크기를 ㉠이라 하면

(각 ㄴㄷㄹ)=㉠+120°+㉠, (각 ㄱㄴㄷ)=180°−㉠−㉠입니다.

(각 ㄴㄷㄹ)=(각 ㄱㄴㄷ)이므로

㉠+120°+㉠=180°−㉠−㉠, ㉠+㉠+㉠+㉠=60°, ㉠×4=60°, ㉠=15°입
니다.

따라서 (각 ㄴㄷㄹ)=15°+120°+15°=150°이므로 정다각형의 한 각의 크기는 150°
입니다.

1 분수의 덧셈과 뺄셈

1 5

어떤 수를 □라 하면 잘못 계산한 식에서 $\square + 1\dfrac{7}{9} = 8\dfrac{5}{9}$ 입니다.

➡ $\square = 8\dfrac{5}{9} - 1\dfrac{7}{9} = 7\dfrac{14}{9} - 1\dfrac{7}{9} = 6\dfrac{7}{9}$

따라서 바르게 계산하면 $6\dfrac{7}{9} - 1\dfrac{7}{9} = 5$ 입니다.

2 26 m

(직사각형의 가로) $= 6\dfrac{6}{8} - \dfrac{7}{8} = 5\dfrac{14}{8} - \dfrac{7}{8} = 5\dfrac{7}{8}$ (m)

(직사각형의 네 변의 길이의 합) $= 5\dfrac{7}{8} + 6\dfrac{6}{8} + 5\dfrac{7}{8} + 6\dfrac{6}{8} = 22 + \dfrac{26}{8} = 25\dfrac{2}{8}$ (m)

따라서 직사각형 모양을 만드는 데 철사가 $25\dfrac{2}{8}$ m 필요하므로 철사를 적어도 26 m 사야 합니다.

서술형

3 $11\dfrac{2}{9}$

⑩ 두 대분수의 분모가 같아야 하므로 분모에는 수 카드가 2장인 9를 놓아야 합니다.
남은 수 카드의 수의 크기를 비교하면 $8 > 6 > 5 > 2$ 이므로 만들 수 있는 가장 큰 대분수는 $8\dfrac{6}{9}$, 가장 작은 대분수는 $2\dfrac{5}{9}$ 입니다.

따라서 두 대분수의 합은 $8\dfrac{6}{9} + 2\dfrac{5}{9} = 10 + \dfrac{11}{9} = 11\dfrac{2}{9}$ 입니다.

채점 기준	배점
만들 수 있는 대분수의 분모를 구했나요?	1점
만들 수 있는 가장 큰 대분수와 가장 작은 대분수를 각각 구했나요?	2점
만들 수 있는 가장 큰 대분수와 가장 작은 대분수의 합을 구했나요?	2점

4 $16\dfrac{4}{13}$ km

(㈘에서 ㈚까지의 거리)

$= (\text{㈐}\sim\text{㈚}) - (\text{㈐}\sim\text{㈘}) = 7\dfrac{2}{13} - 2\dfrac{12}{13} = 6\dfrac{15}{13} - 2\dfrac{12}{13} = 4\dfrac{3}{13}$ (km)

(㈓에서 ㈚까지의 거리) $= (\text{㈓}\sim\text{㈐}) + (\text{㈐}\sim\text{㈘}) + (\text{㈘}\sim\text{㈚})$

$= 3\dfrac{6}{13} + 8\dfrac{8}{13} + 4\dfrac{3}{13} = 15 + \dfrac{17}{13} = 16\dfrac{4}{13}$ (km)

5 3

$\text{㉠}\bigstar 2\dfrac{4}{7} = \text{㉠} + 2\dfrac{4}{7} + 2\dfrac{4}{7} = \text{㉠} + 4\dfrac{8}{7} = \text{㉠} + 5\dfrac{1}{7} = 8\dfrac{1}{7}$

➡ $\text{㉠} = 8\dfrac{1}{7} - 5\dfrac{1}{7} = 3$

6 5일

전체 일의 양을 1이라 하면 승미가 2일 동안 하는 일의 양은 $\dfrac{3}{18}+\dfrac{3}{18}=\dfrac{6}{18}$이고

남은 일의 양은 $1-\dfrac{6}{18}=\dfrac{12}{18}$입니다.

승미와 유주가 함께 하루 동안 하는 일의 양은 $\dfrac{3}{18}+\dfrac{1}{18}=\dfrac{4}{18}$입니다.

$\dfrac{12}{18}-\dfrac{4}{18}-\dfrac{4}{18}-\dfrac{4}{18}=0$이므로 승미가 일을 시작한 지 $2+3=5$(일) 만에 끝낼 수 있습니다.

7 $7\dfrac{5}{15}$ m

(연못의 깊이의 2배)

$=$(막대의 길이)$-$(물에 젖지 않은 부분의 길이)

$=20\dfrac{7}{15}-5\dfrac{12}{15}=19\dfrac{22}{15}-5\dfrac{12}{15}=14\dfrac{10}{15}$ (m)

따라서 $14\dfrac{10}{15}=7\dfrac{5}{15}+7\dfrac{5}{15}$이므로 연못의 깊이는 $7\dfrac{5}{15}$ m입니다.

8 $67\dfrac{13}{17}$

자연수 부분은 15부터 2씩 작아지고, 분수 부분의 분자는 1부터 2씩 커지는 규칙입니다.

$15\dfrac{1}{17}+13\dfrac{3}{17}+11\dfrac{5}{17}+\cdots+1\dfrac{15}{17}$

$=(15+13+11+\cdots+3+1)+\left(\dfrac{1}{17}+\dfrac{3}{17}+\dfrac{5}{17}+\cdots+\dfrac{13}{17}+\dfrac{15}{17}\right)$

$=64+\dfrac{64}{17}=64+3\dfrac{13}{17}=67\dfrac{13}{17}$

보충 개념

$1+3+5+7+9+11+13+15=16\times4=64$

---

1 $\dfrac{5}{6}$, $\dfrac{4}{6}$

두 진분수 중 큰 진분수를 $\dfrac{\blacksquare}{6}$, 작은 진분수를 $\dfrac{\blacktriangle}{6}$라 하면

$\dfrac{\blacksquare}{6}+\dfrac{\blacktriangle}{6}=1\dfrac{3}{6}=\dfrac{9}{6}$, $\dfrac{\blacksquare}{6}-\dfrac{\blacktriangle}{6}=\dfrac{1}{6}$이므로 $\blacksquare+\blacktriangle=9$, $\blacksquare-\blacktriangle=1$입니다.

두 식을 더하면 $\blacksquare+\blacktriangle+\blacksquare-\blacktriangle=10$, $\blacksquare+\blacksquare=10$이므로 $\blacksquare=5$입니다.

$\blacksquare+\blacktriangle=9$에서 $5+\blacktriangle=9$, $\blacktriangle=4$입니다.

따라서 두 진분수의 분자는 5, 4이므로 두 진분수는 $\dfrac{5}{6}$, $\dfrac{4}{6}$입니다.

2 18

계산 결과가 가장 크려면 ◆와 ♥의 합이 가장 커야 하므로 ◆와 ♥에 가장 큰 수와 둘째로 큰 수인 9와 8을 놓아야 합니다.

$$9\frac{7}{13}+8\frac{6}{13}=17+\frac{13}{13}=18,\ 8\frac{7}{13}+9\frac{6}{13}=17+\frac{13}{13}=18$$

$$\left(\text{또는 } 9\frac{6}{13}+8\frac{7}{13}=17+\frac{13}{13}=18,\ 8\frac{6}{13}+9\frac{7}{13}=17+\frac{13}{13}=18\right)$$

따라서 계산 결과가 가장 클 때의 값은 18입니다.

3 81, 82, 83

$$8\frac{6}{11}-1\frac{3}{11}=7\frac{3}{11},\ 3\frac{2}{11}+4\frac{5}{11}=7\frac{7}{11}$$

$7\frac{3}{11}<\dfrac{\square}{11}<7\frac{7}{11}$ 에서 $\dfrac{80}{11}<\dfrac{\square}{11}<\dfrac{84}{11}$ 이므로 $80<\square<84$입니다.

따라서 $\square$ 안에 들어갈 수 있는 자연수는 81, 82, 83입니다.

4 $23\frac{2}{4}$ cm

색 테이프 3장의 길이의 합은 $9\times3=27$(cm)이고,

겹쳐진 부분의 길이의 합은 $1\frac{3}{4}+1\frac{3}{4}=2+\frac{6}{4}=3\frac{2}{4}$(cm)입니다.

따라서 이어 붙인 색 테이프의 전체 길이는 $27-3\frac{2}{4}=26\frac{4}{4}-3\frac{2}{4}=23\frac{2}{4}$(cm)입니다.

서술형

5 $4\frac{4}{11}$ cm

⑩ (20분 동안 탄 양초의 길이)$=25-21\frac{5}{11}=24\frac{11}{11}-21\frac{5}{11}=3\frac{6}{11}$(cm)

1시간은 20분의 3배이므로 1시간 동안 타는 양초의 길이는

$$3\frac{6}{11}+3\frac{6}{11}+3\frac{6}{11}=9+\frac{18}{11}=10\frac{7}{11}\text{(cm)입니다.}$$

따라서 1시간이 지난 후에 남은 양초의 길이는

$$15-10\frac{7}{11}=14\frac{11}{11}-10\frac{7}{11}=4\frac{4}{11}\text{(cm)입니다.}$$

채점 기준	배점
20분 동안 탄 양초의 길이를 구했나요?	1점
1시간 동안 타는 양초의 길이를 구했나요?	2점
불을 붙이고 1시간이 지난 후에 남은 양초의 길이를 구했나요?	2점

6 오후 3시 12분 24초

9월 14일 오후 3시부터 9월 18일 오후 3시까지는 4일이므로 4일 동안 빨라지는 시간은

$$3\frac{6}{60}+3\frac{6}{60}+3\frac{6}{60}+3\frac{6}{60}=12\frac{24}{60}\text{(분)입니다.}$$

$12\frac{24}{60}$분은 12분 24초이므로 9월 18일 오후 3시에 이 시계가 가리키는 시각은

오후 3시 $+$ 12분 24초 $=$ 오후 3시 12분 24초입니다.

7 $1\frac{2}{7}$ kg

(책 5권의 무게)$+$(상자의 무게)$=7$(kg), (책 3권의 무게)$+$(상자의 무게)$=4\frac{3}{7}$(kg)

이므로 책 2권의 무게는 $7-4\frac{3}{7}=6\frac{7}{7}-4\frac{3}{7}=2\frac{4}{7}$(kg)입니다.

따라서 $2\frac{4}{7}=1\frac{2}{7}+1\frac{2}{7}$이므로 책 한 권의 무게는 $1\frac{2}{7}$ kg입니다.

8 $100 \, \text{kg}$

(성우의 몸무게)$+$(경규의 몸무게)$=64\dfrac{6}{13}\,(\text{kg})$,

(성우의 몸무게)$+$(민호의 몸무게)$=71\dfrac{11}{13}\,(\text{kg})$,

(경규의 몸무게)$+$(민호의 몸무게)$=63\dfrac{9}{13}\,(\text{kg})$이므로 3개의 식을 모두 더하면

(성우의 몸무게)$\times 2+$(경규의 몸무게)$\times 2+$(민호의 몸무게)$\times 2$

$=64\dfrac{6}{13}+71\dfrac{11}{13}+63\dfrac{9}{13}=198+\dfrac{26}{13}=200(\text{kg})$입니다.

따라서 $200\div 2=100$이므로 세 사람의 몸무게의 합은 $100\,\text{kg}$입니다.

9 51

더하는 분수의 수와 계산 결과의 관계를 알아봅니다.

$$\dfrac{1}{3}+\dfrac{2}{3}=1 \qquad \dfrac{1}{5}+\dfrac{2}{5}+\dfrac{3}{5}+\dfrac{4}{5}=2 \qquad \dfrac{1}{7}+\dfrac{2}{7}+\dfrac{3}{7}+\dfrac{4}{7}+\dfrac{5}{7}+\dfrac{6}{7}=3$$

2개 $\quad$ $2\div 2$ $\qquad$ 4개 $\quad$ $4\div 2$ $\qquad$ 6개 $\quad$ $6\div 2$

➡ 분모가 홀수인 분모가 같은 진분수를 모두 더하면 계산 결과는 더한 분수의 수의 절반과 같습니다.

계산 결과가 25이므로 더한 진분수는 $25\times 2=50(\text{개})$입니다.

따라서 $\square-1=50$, $\square=51$입니다.

10 $2\dfrac{4}{9},\ 5\dfrac{3}{9},\ 4\dfrac{8}{9}$

㉮$+$㉯$+$㉰$=12\dfrac{6}{9}$, ㉯$=$㉮$+2\dfrac{8}{9}$, ㉰$=$㉮$\times 2$이므로

㉮$+$㉯$+$㉰$=$㉮$+\left($㉮$+2\dfrac{8}{9}\right)+($㉮$\times 2)=$㉮$\times 4+2\dfrac{8}{9}=12\dfrac{6}{9}$입니다.

㉮$\times 4=12\dfrac{6}{9}-2\dfrac{8}{9}=11\dfrac{15}{9}-2\dfrac{8}{9}=9\dfrac{7}{9}=\dfrac{88}{9}$이고

$\dfrac{88}{9}=\dfrac{22}{9}+\dfrac{22}{9}+\dfrac{22}{9}+\dfrac{22}{9}$이므로

㉮$=\dfrac{22}{9}=2\dfrac{4}{9}$, ㉯$=$㉮$+2\dfrac{8}{9}=2\dfrac{4}{9}+2\dfrac{8}{9}=4+\dfrac{12}{9}=5\dfrac{3}{9}$,

㉰$=$㉮$\times 2=$㉮$+$㉮$=2\dfrac{4}{9}+2\dfrac{4}{9}=4\dfrac{8}{9}$입니다.

2 삼각형

1 20°

삼각형 ㄱㄷㄹ에서 (각 ㄱㄹㄴ)=$180°-90°-50°=40°$이므로
(각 ㄴㄹㄷ)=$180°-40°=140°$입니다.
삼각형 ㄹㄴㄷ은 이등변삼각형이므로 각 ㄹㄴㄷ과 각 ㄹㄷㄴ의 크기가 같습니다.
(각 ㄹㄴㄷ)=(각 ㄹㄷㄴ)=$(180°-140°)\div2=20°$
➡ (각 ㄱㄷㄴ)=$20°$

2 10°

정삼각형은 세 각의 크기가 모두 같으므로
(각 ㄴㄱㄷ)=(각 ㄱㄴㄷ)=(각 ㄱㄷㄴ)=$60°$입니다.
삼각형 ㄹㄴㄷ은 이등변삼각형이므로
(각 ㄹㄴㄷ)=(각 ㄹㄷㄴ)=$(180°-80°)\div2=50°$입니다.
➡ ㉠=$60°-50°=10°$

3 70°

삼각형 ㄱㄴㄷ은 이등변삼각형이므로
㉡=(각 ㄱㄷㄴ)=$20°$입니다.
삼각형 ㄱㄴㄷ에서
㉢+㉣+$40°=180°-20°-20°$,
㉢+㉣+$40°=140°$, ㉢+㉣=$100°$입니다.
접은 각과 접힌 각의 크기는 같으므로 ㉢=㉣=$50°$입니다.
따라서 삼각형 ㄱㄹㄷ에서 ㉠=$180°-50°-40°-20°=70°$입니다.

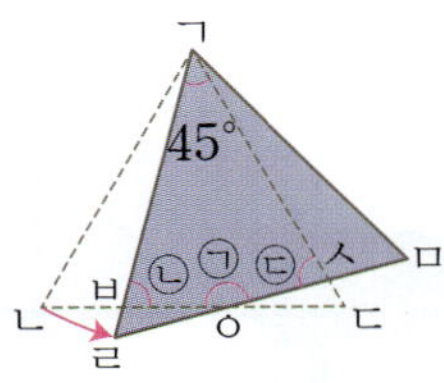

4 165°

삼각형 ㄱㄴㄷ과 삼각형 ㄱㄹㄷ은 정삼각형이므로
(각 ㄱㄹㅁ)=(각 ㄱㄷㄴ)=$60°$입니다.
삼각형 ㄱㅂㄷ에서 ㉡=$180°-45°-60°=75°$입니다.
삼각형 ㄱㄹㅅ에서 ㉢=$180°-45°-60°=75°$입니다.
따라서 사각형 ㄱㅂㅇㅅ에서
㉠=$360°-45°-75°-75°=165°$입니다.

5 28개

한 변이 면봉 1개인 정삼각형: 18개
한 변이 면봉 2개인 정삼각형: 8개
한 변이 면봉 3개인 정삼각형: 2개
➡ (크고 작은 정삼각형의 수)=$18+8+2=28$(개)

6 80°, 50°

예 선분 ㄱㅇ, 선분 ㄴㅇ, 선분 ㄷㅇ은 원의 반지름이므로 길이가 모두 같습니다.
삼각형 ㄱㄴㅇ은 이등변삼각형이므로 (각 ㄴㄱㅇ)=(각 ㄱㄴㅇ)=$40°$입니다.

(각 ㅇㄱㄷ)=90°−40°=50°이고 삼각형 ㄱㅇㄷ은 이등변삼각형이므로
ⓒ=(각 ㅇㄱㄷ)=50°입니다.
따라서 삼각형 ㄱㅇㄷ에서 ㉠=180°−50°−50°=80°입니다.

채점 기준	배점
각 ㄴㄱㅇ의 크기를 구했나요?	1점
ⓒ의 크기를 구했나요?	2점
㉠의 크기를 구했나요?	2점

7 15°, 60°

삼각형 ㄴㄷㅁ은 이등변삼각형이고 (각 ㄴㄷㅁ)=90°+60°=150°이므로
㉠=(각 ㅁㄴㄷ)=(180°−150°)÷2=15°입니다.
삼각형 ㄱㄷㄹ은 이등변삼각형이므로
(각 ㄹㄱㄷ)=(각 ㄹㄷㄱ)=(180°−90°)÷2=45°이고,
삼각형 ㄹㄷㅁ에서 (각 ㄹㄷㅁ)=60°이므로 (각 ㅂㄷㅁ)=45°+60°=105°입니다.
삼각형 ㅂㄷㅁ에서 ⓒ=180°−105°−15°=60°입니다.

8 8가지

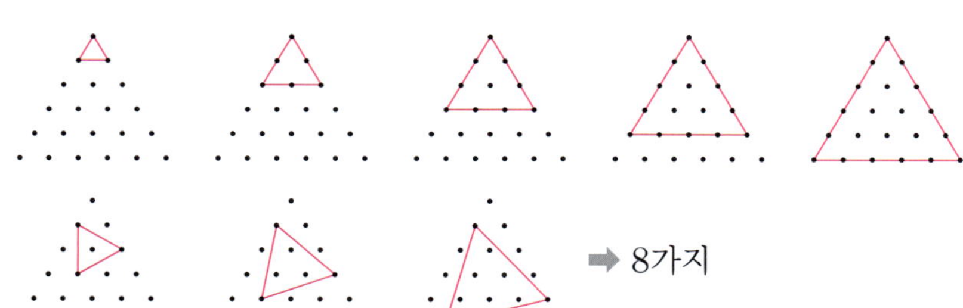

➡ 8가지

1 58 cm

㉞ 이등변삼각형 ㄱㄴㄷ의 세 변의 길이의 합이 38 cm이므로
(선분 ㄱㄷ)+(선분 ㄷㄴ)=38−18=20(cm)입니다.
이등변삼각형은 두 변의 길이가 같으므로
(선분 ㄱㄷ)=(선분 ㄷㄴ)=20÷2=10(cm)입니다.
정삼각형의 한 변이 10 cm이므로
(이어 붙인 도형의 둘레)=18+10+10+10+10=58(cm)입니다.

채점 기준	배점
이등변삼각형의 나머지 두 변의 길이를 구했나요?	2점
이어 붙인 도형의 둘레를 구했나요?	3점

2 36 cm

정삼각형 ㄹㅁㅂ의 한 변의 길이는 $3 \times 2 = 6$(cm)이고
정삼각형 ㄱㄴㄷ의 한 변의 길이는 $6 \times 2 = 12$(cm)입니다.
따라서 정삼각형 ㄱㄴㄷ의 세 변의 길이의 합은 $12 + 12 + 12 = 36$(cm)입니다.

3 80°

삼각형 ㄱㄷㄴ은 정삼각형이므로 (각 ㄱㄷㄴ)$=60°$입니다.
삼각형 ㄷㄹㅁ은 이등변삼각형이므로 (각 ㅁㄷㄹ)$=(180°-100°)\div 2=40°$입니다.
➡ ㉠$=180°-60°-40°=80°$

4 16개

삼각형 1개로 된 정삼각형: 12개
삼각형 4개로 된 정삼각형: 4개
➡ (크고 작은 정삼각형의 수)$=12+4=16$(개)

5 115°

삼각형 ㄱㄴㄷ은 이등변삼각형이고 (각 ㄱㄴㄷ)$=90°$이므로
(각 ㄴㄱㄷ)$=$(각 ㄴㄷㄱ)$=(180°-90°)\div 2=45°$입니다.
삼각형 ㄹㄴㄷ은 이등변삼각형이고 (각 ㄴㄹㄷ)$=40°$이므로
(각 ㄹㄴㄷ)$=$(각 ㄹㄷㄴ)$=(180°-40°)\div 2=70°$입니다.
(각 ㅁㄷㄹ)$=70°-45°=25°$이므로
삼각형 ㄹㅁㄷ에서 (각 ㄹㅁㄷ)$=180°-40°-25°=115°$입니다.

6 90°

삼각형 ㄴㄱㄹ은 이등변삼각형이므로 (각 ㄴㄹㄱ)$=$(각 ㄴㄱㄹ)$=15°$이고
(각 ㄱㄴㄹ)$=180°-15°-15°=150°$입니다.
삼각형 ㄴㄹㄷ은 이등변삼각형이므로 (각 ㄹㄴㄷ)$=$(각 ㄹㄷㄴ)$=180°-150°=30°$
이고 (각 ㄴㄹㄷ)$=180°-30°-30°=120°$입니다.
삼각형 ㄷㄹㅁ은 이등변삼각형이므로
(각 ㄷㄹㅁ)$=$(각 ㄷㅁㄹ)$=180°-15°-120°=45°$이고
(각 ㄹㄷㅁ)$=180°-45°-45°=90°$입니다.

7 45°

삼각형 ㅁㄱㄹ은 이등변삼각형이므로 (각 ㄱㅁㄹ)$=$(각 ㅁㄱㄹ)$=75°$이고
(각 ㅁㄹㄱ)$=180°-75°-75°=30°$입니다.
(각 ㅁㄹㄷ)$=30°+90°=120°$이고 삼각형 ㄹㅁㄷ은 이등변삼각형이므로
(각 ㄹㅁㄷ)$=$(각 ㄹㄷㅁ)$=(180°-120°)\div 2=30°$입니다.
➡ (각 ㄱㅁㅂ)$=75°-30°=45°$

8 20°

삼각형 ㄱㄴㄷ은 이등변삼각형이므로 (각 ㄴㄷㄱ)$=(180°-140°)\div 2=20°$입니다.
이등변삼각형 ㄱㄴㄹ과 이등변삼각형 ㄷㄴㅁ에서
(각 ㄱㄴㄹ)$=$(각 ㄷㄴㅁ)$=(180°-20°)\div 2=80°$이므로
(각 ㄱㄴㅁ)$=$(각 ㄱㄴㄷ)$-$(각 ㄷㄴㅁ)$=140°-80°=60°$입니다.
➡ (각 ㅁㄴㄹ)$=$(각 ㄱㄴㄹ)$-$(각 ㄱㄴㅁ)$=80°-60°=20°$

9 66 cm

도형의 둘레는

정삼각형이 1개일 때 $3\times3=9$(cm), 정삼각형이 2개일 때 $3\times4=12$(cm),

정삼각형이 3개일 때 $3\times5=15$(cm), 정삼각형이 4개일 때 $3\times6=18$(cm)입니다.

따라서 정삼각형 20개를 이어 붙여 만든 도형의 둘레는 $3\times22=66$(cm)입니다.

10 30°

삼각형 ㄹㄴㅁ에서 (각 ㄴㄹㅁ)$=180°-60°-90°=30°$이고,

삼각형 ㅅㅂㄷ에서 (각 ㅂㅅㄷ)$=180°-60°-90°=30°$입니다.

(각 ㄱㄹㅅ)$=$(각 ㄱㅅㄹ)$=180°-30°-90°=60°$,

(각 ㄹㄱㅅ)$=60°$이므로 삼각형 ㄱㄹㅅ은 정삼각형입니다.

(선분 ㄱㄹ)$=$(선분 ㄹㅅ)$=$(선분 ㄹㅁ)이므로 삼각형 ㄱㄹㅁ은 이등변삼각형입니다.

(각 ㄱㄹㅁ)$=60°+90°=150°$이므로

(각 ㄹㄱㅁ)$=(180°-150°)\div2=15°$입니다.

같은 방법으로 (각 ㅅㄱㅂ)$=15°$입니다.

➡ ㉠$=60°-15°-15°=30°$

3 소수의 덧셈과 뺄셈

1 3.396

34.87보다 0.91만큼 더 작은 수는 $34.87-0.91=33.96$입니다.

어떤 수의 10배인 수가 33.96이므로 어떤 수는 33.96의 $\dfrac{1}{10}$인 수입니다.

따라서 어떤 수는 3.396입니다.

2 6 m

(칠판의 세로)$=1.68-0.79=0.89$(m)

(칠판의 둘레)$=1.68+0.89+1.68+0.89=5.14$(m)

➡ (처음에 있던 리본의 길이)$=$(칠판의 둘레)$+$(남은 리본의 길이)

$$=5.14+0.86=6(\text{m})$$

3 32.63

어떤 수를 □라 하면 잘못 계산한 식에서 □$-8.36=15.91$입니다.

➡ □$=15.91+8.36=24.27$

따라서 바르게 계산하면 $24.27+8.36=32.63$입니다.

서술형 **4** 51.47

㈎ 50보다 작으면서 50에 가장 가까운 소수 두 자리 수는 47.51이고, 50보다 크면서

50에 가장 가까운 소수 두 자리 수는 51.47입니다.

$50-47.51=2.49$, $51.47-50=1.47$이므로 $2.49>1.47$입니다.

따라서 만들 수 있는 소수 두 자리 수 중에서 50에 가장 가까운 수는 51.47입니다.

채점 기준	배점
50보다 작으면서 50에 가장 가까운 소수 두 자리 수와 50의 차를 구했나요?	2점
50보다 크면서 50에 가장 가까운 소수 두 자리 수와 50의 차를 구했나요?	2점
50에 가장 가까운 소수 두 자리 수를 그했나요?	1점

5 0, 0, 9

$63.⊙4<63.ⓒ82<63.0ⓒ1$이라 하면 $63.0ⓒ1$의 소수 첫째 자리 수가 0이므로 $⊙=0$, $ⓒ=0$입니다.

$63.082<63.0ⓒ1$에서 ⓒ은 8보다 커야 하므로 $ⓒ=9$입니다.

6 1.939

$<$를 $=$로 놓고 계산하면 $3.73+4.59=10.26-\square$, $8.32=10.26-\square$

➡ $\square=10.26-8.32=1.94$입니다.

$\square$ 안에 들어갈 수 있는 수는 1.94보다 작은 수입니다.

따라서 $\square$ 안에 들어갈 수 있는 가장 큰 소수 세 자리 수는 1.939입니다.

7 0.14 kg

(물 $\dfrac{1}{4}$ 만큼의 무게)

$=$(물이 가득 들어 있는 병의 무게)$-$(물을 $\dfrac{1}{4}$ 만큼 마신 후 병의 무게)

$=0.9-0.71=0.19\,(kg)$

(물 전체의 무게)$=0.19+0.19+0.19+0.19=0.76\,(kg)$

➡ (빈 병의 무게)$=$(물이 가득 들어 있는 병의 무게)$-$(물 전체의 무게)

$=0.9-0.76=0.14\,(kg)$

8 254

두 수 중에서 큰 수를 ⊙, 작은 수를 ⓒ이라 하면

$⊙+ⓒ=7.96$, $⊙-ⓒ=2.88$입니다.

두 식을 더하면 $(⊙+ⓒ)+(⊙-ⓒ)=7.96+2.88$, $⊙+⊙=10.84$입니다.

$10.84=5.42+5.42$이므로 $⊙=5.42$입니다.

$⊙+ⓒ=7.96$에서 $5.42+ⓒ=7.96$, $ⓒ=7.96-5.42=2.54$입니다.

따라서 작은 수는 2.54이므로 2.54의 100배인 수는 254입니다.

9 6.32, 6.44, 6.56

눈금 한 칸의 크기를 ■라 하면 $⊙=6.2+■$, $ⓒ=6.2+■+■$,

$ⓒ=6.2+■+■+■$입니다.

$ⓒ+ⓒ$이 $6.2+⊙$보다 0.48만큼 더 크므로 $ⓒ+ⓒ=6.2+⊙+0.48$에서

$(6.2+■+■)+(6.2+■+■+■)=6.2+(6.2+■)+0.48$,

$■+■+■+■=0.48$입니다.

$0.48=0.12+0.12+0.12+0.12$이므로 $■=0.12$입니다.

➡ $⊙=6.2+0.12=6.32$, $ⓒ=⊙+0.12=6.32+0.12=6.44$,

$ⓒ=ⓒ+0.12=6.44+0.12=6.56$

1 7.36

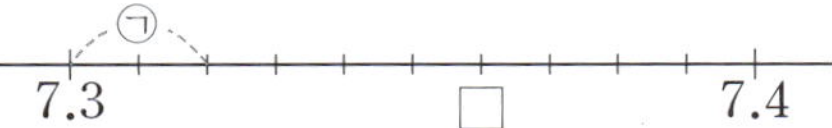

⊙은 7.3과 7.4 사이를 10등분 한 것 중 2칸이므로 0.02입니다.

□ 안에 알맞은 수는 7.3에서 0.02씩 3번 뛰어서 센 수입니다.

7.3 ― 7.32 ― 7.34 ― 7.36

따라서 □ 안에 알맞은 수는 7.36입니다.

서술형

2 2590

예 어떤 수의 $\frac{1}{10}$인 수가 2.59이므로 어떤 수는 2.59의 10배인 25.9입니다.

따라서 25.9의 100배인 수는 2590입니다.

채점 기준	배점
어떤 수를 구했나요?	3점
어떤 수의 100배인 수를 구했나요?	2점

---

3 0, 1

$6.34+1.87=8.21$이므로 $8.21>8.\square2$입니다.

일의 자리 수가 같고 소수 둘째 자리 수가 $1<2$이므로 □ 안에는 2보다 작은 수가 들어갈 수 있습니다.

따라서 □ 안에 들어갈 수 있는 수는 0, 1입니다.

---

4 9, 8, 7, 4, 5, 6 / 5.31

차가 가장 큰 뺄셈식을 만들려면 빼지는 수는 가장 크게, 빼는 수는 가장 작게 만들어야 합니다. 만들 수 있는 가장 큰 소수 두 자리 수는 9.87이고 가장 작은 소수 두 자리 수는 4.56입니다. 따라서 차가 가장 큰 뺄셈식은 $9.87-4.56$입니다.

➡ $9.87-4.56=5.31$

---

5 0.36 km

(놀이터에서 학원까지의 거리)$=1.25+0.96-1.54=0.67$(km)

(학교에서 놀이터까지의 거리)$=1.54-0.27-0.96=0.31$(km)

따라서 놀이터에서 학원까지의 거리는 학교에서 놀이터까지의 거리보다

$0.67-0.31=0.36$(km) 더 멉니다.

---

6 1.31 kg

상자의 무게가 2.84 kg이므로 지유의 몸무게는 $33.71-2.84=30.87$(kg)입니다.

지유의 몸무게가 30.87 kg이므로 가방의 무게는 $32.18-30.87=1.31$(kg)입니다.

---

7 5.281

⊙에서 일의 자리 수는 5이고, 소수 첫째 자리 수는 2, 3이 될 수 있습니다.

➡ 5.□□□

⊙에서 (소수 둘째 자리 수)=(소수 첫째 자리 수)×4이므로

소수 첫째 자리 수는 2이고, 소수 둘째 자리 수는 $2×4=8$입니다. ➡ 5.28□

⊙에서 소수 셋째 자리 수는 1입니다. ➡ 5.281

8 0.012 m

첫째로 튀어 오른 공의 높이는 120 m의 $\frac{1}{10}$ 인 12 m입니다.

둘째로 튀어 오른 공의 높이는 12 m의 $\frac{1}{10}$ 인 1.2 m입니다.

셋째로 튀어 오른 공의 높이는 1.2 m의 $\frac{1}{10}$ 인 0.12 m입니다.

넷째로 튀어 오른 공의 높이는 0.12 m의 $\frac{1}{10}$ 인 0.012 m입니다.

9 8.26 km

12분＋12분＋12분＋12분＋12분＝60분＝1시간이므로
윤아가 1시간 동안 가는 거리는 0.86＋0.86＋0.86＋0.86＋0.86＝4.3(km)입니다.
30분＋30분＝60분＝1시간이므로
정훈이가 1시간 동안 가는 거리는 1.98＋1.98＝3.96(km)입니다.
따라서 1시간 후 두 사람 사이의 거리는 4.3＋3.96＝8.26(km)입니다.

10 32.74

차가 소수 두 자리 수이므로 어떤 소수는 소수 두 자리 수이고 차의 자연수 부분이 네 자리 수이므로 어떤 소수의 자연수 부분은 두 자리 수입니다.
어떤 소수를 ㉠㉡.㉢㉣이라 하면 자연수는 ㉠㉡㉢㉣입니다.

$$
\begin{array}{r}
㉠\ ㉡\ ㉢\ ㉣ \\
-\quad ㉠\ ㉡.㉢\ ㉣ \\
\hline
3\ \ 2\ \ 4\ \ 1.2\ \ 6
\end{array}
$$

10－㉣＝6에서 ㉣＝4
10－1－㉢＝2에서 ㉢＝7
4－1－㉡＝1에서 ㉡＝2
7－㉠＝4에서 ㉠＝3
따라서 어떤 소수는 32.74입니다.

4 사각형

1 14 cm

(나의 한 변의 길이)＝(변 ㄱㄴ과 변 ㄷㄹ 사이의 거리)－(가의 한 변의 길이)
$\qquad$＝56－35＝21(cm)
➡ (다의 한 변의 길이)＝(가의 한 변의 길이)－(나의 한 변의 길이)
$\qquad$＝35－21＝14(cm)

2 60°

한 직선이 이루는 각의 크기는 180°이므로
ⓒ=180°−150°=30°입니다.
직선 가와 직선 다가 서로 수직이므로
㉠=90°−30°=60°입니다.

3 75°, 105°

평행선과 한 직선이 만날 때 생기는 엇갈린 위치에 있는 각의 크기
는 같으므로 ⓒ=㉠입니다.
한 직선이 이루는 각의 크기는 180°이므로
ⓒ+ⓒ=180° → ⓒ+㉠=180°입니다.
㉠과 ⓒ의 합이 180°이고 차가 30°이므로 알맞은 두 각도는 105°와 75°입니다.
따라서 ㉠<ⓒ이므로 ㉠=75°, ⓒ=105°입니다.

4 45°

점 ㄱ에서 직선 나에 수선을 그어 만나는 점을 ㄹ이라 합니다.
한 직선이 이루는 각의 크기는 180°이므로
ⓒ=180°−25°−90°=65°입니다.
사각형 ㄱㄹㄷㄴ의 네 각의 크기의 합은 360°이므로
ⓒ=360°−65°−90°−70°=135°입니다.
한 직선이 이루는 각의 크기는 180°이므로 ㉠=180°−135°=45°입니다.

5 65°, 115°

한 직선이 이루는 각의 크기는 180°이므로
㉠+ⓒ=180°−50°=130°입니다.
직사각형 모양의 종이를 접었을 때 생기는 접은 각과 접힌 각의
크기는 같으므로 ㉠=ⓒ이고 ㉠+㉠=130°, ㉠=65°입니다.
사각형의 네 각의 크기의 합은 360°이므로 ⓒ=360°−90°−65°−90°=115°입니다.

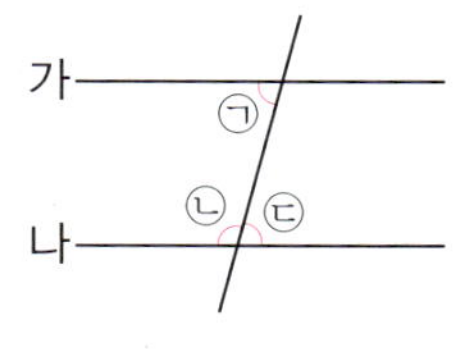

6 36개

사각형 1개짜리: 1개, 사각형 2개짜리: 4개, 사각형 3개짜리: 4개,
사각형 4개짜리: 6개, 사각형 5개짜리: 1개, 사각형 6개짜리: 8개,
사각형 8개짜리: 4개, 사각형 9개짜리: 3개, 사각형 10개짜리: 2개,
사각형 12개짜리: 2개, 사각형 15개짜리: 1개
➡ 1+4+4+6+1+8+4+3+2+2+1=36(개)

서술형 7 24 cm

㉓ (선분 ㄱㄹ)=3+10=13(cm)이므로
정사각형 ㄱㄴㄷㄹ의 둘레는 13+13+13+13=52(cm)입니다.
(선분 ㅂㅈ)=10−3=7(cm)이므로
정사각형 ㅂㅅㅇㅈ의 둘레는 7+7+7+7=28(cm)입니다.
따라서 정사각형 ㄱㄴㄷㄹ의 둘레와 정사각형 ㅂㅅㅇㅈ의 둘레의 차는
52−28=24(cm)입니다.

채점 기준	배점
정사각형 ㄱㄴㄷㄹ의 둘레를 구했나요?	2점
정사각형 ㅂㅅㅇㅈ의 둘레를 구했나요?	2점
정사각형 ㄱㄴㄷㄹ의 둘레와 정사각형 ㅂㅅㅇㅈ의 둘레의 차를 구했나요?	1점

8 40°

삼각형 ㄹㄷㅁ의 세 각의 크기의 합은 180°이므로
(각 ㄹㄷㅁ)=180°−70°−50°=60°입니다.
한 직선이 이루는 각의 크기는 180°이므로 (각 ㄴㄷㄹ)=180°−60°=120°입니다.
평행사변형에서 마주 보는 두 각의 크기는 같으므로
(각 ㄴㄱㄹ)=(각 ㄴㄷㄹ)=120°입니다.
삼각형 ㄱㄴㄹ의 세 각의 크기의 합은 180°이므로 ㉠=180°−120°−20°=40°입니다.

9 65°

선분 ㄱㄴ에 평행하고 각각 점 ㄷ과 점 ㄹ을 지나는 직선
을 그어 봅니다. 평행선과 한 직선이 만날 때 생기는 엇
갈린 위치에 있는 각의 크기는 같으므로
50°+㉡=110°, ㉡=60°이고 ㉢=㉡=60°입니다.
따라서 ㉠+㉢=125°, ㉠+60°=125°, ㉠=65°입니다.

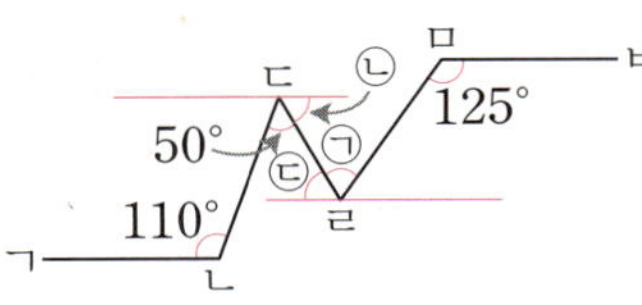

23~25쪽

다시 푸는
MATH MASTER

1 31 cm

(직선 가와 직선 나 사이의 거리)=15 cm
(직선 나와 직선 다 사이의 거리)=16 cm
➡ (직선 가와 직선 다 사이의 거리)=15+16=31(cm)

2 125°

한 직선이 이루는 각의 크기는 180°이므로
㉡=180°−100°=80°, ㉣=180°−135°=45°입니다.
평행선과 한 직선이 만날 때 생기는 엇갈린 위치에 있는 각의 크
기는 같으므로 ㉢=㉡=80°입니다.
삼각형의 세 각의 크기의 합은 180°이므로
㉤=180°−45°−80°=55°입니다.
➡ ㉠=180°−55°=125°

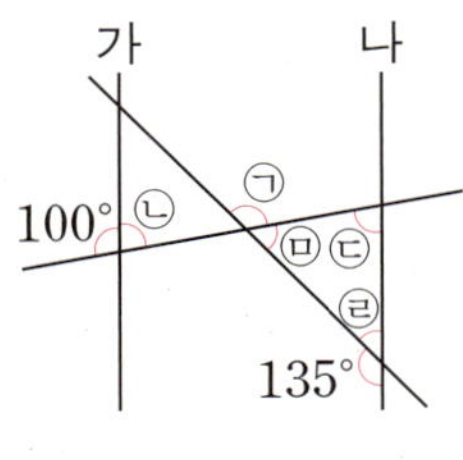

3 110°

평행사변형 ㄱㄴㄷㅂ에서 이웃하는 두 각의 크기의 합은 180°이므로
(각 ㄴㄷㅂ)=180°−40°=140°입니다.
한 바퀴가 이루는 각의 크기는 360°이므로
(각 ㅂㄷㄹ)=360°−140°−150°=70°입니다.
마름모 ㅂㄷㄹㅁ에서 이웃하는 두 각의 크기의 합은 180°이므로
㉠=180°−70°=110°입니다.

4 20°

마름모에서 이웃하는 두 각의 크기의 합은 180°이므로
(각 ㄴㅁㅂ)=(각 ㄴㄷㅂ)=180°−120°=60°입니다.
삼각형 ㅁㄴㅂ의 세 각의 크기의 합은 180°이므로
(각 ㅁㄴㅂ)=180°−60°−70°=50°입니다.
마름모에서 마주 보는 두 각의 크기는 같고 종이를 접었을 때 생기는 접은 각과 접힌 각의 크기는 같으므로 (각 ㄷㄴㅂ)=(각 ㅁㄴㅂ)=50°입니다.
➡ (각 ㄱㄴㅁ)=120°−50°−50°=20°

5 65°, 40°

삼각형 ㄱㄴㅁ은 이등변삼각형이므로 (각 ㄱㅁㄴ)=(각 ㄱㄴㅁ)=50°입니다.
평행선과 한 직선이 만날 때 생기는 엇갈린 위치에 있는 각의 크기는 같으므로
(각 ㄹㄱㅁ)=(각 ㄱㅁㄴ)=50°이고
삼각형 ㄱㅁㄹ은 이등변삼각형이므로 ㉠=(180°−50°)÷2=65°입니다.
한 직선이 이루는 각의 크기는 180°이므로 (각 ㄹㅁㄷ)=180°−50°−65°=65°입니다.
삼각형 ㄹㅁㄷ의 세 각의 크기의 합은 180°이므로
㉡=180°−65°−75°=40°입니다.

6 10 cm

평행사변형에서 마주 보는 두 변의 길이는 같으므로 (선분 ㅁㄷ)=(선분 ㄱㄴ)=8 cm
이고, 삼각형 ㅁㄷㄹ은 이등변삼각형이므로 (선분 ㄷㄹ)=(선분 ㅁㄷ)=8 cm입니다.
(선분 ㄴㄷ)=18−8=10(cm)이고, 평행사변형에서 마주 보는 두 변의 길이는 같으므로
(선분 ㄱㅁ)=(선분 ㄴㄷ)=10 cm입니다.

7 65°

평행선과 한 직선이 만날 때 생기는 엇갈린 위치에 있는 각의 크기는 같으므로
(각 ㄱㄷㄹ)=65°, ㉠=(각 ㄱㄹㄷ)입니다.
삼각형 ㄱㄷㄹ의 세 각의 크기의 합은 180°이므로
(각 ㄱㄹㄷ)=180°−35°−65°=80°이고 ㉠=(각 ㄱㄹㄷ)=80°입니다.
삼각형 ㅁㄷㄹ의 세 각의 크기의 합은 180°이므로 ㉡=180°−85°−80°=15°입니다.
따라서 ㉠과 ㉡의 크기의 차는 80°−15°=65°입니다.

8 115°

㉞ 평행사변형에서 이웃하는 두 각의 크기의 합은 180°이므로
(각 ㄹㄱㄴ)=180°−115°=65°입니다.
삼각형 ㄱㄴㅁ에서 (각 ㄱㄴㅁ)=180°−65°−90°=25°이고
삼각형 ㅅㄴㅇ에서 (각 ㅅㅇㄴ)=180°−90°−25°=65°입니다.
따라서 한 직선이 이루는 각의 크기는 180°이므로
(각 ㄴㅇㅂ)=180°−65°=115°입니다.

채점 기준	배점
각 ㄹㄱㄴ의 크기를 구했나요?	1점
각 ㅅㅇㄴ의 크기를 구했나요?	2점
각 ㄴㅇㅂ의 크기를 구했나요?	2점

9 55°

직선 가와 직선 나에 평행한 직선들을 그어 봅니다.

평행선과 한 직선이 만날 때 생기는 같은 위치에 있는 각의 크기는
같으므로 ㉡=50°입니다.

㉢=70°−㉡=70°−50°=20°

한 직선이 이루는 각의 크기는 180°이므로

㉂=180°−145°=35°입니다.

평행선과 한 직선이 만날 때 생기는 엇갈린 위치에 있는 각의 크기는 같으므로
㉣=㉢=20°, ㉤=㉂=35°입니다.

➡ ㉠=㉣+㉤=20°+35°=55°

10 8개

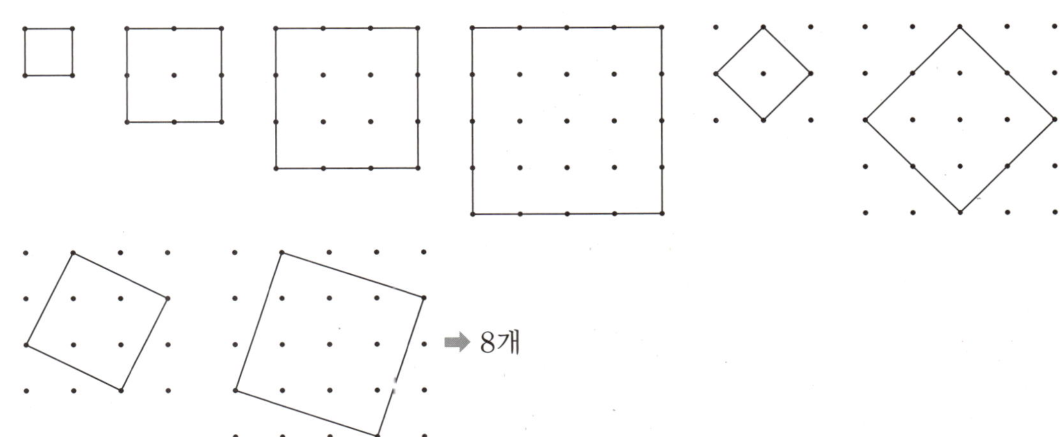

➡ 8개

5 꺾은선그래프

1 14만 병

세로 눈금 5칸의 크기가 10만 병이므로 세로 눈금 한 칸은 10÷5=2(만 병)을 나타냅니다.

음료수 생산량이 가장 많은 때는 9월로 28만 병이고 가장 적은 때는 12월로 14만 병입니다.

➡ (음료수 생산량의 차)=28−14=14(만 병)

2 9000000원

세로 눈금 5칸의 크기가 100권이므로 세로 눈금 한 칸은 100÷5=20(권)을 나타냅니다.

책 판매량은 6월에 200권, 7월에 220권, 8월에 240권, 9월에 340권입니다.

(조사한 기간 동안 책 판매량)=200+220+240+340=1000(권)

➡ (조사한 기간 동안 책 판매액)=9000×1000=9000000(원)

3 예 약 10 cm

세로 눈금 5칸의 크기가 5 cm이므로 세로 눈금 한 칸은 5÷5＝1(cm)를 나타냅니다.
10일의 미나리의 키는 5 cm입니다.
16일의 미나리의 키는 13 cm, 18일의 미나리의 키는 17 cm이므로 17일의 미나리의 키는 13 cm와 17 cm의 중간값인 약 (13＋17)÷2＝30÷2＝15(cm)이었을 것입니다.
따라서 17일의 미나리의 키는 10일의 미나리의 키보다 약 15－5＝10(cm) 더 자랐다고 예상할 수 있습니다.

4 풀이 참조

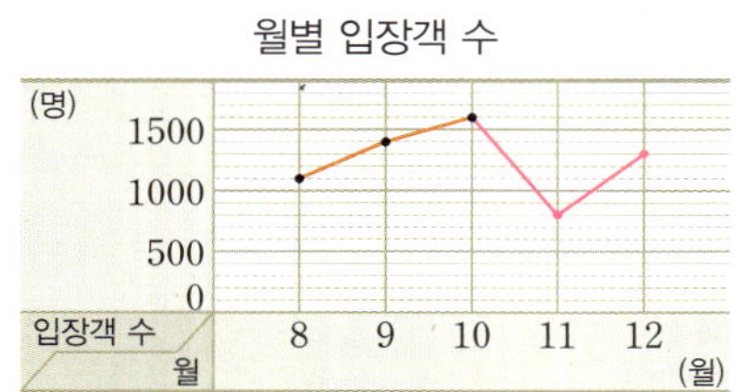

세로 눈금 5칸의 크기가 500명이므로 세로 눈금 한 칸은 500÷5＝100(명)을 나타냅니다.
8월의 입장객 수: 1100명, 9월의 입장객 수: 1400명, 10월의 입장객 수: 1600명
8월부터 12월까지의 입장객은 모두 6200명이므로
(11월과 12월의 입장객 수)＝6200－1100－1400－1600＝2100(명)입니다.
12월의 입장객 수를 □명이라 하면 11월의 입장객 수는 (□－500)명이므로
(□－500)＋□＝2100, □＋□＝2600, □＝1300입니다.
12월의 입장객은 1300명, 11월의 입장객은 1300－500＝800(명)입니다.
11월과 12월의 입장객 수에 맞게 각각 점을 표시하고, 점들을 선분으로 이어 꺾은선그래프를 완성합니다.

5 18칸

세로 눈금 5칸의 크기가 50개이므로 세로 눈금 한 칸은 50÷5＝10(개)를 나타냅니다.
장난감 판매량이 가장 많은 때는 10월로 550개이고, 가장 적은 때는 8월로 460개입니다.
(10월과 8월의 장난감 판매량의 차)＝550－460＝90(개)
따라서 세로 눈금 한 칸의 크기를 5개로 하여 다시 그린다면
세로 눈금은 90÷5＝18(칸) 차이가 납니다.

6 250명

세로 눈금 5칸의 크기가 50명이므로 세로 눈금 한 칸은 50÷5＝10(명)을 나타냅니다.
남학생 수와 여학생 수의 차가 가장 큰 때는 두 꺾은선 사이의 간격이 가장 넓은 2022년입니다.
2022년의 남학생 수는 150명이고, 여학생 수는 100명이므로
(2022년의 전체 학생 수)＝150＋100＝250(명)입니다.

7 나 공장

예 왼쪽 꺾은선그래프의 세로 눈금 한 칸은 50÷5＝10(개)를 나타내고,
오른쪽 꺾은선그래프의 세로 눈금 한 칸은 200÷5＝40(개)를 나타냅니다.
생산량이 가장 많은 때와 가장 적은 때의 생산량의 차를 각각 구하면
가 공장: 600－500＝100(개), 나 공장: 560－400＝160(개)이므로 생산량의 차가 더 큰 공장은 나 공장입니다.

채점 기준	배점
가 공장의 생산량이 가장 많을 때와 가장 적을 때의 생산량의 차를 구했나요?	2점
나 공장의 생산량이 가장 많을 때와 가장 적을 때의 생산량의 차를 구했나요?	2점
생산량의 차가 더 큰 공장을 구했나요?	1점

8 20분

꺾은선그래프에서 정민이는 출발하여 10분 동안 자전거를 타고 1200 m를 가고 출발한 지 30분 만에 2000 m를 갔습니다.

정민이는 $30-10=20$(분) 동안 $2000-1200=800$(m)를 걸었으므로

(정민이가 1분 동안 걸은 거리)$=800\div20=40$(m)입니다.

따라서 정민이가 처음부터 걸어간다면 병원까지 가는 데 $2000\div40=50$(분)이 걸리므로 효주보다 $50-30=20$(분) 늦게 도착합니다.

1 목요일, 7200000원

전체 관람료가 늘어난 때는 관객 수가 늘어난 날입니다.

관객 수가 늘어난 날은 꺾은선이 오른쪽 위로 기울어진 때이므로 목요일입니다.

관객 수는 수요일에 2200명, 목요일에 3000명이므로 $3000-2200=800$(명) 늘어났습니다.

따라서 전체 관람료는 $9000\times800=7200000$(원) 늘어났습니다.

2 7분과 8분 사이, 16 L

물을 가장 많이 담은 때는 꺾은선이 가장 많이 기울어진 때이므로 7분과 8분 사이입니다.

세로 눈금 한 칸은 $20\div5=4$(L)를 나타내므로 7분과 8분 사이에 담은 물의 양은 $4\times4=16$(L)입니다.

3 ⑩ 약 4 cm

8살인 해 7월에 현희의 키는 124 cm와 130 cm의 중간값인 약 $(124+130)\div2=127$(cm)이었을 것이고,

경은이의 키는 130 cm와 132 cm의 중간값인 약 $(130+132)\div2=131$(cm)이었을 것입니다.

따라서 두 사람의 키의 차는 약 $131-127=4$(cm)이었다고 예상할 수 있습니다.

4 300

세로 눈금 $5+8+12+9+6=40$(칸)이 800 MB를 나타내므로

세로 눈금 한 칸은 $800\div40=20$(MB)를 나타냅니다.

㉠$=20\times5=100$, ㉡$=20\times10=200$이므로 ㉠$+$㉡$=100+200=300$입니다.

5 현미, 2.4 kg

세로 눈금 5칸의 크기가 1 kg$=1000$ g이므로 세로 눈금 한 칸은 $1000\div5=200$(g), 즉 0.2 kg을 나타냅니다.

조사한 기간 동안 몸무게가 다정이는 $22.6-20.6=2$ (kg) 늘어났고,
현미는 $22.4-20=2.4$ (kg) 늘어났습니다.
따라서 몸무게가 더 많이 늘어난 사람은 현미입니다.

6 오전 10시, 오후 1시,
오후 2시

교실과 운동장의 기온의 차가 0.2℃와 같거나 작으려면 빨간색 꺾은선과 파란색 꺾은선
이 만나거나 두 꺾은선 사이가 세로 눈금 1칸이나 2칸만큼 벌어져 있어야 합니다.
따라서 오전 10시, 오후 1시, 오후 2시입니다.

7 12분

물을 채우기 시작하여 4분까지는 1분에 10 L씩 물이 차고 4분 후부터는 1분에 20 L씩
물이 찹니다.
4분까지 채운 물의 양은 40 L이므로 4분 후부터는 $200-40=160$ (L)의 물을 채워야
하고 $160÷20=8$ (분)이 걸립니다.
따라서 물통에 물을 가득 채우는 데 걸리는 시간은 $4+8=12$ (분)입니다.

8 풀이 참조

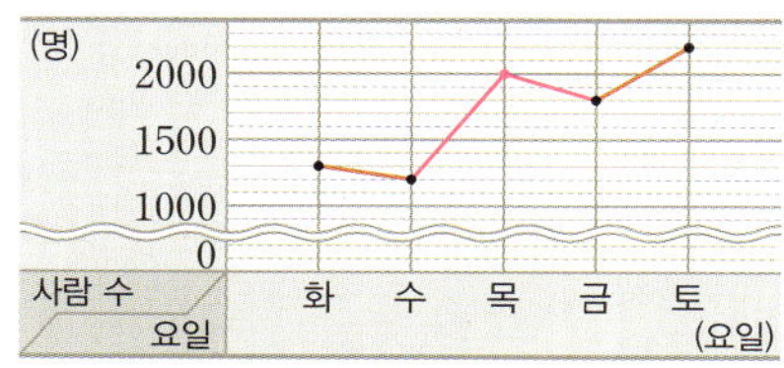

요일별 놀이공원에 방문한 사람 수

목요일과 비교하여 금요일에 줄어든 사람 수를 □명이라 하면
수요일과 비교하여 목요일에 늘어난 사람 수는 (□×4)명입니다.
$(□×4)-□=1800-1200$, $□×3=600$, $□=200$
➡ (목요일에 놀이공원에 방문한 사람 수)
　$=1200+(200×4)=1200+800=2000$(명)

9 풀이 참조

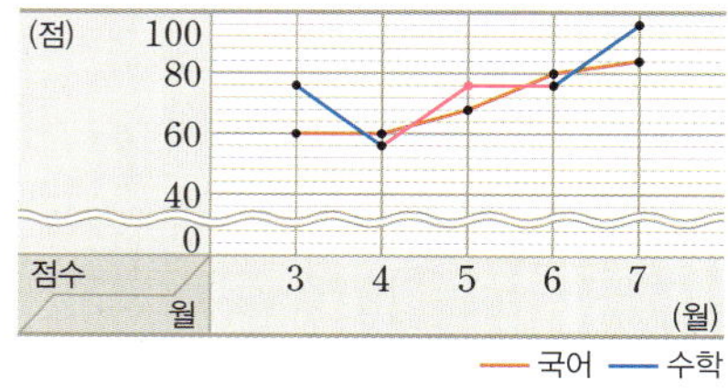

월별 국어 점수와 수학 점수

(국어 점수의 합)$=60+60+68+80+84=352$(점)
(수학 점수의 합)$=352+28=380$(점)
➡ (5월의 수학 점수)$=380-76-56-76-96=76$(점)

10 680000원

⑩ 왼쪽 꺾은선그래프에서 화요일의 빵 생산량은 1400개입니다.
오른쪽 막대그래프에서 화요일의 종류별 빵 생산량이 빵 ㉠은 300개, 빵 ㉡은 450개,
빵 ㉢은 250개이므로
(화요일에 생산한 빵 ㉣의 수)$=1400-300-450-250=400$(개)입니다.
따라서 화요일에 생산한 빵 ㉣의 판매 금액은 모두 $1700×400=680000$(원)입니다.

채점 기준	배점
꺾은선그래프에서 화요일의 빵 생산량을 구했나요?	1점
화요일에 생산한 빵 ㉣의 수를 구했나요?	2점
화요일에 빵 ㉣의 판매 금액을 구했나요?	2점

6 다각형

1 6 cm

(정육각형의 둘레)$=10\times6=60$(cm)
(정십오각형의 한 변의 길이)$=60\div15=4$(cm)
따라서 한 변의 길이는 $10-4=6$(cm) 더 짧습니다.

2 30 cm

합이 34이고 차가 14인 두 수를 알아봅니다.

두 수	27	26	25	24	23	22
	7	8	9	10	11	12
차	20	18	16	14	12	10

합이 34이고 차가 14인 두 수는 24와 10이므로
(선분 ㄴㄹ)$=24$ cm, (선분 ㄱㄷ)$=10$ cm입니다.
마름모의 한 대각선은 다른 대각선을 반으로 나누므로
(선분 ㄴㅁ)$=24\div2=12$(cm), (선분 ㄱㅁ)$=10\div2=5$(cm)입니다.
➡ (삼각형 ㄱㄴㅁ의 둘레)$=13+12+5=30$(cm)

3 13 cm

(원의 지름)$=$(큰 정사각형의 한 변의 길이)$=26$ cm
원의 지름과 선분 ㄱㄷ의 길이가 같고 선분 ㄱㄷ은 정사각형 ㄱㄴㄷㄹ의 대각선입니다.
정사각형은 한 대각선이 다른 대각선을 반으로 나누므로
(선분 ㄱㅇ)$=$(선분 ㄱㄷ)$\div2=26\div2=13$(cm)입니다.

4 36°

정오각형은 삼각형 3개로 나눌 수 있으므로
(정오각형의 모든 각의 크기의 합)$=180°\times3=540°$입니다.
정오각형은 모든 각의 크기가 같으므로
(정오각형의 한 각의 크기)$=540°\div5=108°$입니다.
정오각형은 모든 변의 길이가 같으므로 삼각형 ㄱㄹㅁ과 삼각형 ㄴㄷㄹ은 모양과 크기가 같은 이등변삼각형입니다.
(각 ㄱㄹㅁ)$=$(각 ㄴㄹㄷ)$=(180°-108°)\div2=36°$
➡ ㉠$=108°-36°-36°=36°$

5 132°

㉔ 정오각형의 한 각의 크기는 $(180° \times 3) \div 5 = 108°$이고,
정육각형의 한 각의 크기는 $(180° \times 4) \div 6 = 120°$입니다.
한 바퀴가 이루는 각의 크기는 360°이므로 ㉠$= 360° - 108° - 120° = 132°$입니다.

채점 기준	배점
정오각형의 한 각의 크기를 구했나요?	2점
정육각형의 한 각의 크기를 구했나요?	2점
㉠의 크기를 구했나요?	1점

6 3가지

정삼각형 모양 조각 1개와 정사각형 모양 조각 1개를 사용하여 만들 수 있는 모양은
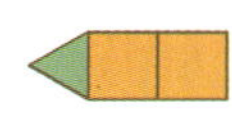 입니다.

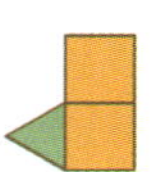 에 정사각형 모양 조각 1개를 더 붙여 만들 수 있는 모양:

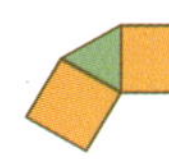 ➡ 3가지

7 약 22

오른쪽 모양은 △ 모양 조각 14개, ▢ 모양 조각 4개
로 만든 모양이므로 오른쪽 모양의 크기는
약 $1 \times 14 + 2 \times 4 = 22$입니다.

8 72 cm

한 직선이 이루는 각의 크기는 180°이므로 (각 ㄹㅁㄷ)$= 180° - 120° = 60°$입니다.
직사각형은 두 대각선의 길이가 같고 한 대각선이 다른 대각선을 반으로 나누므로
(선분 ㄹㅁ)$=$(선분 ㄷㅁ)$= 36 \div 2 = 18$(cm)이고
(각 ㅁㄹㄷ)$=$(각 ㅁㄷㄹ)$= (180° - 60°) \div 2 = 60°$입니다.
삼각형 ㄹㅁㄷ은 정삼각형이고 삼각형 ㄹㄷㅂ도 정삼각형이므로
(선분 ㄹㅁ)$=$(선분 ㅁㄷ)$=$(선분 ㄷㅂ)$=$(선분 ㅂㄹ)$= 18$ cm입니다.
➡ (사각형 ㄹㅁㄷㅂ의 둘레)$= 18 + 18 + 18 + 18 = 72$(cm)

37~40쪽

1 21°

마름모에서 이웃하는 두 각의 크기의 합은 180°이므로
(각 ㄹㅁㅅ)$= 180° - 150° = 30°$입니다.
정오각형의 한 각의 크기는 $(180° \times 3) \div 5 = 108°$이므로 (각 ㄱㅁㄹ)$= 108°$이고,
(각 ㄱㅁㅅ)$= 108° + 30° = 138°$입니다.
(변 ㄱㅁ)$=$(변 ㅁㅅ)이므로 삼각형 ㄱㅅㅁ은 이등변삼각형입니다.
➡ ㉠$= (180° - 138°) \div 2 = 21°$

2 41개

정구각형에 그을 수 있는 대각선은 모두 $(9-3) \times 9 \div 2 = 27$(개)이고,

정칠각형에 그을 수 있는 대각선은 모두 $(7-3) \times 7 \div 2 = 14$(개)입니다.

따라서 대각선 수의 합은 $27+14=41$(개)입니다.

3 440°

선분을 그어 오각형을 만들어 봅니다.

㉫＋㉴＋80°＝180°, ◎＋㉳＋㉧＝180°이고 ◎＝80°이므로

㉫＋㉴＝㉳＋㉧입니다.

㉠, ㉡, ㉢, ㉣, ㉤, ㉫, ㉴의 합은 ㉠, ㉡, ㉢, ㉣, ㉤, ㉳, ㉧의 합

과 같으므로 오각형의 모든 각의 크기의 합과 같습니다.

오각형은 삼각형 3개로 나눌 수 있으므로

㉠, ㉡, ㉢, ㉣, ㉤, ㉫, ㉴의 합은 $180° \times 3 = 540°$입니다.

㉫＋㉴＝180°－80°＝100°이므로

(㉠, ㉡, ㉢, ㉣, ㉤의 합)

＝(㉠, ㉡, ㉢, ㉣, ㉤, ㉫, ㉴의 합)－(㉫, ㉴의 합)＝540°－100°＝440°입니다.

4 35개

㉘ 구하는 다각형의 변의 수를 □개라 하면 이 다각형은 (□－2)개의 삼각형으로 나눌 수 있습니다.

$(\square-2) \times 180° = 1440°$, $\square-2=8$, $\square=10$

따라서 십각형이므로 대각선은 모두 $(10-3) \times 10 \div 2 = 35$(개)입니다.

채점 기준	배점
다각형의 변의 수를 구했나요?	2점
다각형의 대각선의 수를 구했나요?	3점

5 42 cm

마름모의 두 대각선은 서로 수직으로 만나므로

삼각형 ㄱㄴㅇ에서 (각 ㄴㄱㅇ)＝180°－30°－90°＝60°입니다.

마름모는 네 변의 길이가 모두 같으므로

삼각형 ㄱㄴㄷ에서 (각 ㄴㄷㅇ)＝(각 ㄴㄱㅇ)＝60°입니다.

(각 ㄱㄴㄷ)＝180°－60°－60°＝60°이므로 삼각형 ㄱㄴㄷ은 정삼각형입니다.

마름모의 한 대각선은 다른 대각선을 반으로 나누므로

(선분 ㄱㄷ)＝7＋7＝14(cm)입니다.

따라서 삼각형 ㄱㄴㄷ은 한 변의 길이가 14 cm인 정삼각형이므로 세 변의 길이의 합은

$14+14+14=42$(cm)입니다.

6 정십일각형, 66 cm

다각형의 꼭짓점의 수를 □개라 하면 대각선이 모두 44개이므로

$(\square-3) \times \square \div 2 = 44$, $(\square-3) \times \square = 88$입니다.

차가 3이고 곱이 88인 두 수를 찾으면 $11-8=3$, $8 \times 11 = 88$이므로 $\square=11$입니다.

따라서 구하는 다각형은 정십일각형이고, 둘레는 $6 \times 11 = 66$(cm)입니다.

7 나

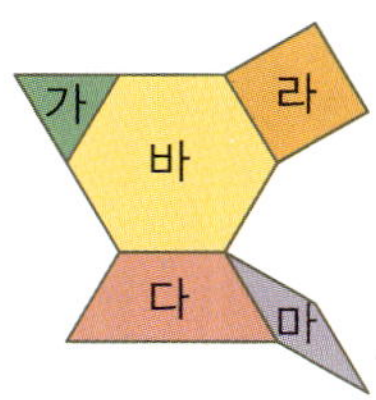

8 8개

사다리꼴 모양 조각으로 주어진 정육각형을 만들려면 그림과 같이 모두 8개 필요합니다.

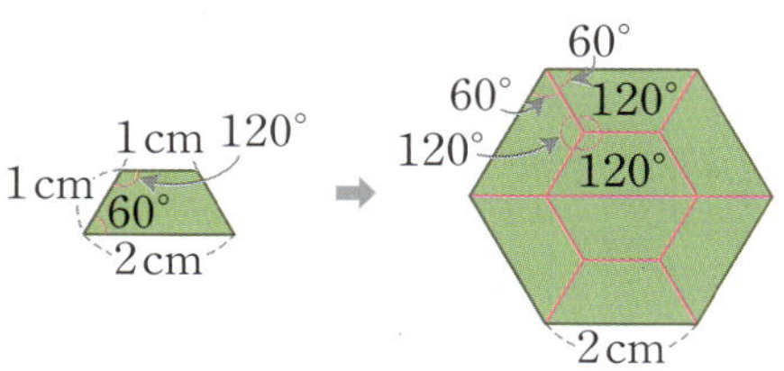

9 15개

둘레가 440 cm이므로 이어 붙인 도형의 변의 수는 440÷10=44(개)입니다.
이어 붙인 정육각형을 3개씩 묶어 둘레에 있는 변의 수의 규칙을 알아봅니다.

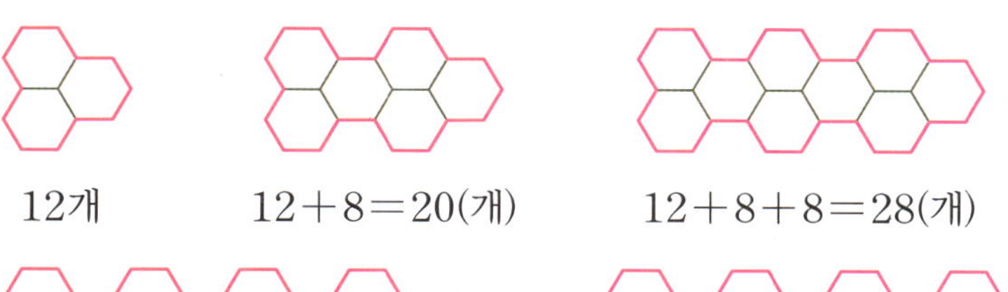

12개   12+8=20(개)   12+8+8=28(개)

 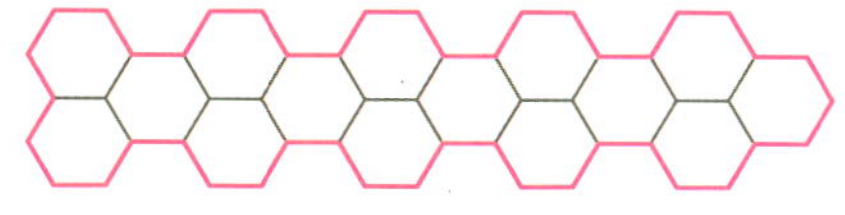

12+8+8+8=36(개)   12+8+8+8+8=44(개)

따라서 이어 붙인 정육각형은 모두 15개입니다.

10 144°

정다각형이므로 (변 ㄱㄴ)=(변 ㄴㄷ)=(변 ㄷㄹ)=(변 ㄹㅁ)이고
(각 ㄱㄴㄷ)=(각 ㄴㄷㄹ)=(각 ㄷㄹㅁ)입니다.
삼각형 ㄴㄱㄷ과 삼각형 ㄹㄷㅁ은 모양과 크기가 같은 이등변삼각형이므로
(각 ㄴㄱㄷ)=(각 ㄴㄷㄱ)=(각 ㄹㄷㅁ)=(각 ㄹㅁㄷ)입니다.
각 ㄴㄷㄱ의 크기를 ㉠이라 하면
(각 ㄴㄷㄹ)=㉠+108°+㉠, (각 ㄱㄴㄷ)=180°−㉠−㉠입니다.
(각 ㄴㄷㄹ)=(각 ㄱㄴㄷ)이므로
㉠+108°+㉠=180°−㉠−㉠, ㉠+㉠+㉠+㉠=72°, ㉠×4=72°, ㉠=18°입니다.
따라서 (각 ㄴㄷㄹ)=18°+108°+18°=144°이므로 정다각형의 한 각의 크기는 144°입니다.

한걸음 한걸음 디딤돌을 걷다 보면
수학이 완성됩니다.

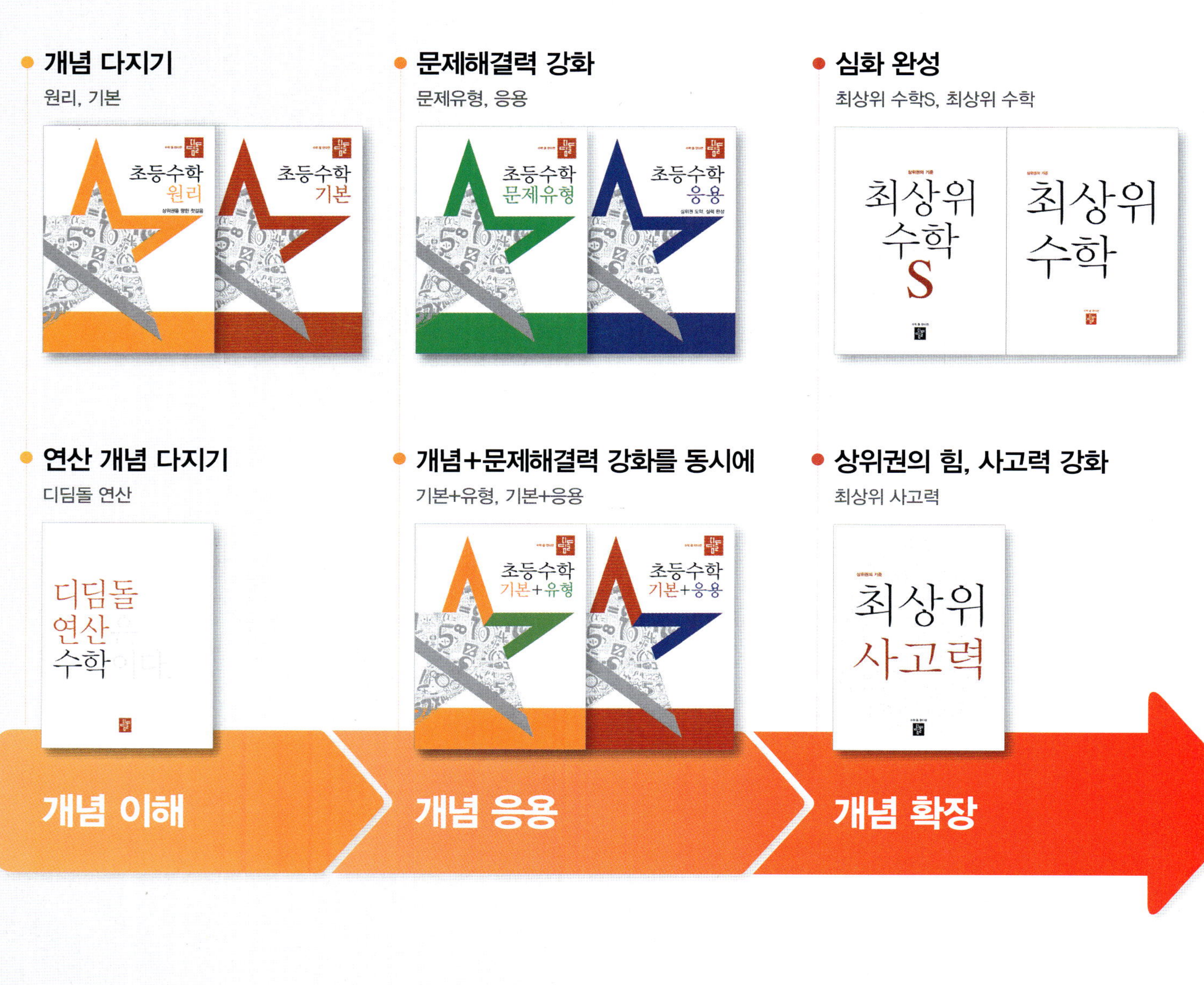

학습 능력과 목표에 따라
맞춤형이 가능한 디딤돌 초등 수학